Photoshop智能手机APP界面设计之道

安小龙 编著

清华大学出版社
北京

内容简介

大部分读者对用户界面并不算太陌生，随着各种高档电子产品的普及化，很多用户开始对用户界面提出了更高的要求。UI 界面是帮助使用者与机器设备进行交互的一个平台，一款优秀的界面应该是美观适用，并且方便于操作和学习的。

书中涉及了大量的案例，为不同风格不同应用的界面设计了不同的教程，可以让读者在实践中循序渐进地学习到相应的软件知识和操作技巧，同时掌握相应的行业应用知识。

本书很多案例都是很受大众喜爱的，可以让读者掌握最新的界面设计方向，学习到专业的案例制作方法，书中还提到了一些技巧提示，恰到好处地对读者进行提点，到了一定的程度以后，读者就可以自己动手，发挥创意，制作出更多相应的专业案例效果。

图书在版编目（CIP）数据

Photoshop智能手机APP界面设计之道 / 安小龙编著.--北京 ：清华大学出版社，2016（2017.8重印）
ISBN 978-7-302-42061-3

Ⅰ．①P…　Ⅱ．①安…　Ⅲ．①移动电话机－应用程序－程序设计②图像处理软件　Ⅳ．①TN929.53②TP391.41

中国版本图书馆CIP数据核字（2015）第263616号

责任编辑：陈绿春
封面设计：潘国文
责任校对：徐俊伟
责任印制：刘祎淼

出版发行：清华大学出版社
网　　址：http://www.tup.com.cn，http://www.wqbook.com
地　　址：北京清华大学学研大厦A座　　**邮　　编：**100084
社 总 机：010-62770175　　**邮　　购：**010-62786544
投稿与读者服务：010-62776969，c-service@tup.tsinghua.edu.cn
质量反馈：010-62772015，zhiliang@tup.tsinghua.edu.cn

印 装 者：北京亿浓世纪彩色印刷有限公司
经　　销：全国新华书店
开　　本：185mm×260mm　　**印　张：**15　　**字　数：**487千字
版　　次：2016年1月第1版　　**印　次：**2017年8月第2次印刷
印　　数：3501～5000
定　　价：59.80元

产品编号：062755-01

前言

近几年，有一个新兴的词在设计领域诞生，这个词就是“UI”。在短短的几年里，UI 设计师越来越多，设立 UI 部门的企业越来越普遍，各大院校也出现了和 UI 相关的专业，UI 设计的组织和网站层出不穷。这一切都预示着一个“UI”大时代已经到来。

所谓的 APP 用户界面就是 UI 设计，UI=User Interface，是用户界面的简称。UI 设计是指对软件的人机互动、操作逻辑、界面美观的整体设计。好的界面设计不仅能让软件变得有趣有品味，还会让软件的操作变得舒适、简单、自由，充分体现软件的定位和特点。

界面设计是开发中最重要的方面，并将涉及到整个开发队伍。对于应用软件来说，一个基本的现实就是：用户界面是面向用户的。用户需要的是开发者开发的应用软件满足其需求，并且易于使用，用户界面走到今天真是千锤百炼，要做到易用就更是难上加难。

本书采用基础知识和应用案例结合的方法，向读者系统地介绍了使用 Photoshop CC 对界面进行设计和制作的操作方法和常用技巧。希望通过本书的学习，能够帮助读者在设计的道路上解决难题，提高技术水平，快速熟练地掌握界面设计。

本书所用到的素材和源文件可以从以下网址下载，如果下载有问题可以联系 QQ:834581341 解决。

链接：http://pan.baidu.com/s/1o6TgF70　　密码：wipo

链接：http://pan.baidu.com/s/1i4ghWyT　　密码：1d1j

作　者

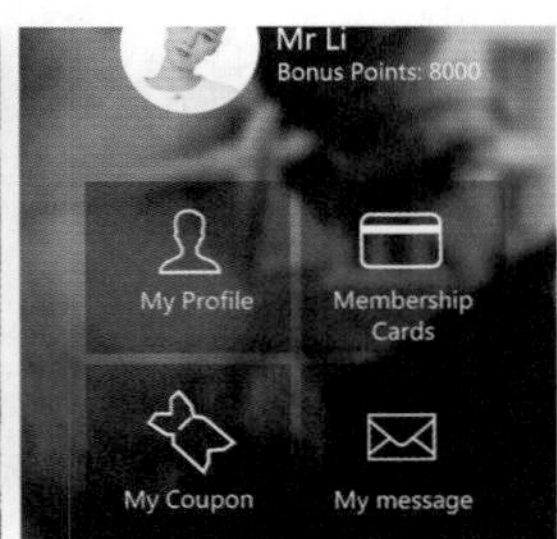

目录

第 1 章 APP 界面设计基础

第 2 章 APP 设计流程

第 3 章 iOS APP 基本元素的制作

第 4 章 常用软件界面设计

第 5 章 APP 常用效果制作

第 6 章 APP 常用图标设计

第 7 章 设计手机整体界面

第1章 APP 界面设计基础

APP 用户界面设计主要包括网页设计、手机界面设计、软件界面设计和游戏界面设计 4 类。手机界面设计由于受到屏幕大小的限制，具有其自身的特征和设计准则。

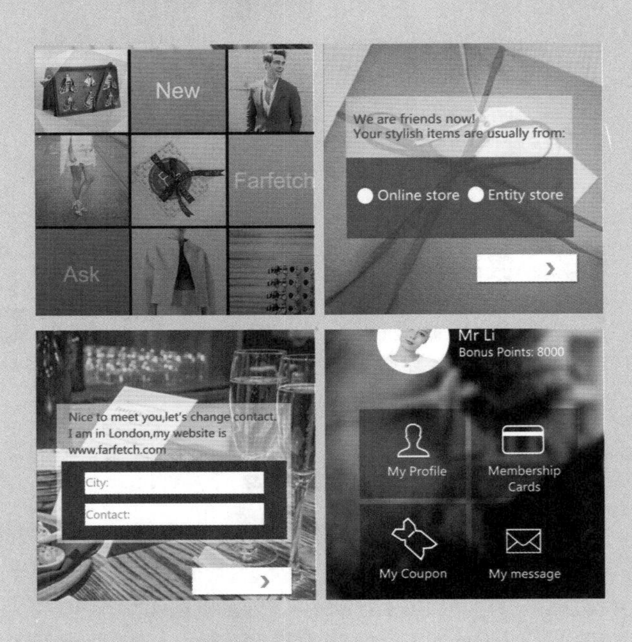

1.1 APP 界面设计基础

手机界面是置身于手机操作系统中的人机互动的窗口，设计界面必须由手机的物理特性和软件的应用特性进行合理的结合，界面设计师首先应对手机的系统性能有所了解，例如：手机所支持的最多色彩数量、手机所支持的图像格式，其次应该对软件的功能详细了解，熟悉每个模块的应用形式，从而做到最大限度地利用现有的资源进行手机界面设计。

1.1.1 APP 简介

什么是手机 APP 界面设计，首先我们得知道什么是手机界面。手机界面是用户与手机系统、应用交互的窗口。APP 是英文 Application 的简称，是用户界面的简称，是指对软件的人机互动、操作逻辑、界面美观的整体设计。好的手机界面设计不仅能让软件变得有趣有品味，还会让软件的操作变得舒适、简单、自由，充分体现软件的定位和特点。现在 APP 多指第三方智能手机的应用程序。而手机 APP 界面设计是给予手机设备的物理特性和系统应用的特性进行合理、美观、实用的一种设计。

APP 界面设计可分为以下几种类型：图 1-1 所示为手机界面设计，图 1-2 所示为软件界面设计，图 1-3 所示为游戏界面设计。

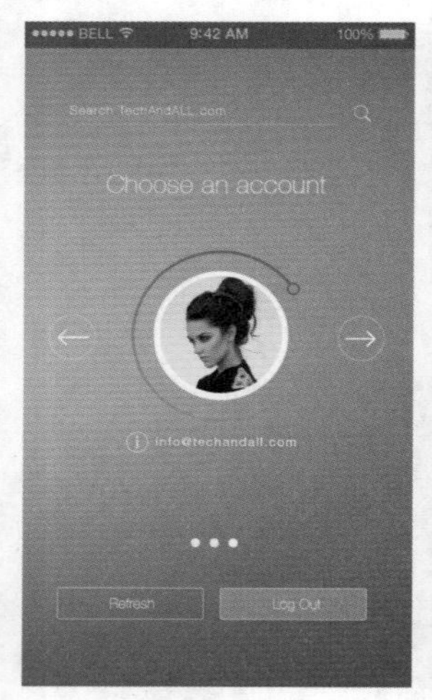

图 1-1

图 1-2

图 1-3

1.1.2 iOS 的界面设计原则

iOS 如图 1-4 所示。是由苹果公司为 iPhone 开发的操作系统。它主要是给 iPhone、iPod touch 及 iPad 使用。就像其基于的 Mac OS X 操作系统一样，它也是以 Darwin 为基础的。iOS 界面设计的十大设计准则包括了 UI 设计的交互性界面信息可读性、图形设计规范，以及信息的组织性等方面。

图 1-4

1. 格式化内容

创建屏幕布局的时候，应该适配iOS设备屏幕。这让使用者能够一次看清主要内容，而不需要缩放或水平滚动，如图1-5所示。

2. 触摸控制

为了可以使应用程序的交互更加轻松自然，可以采用专门进行触摸控制的界面元素，如图1-6所示。

图1-5

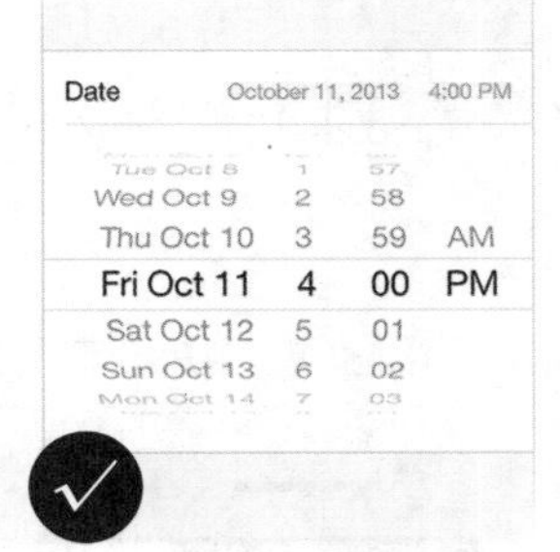

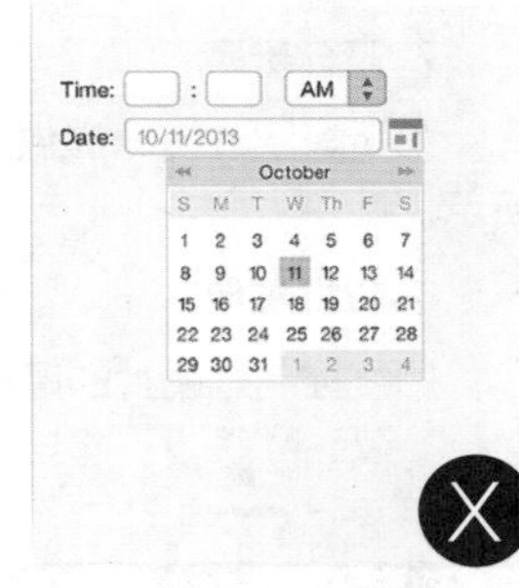

图1-6

3. 命中目标

设计可触控的控件的时候，尺寸不得小于44 x 44px，只有这样才能确保触摸的精度和命中率，如图1-7所示。

4. 字体尺寸

文本中的文字尺寸不得小于11点，这样才能确保在常规距离下，不需要缩放就可以清晰地阅读，如图1-8所示。

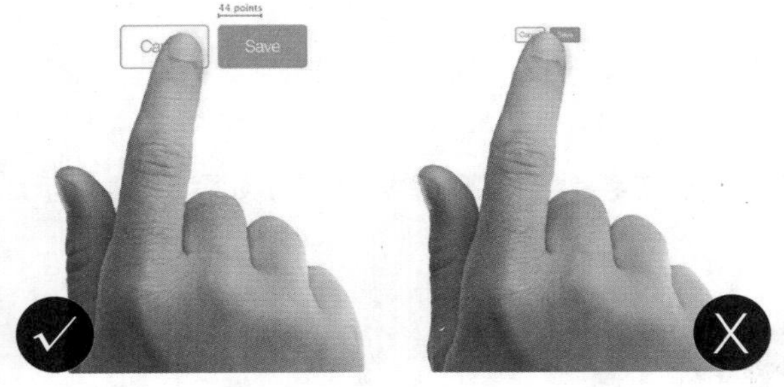

图1-7

图1-8

5. 对比度控制

尽量使文字色彩对比更明显，并且调整文字与背景的对比，提高可读性，如图1-9所示。

6. 间距调整

不要让文字出现重叠的状况，适当地增加行高和行间距，如图1-10所示。

Headling
Sub-Headline
Adipiscing elit. Sed neque nisl, blandit vel ipsum eu, imperdiet blandit lectus. Morbi tristique urna ut volutpat ornare. Curabitur semper vitae urna ac tempus. Duis vehicula elit nulla, eleifend egestas nisl vehicula nec. Nullam varius est dui, nec accumsan lectus posuere ut. Nullam viverra purus laoreet euismod tempor.
Adipiscing elit. Sed neque nisl, blandit vel ipsum eu, imperdiet blandit lectus. Morbi tristique urna ut volutpat ornare. Curabitur semper vitae urna ac tempus. Duis vehicula elit nulla, eleifend.

Headling
Sub-Headline
Adipiscing elit. Sed neque nisl, blandit vel ipsum eu, imperdiet blandit lectus. Morbi tristique urna ut volutpat ornare. Curabitur semper vitae urna ac tempus. Duis vehicula elit nulla, eleifend egestas nisl vehicula nec. Nullam varius est dui, nec accumsan lectus posuere ut. Nullam viverra purus laoreet euismod tempor.
Adipiscing elit. Sed neque nisl, blandit vel ipsum eu, imperdiet blandit lectus. Morbi tristique urna ut volutpat ornare. Curabitur semper vitae urna ac tempus. Duis vehicula elit nulla, eleifend.

图 1-9

Headling
Sub-Headline
Adipiscing elit. Sed neque nisl, blandit vel ipsum eu, imperdiet blandit lectus. Morbi tristique urna ut volutpat ornare. Curabitur semper vitae urna ac tempus. Duis vehicula elit nulla, eleifend egestas nisl vehicula nec. Nullam varius est dui, nec accumsan lectus posuere ut. Nullam viverra purus laoreet euismod tempor.
Adipiscing elit. Sed neque nisl, blandit vel ipsum eu, imperdiet blandit lectus. Morbi tristique urna ut volutpat ornare. Curabitur semper vitae urna ac tempus. Duis vehicula elit nulla, eleifend.

Headling
Sub-Headline
Adipiscing elit. Sed neque nisl, blandit vel ipsum eu, imperdiet blandit lectus. Morbi tristique urna ut volutpat ornare. Curabitur semper vitae urna ac tempus. Duis vehicula elit nulla, eleifend egestas nisl vehicula nec. Nullam varius est dui, nec accumsan lectus posuere ut. Nullam viverra purus laoreet euismod tempor.
Adipiscing elit. Sed neque nisl, blandit vel ipsum eu, imperdiet blandit lectus. Morbi tristique urna ut volutpat ornare. Curabitur semper vitae urna ac tempus. Duis vehicula elit nulla, eleifend.

图 1-10

7. 高分辨率

为所有图片资源提供高分辨率，那些没有提高分辨率的图像在 Retina 屏幕上会出现模糊的状况，如图 1-11 所示。

8. 防止拉伸

始终控制好图片的高宽比，可以缩放，但是一定要避免拉伸，这样可以避免失真，如图 1-12 所示。

图 1-11

图 1-12

9. 信息架构

创建方便调整的布局，确保界面内容的可调整性，如图 1-13 所示。

10. 保持对齐

使文本、图片、按钮在界面上保持对齐，相关内容合理靠近，让使用者更容易理解界面信息，如图 1-14 所示。

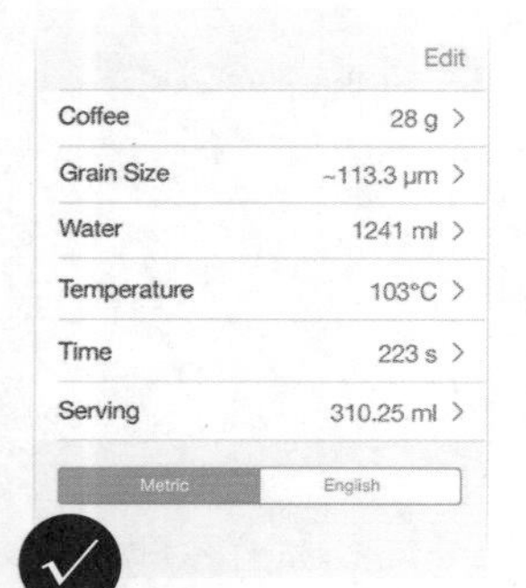

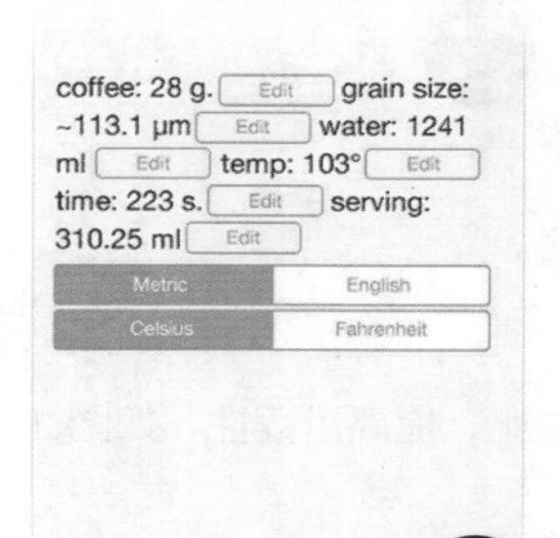

图 1-13

图 1-14

1.1.3 Android的界面设计原则

Android一词的本义指“机器人”，Android是一种以Linux与Java为基础的开放源代码操作系统，同时也是Google于2007年11月5日宣布的基于Linux平台的开源手机操作系统的名称，该平台由操作系统、中间件、用户界面和应用软件组成，主要用于便携设备，如图1-15所示。

Android操作系统最初由Andy Rubin开发，被谷歌收购后则由Google公司和开放手机联盟领导及开发，主要支持手机与平板电脑。

常见的安卓系统的手机APP界面，如图1-16所示。

图1-15

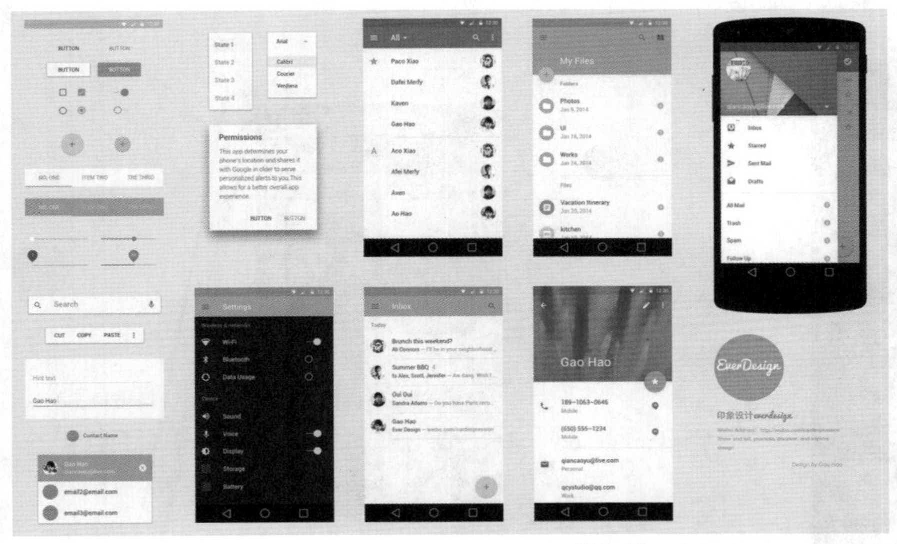

图1-16

1.1.4 界面美观

主要的界面构成被分为几个标准的信息区域（主要针对按键手机和触屏手机）：状态区、标题区、功能操作区、公共导航区。

（1）状态区：标示手机目前运行状态及事件的区域，通常包括电池电量、信号强度、运营商名称、未处理事件及数量、时间等，如图1-17所示。

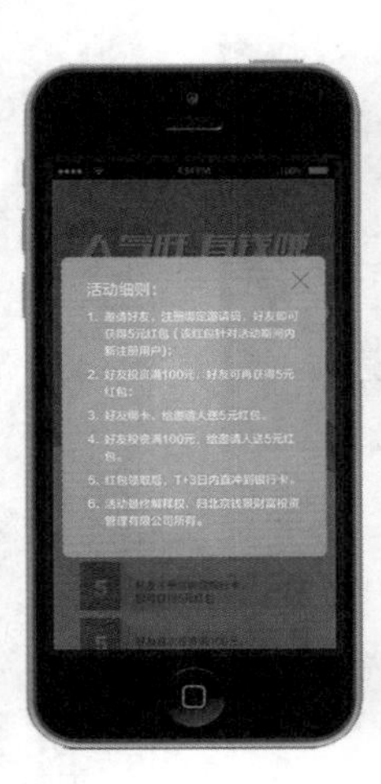

图1-17

（2）标题区：主要包含 LOGO、名称、版本，以及相关图文信息，如图 1-18 所示。

（3）功能操作区：这是软件的核心部分，也是版面上面积最大的部分。通常包含列表、焦点、滚动条、图标等不同的元素。不同层级的界面包含的元素是不同的，需要依据具体情况合理地搭配运用，如图 1-19 所示。

（4）公共导航区：另一种称呼为软键盘区域，主要针对软件操作需要进行大面积控制的区域，常常使用到，它可以保存当前的操作结果、切换当前操作板块、退出软件系统，实现对软件的灵活操控。对于嵌入式的软件，界面版式的设计，在一些程度上需要参考其他内容相符的手机系统界面版式设计，确保形式的基本统一，这样更有利于系统与软件的组合。也需要考虑到软件本身的运用特点，综合操作的可用性和实施性，对版块样式进行适当的调整，使信息呈现的区域之间协调统一，详略得当，确保使用手机的用户可以方便迅速地进行功能项目的操作。

手机的操作系统界面，需要根据不同的设计需求进行不同风格的设计，如图 1-20 所示。

图 1-18

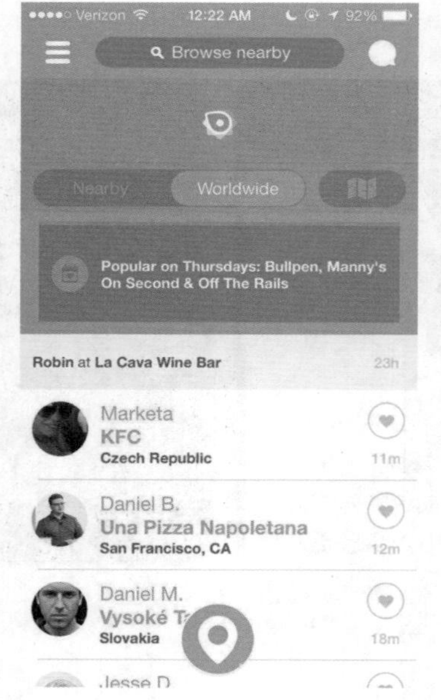

图 1-19

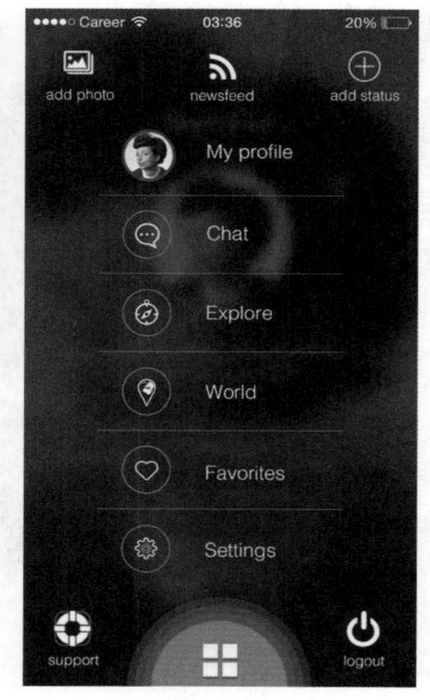

图 1-20

1.2 APP 设计概述

自从智能手机普及以来，手机成为互联网的新宠，并加快了移动互联网的发展脚步。面对众多数量的手机APP 软件，如何脱颖而出，首先需要做好 APP 的界面设计。手机 APP 界面设计一定要考虑到界面的视觉设计和界面设计的用户体验。下面我们就来详细讲解一下。

1.2.1 设计界面元素要统一

界面设计是为了满足软件的专业、标准的需求而产生的，是对软件的使用界面进行美化优化及规范化的过程。具体包括软件启动界面设计、软件框架设计、按钮设计、面板设计、菜单设计、标签设计、图标设计，滚动条及状态栏设计，如图 1-21 所示。

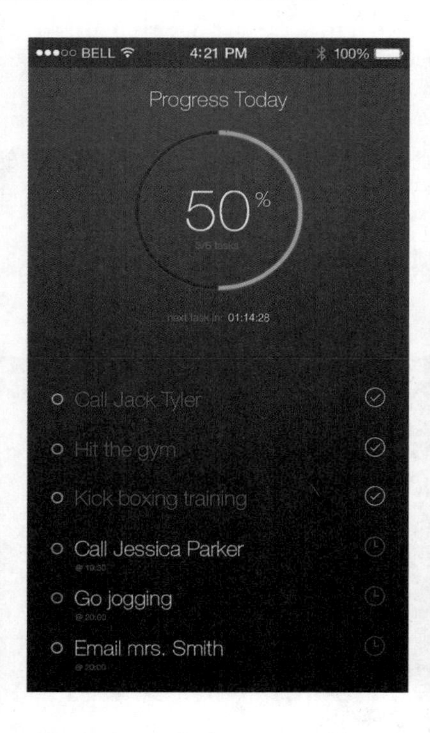

图 1-21

不同手机界面的总体色彩和风格应该接近或类似系统界面的总体色调，这样更符合人的心理视觉，而风格杂乱的界面可能会使用户眼花缭乱，不适应。在设计操作流程时，也要遵循系统的规范性，尽量使所有的操作都统一化，这样可以更有利于用户掌握，从而更快地学会使用软件。

除了考虑界面的统一性之外，还应该注重软件界面的个性化。手机界面的统一性是基于手机系统视觉效果而言，个性化则是基于软件本身的特征和用途而言。界面效果的个性化包括如下几个方面。

实用性

为手机界面制作图标时，应该尽可能考虑到屏幕的局限性，选择具有典型行业特征且线条简单的图形，确保清晰性和有效性。界面构架的功能操作区、导航控制区等都应该统一规范，不同功能模块的相同操作区域的元素风格也要一致，让用户能够迅速掌握不同模块的操作。

界面构架

手机界面中的导航区、功能操作区和内容已显示区域都应该统一范围，且风格色调应该尽量接近。不同功能模块的相同操作区域的元素风格也应该协调统一，使整个界面统一在一个整体之中，这样有利于用户快速辨别不同的功能，并轻松学会操作使用。

界面色彩的个性化

色彩会影响一个人的情绪，不同的色彩会让人产生不同的心理效应，反之不同的心理状态所能接受的色彩也是不同的，不断变化的事物才能引起人的注意。自然欣赏、社会活动方面，色彩在客观上是对人们的一种刺激和象征；在主观上又是一种反应与行为。界面设计的色彩个性化，目的就是用色彩的变换来协调用户的心理，让用户用软件产品时保持一种新鲜感，它是通过用户根据自己的需要来改变默认的系统设置，选择一种自己满意的个性化设置，达到产品与用户之间的协调性。在众多的软件产品中都涉及到了界面的换肤技术，在手机的软件界面设计过程中，应用这一设置可以更大地提升软件的魅力，满足用户的多方面需要，如图 1-22 所示。

界面的分类

根据界面的不同特点，可以将界面分为以下几类。

软件界面：从狭义上来说，软件界面就是指软件中，面向用户而专门设计的用于操作使用，以及反馈信息的指令部分。优秀的软件界面设计，具有简洁美观、突出重点等特点；从广义上来说，软件界面就是某样事物面向外界而展示它特点及功能的组成部分的界面，如图 1-23 所示。

手机界面：手机现已成为人们生活的必需品，几乎人手一部。美观的手机界面也成了人们装饰自己手机的一部分，如图 1-24 所示。

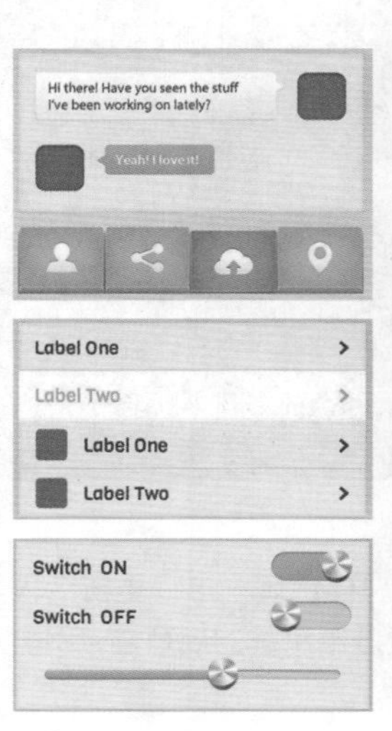

图 1-22

图 1-23

图 1-24

游戏界面：游戏分为不同类型，所以界面的风格也不一样。一般三维效果应用较为普遍，颜色新颖、版式新奇，主题明确，如图 1-25 所示。

播放器界面：播放器界面一般都很简洁、精美。界面中的元素、按钮都会风格统一。看起来具有整体性，美观时尚，如图 1-26 所示。

网站界面：网站界面设计承载着图像、视频、动画等多种新媒体，网页的内容更是丰富多彩。网站界面设计最重要的是注重用户的体验效果，使用户能够方便快捷地搜索到需要的信息，如图 1-27 所示。

图1-25

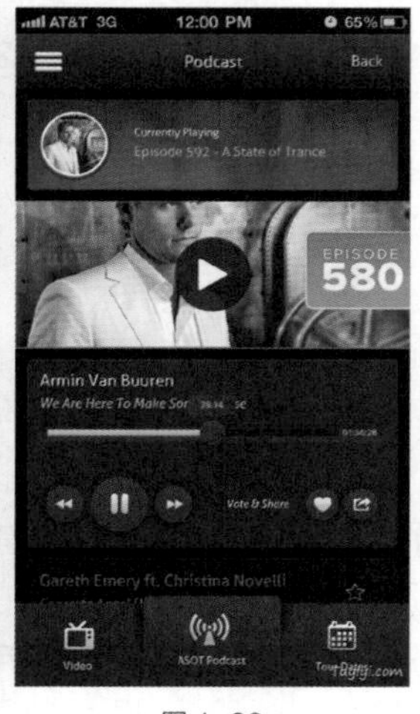

图1-26

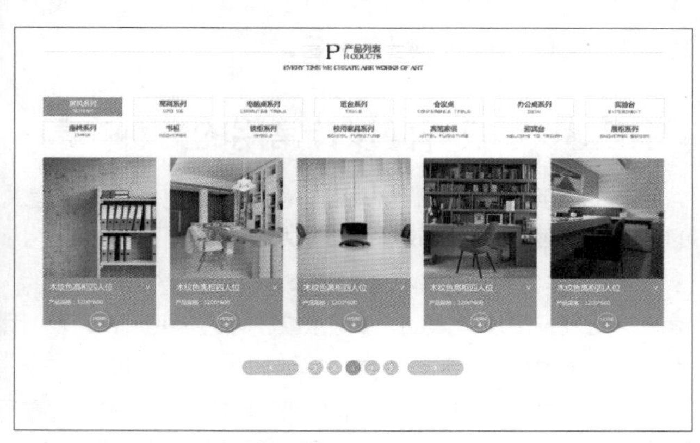

图1-27

1.2.2 以用户为中心的设计

通俗地说，针对使用者的需求和感受来估量，并且围绕使用者为中心进行产品的设计，并不是让使用者去适应产品。所以说无论产品的使用流程、产品的信息架构、人机交互方式等，都需要考虑使用者的使用习惯、视觉上的感受和理想的交互方式等。

一个好的并且以使用者为中心的产品设计，设计的产品应具有很高的有效性和使用者满意度，延展开来，还包括对使用者来说产品的易学程度、对使用者的吸引程度，以及在体验产品时的整体感受等。

（1）一个产品的来源可能有很多种情况，用户需求、企业利益、市场需求，也可能是技术发展所驱动。从本质上来说，这些不同的来源并不矛盾。一个好的产品，首先是用户需求和企业利益（或市场需求）的结合，其次则是低开发成本的需求，而这两者都可能引发对技术发展的需求。

① 越是在产品的早期设计阶段，能充分地了解目标用户群的需求，结合市场需求，就能越大程度上降低产品的后期维护甚至回炉返工的成本。如果在产品中给用户传达“我们很关注他们”这样的感受，用户对产品的接受程度就会上升，同时能更大程度上容忍产品的缺陷，这种感受绝不仅仅局限于产品的某个外包装，或者某些界面载体，而是贯穿于产品的整体设计理念，这需要我们从早期的设计中就以用户为中心。

② 基于用户需求的设计，往往能对设计“未来产品”很有帮助，好的体验应该来自用户需求，同时超越用户需求。这同时也有利于我们对于系列产品的整体规划。

（2）随着用户有着越来越多的同类产品可以选择，用户会更注重他们使用这些产品的过程中所需要的时间成本、学习成本和情绪感受。

① 时间成本，简而言之就是用户操作某个产品时需要花费的时间，没有一个用户会愿意将他们的时间花费在一个对自己而言仅为实现功能的产品上，我们的产品应该传达出积极的情绪感受，让用户快速地完成他们所需要的功能，这是最基本的用户价值。

② 学习成本，主要针对新手用户而言，这点对于网络产品来说尤其关键。同类产品很多，同时容易获得，那么对于新手用户而言，他们还不了解不同产品之间的细节价值，影响他们选择某个产品的一个关键点就在于哪个产品能让他们简单地上手。有数据表明，如果新手用户第一次使用花费在学习和摸索上的时间和精力很多，甚至第一次使用没有成功，他们放弃这个产品的几率是很高的，即使有时这意味着他们同时需要放弃这个产品背后的物质利益，用户也毫不在乎。

③情绪感受，一般来说，这点是建立在前面两点的基础上，但在现实中也存在这样一种情况：一个产品给用

户带来极为美妙的情绪感受，从而让他们愿意花费时间去学习这个产品，甚至在某些特殊的产品中，用户对情绪感受的关注高于一切。例如在某些产品中，用户对产品的安全性感受要求很高，此时这个产品可能需要增加用户操作的步骤和时间，来给用户带来“该产品很安全很谨慎”的感受，这时减少用户的操作时间，让用户快速地完成操作，反而会让用户感觉不可靠。

1.2.3 手机界面设计常用的 5 种布局

在设计手机界面时，合理的布局可以让信息看起来层次分明，用户可以很容易地找到自己想要的信息，产品的交流率和信息传递的效率也都会大大提升。下面介绍了手机界面设计中常用的 5 种布局。

（1）竖排列表布局：手机屏幕一般列表是竖屏显示的，文字是横屏显示的，所以竖排列表可以包含比较多的信息。列表长度没有限制，在视觉效果上显得整齐美观，用户接受度也很高，所以是最常用的布局之一。竖排列布局一般用于并列元素的展示，包括目录、分类、内容等，如图 1-28 所示。

（2）横排列表布局：这是并列元素横向显示的一种布局，一般常见的工具栏都采用这种布局。横排列表中可以显示的数量比较少，是由于受手机屏幕宽度的限制，在原色数量较少的情况下比较适合这种布局。在界面需要展示更多的内容时，竖排列表是不二之选，如图 1-29 所示。

（3）九宫格布局：九宫格布局是非常经典的设计，展示形式简单，一眼就能看懂，用户接受程度很广范。虽然它有时候让人有种设计陈旧的感觉，不过它改变原来的一些体式在目前来说还是比较流行的，如图 1-30 所示。

（4）弹出框布局：弹出框在版面设计上是很常见的。在需要它的时候才弹出，其他时间，弹出框会把内容隐藏，用来节省屏幕空间。弹出框可以在原有的界面上进行操作，不需要弹出界面，体验起来还是比较方便的。在安卓系统上，弹出框的使用很普遍，比如菜单、单选框、多选框等，在苹果手机系统上使用得相对少一些。

（5）标签布局：在搜索界面和分类界面时，会采用标签的方式来展现，增加了应用的趣味性。

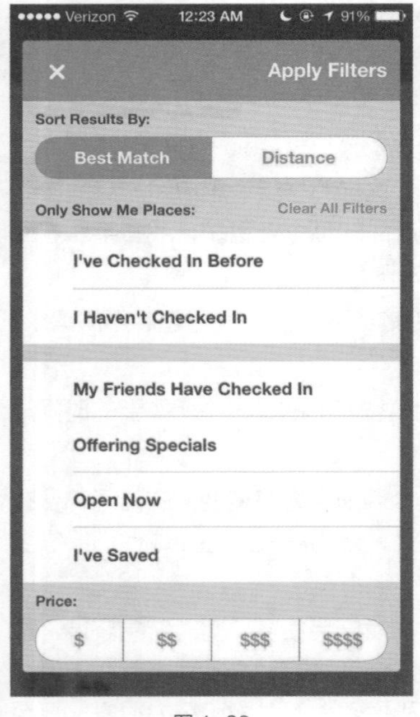

图 1-28

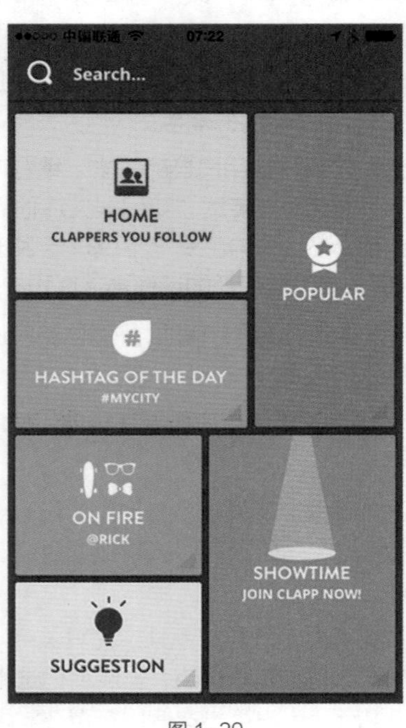

图 1-29

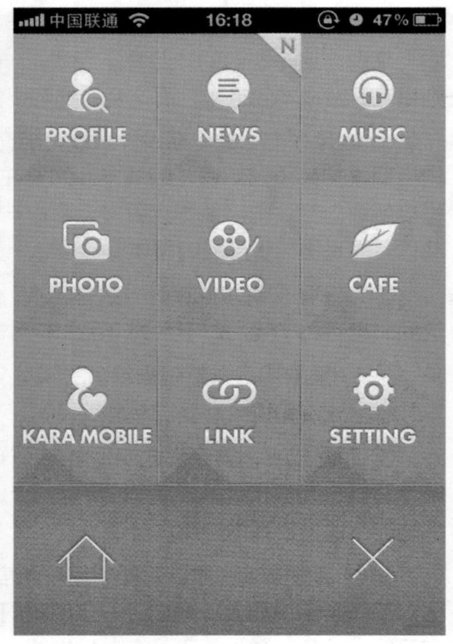

图 1-30

1.2.4 提升关注内容

高品质 APP 的优势显而易见，但使 APP 品质提高并不是容易的事。一个更好的 APP 将进入良性循环，更高品质的 APP 将转换成更高的用户评价，也就是更多好评、更多下载、更高忠诚度和更长使用时间。高品质 APP 更有可能获得有口皆碑的正向效应。

衡量一个 APP 是否成功的大多数方法，取决于使用者的行为。例如使用者相关的关注量，其中包括下载数、每日活跃安装数，这些都突显出了使用者的重要性。

（1）倾听用户

首先倾听用户，可以从阅读和回复使用者在购买 APP 的网络中的评论做起；还有一个倾听方法，就是进行产品公开测试或可信任测试，利用这一点，可以将下一个准备发布的版本提交到购买网站前，先提供给部分早期试用者。

（2）提升稳定性和清除缺陷

我们都知道，APP 的总体稳定性对于评级及使用者满意度有很大的影响，也有非常多的工具和技术可以在不同设备和用户场景中对 APP 进行测试和优化。其中一项值得注意但尚未被善用的工具——界面 /APP 执行猴（猴子），可以用来捕获稳定性方面的问题。同时，在大多数安卓设置中有内建的谷歌错误报告机制，用户可以借此向开发者报告 APP 的崩溃。

（3）改进 UI 响应

让使用者流失的最重要的一点，就是给他们提供缓慢、迟钝的 APP 设计。研究表明，速度是非常重要的，对于任何界面，无论是桌面、浏览器或手机都是一样。而事实上，速度的重要性在手机上被进一步放大，因为使用者通常是在途中或者匆忙之间获取信息。

（4）注重细节

一个需要特别关注的细节是 APP 图标的质量和一致性，必须确保 APP 的图标（特别是启动图标）足够清楚明了，在所有分辨率下都能够保持像素级的完美，尽可能遵循图标准则。

1.2.5 启动和退出

启动引导页面和退出页面的设计对 APP 来说非常重要，简洁的 3 ~ 5 个页面传递给用户 APP 更新的重要功能、引导用户体验、重大活动推出等。而退出页面的设计，在简洁或者可爱的效果之下，会让使用者流连忘返，对 APP 的使用更加有兴趣了，如图 1-31 所示。

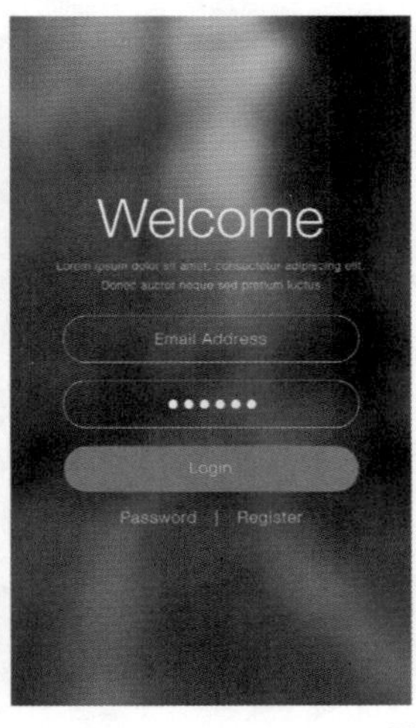

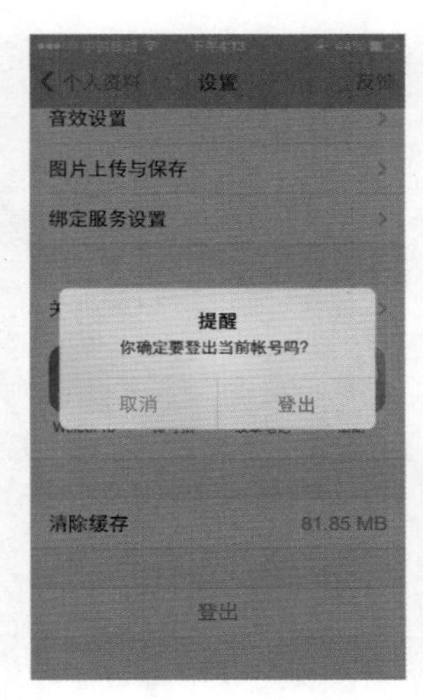

图 1-31

1.3 手机界面设计尺寸标准

刚开始接触 UI 的时候，碰到的最多的就是尺寸问题，什么画布要建多大、文字该用多大才合适、我要做几套界面才可以？为避免在手机 UI 设计时出现不必要的麻烦，如设计尺寸错误而导致现实不正常的情况发生，设备尺寸的标准（如单位、分辨率、密度等）都是我们必须先了解清楚的。

1.3.1 英寸 (Inch)

英寸是长度单位。14 英寸笔记本电脑，30 英寸纯平彩电，指的是屏幕对焦的长度，如图 1-32 所示，手机屏幕也是沿用这个概念的。

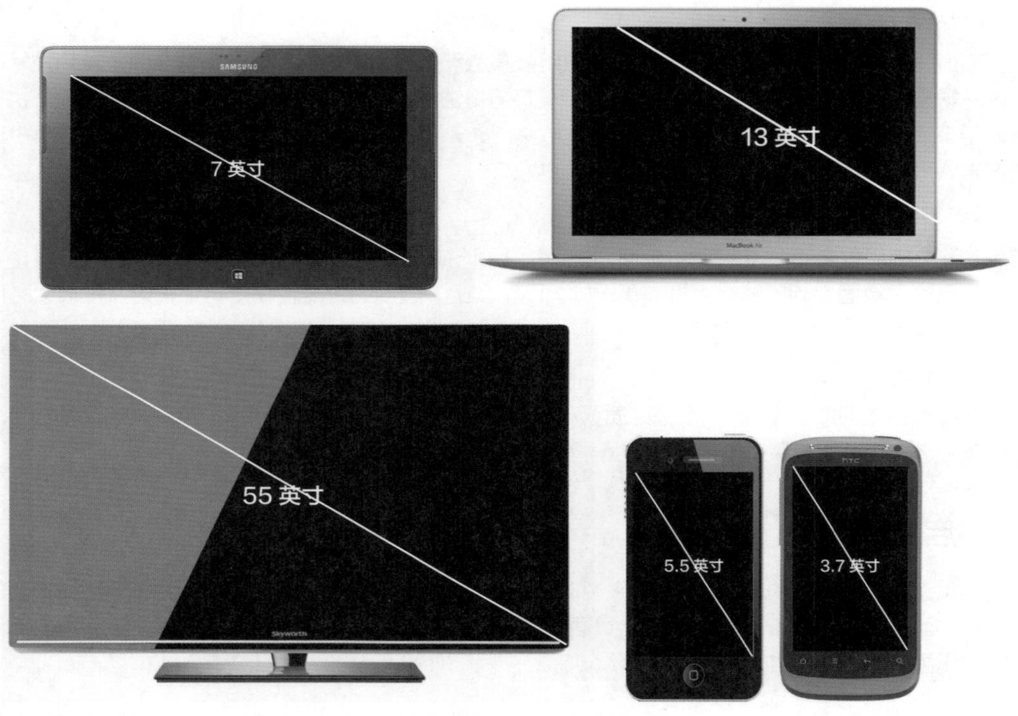

图 1-32

1.3.2 分辨率 (Resolution)

分辨率是屏幕物理像素的总和。一般用屏宽像素数乘以屏高像素数来表示，比如 480px × 800px 、320px × 480px 等。像素是显示屏规范中的最小单位。

分辨率是屏幕图像的精密度，是指显示器所能显示的像素的多少。由于屏幕上的点、线和面都是由像素组成的，显示器可显示的像素越多，画面就越精细，同样的屏幕区域内能显示的信息也越多，所以分辨率是个非常重要的性能指标。可以把整个图像想象成是一个大型的棋盘，而分辨率就是所有经线和纬线交叉点的数目。

所有的画面都是由一个一个的小点组成的，这一个一个的小点称为像素。一块方形的屏幕横向有多少个点，竖向有多少个点，相乘之后的数值就是这块屏幕的像素（数码相机的像素也是这么乘积出来的）。但是为了方便表示屏幕的大小，通常用横向像素 × 竖向像素的方式来表示，例如电脑屏幕中很常见的 1024×768 像素，以及手机屏幕中很常见的 240×320 像素。点距越小，图像越细腻。

以下是 3 种数码产品的界面尺寸。

iPhone 界面尺寸：320×480、640×960、640×1136

Android 界面尺寸：854×480、960×540、1280×720

iPad 界面尺寸：1024×768、2048×1536

图 1-33 所示的是一张分辨率为 420×320 的图片。用放大工具将此图放大后，所见图片就变成图 1-34 所示这种全是正方形格子的样子，而每一个正方形格子，就是一个像素，有兴趣的数一下这些格子数就可以发现，屏幕的格子数为 420，屏高的格子数为 320，也就是分辨率中的宽和高。

图 1-33

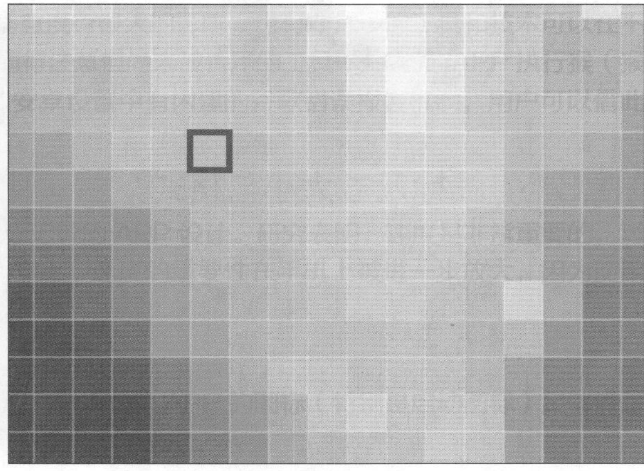

图 1-34

1.3.3 网点密度 (DPI)

网点密度又称 DPI 是 Dots Per Inch（每英寸所打印的点数）的缩写，是打印机、鼠标等设备分辨率的单位。这是衡量打印机打印精度的主要参数之一，一般来说，数值越大，表示打印机的打印精度越高。

DPI 是指每英寸的像素，也就是扫描精度。国际上都是计算一平方英寸面积内像素的多少。DPI 越高，显示的画面质量就越精细。在一般平面设计上比较追求高 DPI 来呈现画面质感。但在手机 UI 设计时，DPI 要与相应的手机相匹配，因为低分辨率的手机无法满足高 DPI 图片来对手机硬件的要求，显示的效果反而会变得不好。DPI 越小，扫描的清晰度越低，由于受网络传输速度的影响，网络上使用的图片都是 72dpi，但是冲洗照片不能使用这个参数，必须是 300dpi 或者更高 350dpi。例如要冲洗 4*6 英寸的照片，扫描精度必须是 300dpi，那么文件尺寸应该是 (4×300)×(6×300)=1200 像素 ×1800 像素。所以，就设计了一个新的名词——屏幕密度。

1.3.4 屏幕密度 (Screen Densities)

屏幕密度分别为 iDPI（低）、mDPI（中等）、hDPI（高）、xhDPI（特高）4 种。图 1-35 所示的是分辨密度低、中、高的效果。

图 1-36 中分成了屏幕密度（横列表头）和屏幕大小（纵列表头）两个维度。与屏幕密度相对应的，屏幕大小也分为 4 种小屏、中屏、大屏、超大屏。

拿出自己的手机，根据分辨率看它属于哪种屏幕大小，从而可以推导出应该采用的屏幕密度。假设我的手机分辨率为 320×480，可以看到对应 320×480（即 HVGA）分辨率屏幕大小的只有中屏，通过图表反查可知，其适用于 mDPI 屏幕密度。也就是说，如果我要做一个适合我手机的应用，就应该选择 mDPI 屏幕密度来进行设计。

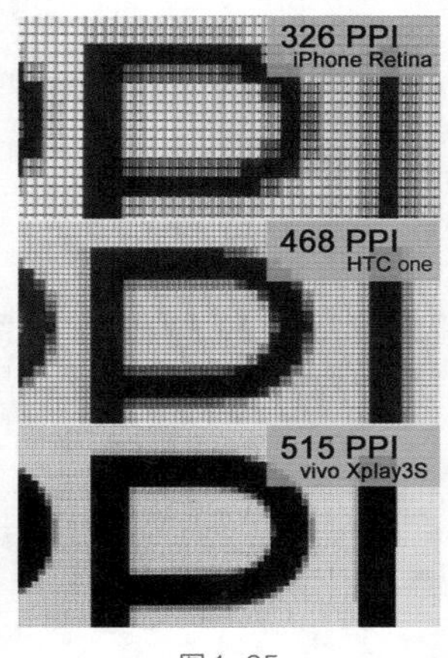

图 1-35

但实际上屏幕的分辨率要复杂，可以参考下图所示：

	低密度(ldpi 120)	中密度(mdpi 160)	高密度(hdpi 240)	超高密度(320 xhdpi)
小屏幕	QVGA (240×320)		480×640	
中屏幕	WQVGA400 (240×400) WQVGA432 (240×432)	HVGA (320×480)	WVGA800 (480×800) WVGA854 (480×854) 600×1024	640×960
大屏幕	WVGA800** (480×800) WVGA854** (480×854)	WVGA800* (480×800) WVGA854* (480×854) 600×1024		
超大屏幕	1024×600	WXGA (1280×800) 1024×768 1280×768	1536×1152 1920×1152 1920×1200	2048×1536 2560×1536 2560×1600

图 1-36

1.3.5 图标尺寸大小与格式

本节介绍 Android、IOS、Windows Phone 3 个系统图标尺寸要求，以及图片采用格式的建议。图 1-37 所示的是 APP 图标。

（1）图标尺寸大小

APP 的图标（ICON）不仅指应用程序的启动图标，还包括状态栏、菜单栏或者是切换导航栏等位置出现的其他标识性图片，所以 ICON 指的是所有这些图片的集合，图 1-37 所示。

（2）图标格式

BMP：BMP 代表位图，是 Windows 操作系统中的标准图像文件格式。几乎所有处理图像的 Windows 程序都支持 BMP 文件格式。

EM：Enhanced Metafile（中文意思是“增强型图元文件”）图形，是 Microsoft Windows 的本机文件格式之一，一种 Windows 32 位扩展图元文件格式，是矢量文件格式。

GIF：GIF 是图形交换格式，由 CompuServe 创造的一种简单图形格式，由于受到网络浏览器的支持而得到广泛使用。GIF 允许将 256 种颜色中的某一个设为透明色；在网页上使用时，该颜色的像素是透明的，这样便可以看到 GIF 后面的背景。

JPEG：JPG 扩展名用于表示 JPEG 压缩文件。该文件类型是 3 种标准的互联网类型（JPG、GIF 及 PNG）之一，广泛用于存储相片图像。所有的 JPEG 图像都允许使用真彩色（真彩色就是几百万种颜色）。

TIFF：此格式支持多种压缩算法，甚至可以不压缩，大多数算法是无损压缩，但有一个是有损压缩 (JPEG)。TIFF 文件可以包含多个图像，但许多程序不支持此项功能。

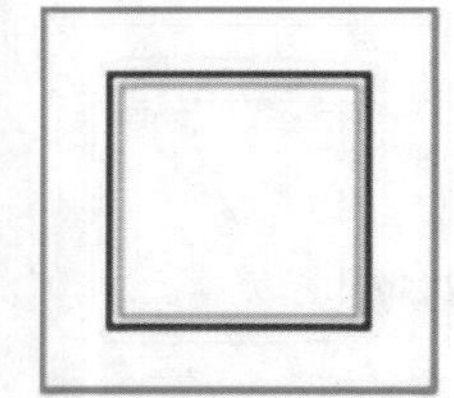

图 1-37

1.4 手机界面的色彩搭配与视觉效果

色彩的搭配是否恰当，决定着你的设计品味的高低。本节将介绍几种常见的色彩搭配方法，全面提升你的色彩搭配感知力。

1.4.1 色彩的重要性

有科学人员研究表明，人们对色彩的反应高于文字。这是一项有趣的研究。

设计中最具表现力和感染力的因素来源于色彩，它可以让人在视觉感官上产生一些生理、心理和类似物理的效应，并形成丰富的联想效果、深刻的意义，还有独特的象征性。人的视觉效果的反应来自色彩的物理性质方面，比如冷暖、远近、轻重、大小等。

（1）温度感：在色彩学上，不同色相的色彩可以化分为热色、冷色和温色，热色是由红紫、红、橙、黄到黄绿色的称呼，其中以橙色为最热。冷色是从青紫、青至青绿色的称呼，其中以青色为最冷。红与青色混合而成紫色，黄与青混合而成绿色，所以这些是温色。红色、黄色，让人觉得看到太阳、火、炼钢炉等，是人类长期适应的感觉，这样会感觉到热，而青色、绿色，让人好像看到江河湖海、绿色的田野、森林，感觉凉爽。

（2）距离感：进退、凹凸、远近可以使人感觉到不同的色彩，具有前进、凸出、接近的效果一般是由暖色系和明度高的色彩显示出来的，相反具有后退、凹进、远离的效果一般是由冷色系和明度较低的色彩显示出的。

（3）重量感。色彩重量感的形成是因为有明度和纯度的存在，明度和纯度高的显得轻，如桃红、浅黄色。

（4）尺度感。色相和明度这两个因素的形成是由于色彩对物体大小产生的作用。暖色和明度高的色彩具有扩散作用，所以物体就会显得大一些，而冷色和暗色则具有内聚作用，所以物体就会显得小一些。有时不同的明度和冷暖也可以通过对比作用显示出来，比如室内的一些不同家具、物体的大小和整个室内空间的色彩处理有着密切的关系，可以利用色彩来改变物体的尺度、体积和空间感，使室内各部分之间关系更为协调。图 1-38 所示为冷色系的效果，图 1-39 所示是金属质感浓厚的 APP 图标，图 1-40 所示是扁平化 APP 图标的设置。

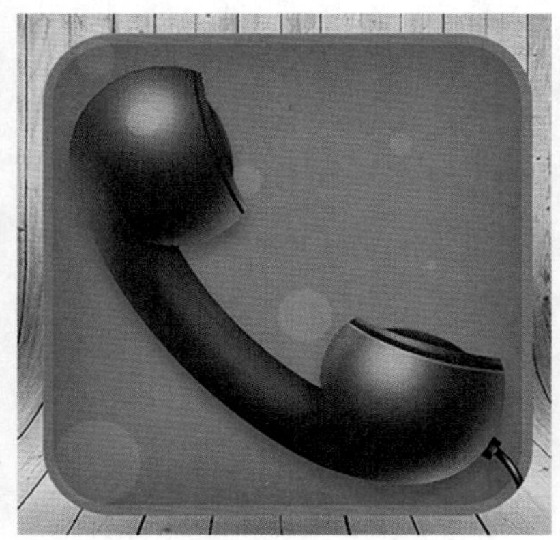

图1-38

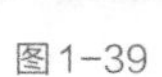

图1-39

图1-40

1.4.2 色彩的分类

色彩的分类：色彩分为原色、间色、复色和补色 4 类。按色彩的色调色系（冷、暖、明、暗、软、硬）、色彩的感情表达（喜、怒、哀、乐）、色彩的呈现状态（安静的、活泼的、典雅的、清新的）可以划分出多种不同的类别组合。

图 1-41 所示中展现的春夏秋冬，在画面中，色彩的转换能变换出别样的情绪状态。

图 1-41

春天：微寒却点缀有生机的绿——清新。

秋天：热未散尽带点哀愁的黄——典雅。

冬天：冷清沉寂纯洁如雪的白——安静。

夏天：热闹欢乐铺满世界的蓝——活泼。

1.4.3 色彩搭配方法

颜色切忌滥用，在实际搭配中，如果对自己的色彩搭配水平没有把握，可以采用 3 个简单的方法：参考同类 APP 案例、使用配色软件和在线配色网站。色彩为第一视觉语言，具有影响受众心理、唤起受众感情的作用，它能左右我们的感情和行动。

1. 参考同类 APP 案例

参考同类 APP 案例是指根据 APP 行业、风格和定位，去寻找同类 APP 的常用色彩搭配组合。使用 APP 色彩搭配组合图，具体操作室采用吸管工具，将 APP 界面中采用面积最大的几种颜色提取出来。这种方法可以快速有效地找出使用的色彩搭配方案。

2. 配色软件

现下有很多配色软件可以用来实现色彩捕捉分析，Real Colors Pro 就是一款手机上使用的色彩代培工具。除支持直接调用图片进行色彩分析外，还可通过摄像头实拍功能进行外界色彩的抽取与搭配。遇到喜欢的搭配，可以保存到库中，需要的时候调取出来作为参考。

3. 配色网站

参考别人的 APP 始终有不方便之处，现在配色网站很多，它们推荐的搭配总有一款适合你，其中省去了很多操作步骤，让色彩搭配变得很容易。

1.4.4 简约明快型

简洁明快、实用大方是简约明快型特点。因为“极简主义”的生活理念普遍存在于当今社会流行的文化中，所以才会有这个概念。

简约明快型的界面适合色彩支持数量较少的彩屏手机。其由于大块颜色和线条组合的构成方法，使界面不缺少大气、简约的特点。点线面基本原色的形状构成是结合了色彩的纯净搭配，这样做的方法是为了让画面显得干净利落，给用户的操作带来轻松的感受。

同种色搭配能创造简约明快的效果。这种色彩搭配是一种最简单便捷、最基本基础的配色方法。同种色是指一系列的色相相同或相近，由明度变化而产生的浓淡深浅不同的色调。如果需要端庄、沉静、稳重的效果，也可以选用同种色搭配的方法的，但必须要注意同种色搭配时，颜色之间的明度区别要适当，太接近的色调容易相互混淆，缺乏层次感，版面的颜色就会显得相差太小。对比太强烈的色调容易使整体效果显得分裂，版面的颜色就会显得相差太大。同种色搭配时最好有深、中、浅3个层次变化，少于3个层次的搭配显得比较单调，而层次过多则容易产生琐碎、分散的效果。同种色搭配如图1-42所示。

图1-42

1.4.5 趣味与独创型

形式上的情趣表现手机界面设计中的趣味性。这是一种活泼并具有跳跃感的版面视觉效果。制造趣味性可以使本没有多少精彩内容的版面更加有趣，这是在构思中动用了艺术手段后起到的作用。版面充满趣味性，会使传媒信息更上一层楼，起到画龙点睛的作用，从而更吸引用户，打动用户。

独创性实际上是突出个性化特征的。版面设计的创意点就是鲜明的个性特点。版面的简单化和概念化大致相同，那么，它所记录的东西就很少，也就谈不上可以用意料不到的方法去取胜了。所以设计师要敢于思考，敢于别出心裁，要想赢得用户的青睐，就要在排版设计上多一点个性，多一点独创性，多一点趣味性。

1.4.6 高贵华丽型

高贵华丽的效果适合支持色彩数量较多的彩屏手机，最好支持带8位Alpha通道的PNG透明图，如图1-43所示。

其基于饱和的色彩和华丽的质感，塑造超酷超炫的视觉感受，利用羽化了的像素对图形图像进行仿真设计，不仅塑造界面色彩、形状，还进一步在元素的质感和体积感上下功夫，给用户一种高贵华丽的视觉享受。

图1-43

1.5 APP 设计教程之色彩搭配信息图标

色彩运用也是一门学问，也是很重要的元素之一。人们对颜色的视觉感受是很敏感的，所以在进行设计的时候，要学会通过颜色来传递设计理念。

1.5.1 色彩三要素

有色彩系的颜色具有 3 个基本特征：包括色相、明度、纯度。在色彩学上也称为色彩的三大要素或色彩的三属性。下面我们来逐一介绍。

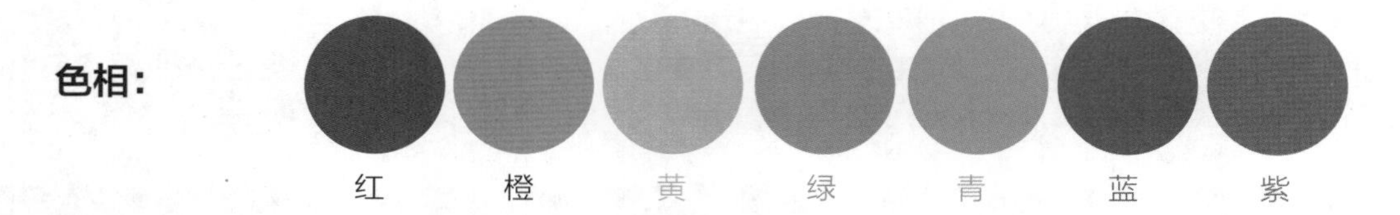

色相，它是色彩的首要特征，除了黑白灰以外的任何颜色都有色相的属性。色相是由原色、间色、和复色来构成的，最能准确地区别各种颜色。那么什么是色相呢？色相是色彩所呈现出的面貌。就如我们看到的赤橙黄绿青蓝紫，如上图所示。

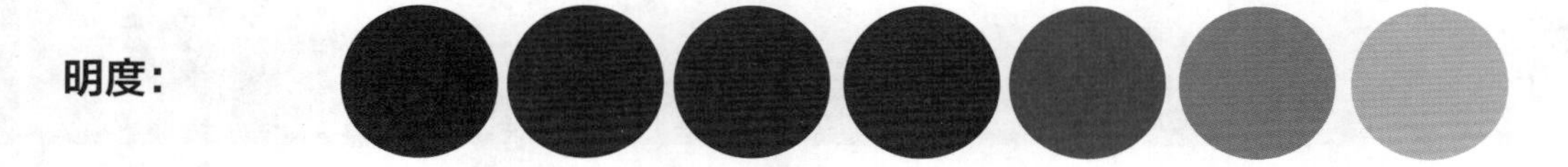

明度，是指色彩的亮度。颜色通过明暗所呈现出来的颜色是不一样的，比如红色系就有深红、大红、粉红等。这些颜色在明暗、深浅上的不同变化，便是色彩的明度变化，如上图所示。

而明度的变化分为 3 种情况：一个是不同色相之间的明度变化；另一个是在某种颜色的基础上加白或者加黑，通过明暗来变化颜色。最后一种是指相同的颜色，因为光照的强弱而产生的明度变化。

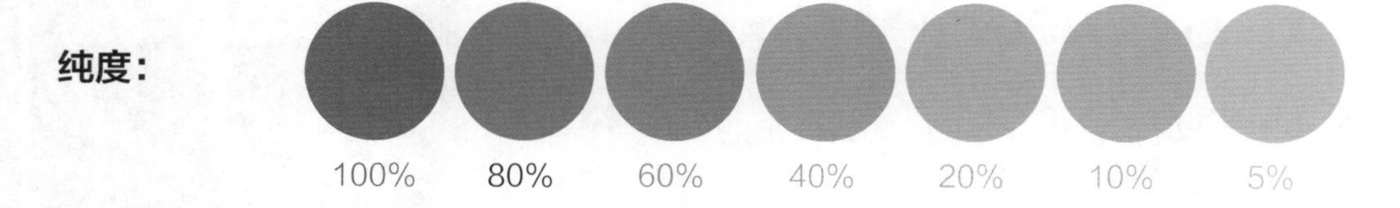

纯度，是指色彩的新鲜度。从科学的角度看，一种颜色的鲜艳度取决于色相反射光的单一程度。人眼能辨别有单色光特征的色，都具有一定的鲜艳度。不同的色相不仅明度不同，纯度也不同，如上图所示。

1.5.2 配色工具

Adobe Kuler 可以帮助设计师节约时间功能强大的配图工具，也提供了很多免费的色彩主题，可以自己收藏并在下次使用。不论是初学者还是职业设计师，它都可以为你解决色调这个头疼的问题。选择相应的颜色类型，可以出现在颜色的类比色、补色等，（如图 1-44~ 图 1-49 所示）。相应的颜色、数值都会显示。我们可以下载软件，也可以在网站上进行使用（http://kuler.adobe.com）。

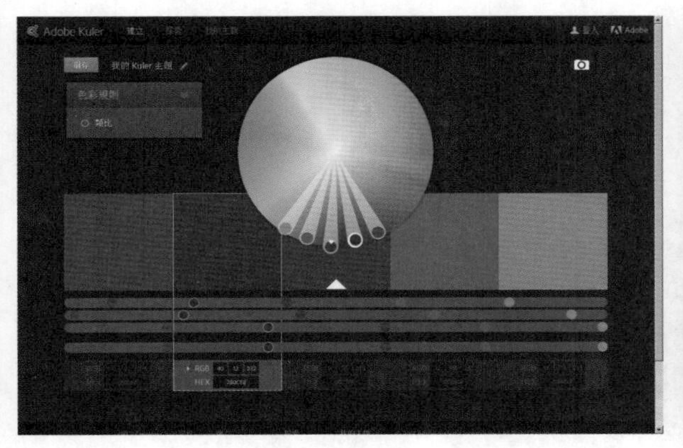

图 1-44

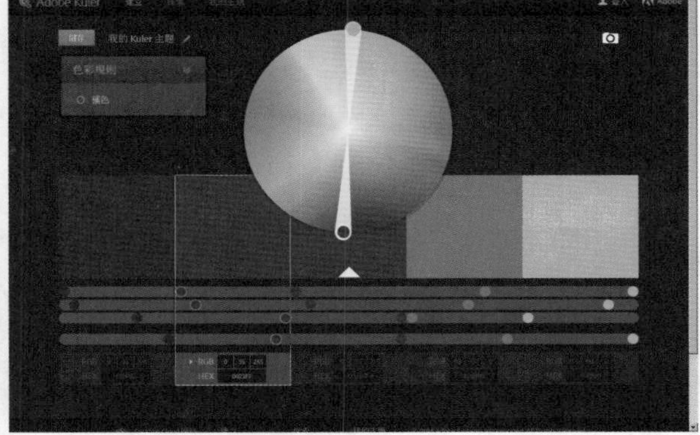

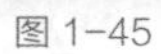

图 1-45

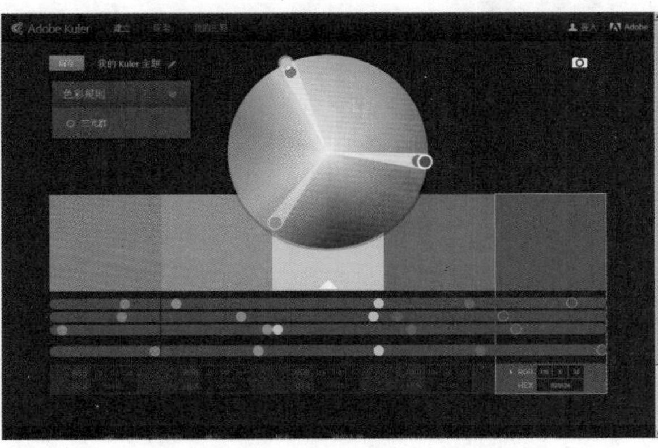

图 1-46

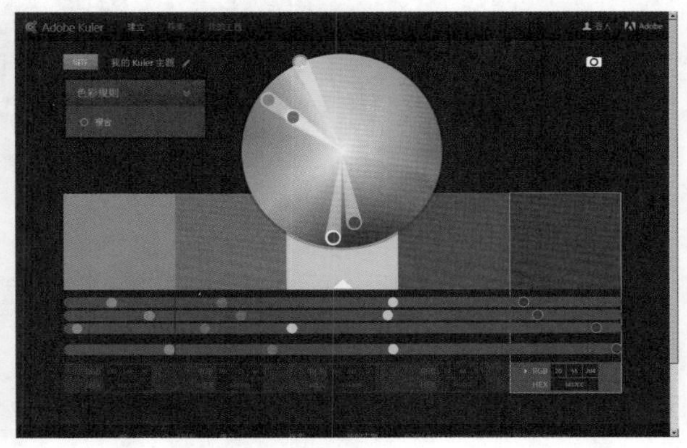

图 1-47

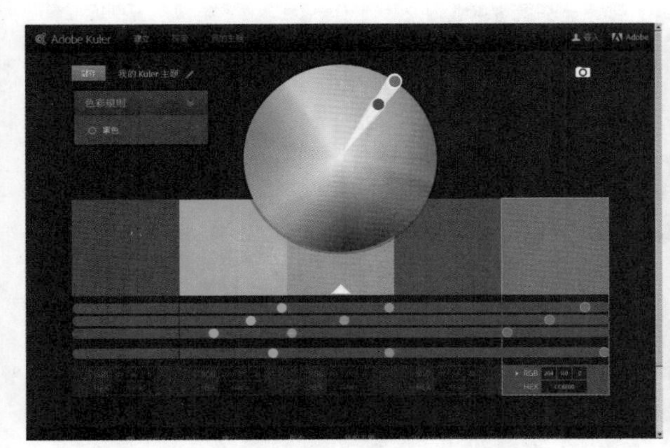

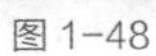

图 1-48

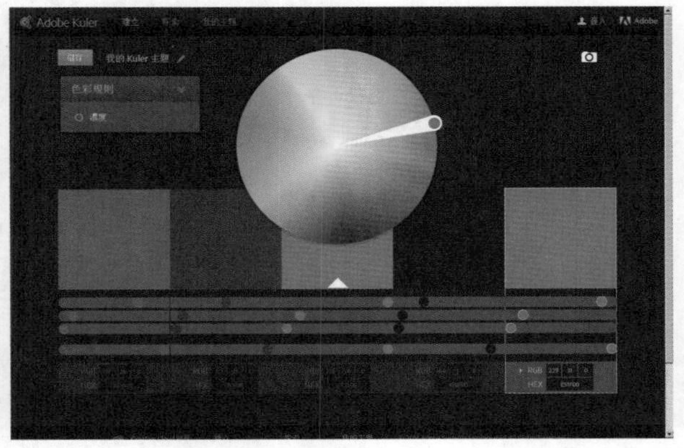

图 1-49

1.5.3 色彩搭配

无论什么设计，好的色彩搭配总能一下子便锁住了人们的眼球。色彩是神奇的、魔幻的、可爱的、浪漫的、变幻莫测的。拥有丰富的色彩知识，才能更好地进行色彩搭配，更完整地表达出你想要传达的主题。下面我们简单地介绍一些色彩的搭配方法。

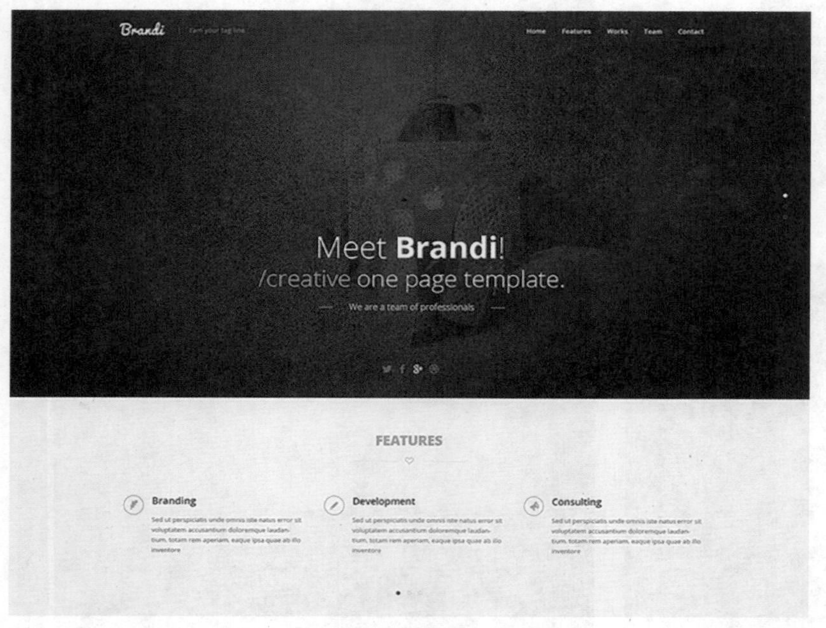

图 1-50

单色搭配：以单一颜色作为基础色，再通过以饱和度和亮度的变化来选择搭配的颜色。因为属于同一个色系的颜色，所以使用起来，画面整个的对比度不强。单色具有舒适感和亲切感，如图 1-50 所示。

图 1-51

类似色：有一个主色，在它旁边搭配等距的两个颜色，类似色都有共同的颜色，这样颜色搭配产生色会有一种柔和、赏心悦目的和谐感，如图 1-51 所示。

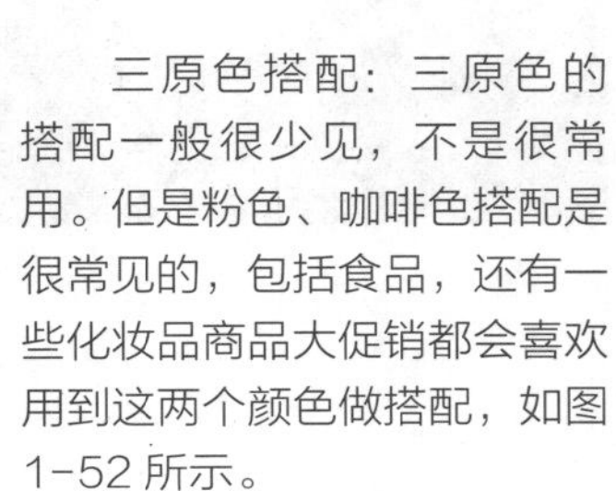

三原色搭配：三原色的搭配一般很少见，不是很常用。但是粉色、咖啡色搭配是很常见的，包括食品，还有一些化妆品商品大促销都会喜欢用到这两个颜色做搭配，如图1-52所示。

图 1-52

补色搭配：在色轮上直线相对的两种颜色称为补色。常用的是红色与绿色。两种颜色的搭配能传递出活力、兴奋、能量的意义。但是两种颜色在版面的占有面积不能同等，这样会有失美感。最好是其中一个面积较小，另一个面积较大。图1-53为补色界面搭配。

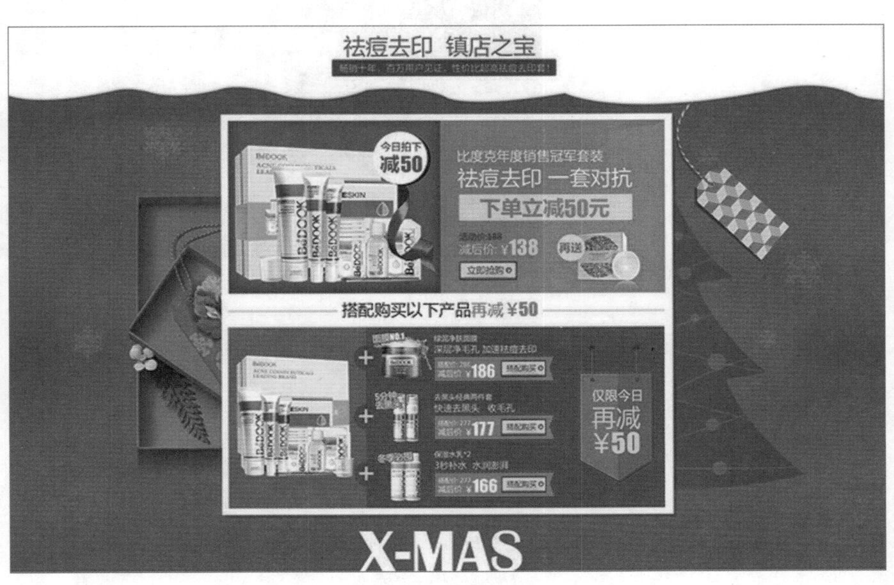

图 1-53

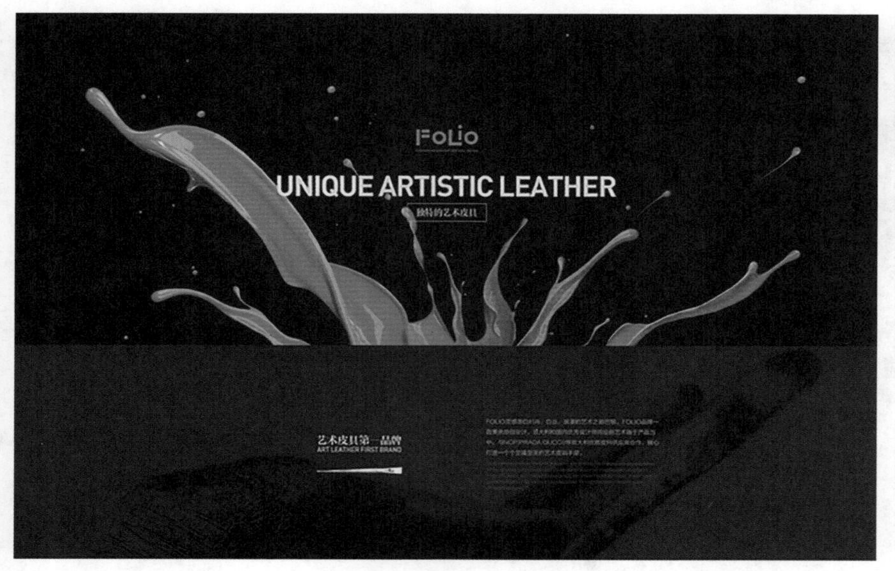

图 1-54

分裂补色：以 3 个类似色为基础，加上色环对面的一个对比色，构成一个既不失优雅又能强调重点的有效配色法。

这种颜色搭配既具有类似色的低对比度的美感，又具有补色的力量感，形成了一种既和谐又有重点的颜色关系，如图 1-54 所示。

图 1-55

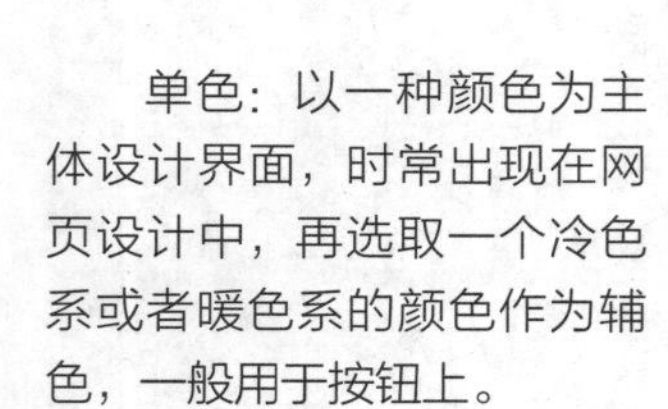

单色：以一种颜色为主体设计界面，时常出现在网页设计中，再选取一个冷色系或者暖色系的颜色作为辅色，一般用于按钮上。

这种颜色搭配具有简洁的效果，让使用者有一目了然的清新感，如图 1-55 所示。

1.5.4 色彩的强度与选择

色彩的强度是用肉眼难以分辨的。它是通过眼、脑和我们的生活经验所产生的一种对光的视觉效应。在补色对比与对比色之前给人的视觉强度会有明显差异。

在色彩的选择上，要知道不同的颜色给人带来的心里感受与视觉感受是不相同的。例如

黄色：乐观和年轻的颜色，看起来充满活力和阳光。

红色：充满动力，增加心跳，能够制造出紧急氛围，常用于产品促销。

蓝色：能够营造出稳定、安全、信任的感觉，一般用于科技、银行、贸易等。

绿色：轻松、生机的颜色，常用于轻松购物、环保保健等。

橙色：激情、欢快，代表有收获的，促进行动、下单、购买、销售。

粉色：可爱、柔美、女性化的颜色，常用于女性产品。

黑色：看起来沉稳。

紫色：缓和放松的颜色，充满浪漫、高雅的气质。

在服装、建筑、家居、美术、广告等设计中，越来越多地运用现实中的对比色。市场经济时代就是被关注的时代，在艺术设计中对比色的应用也越来越重要了。像黑白、红绿、蓝黄等经典对比色，更是在各行各业中常常用到的。常见的对比色有：互补色对比、对比色对比、中差色对比等。

互补色

互补色对比指在色相环上距离 180 度左右的颜色组对比，在视觉效果中具有强烈刺激感，从而使色彩对比达到最大的程度。

对比色

对比色是人的视觉感官所产生的一种生理现象，是视网膜对色彩的平衡作用。在 24 色相环上相距 120 度到 180 度之间的两种颜色，称为对比色。

两种可以明显区分的色彩，叫对比色。包括色相对比、明度对比、饱和度对比、冷暖对比、补色对比、色彩和消色的对比等。

对比色对比，指 24 色相环上间隔 120 左右的三色对比，如：品红－黄－青，橙红－黄绿－蓝，黄橙－青绿－紫等，视觉效果饱满华丽，让人觉得欢乐活跃，容易兴奋激动，如图 1-56 所示。

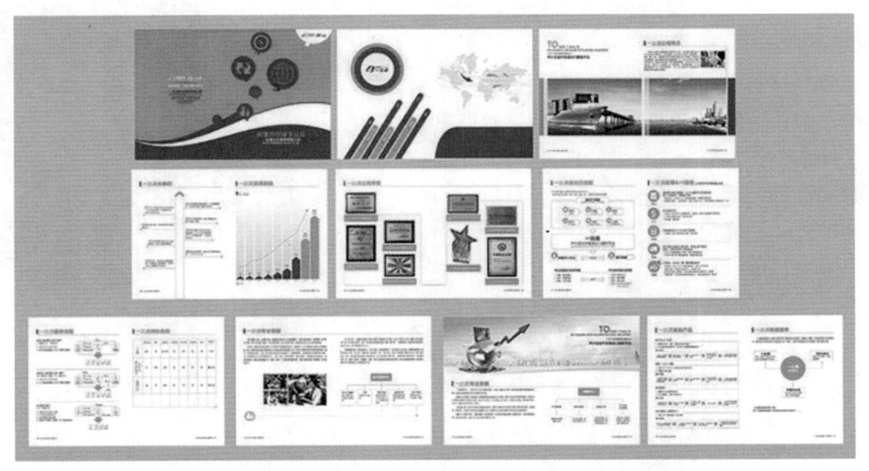

图 1-56

中差色

色相环中 90 度的配色，在视觉上是有很大的配色张力的效果，是非常个性化的配色方式。在 24 色相上任选一色；与此色相邻之色为邻色；与此色相间隔 2 ~ 3 色为类似色；与此色相间隔 4 ~ 7 色为中差色，它的色彩的对比效果比较明快，是深受人们喜爱的配色，如图 1-57 所示。

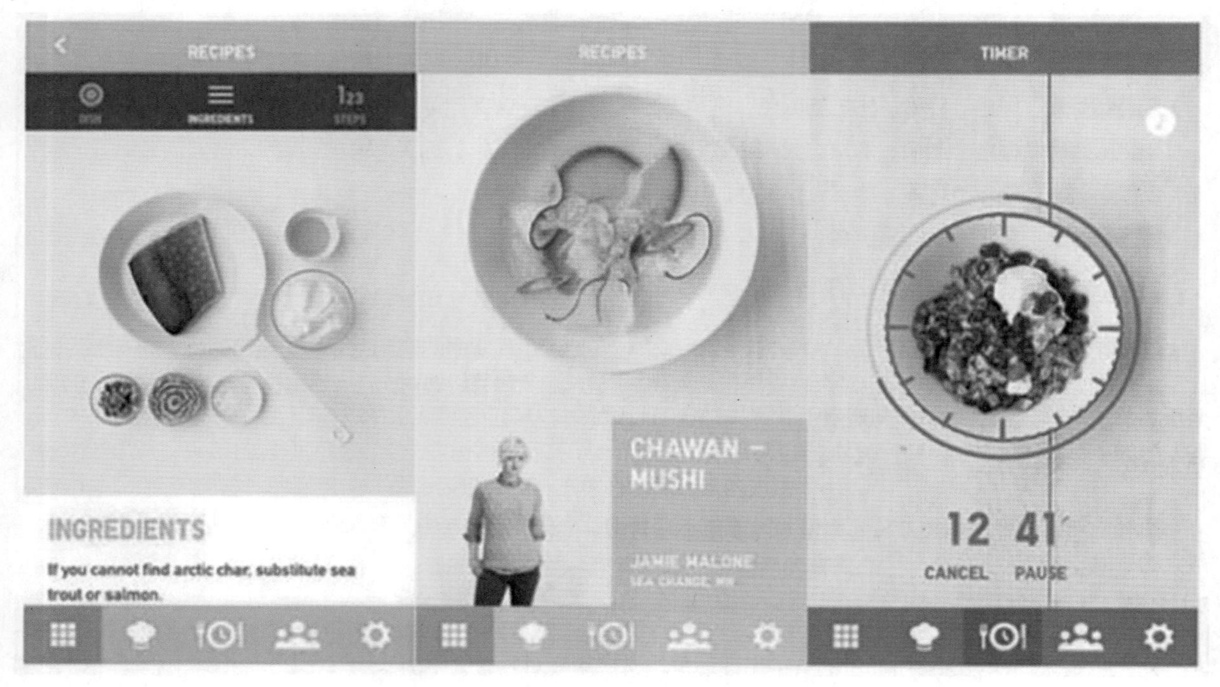

图 1-57

补色

又称互补色，余色，也称强度比色，就是两种颜色混合后呈黑灰色，那么这两种颜色一定互为补色，如图 1-58 所示。色环的任何直径两端相对之色都称为互补色，如黄与蓝、青与红、品红和绿均为互补色。

一种特定的色彩总是只有一种补色，做个简单的实验即可得知。当我们用双眼长时间地盯着一块红布看，然后迅速将眼光移到一面白墙上，视觉残像就会感觉白墙充满绿（青）色。这种视觉残像的原理表明，人的眼睛为了获得自己的平衡，要产生出一种补色作为调剂。

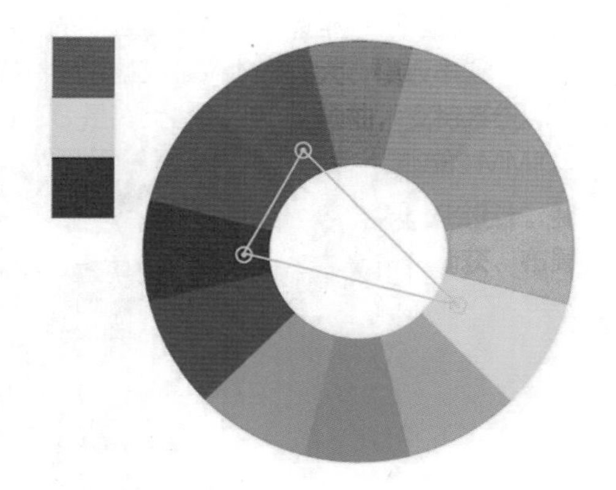

图 1-58

第 2 章 APP 设计流程

APP 的交互流程设计，简单地说就像建造房子，有清楚的平面图纸才能添砖加瓦。设计交互流程是应该对应用的功能需求有清晰的把握的。

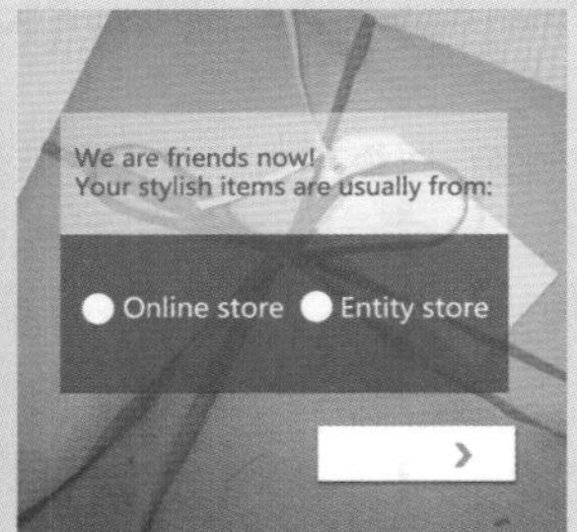

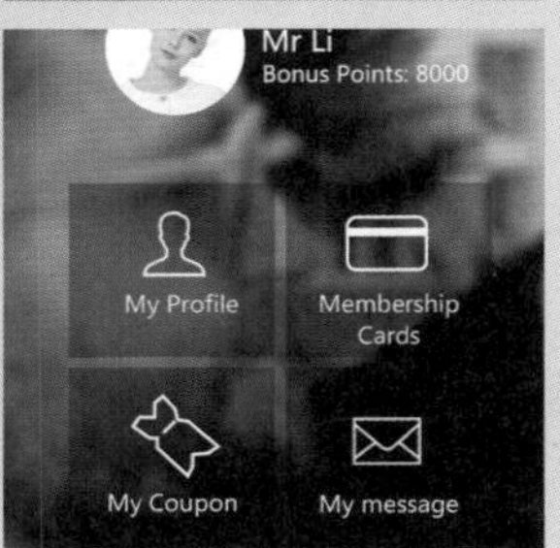

上一节说的是 APP 设计与项目流程步骤，是从全局上进行了一次划分，而本节所说的 APP 的设计流程及方法就更为具体了。

2.1 定位设计

我们常说的“定位设计”，这个名词其实是从国外翻译过来的，英文原文是 Position Design。其中 Position 意思是位置、方向，而 Design 的含义为设计。所以，定位设计指的是在设计中目标明确，能够解决构思问题的方法的设计。举个例子，在包装设计中我们可以根据特定的消费群众，针对这些消费群众在产品的质量和用途上进行特殊的强调。总结一下就是“准确地向消费者传达商品信息，给消费者留下深刻的印象”，如图 2-1 所示。

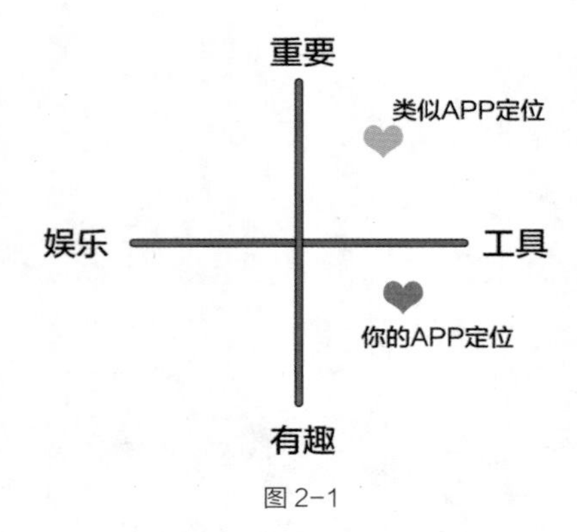

图 2-1

2.2 核心功能的确认

大方向把握好了，接下来就是核心功能的确认。UI 设计的分工其实并不是很明确的，有些公司的设计者无须进行功能确认，只是按照项目经理要求的功能进行还原，而有些公司则需要 UI 设计加入到功能剔除及功能确认的环节中去。为了 UI 设计的连贯性，这里还是介绍一下核心功能确认的方法。

APP 最终是要为用户服务的，它能实现什么功能一定是一个重要的衡量依据。所以在功能选择上，就得慎之又慎。如何从海量的功能中整理出最主要的核心功能，还真不是一件容易的事情。

2.3 ADS

ADS 全称为先进设计系统，英文翻译为 Advanced Design System，它是一款为设计开发的 EDA 软件，也是开发公司安捷伦科技有限公司为适应竞争形势和为了高效地进行产品研发而生产的。应用定义声明由 3 个不同的部分组成，根据解决方案，也就是定位、方案和用户。

在工业设计的领域里 ADS 迅速成为 EDA 软件的突出者，主要是因为它的功能强大、模板丰富，并且支持高标准的仿真能力，从而得到了广大设计工作者的支持。可以说 ADS 是高频设计的工业领袖，支持系统和射频设计师开发所有类型的射频设计，从简单到最复杂，从射频 / 微波模块到用于通信和航空航天 / 国防的 MMIC。

ADS 通过从频域和时域电路仿真到电磁场仿真的全套仿真技术，让设计师能全面表征和优化设计。我们不需要在设计中停下来更换设计工具，因为单一的集成设计环境提供系统和电路仿真器，电路图有捕获、布局和验证能力。

2.4 草图的绘制

绘草图是不用绘图仪器的，一般是采用目测或者徒手画出需要的图形，这种绘图方式称为草图或者徒手画。这在现场测绘、设计方案讨论或者技术交流上会用到，所以工程技术人员和设计师们必须具备徒手绘图的能力。绘画主要的方法有 3 种，一是仪器绘图，二是徒手绘图，三是计算机绘图。绘制草图如图 2-2 所示。

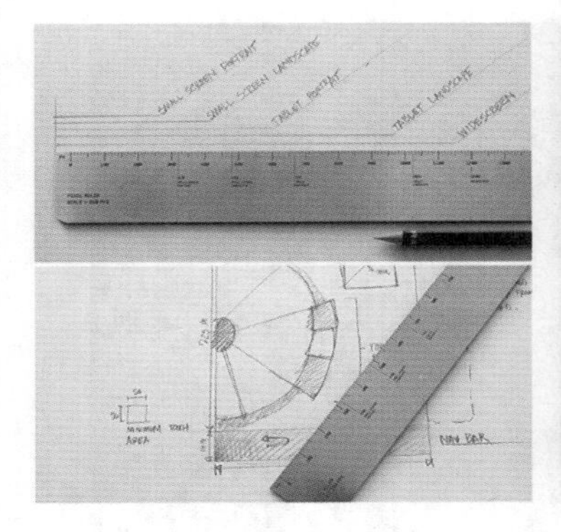

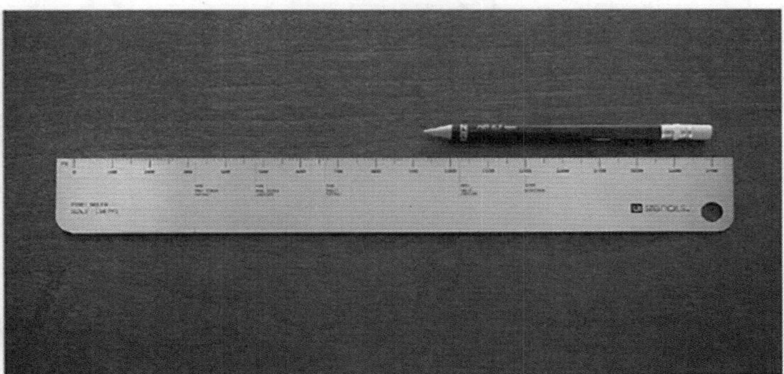

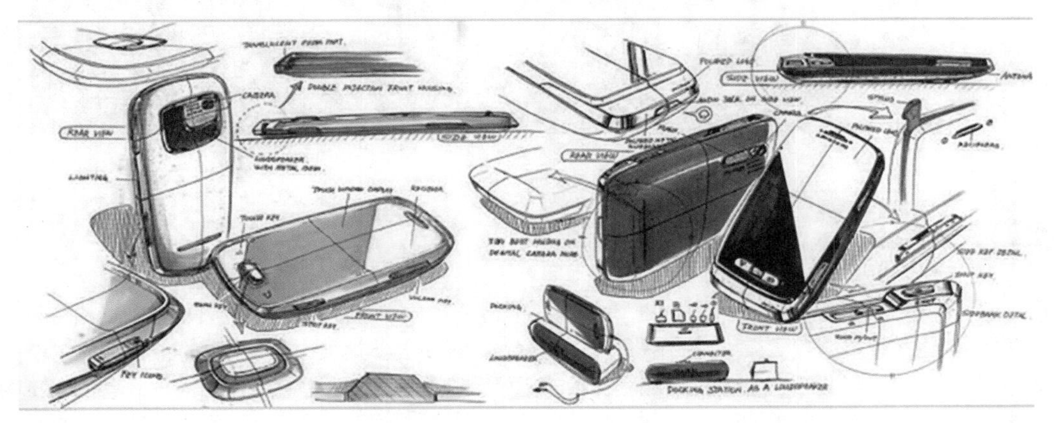

图 2-2

2.5 低保真原型与高保真原型

为了手机界面设计上的需求及目的，还有制作上的难易程度，我们把原型分为低保真原型和高保真原型。

1. 低保真原型

低保真原型的设计是一种简单的产品模拟，它的特性是停留在产品的外部特征和功能构架上。为方便表现最初的设计概念和思路，可以利用简单的设计工具迅速地制作出来。这在设计过程的初期的需求收集和分析上用得比较多，简单的产品原型可以作为设计开发人员和用户之间的沟通，并且帮助用户表达对产品的期望和要求，可是通常不能实现和用户之间的互动联系，如图 2-3 所示。

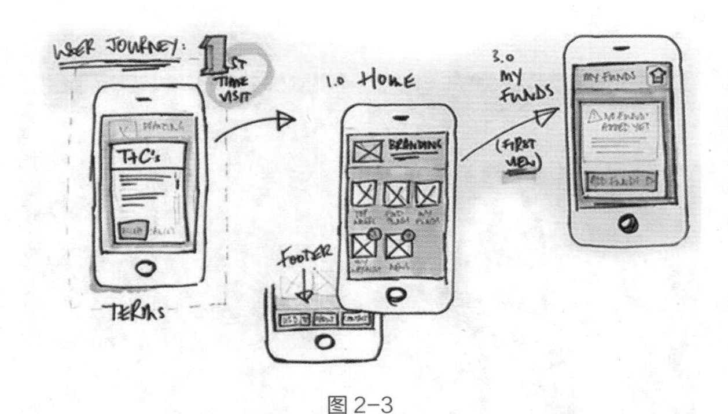

图 2-3

2. 高保真原型

高保真原型设计是高互动性、高功能性的原型设计，它可以忠诚可靠尽力地展示产品的主要或者全部功能和工作流程，要有完全的互动性，这样可以让用户像使用真实产品一样完成各种任务。通常在开发高保真原型时会消耗大量的时间和精力，它常常被用于需求分析之后的细节设计，以及利用使用性评估来发现产品在互动性和工作流程方面的其他问题。

低保真原型设计是为了更好、更全面地展示高保真原型设计，如图 2-4 所示。

图 2-4

2.6 视觉设计

在区分层次方面，还是要注意空间、颜色和字体大小的设计。为那些重要的图标设计时要着重第一眼的感觉，要漂亮，并且要有立体感；不太重要的图标在设计的时候可以减少立体效果，也就是图标的层次无需过多，颜色上不要太抢眼，也不需要有 3D 效果。好看的图标和按钮可以给页面增加一些亮点，给人一种高格调的感受。在字体上也要和颜色一样分层次，页面上的字体最好分出 3 级，就算是设计一个标题也可以尝试分层次，这只是为了在视觉效果上更好。

针对眼睛官能的主观形式的表现手段和结果，我们称之为视觉设计。视觉设计的概念是由“视觉传达设计”演变而来的，视觉传达设计属于视觉设计的一部分，不同的是，它是针对被传达对象也就是观众所表现的，对设计师本身视觉需要的因素有所欠缺。视觉传达不仅表现给视觉观众观看，也传达给设计师本人，所以在视觉上已经考虑到视觉传达表现的方方面面了。

除了配色和图标的设计加工以外，还可以在某些其他元素上下工夫，如文本、高光、点触后的背景阴影等，如图 2-5 所示。

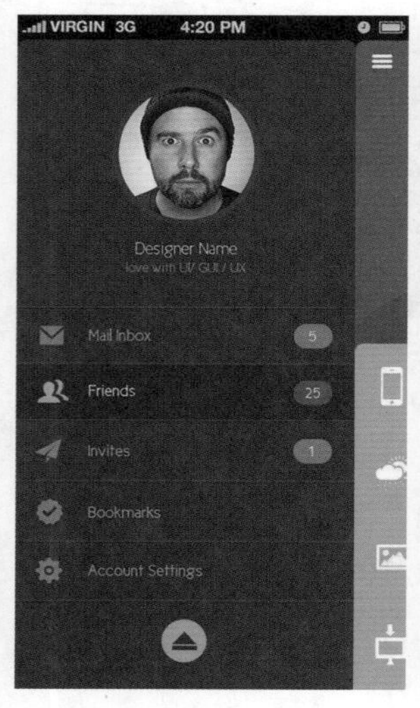

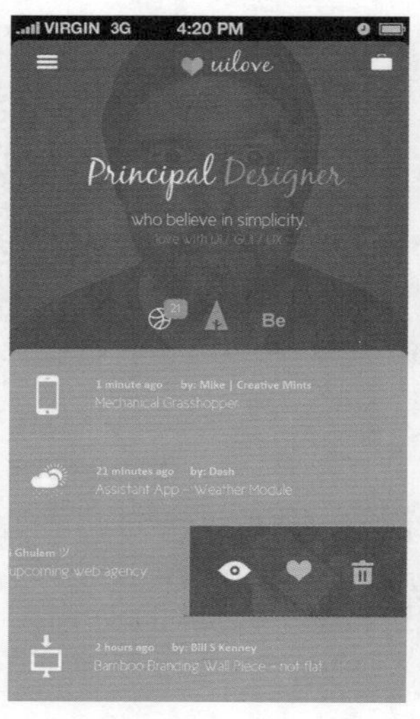

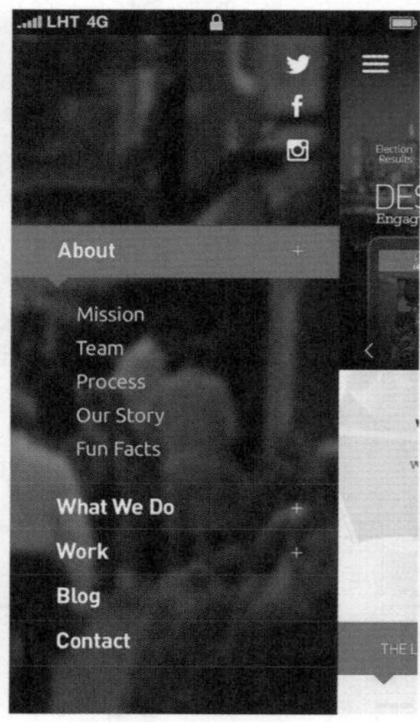

图 2-5

第 3 章
iOS APP 基本元素的制作

本章讲解了苹果 iOS 智能手机操作系统的构成元素和各种实例，全面解析各种元素和界面的具体绘制方法。

3.1 块面组成界面

图形制作的 APP 界面主要运用了圆形、正方形、长方形和组合图形。

在使用方形作为界面背景的时候，可以用拼接的方式将色块拼接作为背景。如果使用方形来作图标的话，建议将直角改为圆角，这样界面会更容易被大众接受。

本案例主要利用了冷、暖两种色调设计手机界面，其中冷色调界面使用了渐变色块，暖色调使用到了颜色从浅到深的色块区分板块。

易难度★★★　实用度★★★★

布局分析

本案例在布局上采用了横向排列的方法，在设计块面界面的结构上，横向拼接是最常见的。

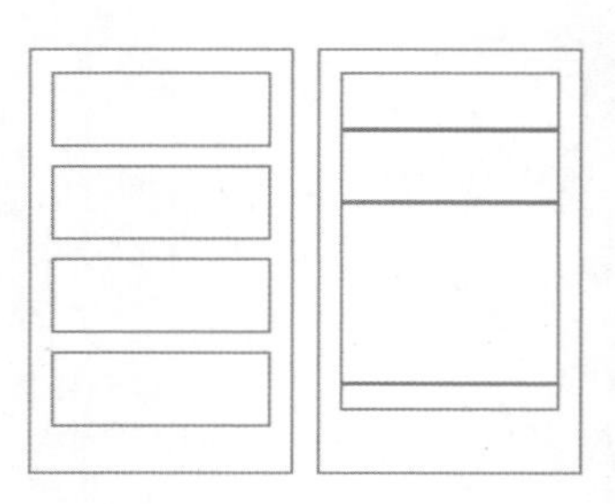

色彩分析

在设计构思过程中一般会优先考虑到颜色的搭配。本案例所选择的颜色搭配运用到前面所讲的互补色，以下是这次案例选择的颜色。

技法分析

本案例中使用到了圆角矩形工具、矩形工具、椭圆工具，以及添加图层样式。

Step 01 新建文档。执行菜单“文件”/“新建”命令（或按【Ctrl+N】快捷键），设置弹出的“新建”命令对话框，单击“确定”按钮，即可创建一个新的空白文档。

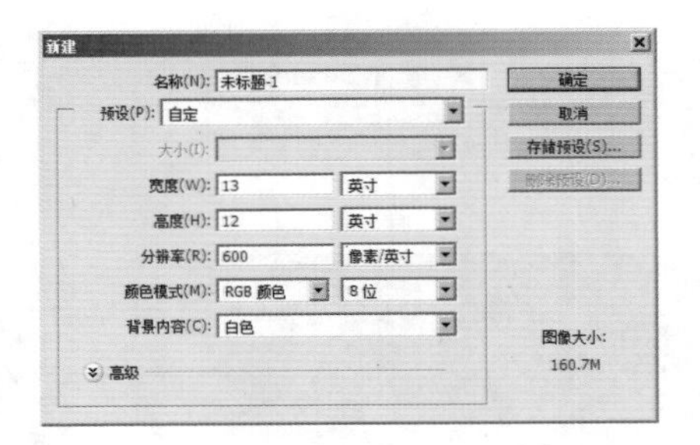

Step 02 设置渐变背景色。单击工具栏中的“渐变工具”按钮，设置渐变色值，选择渐变方向“对称渐变”，设置的参数和得到的渐变效果如下图所示。

Step 03 绘制白色圆角矩形。设置前景色为白色，选择“圆角矩形工具”，在工具选项栏中的“选择工具模式”中选择“形状”选项，在下图所示的位置上绘制圆角矩形，效果如下图所示。

Step 04 复制圆角矩形。选择“圆角矩形 1”，按快捷键【Ctrl+J】复制一个，并更改填充色。按快捷键【Ctrl+T】，调出自由变换控制框，将图像调整到下图所示的状态，按【Enter】键确认操作。

Step 05 设置渐变图层样式。单击“添加图层样式”按钮，在弹出的菜单中选择“渐变叠加”命令，设置弹出的“渐变叠加”命令对话框，设置的参数如下图所示。

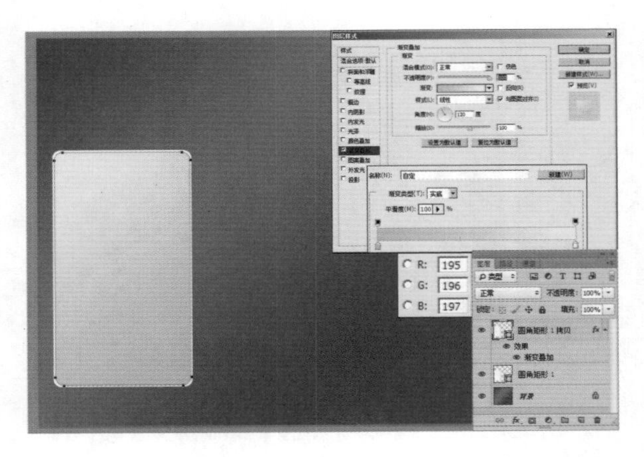

Step 06 绘制椭圆。选择“椭圆工具”，在工具选项栏中的“选择工具模式”中选择“形状”选项，在图中所示的位置上绘制椭圆，设置的参数如下图所示。

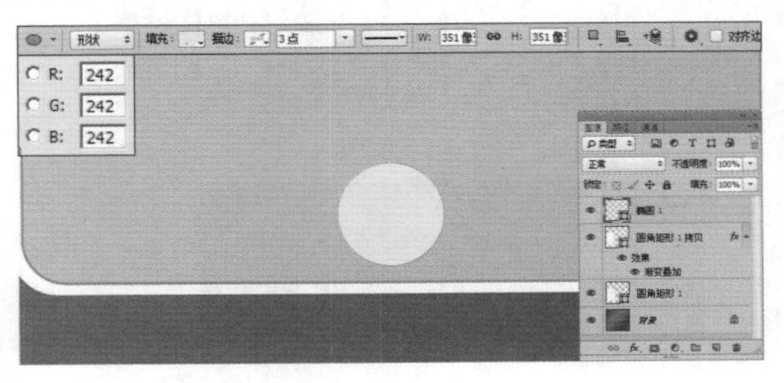

Step 07 设置椭圆渐变。单击“添加图层样式”按钮，在弹出的菜单中选择“渐变叠加”命令，设置弹出的“渐变叠加”命令对话框，如下图所示。

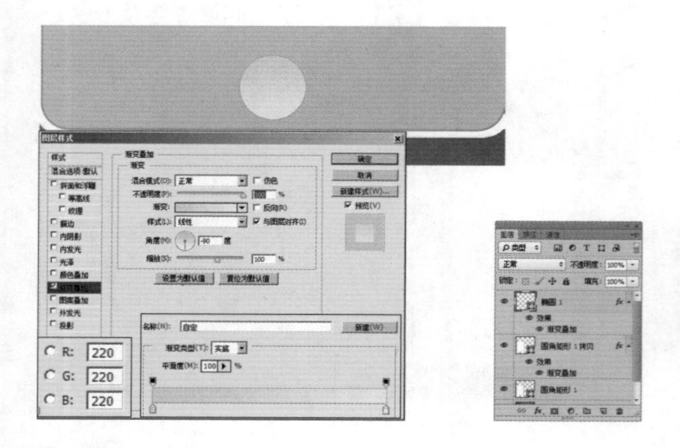

Step 08 绘制矩形。选择“矩形工具”，在工具选项栏中的“选择工具模式”中选择“形状”选项，在图中所示的位置上绘制矩形，设置的参数如下图所示。

Step 09 绘制灰色的圆角矩形。选择“圆角矩形工具”，在工具选项栏中的“选择工具模式”中选择“形状”选项，在图中所示的位置上绘制圆角矩形，效果如下图所示。

Step 10 复制圆角矩形。选择“圆角矩形 2”，按快捷键【Ctrl+J】复制一个，并更改填充色。按快捷键【Ctrl+T】，调出自由变换控制框，将图像调整到如下图所示的状态，按【Enter】键确认操作。

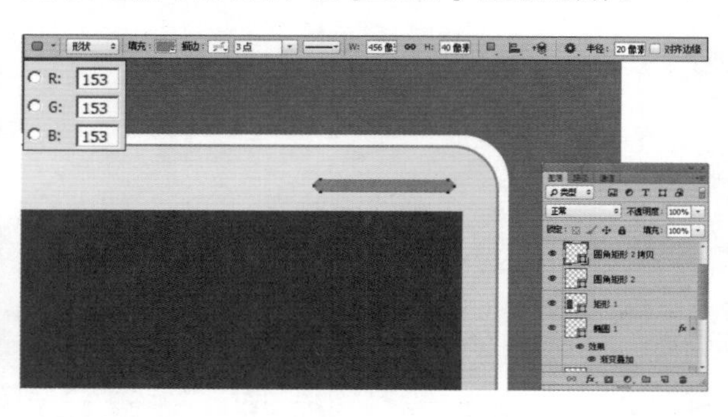

Step 11 绘制椭圆。选择“椭圆工具”，在工具选项栏中的“选择工具模式”中选择“形状”选项，在图中所示的位置上绘制椭圆，设置的参数如下图所示。

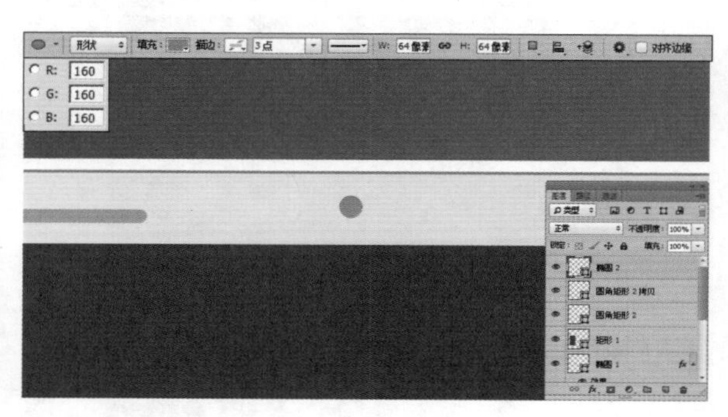

Step 12 绘制矩形。选择“矩形工具”，在工具选项栏中的“选择工具模式”中选择“形状”选项，在图中所示的位置上绘制矩形，设置的参数如下图所示。

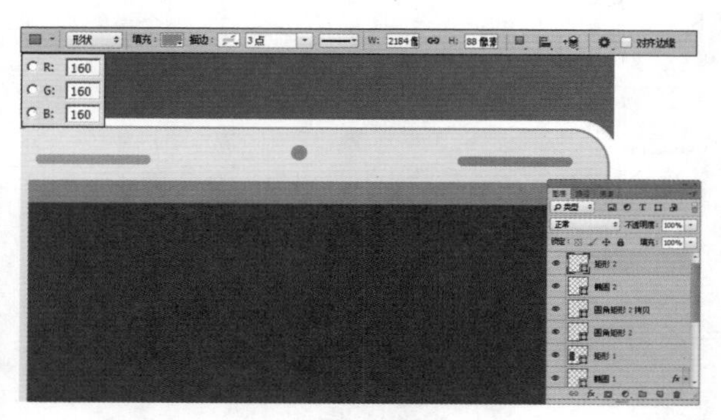

Step 13 设置渐变色。单击“添加图层样式”按钮，在弹出的菜单中选择“渐变叠加”命令，设置弹出的“渐变叠加”命令对话框，设置的参数如下图所示。

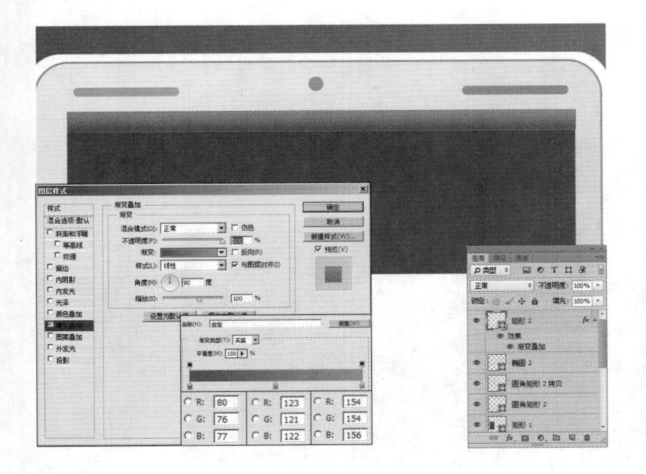

Step 14 绘制信号。选择“矩形工具”，在工具选项栏中的“选择工具模式”中选择“形状”选项，单击“路径操作”按钮，在图中所示的位置上绘制信号矩形，设置的参数如下图所示。

Step 15 绘制电池。选择“矩形工具”，在工具选项栏中的“选择工具模式”中选择“形状”选项，单击“路径操作”按钮，在图中所示的位置上绘制电池，设置的参数如下图所示。

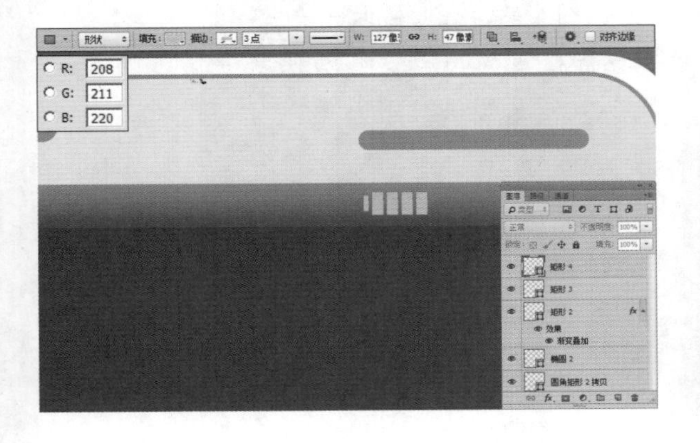

Step 16 添加时间。使用“横排文字工具”，设置适当的字体和字号，在电池的后方位置上输入时间文字，得到文字图层，效果如下图所示。

Step 17 绘制圆角矩形。选择“圆角矩形工具”，在工具选项栏中的“选择工具模式”中选择“形状”选项，在图中所示的位置上绘制圆角矩形，设置4 个角的像素，下面的两个圆角像素为“0”，得到的效果如下图所示。

Step 18 输入“2014”。设置前景色为白色，使用“横排文字工具”，设置适当的字体和字号，在电池的后方位置上输入“2014”文字，得到文字图层，效果如下图所示。

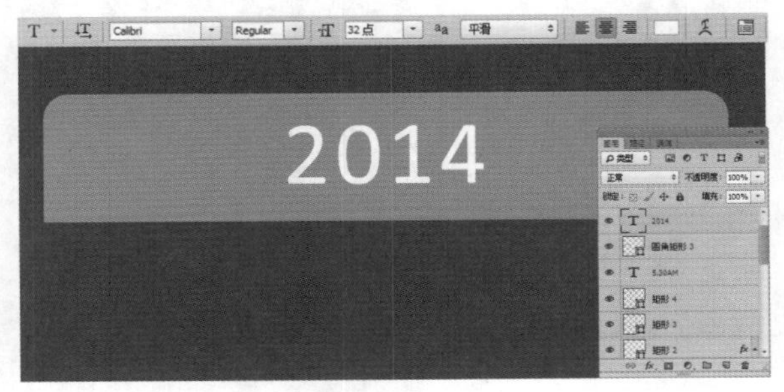

Step 19 绘制矩形。选择“矩形工具”，在工具选项栏中的“选择工具模式”中选择“形状”选项，在图中所示的位置上绘制矩形，设置的参数如下图所示。

Step 20 添加文字。设置前景色为白色，使用“横排文字工具”，设置适当的字体和字号，在电池的后方位置上输入“January”文字，得到文字图层，效果如下图所示。

Step 21 添加箭头。设置前景色为白色，选择“自定形状工具”，在工具选项栏中选择工具模式为“形状”选项，在“图案拾色器”中选择“箭头”，在图中的位置上制作，得到的效果如下图所示。

Step 22 复制箭头。选择“形状 1”图层，按快捷键【Ctrl+J】复制一个，使用“移动工具”移动到图中所示的位置上，按快捷键【Ctrl+T】，调出自由变换控制框，将图像调整到如下图所示的状态，按【Enter】键确认操作。

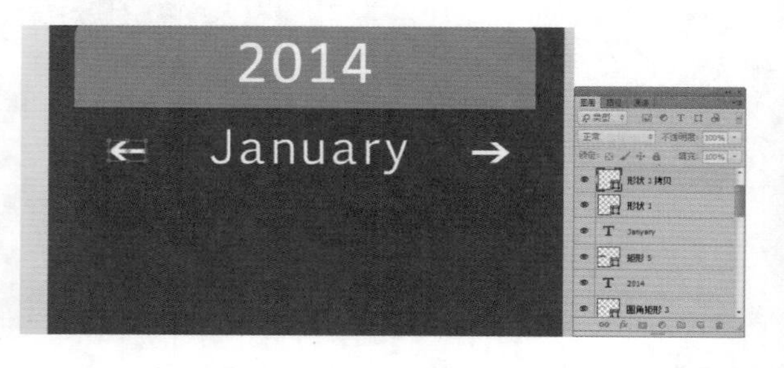

Step 23 添加文字。设置前景色为白色，使用“横排文字工具”，设置适当的字体和字号，在电池的后方位置上输入下图所示的星期文字，得到文字图层，效果如下图所示。

Step 24 绘制矩形。选择“矩形工具”，在工具选项栏中的“选择工具模式”中选择“形状”选项，在图中所示的位置上绘制矩形，设置的参数如下图所示。

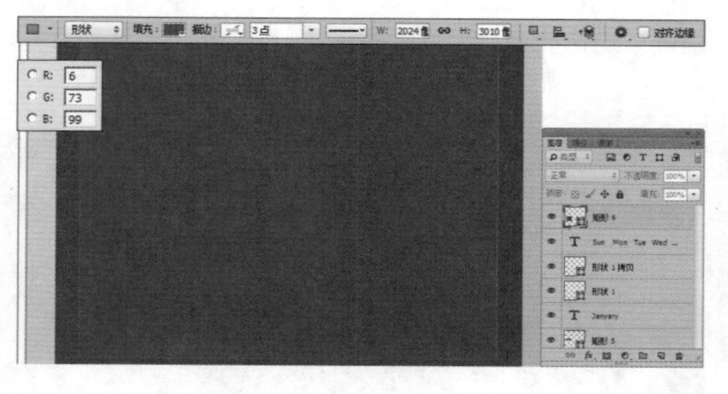

Step 25 添加日期文字。设置前景色为白色，使用“横排文字工具”，设置适当的字体和字号，在电池的后方位置上输入图中所示的日期数字和文字，得到文字图层，得到的效果如下图所示。

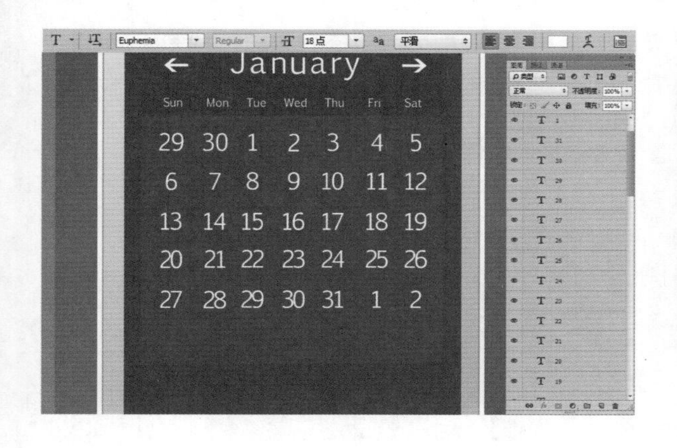

Step 26 绘制椭圆。选择“椭圆工具”，在工具选项栏中的“选择工具模式”中选择“形状”选项，在图中所示的位置上绘制椭圆，设置的参数如下图所示。

Step 27 绘制绿色椭圆。选择“椭圆工具”，在工具选项栏中的“选择工具模式”中选择“形状”选项，在图中所示的位置上绘制绿色椭圆，设置的参数如下图所示。

Step 28 复制绿色椭圆。选择“椭圆 4”，按快捷键【Ctrl+J】复制两个图层，使用“移动工具”移动到图中所示的位置上，按快捷键【Ctrl+T】，调出自由变换控制框，将图像调整到如下图所示的状态，按【Enter】键确认操作。

Step 29 绘制圆角矩形。选择“圆角矩形工具”，在工具选项栏中的“选择工具模式”中选择“形状”选项，在图中所示的位置上绘制圆角矩形，设置 4 个角的像素，上面的两个圆角像素为“0”，得到的效果如下图所示。

Step 30 绘制白色圆形框。选择“椭圆工具”，在工具选项栏中的“选择工具模式”中选择“形状”选项，在图中所示的位置上绘制白色椭圆框，设置的参数如下图所示。

Step 31 添加文字。设置前景色为白色，使用“横排文字工具”，设置适当的字体和字号，在白色椭圆框右边位置上输入图中所示的“Today”文字，得到文字图层，得到的效果如下图所示。

Step 32 绘制圆形。选择“椭圆工具”，在工具选项栏中的“选择工具模式”中选择“形状”选项，在图中所示的位置上绘制白色椭圆框，设置的参数如下图所示。

Step 33 添加文字。设置前景色为白色，使用“横排文字工具”，设置适当的字体和字号，在绿色椭圆右边位置上输入图中所示的“Free”文字，得到文字图层，得到的效果如下图所示。

Step 34 绘制椭圆。选择“椭圆工具”，在工具选项栏中的“选择工具模式”中选择“形状”选项，在图中所示的位置上绘制黄色椭圆，设置的参数如下图所示。

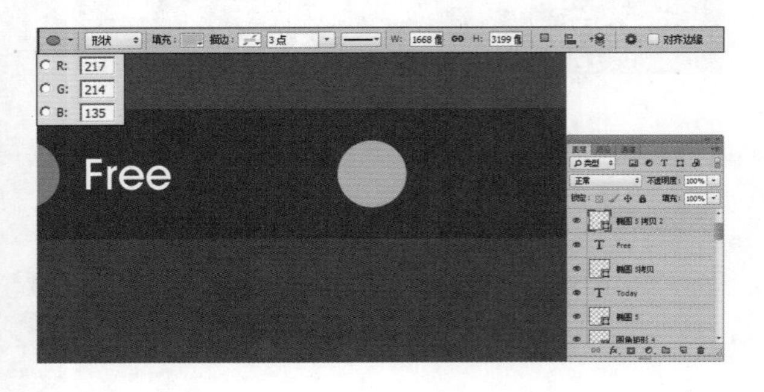

Step 35 添加文字。设置前景色为白色，使用“横排文字工具”，设置适当的字体和字号，在绿色椭圆右边位置上输入图中所示的“Busy”文字，得到文字图层，得到的效果如下图所示。

Step 36 复制手机图层。选择绘制手机的图层，下拉到图层面板中的“新建图层”按钮上，复制它们得到新的手机图层，使用“移动工具”移动到如下图所示的位置上。

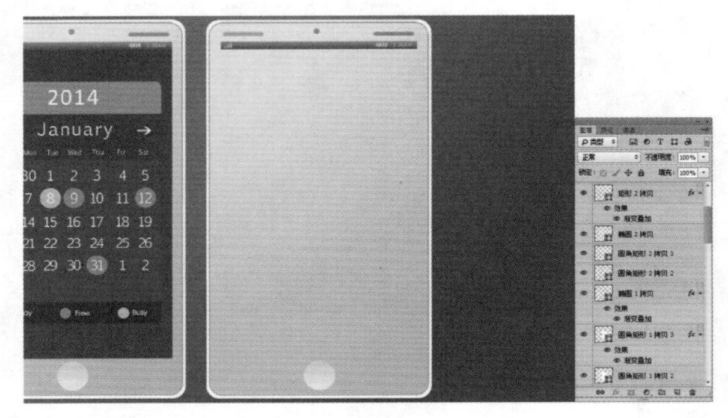

Step 37 绘制矩形。选择“矩形工具”，在工具选项栏中的“选择工具模式”中选择“形状”选项，在图中所示的位置上绘制矩形，再选择“椭圆工具”，在图中所示的位置上绘制白色椭圆，设置的参数如下图所示。

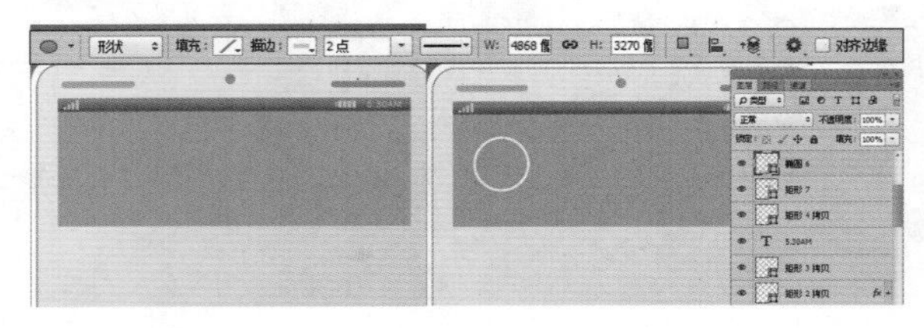

Step 38 添加素材，导入素材。打开随书光盘中的“素材 1”图像文件，此时的图像效果和图层面板如图所示。使用“移动工具”将图像拖动到第 1 步新建的文件中，按快捷键【Ctrl+T】，调出自由变换控制框，将图像调整到图中所示的状态，按【Enter】键确认操作。

Step 39 添加文字。设置前景色为白色，使用“横排文字工具”，设置适当的字体和字号，在椭圆框右边位置上输入图中所示的文字，得到文字图层，得到的效果如下图所示。

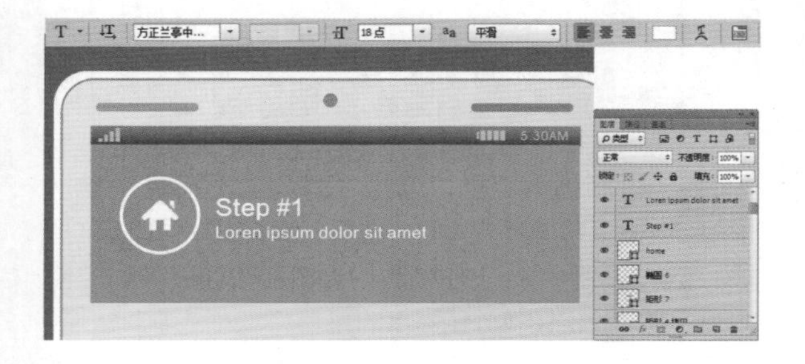

Step 40 绘制图形。选择“椭圆工具”，在图中所示的位置上绘制白色的椭圆边框，设置前景色为白色，使用“横排文字工具”，设置适当的字体和字号，在白色椭圆框上输入图中所示的文字，得到文字图层，得到的效果如下图所示。

Step 41 绘制剩下的板块。参照前面的绘制板块步骤，绘制出图中所示的其他几个板块，添加素材文件盒输入文字等，得到的最终效果如下图所示。

Step 42 绘制多个椭圆。选择“椭圆工具”，在工具选项栏中的“选择工具模式”中选择“形状”选项，单击“路径操作”按钮，在图中所示的位置上绘制多个椭圆，设置的参数如下图所示。

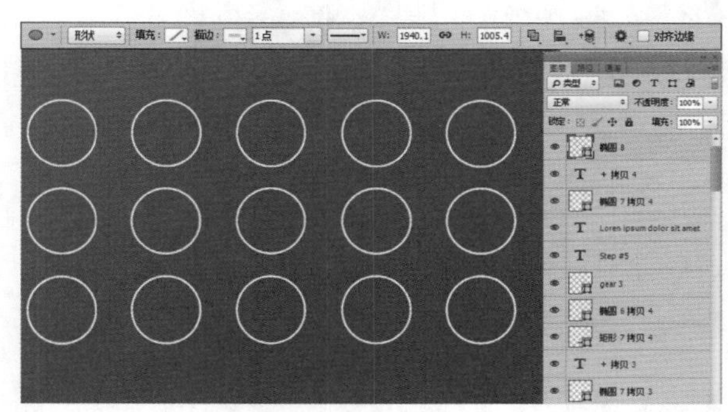

Step 43 添加素材文件。设置前景色为白色，选择“自定形状工具”，在工具选项栏中选择工具模式为“形状”选项，在“图案拾色器”中选择“箭头”，在图中的位置上制作，得到的效果如下图所示。

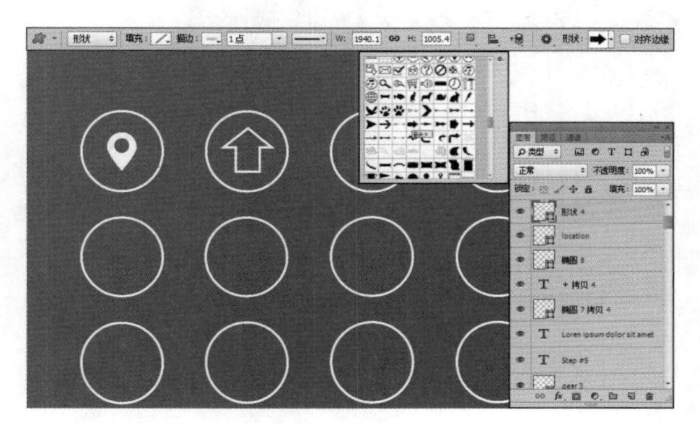

Step 44 绘制圆角矩形。设置前景色为白色，选择“圆角矩形工具”，在工具选项栏中的“选择工具模式”中选择“形状”选项，在图中所示的位置上绘制圆角矩形，效果如下图所示。

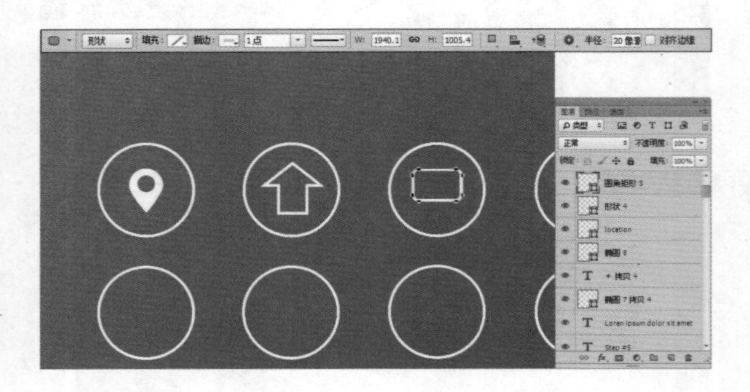

Step 45 绘制矩形。选择“矩形工具”，在工具选项栏中的“选择工具模式”中选择“形状”选项，单击“路径操作”按钮，在图中所示的位置上绘制两个矩形，设置的参数如下图所示。

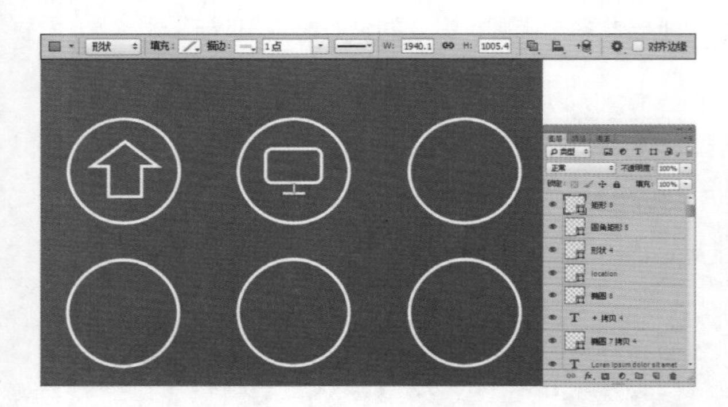

Step 46 添加五角星图形。设置前景色为白色，选择“自定形状工具”，在工具选项栏中选择工具模式为“形状”，在“图案拾色器”中选择“五角星”，在图中的位置上制作，得到的效果如下图所示。

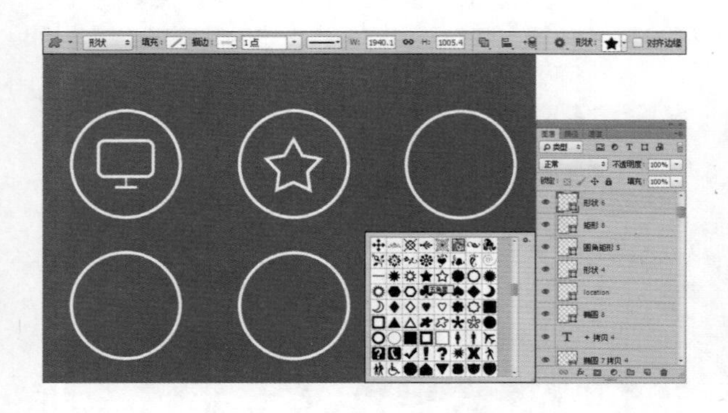

Step 47 绘制其他的图形。参照前面的绘制图形步骤，绘制出剩下的图形，使用添加素材文件和添加自定义图形等步骤绘制，得到的最终效果如下图所示。

Step 48 绘制圆角矩形。选择“圆角矩形工具”，在工具选项栏中的“选择工具模式”中选择“形状”选项，在图中所示的位置上绘制圆角矩形，单击“添加图层样式”按钮，在弹出的菜单中选择“渐变叠加”命令，设置参数，得到的效果如下图所示。

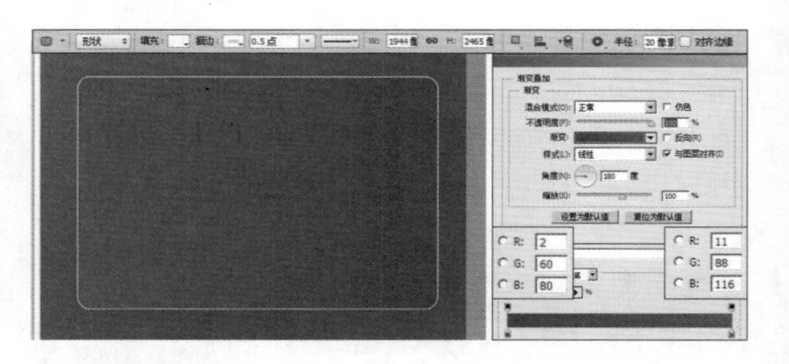

Step 49 绘制椭圆。选择“椭圆工具”，在工具选项栏中的“选择工具模式”中选择“形状”选项，单击“路径操作”按钮，在图中所示的位置上绘制多个椭圆，设置的参数如下图所示。

Step 50 添加箭头。设置前景色为白色，选择“自定形状工具”，在工具选项栏中选择工具模式为“形状”选项，在“图案拾色器”中选择“箭头”，在图中的位置上制作，得到的效果如下图所示。

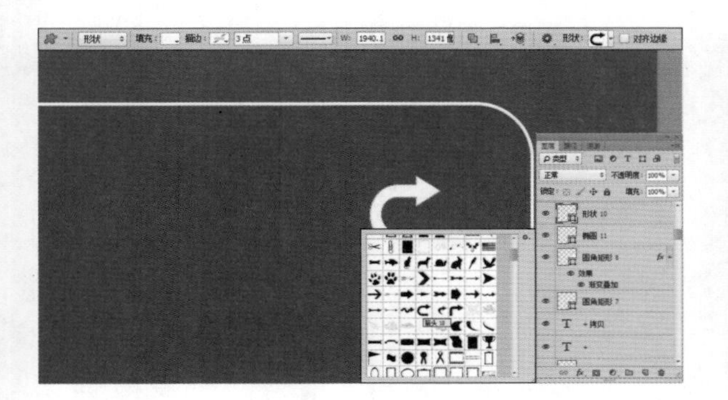

Step 51 绘制椭圆图形。选择“椭圆工具”，在工具选项栏中的“选择工具模式”中选择“形状”选项，在图中所示的位置上绘制多个椭圆，设置的参数如下图所示。

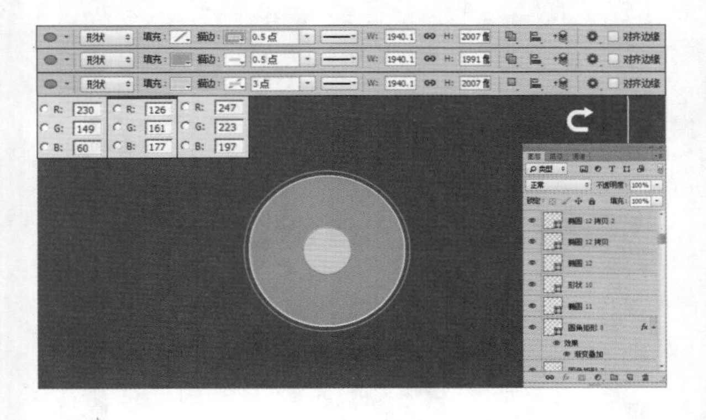

Step 52 绘制速度条。使用“椭圆工具”、“圆角矩形工具”、“文字工具”绘制出播放速度条效果，如下图所示。

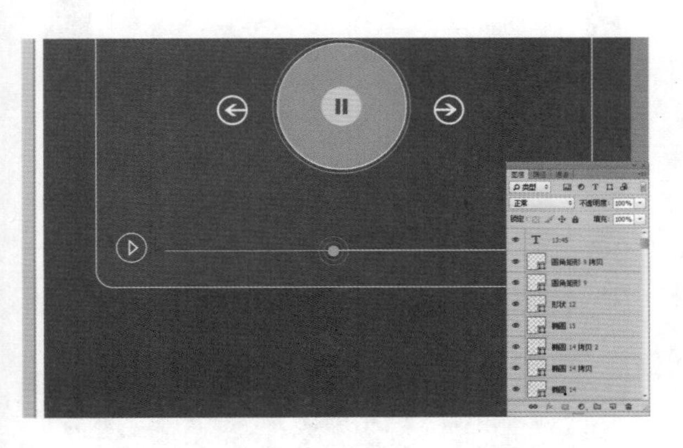

Step 53 绘制素材。选择“矩形工具”，在工具选项栏中的“选择工具模式”中选择“形状”选项，单击“路径操作”按钮，在图中所示的位置上绘制多个矩形，添加素材文件，最终效果如下图所示。

Step 54 最终效果。绘制出所有的图形后，最终效果如下图所示。

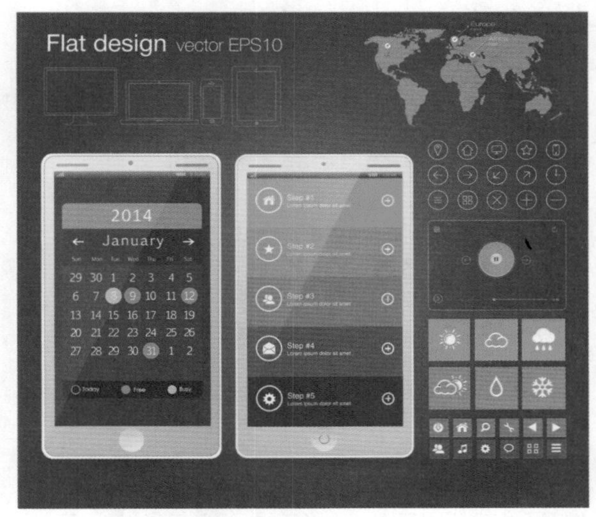

3.2 巧用圆角矩形设计

本案例使用了最常见的"圆角矩形"命令绘制图形，一般来说，方形设计出的图形会让人觉得不温和，不柔美，而使用圆角矩形绘制，在视觉上会觉得没那么硬。

易难度★★★★　实用度★★★★

布局分析

本案例所使用到的布局依旧是横向布局，使用长条色块分割版面，使版面看上去条理分明，简洁易懂。

色彩分析

本案例所介绍的是，手机界面里常见的播放器界面中最简洁的一种，所使用的颜色是相近色。

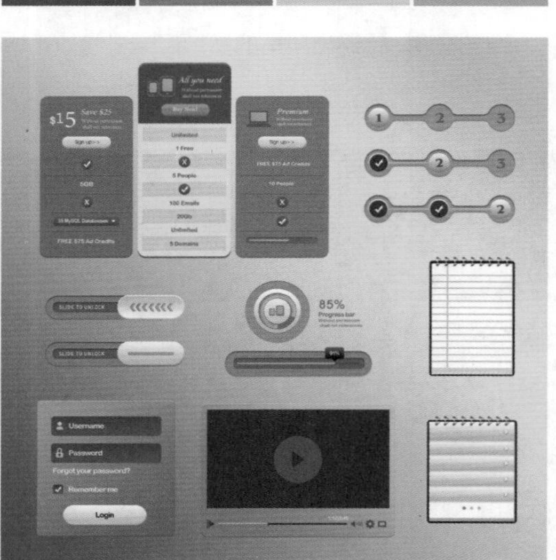

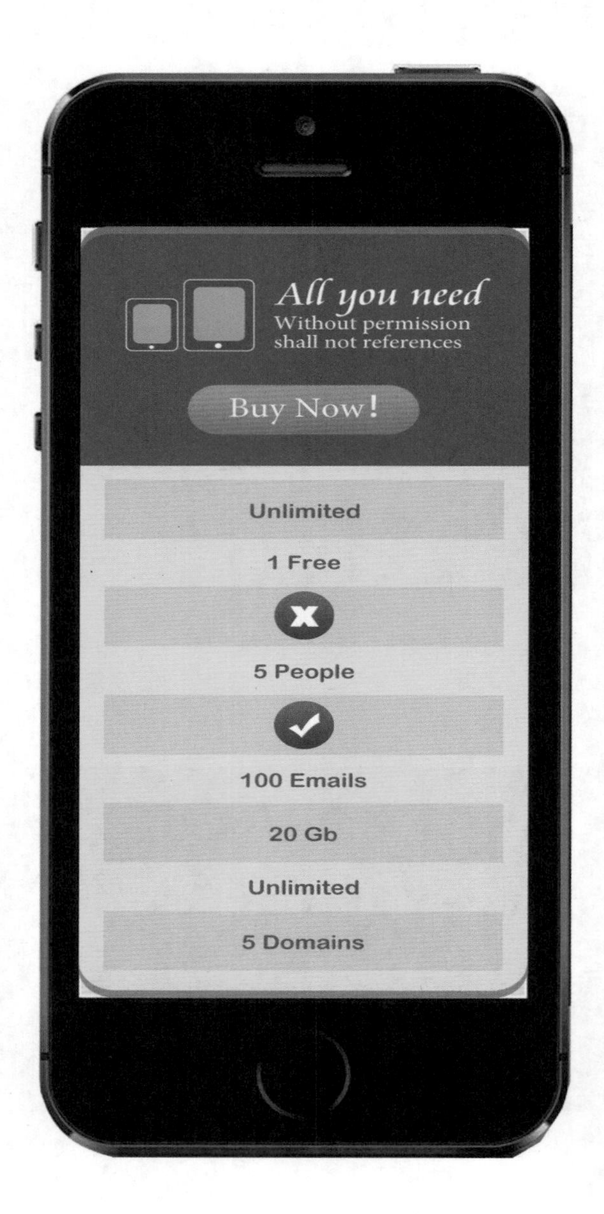

技法分析

本案例中使用到了圆角矩形工具、矩形工具、椭圆工具、文字工具，以及添加图层样式等进行绘制。

图层样式的各种应用效果：白色圆角矩形滑动按钮，在设计上运用到了斜面浮雕，这可以让按钮看起来有立体感，颜色上使用了渐变叠加。

Step 01 新建文档。执行菜单“文件”/“新建”命令（或按【Ctrl+N】快捷键），设置弹出的“新建”命令对话框，单击“确定”按钮，即可创建一个新的空白文档。

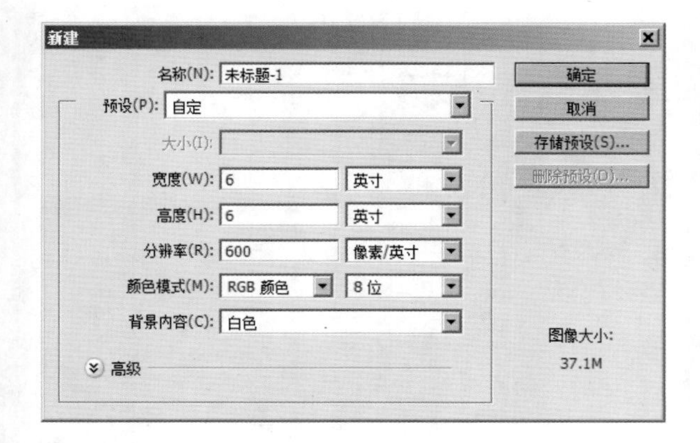

Step 02 设置渐变背景。单击工具栏中的“渐变工具”按钮，设置渐变色值，选择渐变方向为“对称渐变”，设置的参数和得到的渐变效果如下图所示。

Step 03 绘制圆角矩形。选择“圆角矩形工具”，在工具选项栏中的“选择工具模式”中选择“形状”选项，在图中所示的位置上绘制圆角矩形，设置 4 个角的像素，下面的两个圆角像素为“0”，得到的效果如下图所示。

Step 04 设置不透明度。选择“图层”面板中的“不透明度”，设置不透明度为“80%”，得到的效果如下图所示。

Step 05 输入文字。设置前景色为白色，使用“横排文字工具”，设置适当的字体和字号，在绿色椭圆右边位置上输入图中所示的“$”文字，得到文字图层，得到的效果如下图所示。

Step 06 输入“15”。设置前景色为白色，使用“横排文字工具”，设置适当的字体和字号，在绿色椭圆右边位置上输入图中所示的“15”文字，得到文字图层，得到的效果如下图所示。

Step 07 添加文字。设置前景色为白色，使用“横排文字工具”，设置适当的字体和字号，在绿色椭圆右边位置上输入图中所示的文字，得到文字图层，得到的效果如下图所示。

Step 08 添加其他文字。设置前景色为白色，使用“横排文字工具”，设置适当的字体和字号，在绿色椭圆右边位置上输入图中所示的文字，得到文字图层，得到的效果如下图所示。

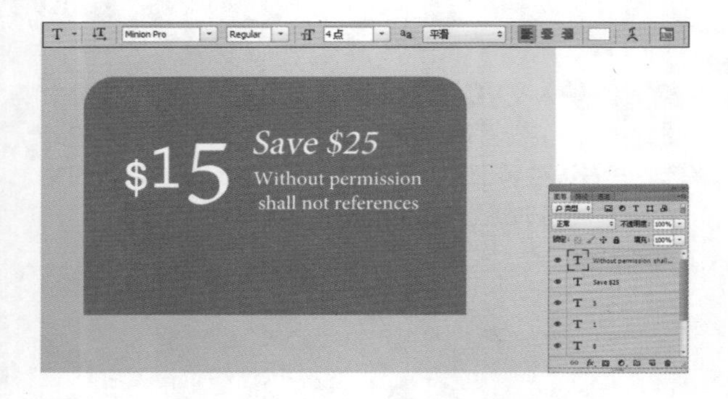

Step 09 绘制圆角矩形。选择“圆角矩形工具”，在工具选项栏中的“选择工具模式”中选择“形状”选项，在图中所示的位置上绘制圆角矩形，得到的效果如下图所示。

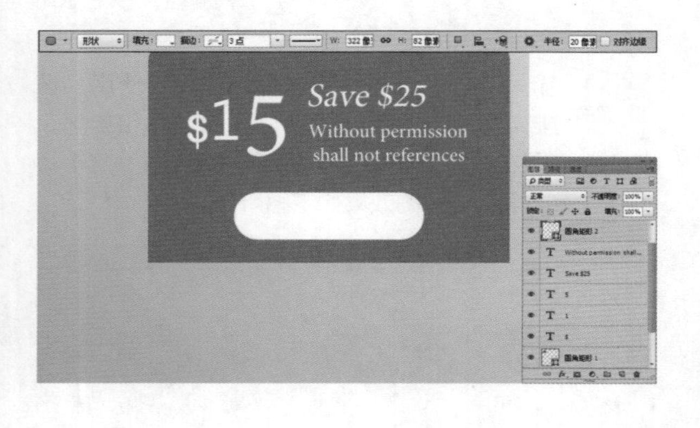

Step 10 添加图层样式。单击“添加图层样式”按钮，在弹出的菜单中选择“渐变叠加”和“斜面和浮雕”命令，设置弹出的“渐变叠加”和“斜面和浮雕”命令对话框，设置的参数如下图所示。

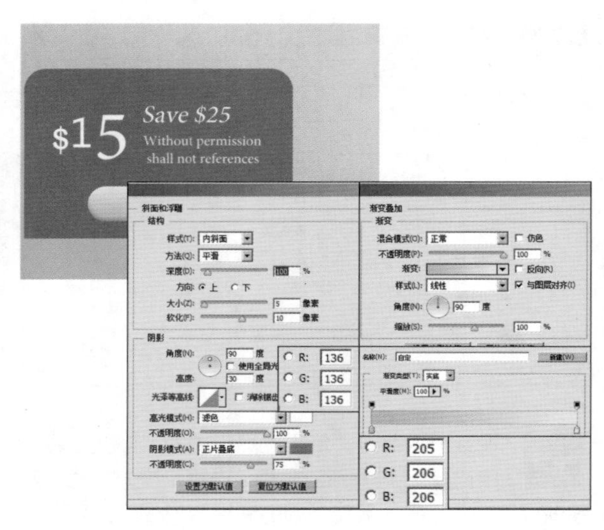

Step 11 添加文字。设置前景色为白色，使用“横排文字工具”，设置适当的字体和字号，在圆角矩形位置上输入图中所示的文字，得到文字图层，得到的效果如下图所示。

Step 12 绘制圆角矩形。选择“圆角矩形工具”，在工具选项栏中的“选择工具模式”中选择“形状”选项，在图中所示的位置上绘制圆角矩形，设置4个角的像素，上面的两个圆角像素为“0”，得到的效果如下图所示。

Step 13 复制圆角矩形。选择“圆角矩形 2”，按快捷键【Ctrl+J】复制一个，得到“圆角矩形 2 拷贝”，设置填充色，按快捷键【Ctrl+T】，调出自由变换控制框，将图像调整到图中所示的状态，按【Enter】键确认操作。

Step 14 设置不透明度。选择“图层”面板中的“不透明度”，设置不透明度为“50%”，得到的效果如下图所示。

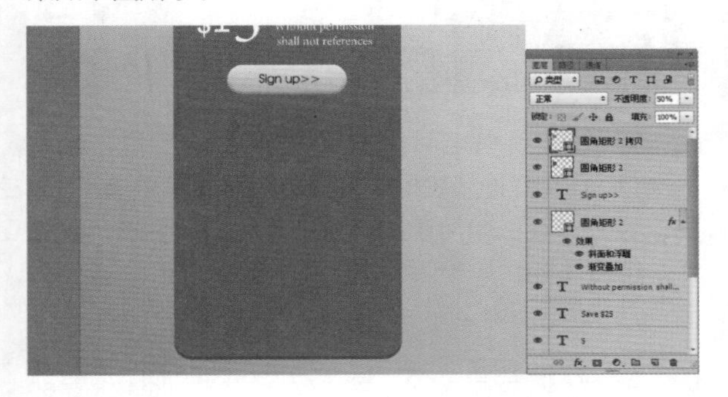

Step 15 绘制椭圆。选择“椭圆工具”，在工具选项栏中的“选择工具模式”中选择“形状”选项，在图中所示的位置上绘制椭圆，设置的参数如下图所示。

Step 16 添加图层样式。单击“添加图层样式”按钮，在弹出的菜单中选择“渐变叠加”命令，设置弹出的“渐变叠加”命令对话框，设置的参数如下图所示。

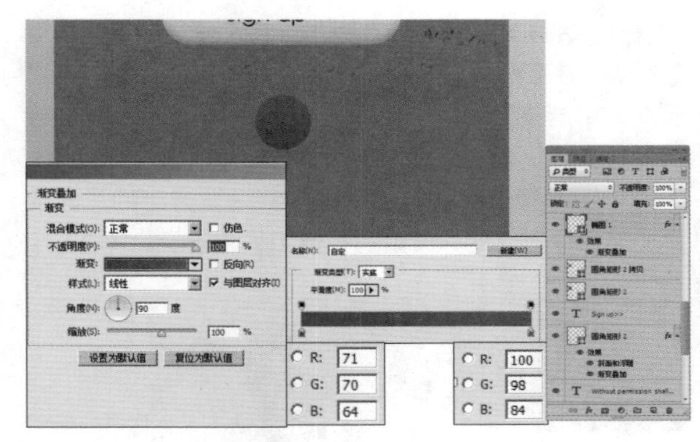

Step 17 绘制椭圆。选择“椭圆工具”，在工具选项栏中的“选择工具模式”中选择“形状”选项，在图中所示的位置上绘制椭圆，设置的参数如下图所示。

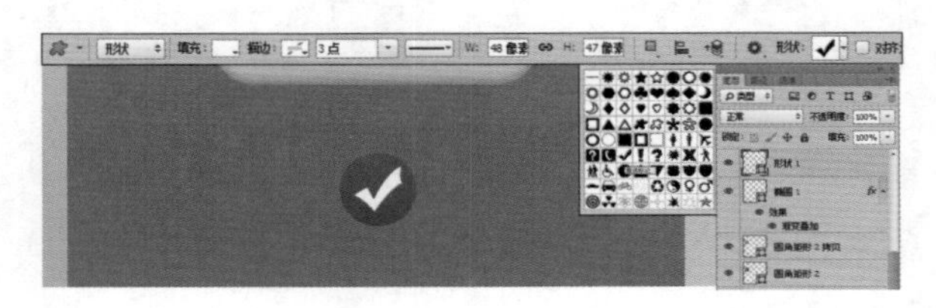

Step 18 添加文字。设置前景色为白色，使用“横排文字工具”，设置适当的字体和字号，在绿色椭圆右边位置上输入图中所示的文字，得到文字图层，得到的效果如下图所示。

Step 19 绘制椭圆。复制椭圆，在椭圆上输入文字。设置前景色为白色，使用“横排文字工具”，设置适当的字体和字号，在绿色椭圆右边位置上输入图中的“X”文字，得到文字图层，得到的效果如下图所示。

Step 20 绘制圆角矩形，添加图层样式。选择“圆角矩形工具”，在工具选项栏中的“选择工具模式”中选择“形状”选项，在图中所示的位置上绘制圆角矩形，单击“添加图层样式”按钮，在弹出的菜单中选择“渐变叠加”命令，设置弹出的“渐变叠加”命令对话框，设置的参数如下图所示。

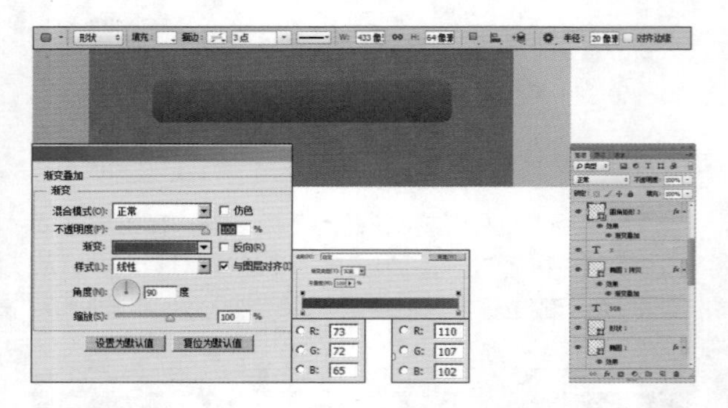

Step 21 添加文字。设置前景色为白色，使用“横排文字工具”，设置适当的字体和字号，在图中所示的位置上输入图中所示的文字，得到文字图层，得到的效果如下图所示。

Step 22 添加自定义图形。设置前景色为白色，选择“自定形状工具”，在工具选项栏中选择工具模式为“形状”选项，在“图案拾色器”中选择“三角形”，在图中的位置上制作，得到的效果如下图所示。

Step 23 添加文字。设置前景色为白色，使用“横排文字工具”，设置适当的字体和字号，在图中所示的位置上输入文字，得到文字图层，得到的效果如下图所示。

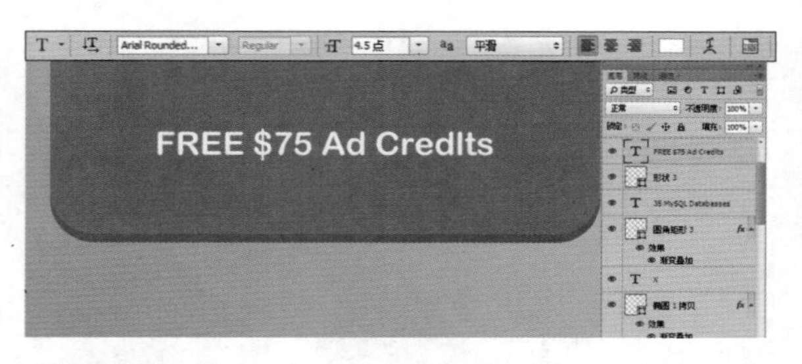

Step 24 绘制矩形分界线。选择“矩形工具”，在工具选项栏中的“选择工具模式”中选择“形状”选项，单击“路径操作”按钮，在图中所示的位置上绘制多个矩形。

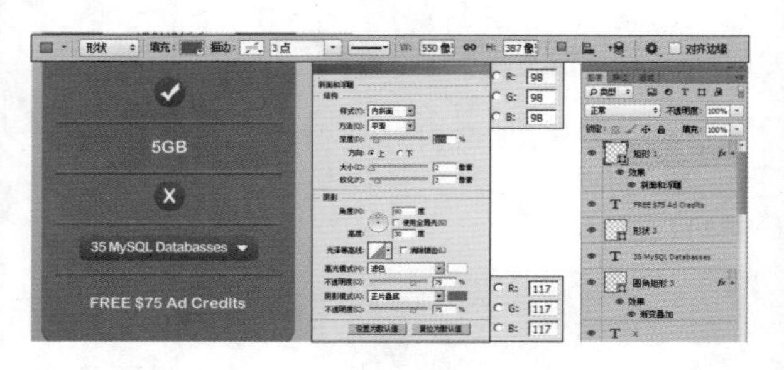

Step 25 绘制圆角矩形。选择“圆角矩形工具”，在工具选项栏中的“选择工具模式”中选择“形状”选项，在图中所示的位置上绘制圆角矩形，设置4个角的像素，下面的两个圆角像素为“0”，得到的效果如下图所示。

Step 26 复制圆角矩形。选择“圆角矩形4”，按快捷键【Ctrl+J】复制一个，得到“圆角矩形4拷贝”，设置填充色，按快捷键【Ctrl+T】，调出自由变换控制框，将图像调整到图中所示的状态，按【Enter】键确认操作。

Step 27 绘制圆角矩形。选择“圆角矩形工具”，在工具选项栏中的“选择工具模式”中选择“形状”选项，在图中所示的位置上绘制圆角矩形，设置4个角的像素，下面的两个圆角像素为“0”，得到的效果如下图所示。

Step 28 添加图层样式。单击“添加图层样式”按钮，在弹出的菜单中选择“渐变叠加”命令，设置弹出的“渐变叠加”命令对话框，设置的参数如下图所示。

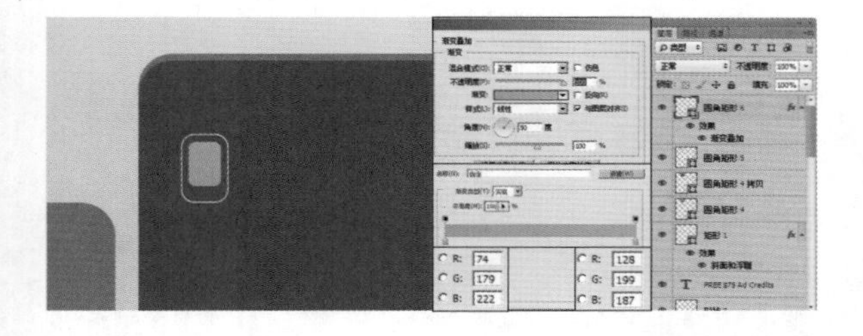

Step 29 绘制椭圆。选择“椭圆工具”，在工具选项栏中的“选择工具模式”中选择“形状”选项，在图中所示的位置上绘制椭圆，设置的参数如下图所示。

Step 30 复制图形。选择手机图层复制一个，按快捷键【Ctrl+T】，调出自由变换控制框，将图像调整到图中所示的状态，按【Enter】键确认操作。

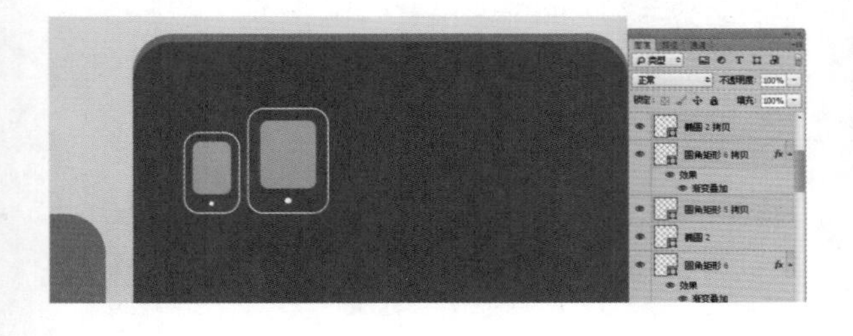

Step 31 添加文字。设置前景色为白色，使用“横排文字工具”，设置适当的字体和字号，在图中所示的位置上输入文字，得到文字图层，得到的效果如下图所示。

Step 32 绘制圆角矩形。选择“圆角矩形工具”，在工具选项栏中的“选择工具模式”中选择“形状”选项，在图中所示的位置上绘制圆角矩形，得到的效果如下图所示。

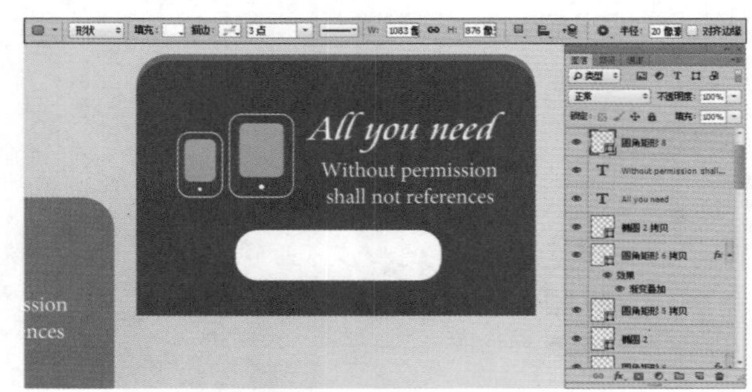

Step 33 设置渐变色。单击“添加图层样式”按钮，在弹出的菜单中选择“渐变叠加”命令，设置弹出的“渐变叠加”命令对话框，设置的参数如下图所示。

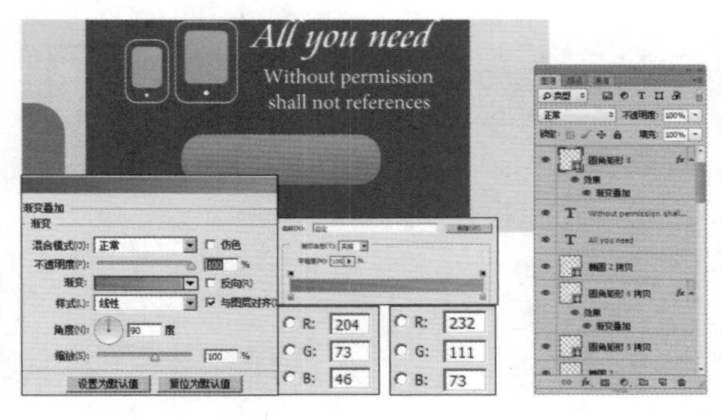

Step 34 添加文字。设置前景色为白色，使用“横排文字工具”，设置适当的字体和字号，在图中所示的位置上输入文字，得到文字图层，得到的效果如下图所示。

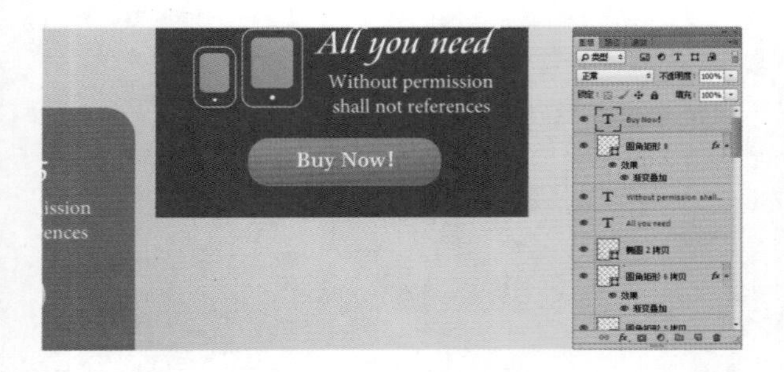

Step 35 绘制圆角矩形。选择“圆角矩形工具”，在工具选项栏中的“选择工具模式”中选择“形状”选项，在图中所示的位置上绘制圆角矩形，设置4个角的像素，上面的两个圆角像素为“0”，得到的效果如下图所示。

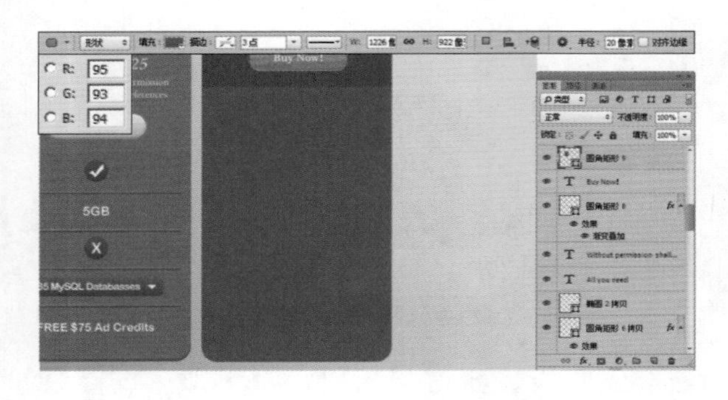

Step 36 复制圆角矩形，设置填充色。选择“圆角矩形9”，按快捷键【Ctrl+J】复制一个，得到“圆角矩形9拷贝”，设置填充色，按快捷键【Ctrl+T】，调出自由变换控制框，将图像调整到图中所示的状态，按【Enter】键确认操作。

Step 37 绘制矩形。选择“矩形工具”，在工具选项栏中的“选择工具模式”中选择“形状”选项，单击“路径操作”按钮，在图中所示的位置上绘制多个椭圆，设置的参数如下图所示。

Step 38 添加文字。使用“横排文字工具”，设置适当的字体和字号，在图中所示的位置上输入文字，得到文字图层，得到的效果如下图所示。

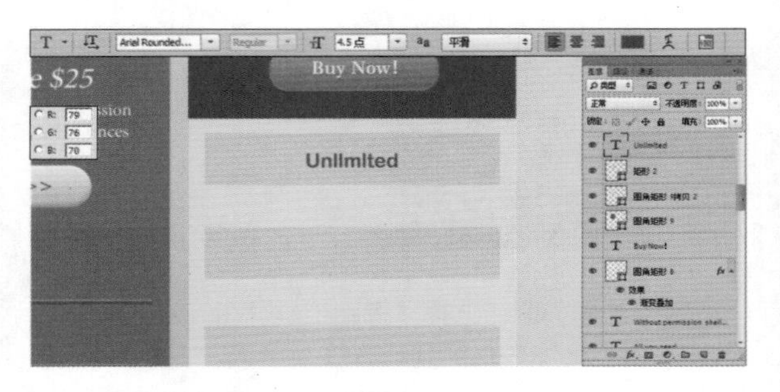

Step 39 添加素材和文字。选择前面绘制好的“√”和“X”素材，各复制一个，再使用“横排文字工具”，添加文字，最后得到的效果如下图所示。

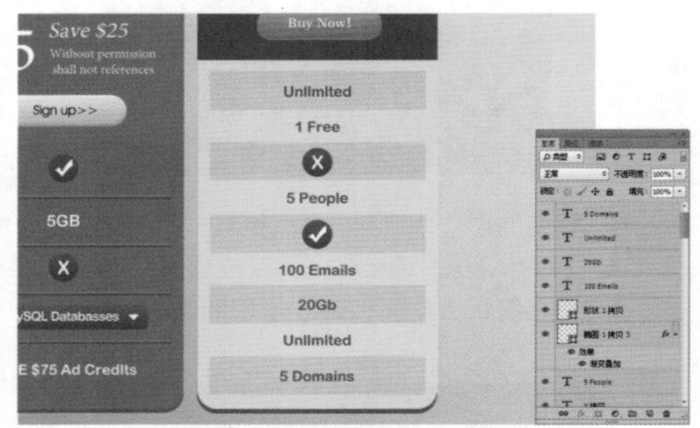

Step 40 绘制圆角矩形。选择“圆角矩形工具”，在工具选项栏中的“选择工具模式”中选择“形状”，在图中所示的位置上绘制圆角矩形，设置4个角的像素，下面的两个圆角像素为“0”，得到的效果如下图所示。

Step 41 添加素材，绘制渐变色矩形。打开素材，添加素材文件到图中所示的位置上，选择“矩形工具”，在工具选项栏中的“选择工具模式”中选择“形状”选项，绘制矩形，单击“添加图层样式”按钮，在弹出的菜单中选择“渐变叠加”命令，设置弹出的“渐变叠加”命令对话框，设置的参数如下图所示。

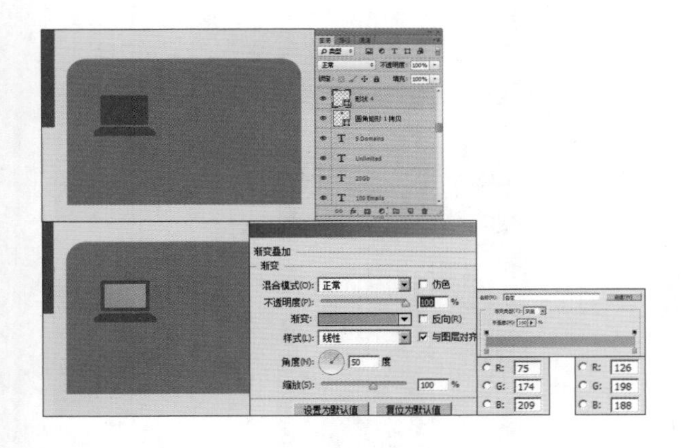

Step 42 添加文字。设置前景色为白色，使用“横排文字工具”，设置适当的字体和字号，在图中所示的位置上输入文字，得到文字图层，得到的效果如下图所示。

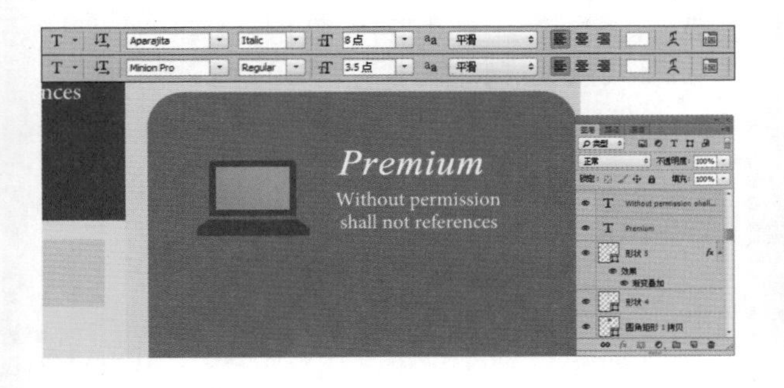

Step 43 添加图层样式。单击“添加图层样式”按钮，在弹出的菜单中选择“渐变叠加”、“斜面和浮雕”命令，设置弹出的“渐变叠加”和“斜面和浮雕”命令对话框，设置的参数如下图所示。

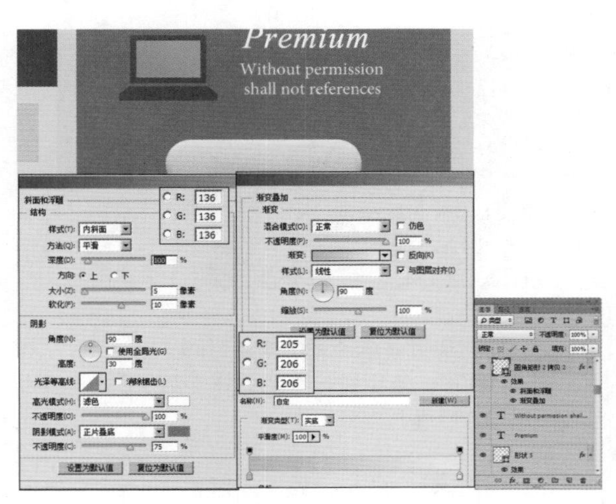

Step 44 添加文字。设置前景色为黑色，使用“横排文字工具”，设置适当的字体和字号，在图中所示的位置上输入文字，得到文字图层，得到的效果如下图所示。

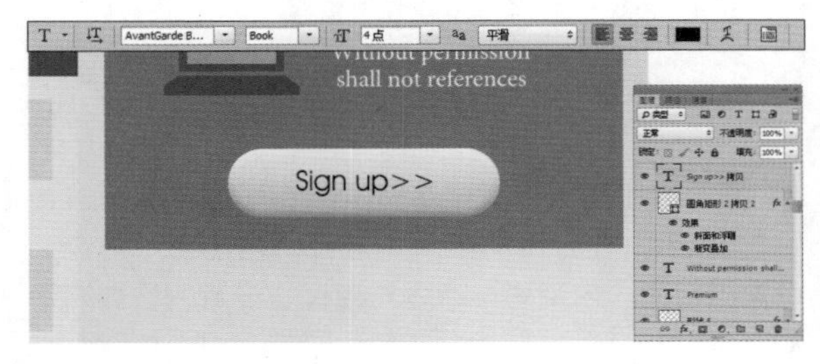

Step 45 绘制圆角矩形。选择“圆角矩形工具”，在工具选项栏中的“选择工具模式”中选择“形状”选项，在图中所示的位置上绘制圆角矩形，设置4个角的像素，上面的两个圆角像素为“0”，得到的效果如下图所示。

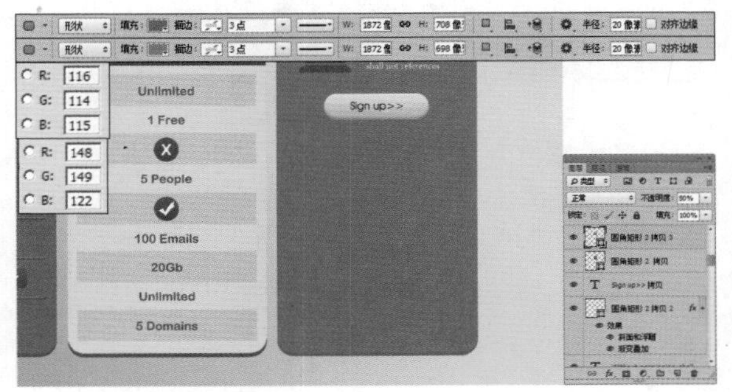

Step 46 添加文字。设置前景色为白色，使用“横排文字工具”，设置适当的字体和字号，在图中所示的位置上输入文字，得到文字图层，得到的效果如下图所示。

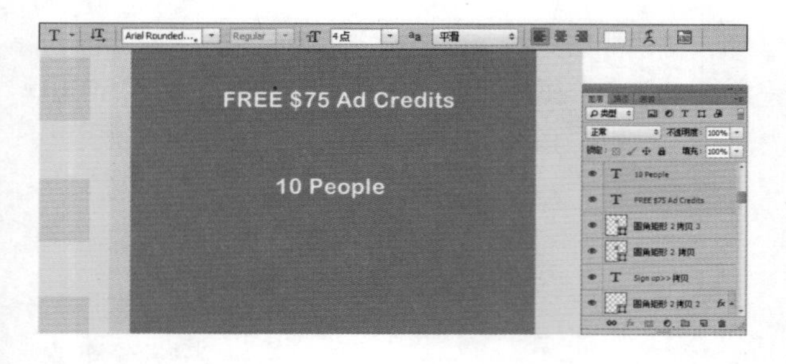

Step 47 复制素材。选择之前绘制好的“√”“X”素材图形，各复制一个，使用“移动工具”移动至图中所示的位置上。

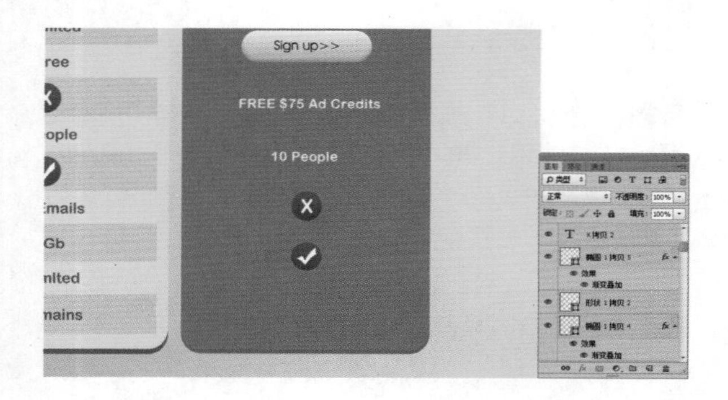

Step 48 添加图层样式。单击“添加图层样式”按钮，在弹出的菜单中选择“内阴影”命令，设置弹出的“内阴影”命令对话框，设置的参数如下图所示。

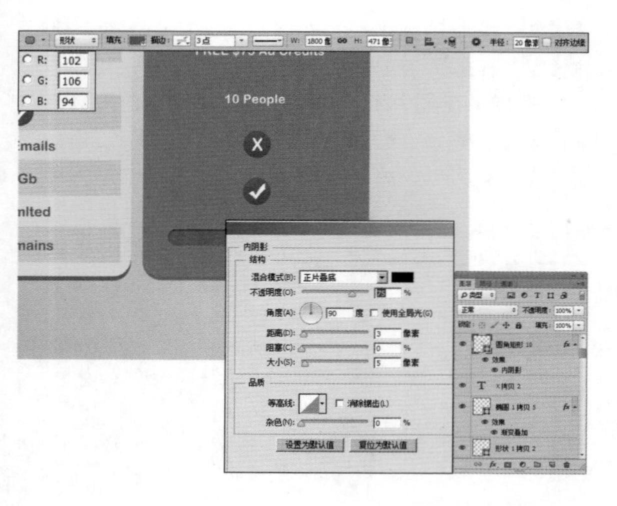

Step 49 添加文字。单击“添加图层样式”按钮，在弹出的菜单中选择“渐变叠加”命令，设置弹出的“渐变叠加”命令对话框，设置的参数如下图所示。

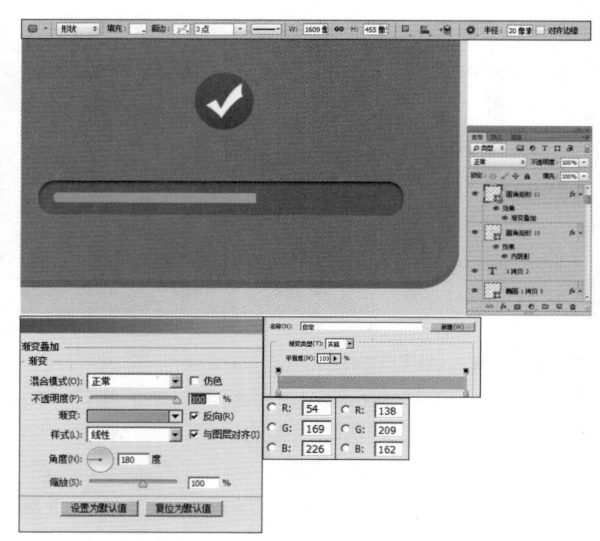

Step 50 复制矩形分界线。选择“矩形 1”按快捷键【Ctrl+J】，复制一个，使用“移动工具”，移动至图中所示的位置上，得到的效果如下图所示。

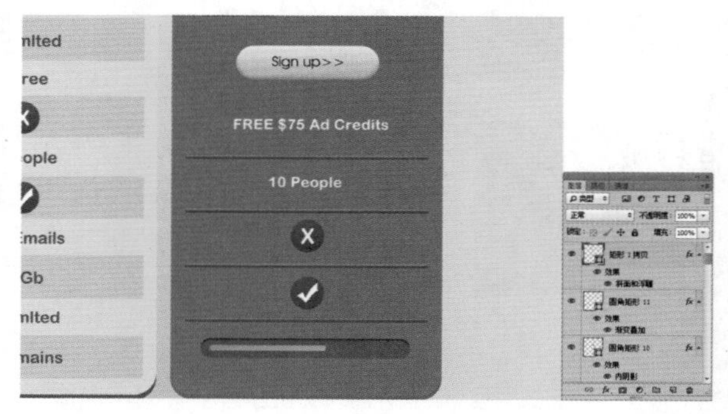

Step 51 添加素材。打开随书光盘中的“素材 2”图像文件，此时的图像效果和“图层”面板如下图所示。使用“移动工具”将图像拖动至图中所示的位置上，按快捷键【Ctrl+T】，调出自由变换控制框，变换图像到图中所示的状态，按【Enter】键确认操作。

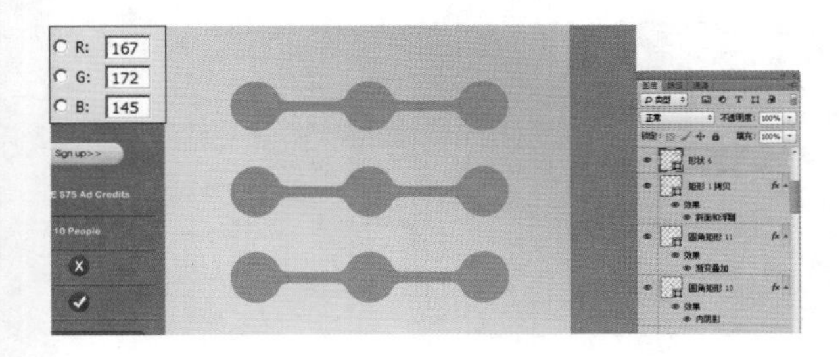

Step 52 添加内阴影。单击“添加图层样式”按钮 fx，在弹出的菜单中选择“内阴影”命令，设置弹出的“内阴影”命令对话框，设置的参数如下图所示。

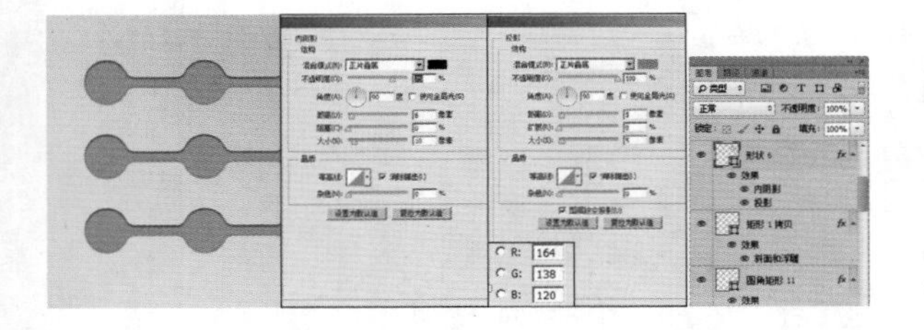

Step 53 添加图层样式。选择“椭圆工具”，在工具选项栏中的“选择工具模式”中选择“形状”选项，在图中所示的位置上绘制椭圆，设置参数如下图所示。单击“添加图层样式”按钮 fx，在弹出的菜单中选择“斜面和浮雕”和“内阴影”命令，设置弹出的“斜面和浮雕”和“投影”命令对话框，设置的参数如下图所示。

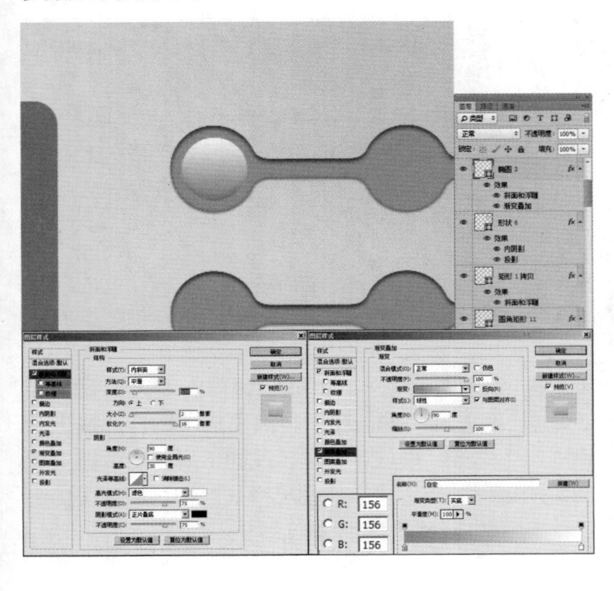

Step 54 添加文字。设置前景色为黑色，使用“横排文字工具” T，设置适当的字体和字号，在图中所示的位置上输入文字，得到文字图层，得到的效果如下图所示。

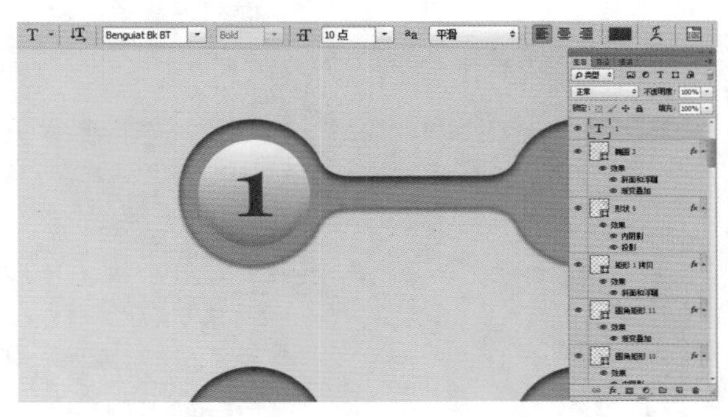

Step 55 输入“2”。使用“横排文字工具” T，设置适当的字体和字号，在图中所示的位置上输入文字，得到文字图层，得到的效果如下图所示。

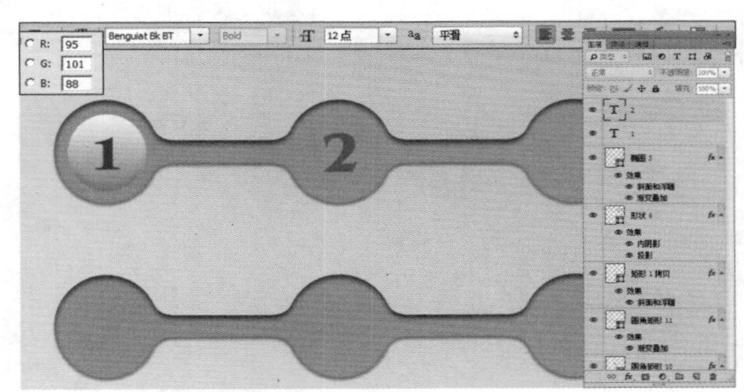

Step 56 添加图层样式。单击“添加图层样式”按钮 fx，在弹出的菜单中选择“斜面和浮雕”命令，设置弹出的“斜面和浮雕”命令对话框，设置的参数如下图所示。

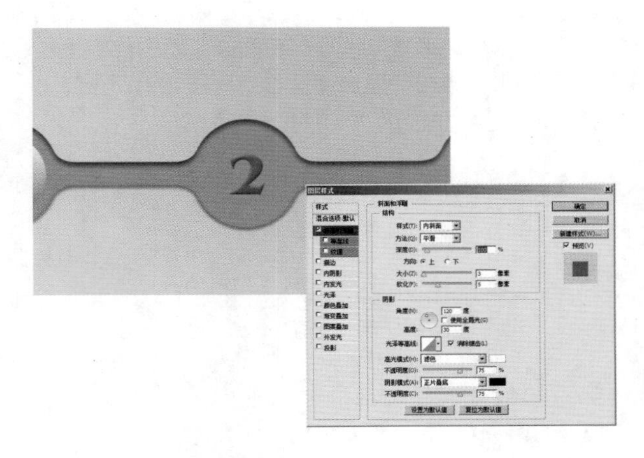

Step 57 输入“3”。使用“横排文字工具”T，设置适当的字体和字号，在图中所示的位置上输入“3”文字，得到文字图层，得到的效果如下图所示。单击“添加图层样式”按钮fx，在弹出的菜单中选择“斜面和浮雕”命令，设置弹出的“斜面和浮雕”命令对话框，设置的参数如下图所示。

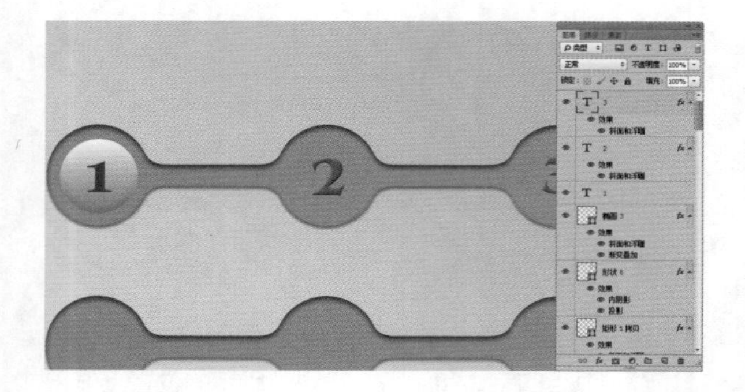

Step 58 绘制其他图形。按照前面的步骤，绘制出椭圆图形，并添加图层样式，输入数字文字和“√”图形，得到的效果如下图所示。

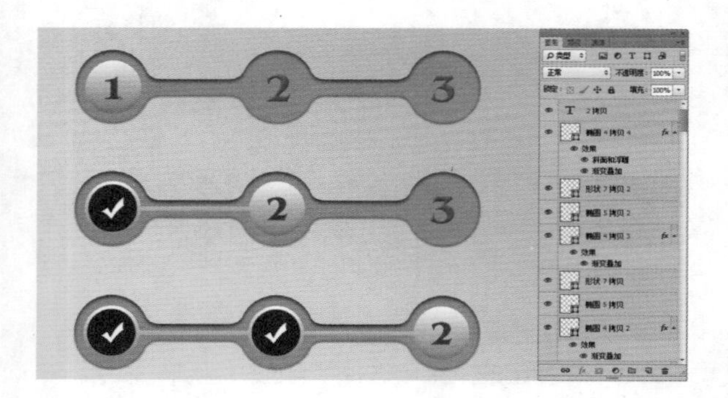

Step 59 绘制圆角矩形，添加图层样式。选择“圆角矩形工具”，在工具选项栏中的“选择工具模式”中选择“形状”选项，在图中所示的位置上绘制圆角矩形，单击“添加图层样式”按钮fx，在弹出的菜单中选择“内阴影”、“投影”命令。

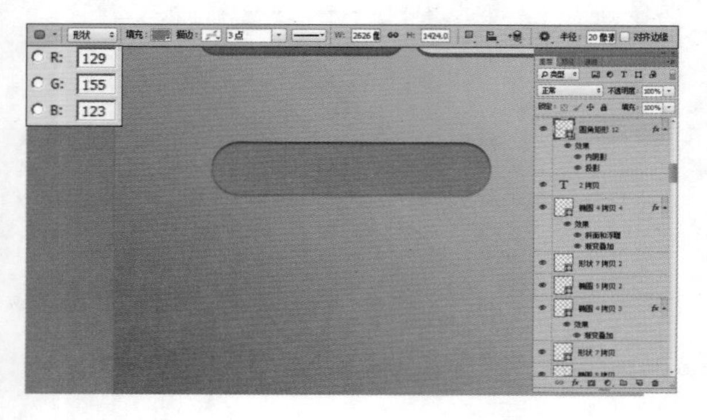

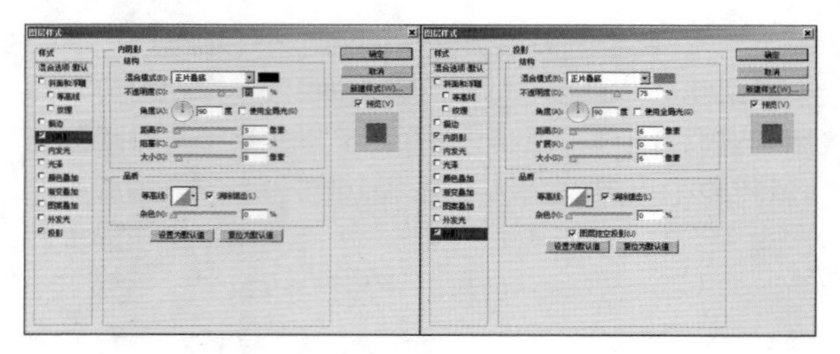

Step 60 绘制圆角矩形，添加图层样式。选择“圆角矩形工具”，在工具选项栏中的“选择工具模式”中选择“形状”选项，在图中所示的位置上绘制圆角矩形，单击“添加图层样式”按钮fx，在弹出的菜单中选择“内阴影”、“投影”命令。

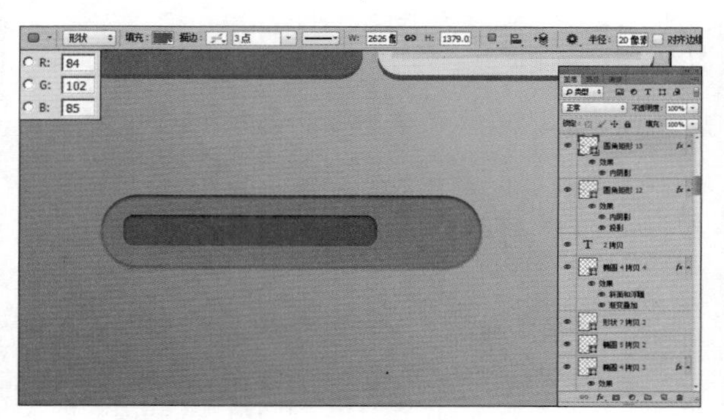

Step 61 输入文字。使用“横排文字工具”T，设置适当的字体和字号，在图中所示的位置上输入文字，得到文字图层，得到的效果如下图所示。

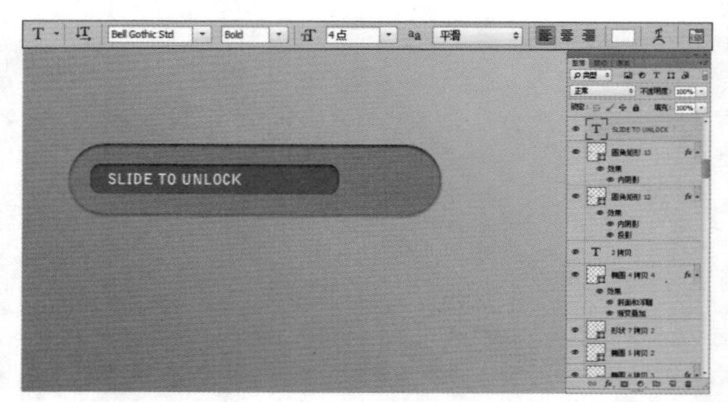

Step 62 绘制圆角矩形，添加图层样式。选择“圆角矩形工具”，在工具选项栏中的“选择工具模式”中选择“形状”选项，在图中所示的位置上绘制圆角矩形，单击“添加图层样式”按钮fx，在弹出的菜单中选择“斜面和浮雕”命令。

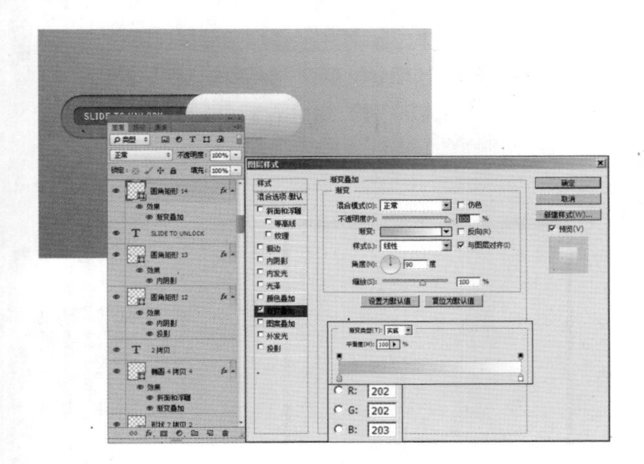

Step 63 复制圆角矩形，变换图形方向。选择“圆角矩形 14” 图层，按快捷键【Ctrl+J】复制一个，得到“圆角矩形 14 拷贝”，按快捷键【Ctrl+T】，调出自由变换控制框，将图像调整到图中所示的状态，按【Enter】键确认操作。

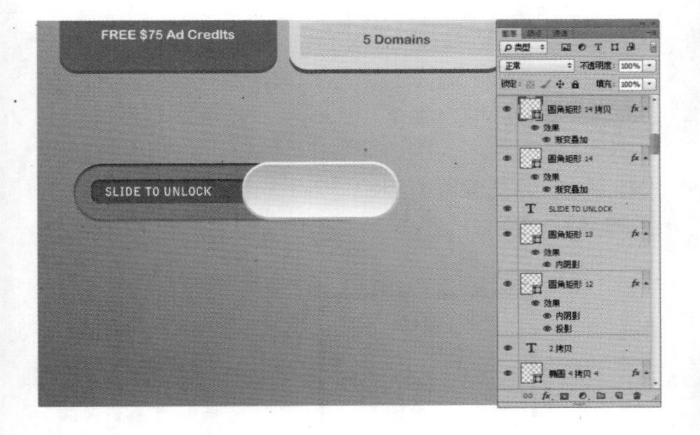

Step 64 添加自定义图形，设置图层样式。选择“自定义图形工具”，在工具选项栏中的“选择工具模式”中选择“形状”选项，在图中所示的位置上绘制箭头，单击“添加图层样式”按钮，在弹出的菜单中选择“斜面和浮雕”命令。

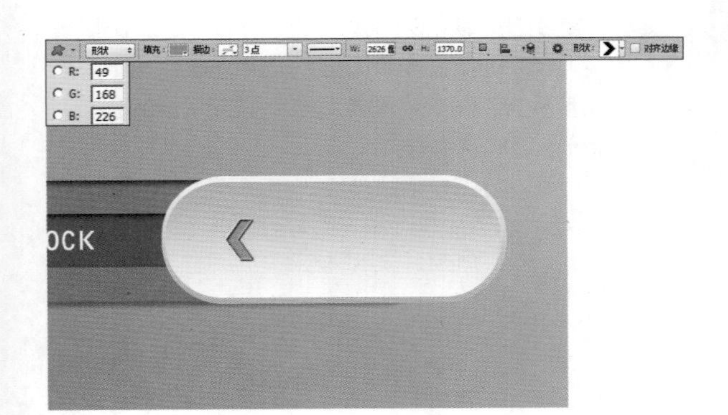

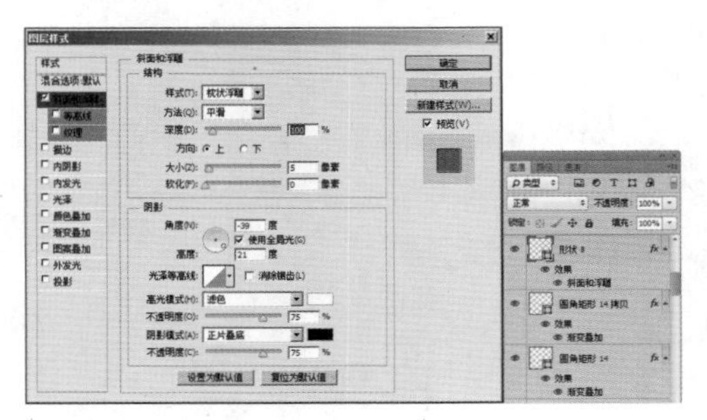

Step 65 复制自定义图形。选择“形状 8” 图层，按快捷键【Ctrl+J】复制多个，使用“移动工具”分别将复制好的形状移动至图中所示的位置上。

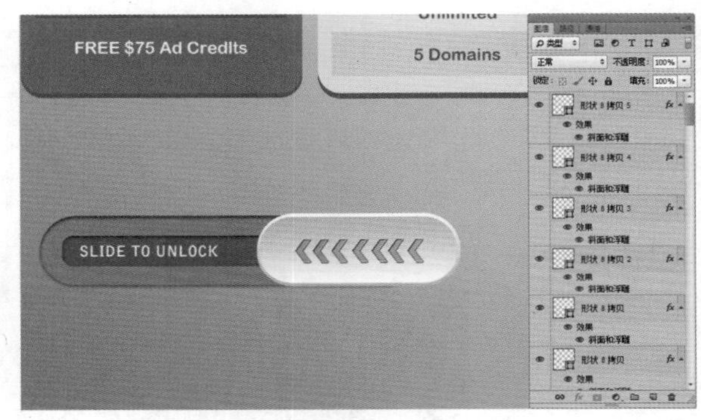

Step 66 复制图形。选择上面所绘制的圆角矩形图形，复制一个，使用“移动工具”移动至图中所示的位置上。

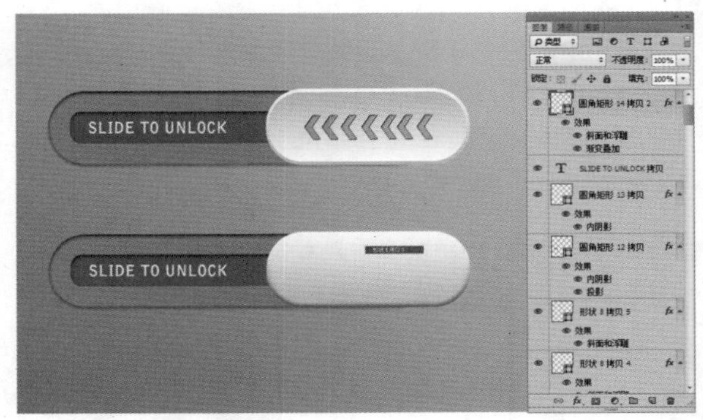

Step 67 复制自定义图形。选择“形状 8” 图层，按快捷键【Ctrl+J】复制多个，使用“移动工具”分别将复制好的形状移动至图中所示的位置上。

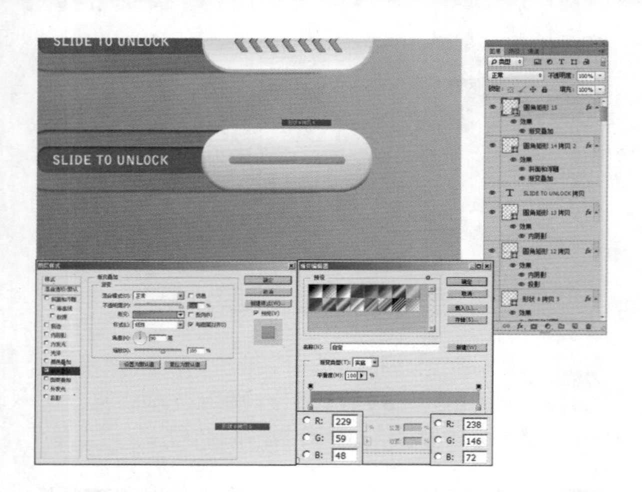

Step 68 绘制黑色矩形。设置前景色为黑色，选择“矩形工具”，在工具选项栏中的“选择工具模式”中选择“形状”选项，在图中所示的位置上绘制黑色矩形，设置的参数如下图所示。

Step 69 绘制白色矩形。设置前景色为白色，选择“矩形工具”，在工具选项栏中的“选择工具模式”中选择“形状”选项，在图中所示的位置上绘制白色矩形，设置的参数如下图所示。

Step 70 添加图层样式。单击“添加图层样式”按钮，在弹出的菜单中选择“斜面和浮雕”命令，设置弹出的“斜面和浮雕”命令对话框，设置的参数如下图所示。

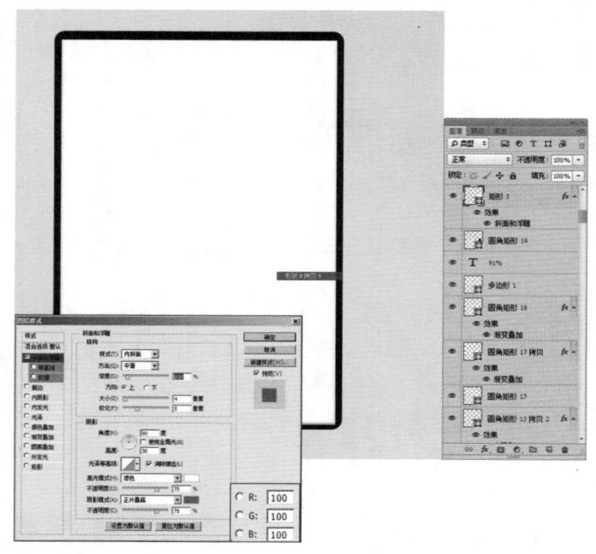

Step 71 复制矩形。选择“矩形 3”，按快捷键【Ctrl+J】复制图层，按快捷键【Ctrl+T】，调出自由变换控制框，将图像调整到如图所示的状态，按【Enter】键确认操作。

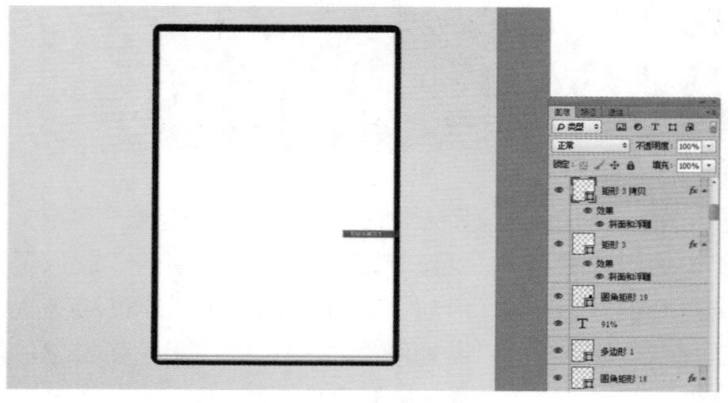

Step 72 复制多个矩形。选择“矩形 3”，按快捷键【Ctrl+J】复制多个图层，按快捷键【Ctrl+T】，调出自由变换控制框，将图像调整到如图所示的状态，按【Enter】键确认操作。

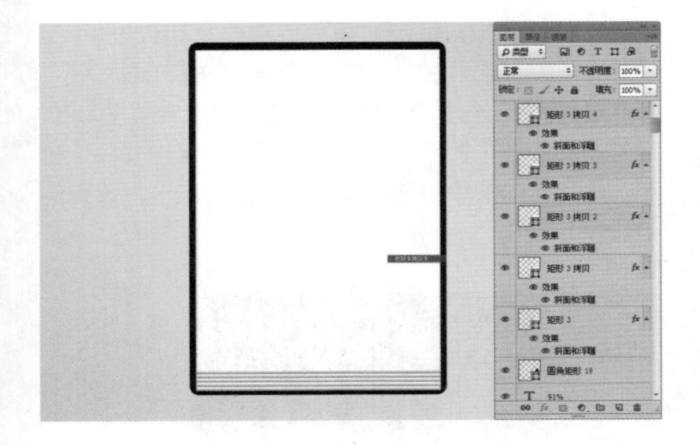

Step 73 绘制矩形。选择“矩形工具” ，在工具选项栏中的“选择工具模式”中选择“形状”选项，在图中所示的位置上绘制矩形，设置的参数如下图所示。

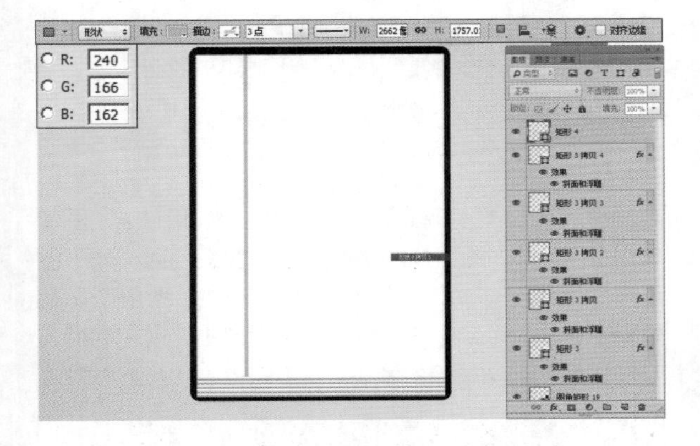

Step 74 绘制多个矩形。选择“矩形工具” ，在工具选项栏中的“选择工具模式”中选择“形状”选项，单击“路径操作”按钮 ，在下拉菜单中选择“合并图层”选项，在图中所示的位置上绘制矩形，设置的参数如下图所示。

Step 75 添加素材。打开随书光盘中的“素材 3”图像文件，此时的图像效果和“图层”面板如下图所示。使用“移动工具” 将图像拖动至图中所示的位置上，按快捷键【Ctrl+T】，调出自由变换控制框，变换图像到如图所示的状态，按【Enter】键确认操作。

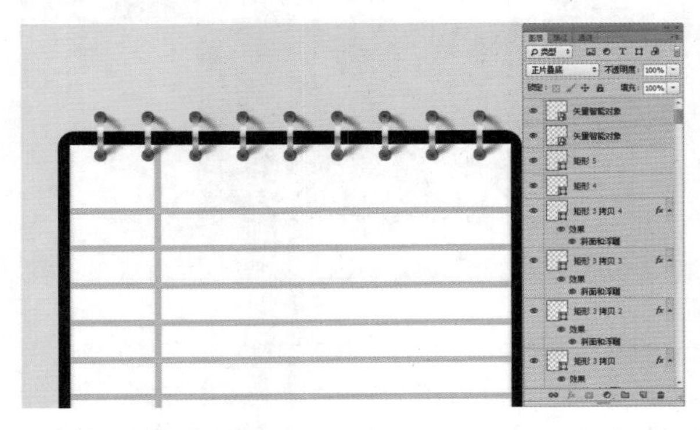

Step 76 绘制矩形，添加图层样式。选择“圆角矩形工具” ，在工具选项栏中的“选择工具模式”中选择“形状”选项，在图中所示的位置上绘制圆角矩形，单击“添加图层样式”、“内阴影”按钮 ，在弹出的菜单中选择“斜面和浮雕”、“内阴影”命令，设置的参数如下图所示。

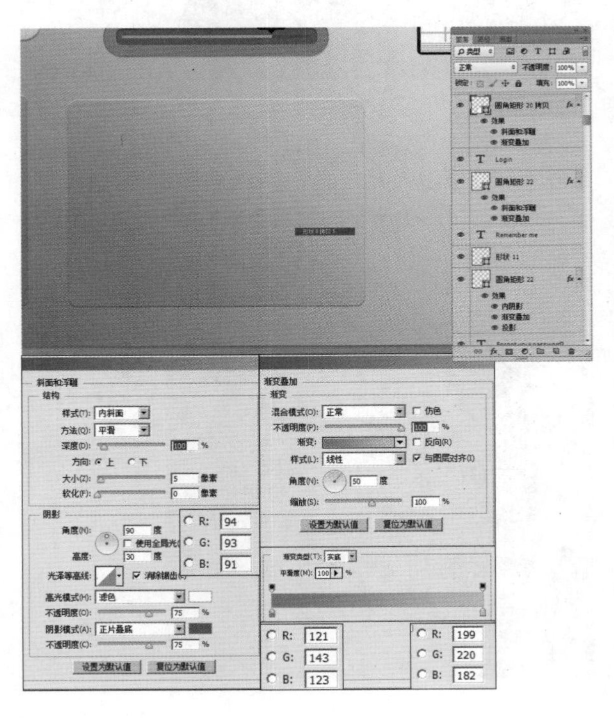

Step 77 绘制矩形。选择“矩形工具”，在工具选项栏中的“选择工具模式”中选择“形状”选项，在图中所示的位置上绘制矩形，设置的参数如下图所示。

Step 78 绘制圆形。选择“椭圆工具”，在工具选项栏中的“选择工具模式”中选择“形状”选项，在图中所示的位置上绘制椭圆，设置的参数如下图所示。

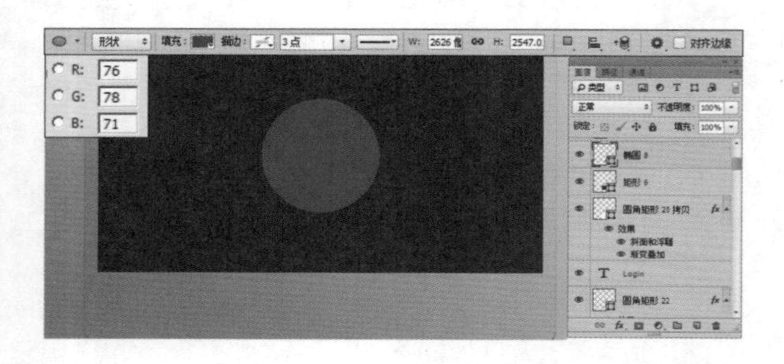

Step 79 添加自定义图形。选择“自定义图形工具”，在工具选项栏中的“选择工具模式”中选择“形状”选项，在图中所示的位置上绘制三角形，设置的参数如下图所示。

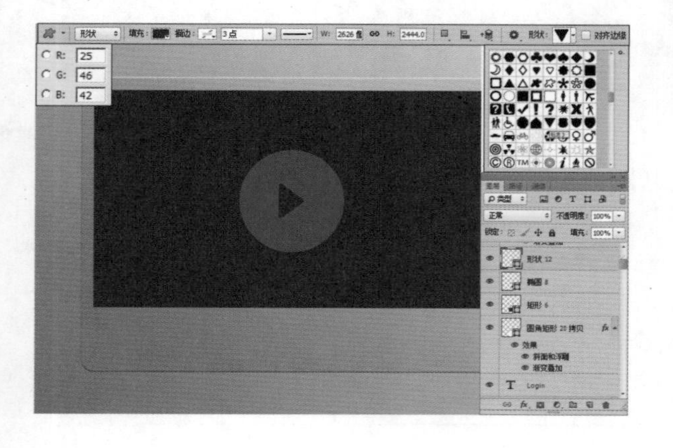

Step 80 绘制三角形，添加渐变。选择“自定义图形工具”，在工具选项栏中的“选择工具模式”中选择“形状”选项，在图中所示的位置上绘制三角形，设置的参数如下图所示。单击“添加图层样式”按钮，在弹出的菜单中选择“渐变叠加”命令，设置的参数如下图所示。

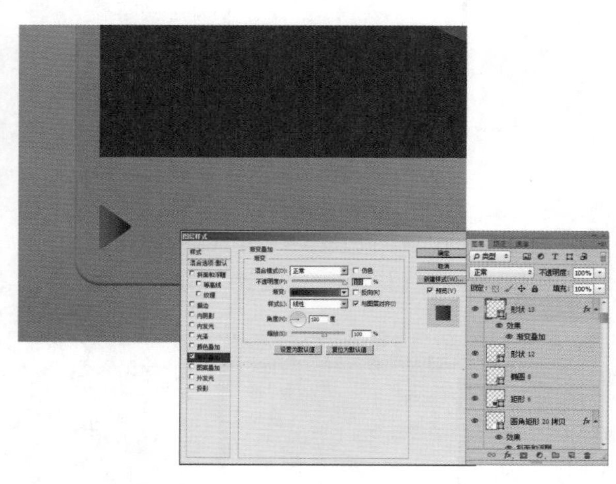

Step 81 添加素材。打开随书光盘中的“素材 4”图像文件，此时的图像效果和“图层”面板如下图所示。使用“移动工具”将图像拖动至图中所示的位置上，按快捷键【Ctrl+T】，调出自由变换控制框，变换图像到如图所示的状态，按【Enter】键确认操作。

Step 82 添加设置素材。打开随书光盘中的“素材 5”图像文件，此时的图像效果和“图层”面板如图所示。使用“移动工具”将图像拖动至图中所示的位置上，按快捷键【Ctrl+T】，调出自由变换控制框，变换图像到如图所示的状态，按【Enter】键确认操作。

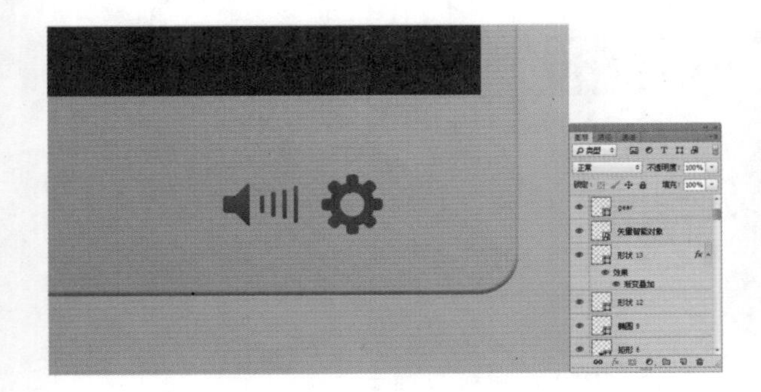

Step 83 添加文字。设置前景色为白色，使用“横排文字工具”，设置适当的字体和字号，在图中所示的位置上输入文字，得到文字图层，得到的效果如下图所示。

Step 84 绘制圆角矩形，设置渐变色。选择“圆角矩形工具”，在工具选项栏中的“选择工具模式”中选择“形状”选项，在图中所示的位置上绘制圆角矩形，单击“添加图层样式”按钮，在弹出的菜单中选择“渐变叠加”命令，设置的参数如下图所示。

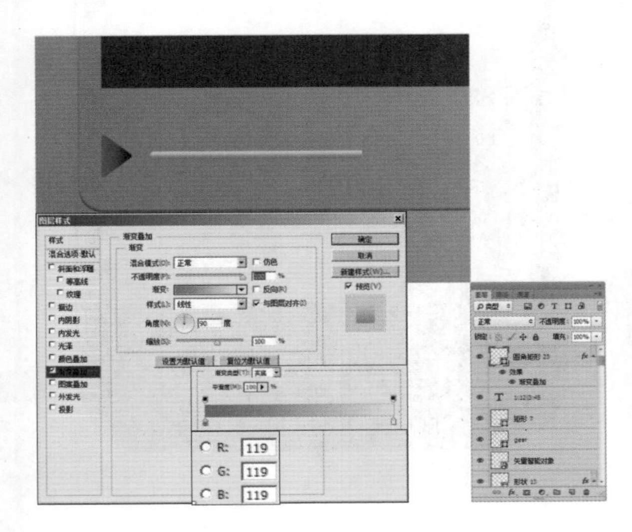

Step 85 绘制滑动的椭圆。设置前景色为白色，使用“横排文字工具”，设置适当的字体和字号，在图中所示的位置上输入文字，得到文字图层，得到的效果如下图所示。

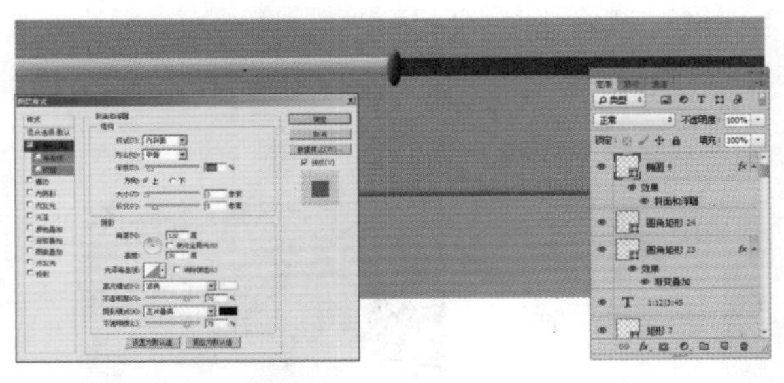

Step 86 最终效果。按照之前绘制的步骤绘制出其他图形，最终效果如下图所示。

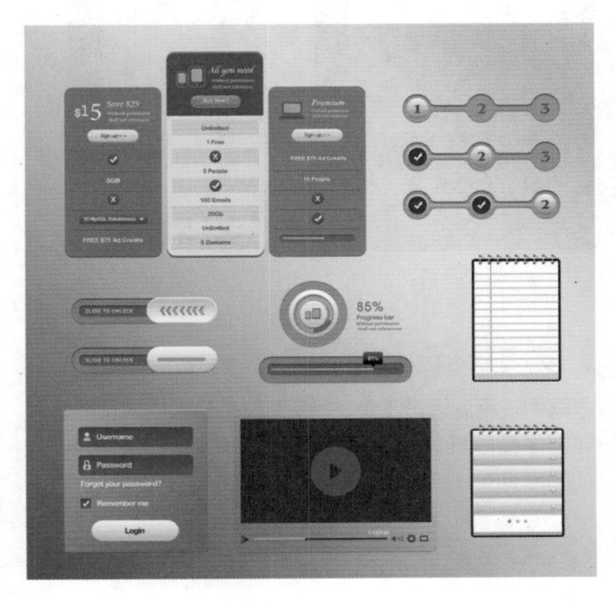

3.3 色彩化的手机天气预报

彩色的天气预报界面设计会让使用者在视觉上有愉快的心情。就算是天气再不好，但看到三原色的彩色手机天气预报的界面，也会很愉悦。

易难度★★　　实用度★★★★

布局分析

在布局上选择上面三个方形色块作为切换界面的按钮，下面的三个是用来观测未来三天的天气情况，中间的大面积则是用来了解当天的天气情况。

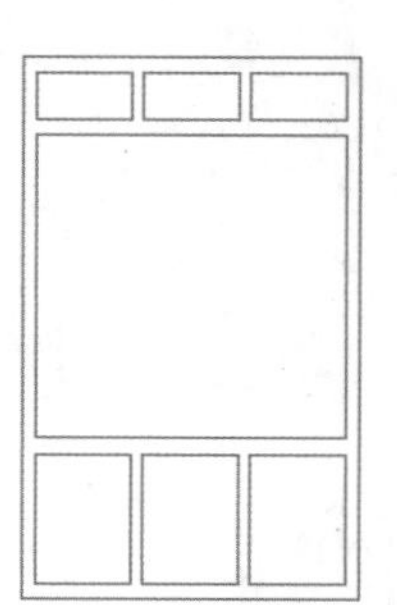

色彩分析

彩色的天气预报 APP 界面，选择颜色时注意切忌使用过多的颜色，否则视觉上会让使用者觉得凌乱。因此，本案例选择了三原色为主体色彩。

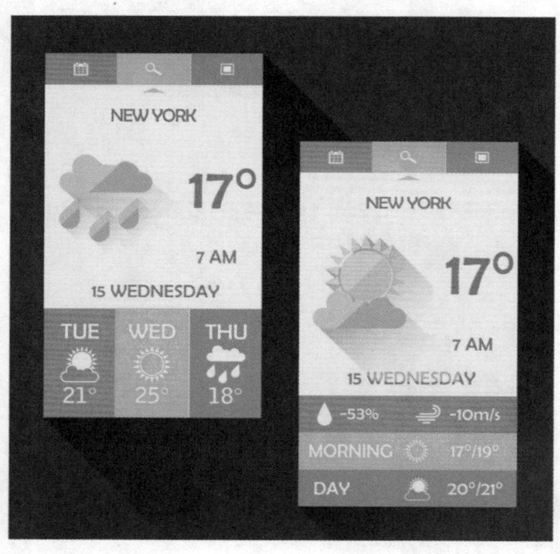

技法分析

本案例使用到矩形工具、钢笔工具来绘制色块和图形，在图像颜色渐变上使用了图层样式中的渐变叠加效果，使图形有立体感。

Step 01 新建文档。执行菜单“文件”/“新建”命令（或按【Ctrl+N】快捷键），设置弹出的“新建”命令对话框，单击“确定”按钮，即可创建一个新的空白文档。

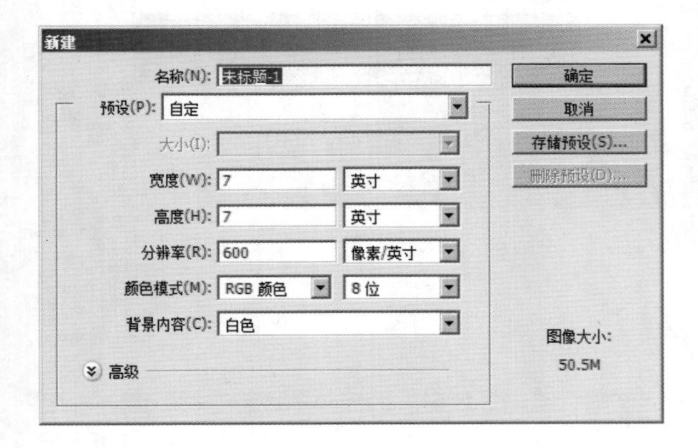

Step 02 填充背景色。设置前景色的颜色值为（R:27，G:45，B:59），按快捷键【Alt+Delete】填充背景色。

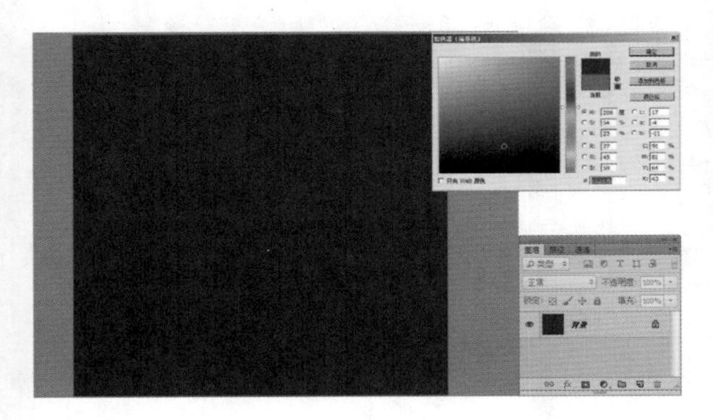

Step 03 绘制矩形。选择“矩形工具”，在工具选项栏中选择“路径”选项，在如图所示的位置上绘制矩形，设置的参数如下图所示。

Step 04 绘制红色矩形。选择“矩形工具”，在工具选项栏中选择“路径”选项，在如图所示的位置上绘制红色矩形，设置的参数如下图所示。

Step 05 添加素材。打开随书光盘中的“素材 1”图像文件，使用“移动工具”将图像拖动到第 1 步新建的文件中，按快捷键【Ctrl+T】，调出自由变换控制框，变换图像到图中所示的状态，按【Enter】键确认操作。

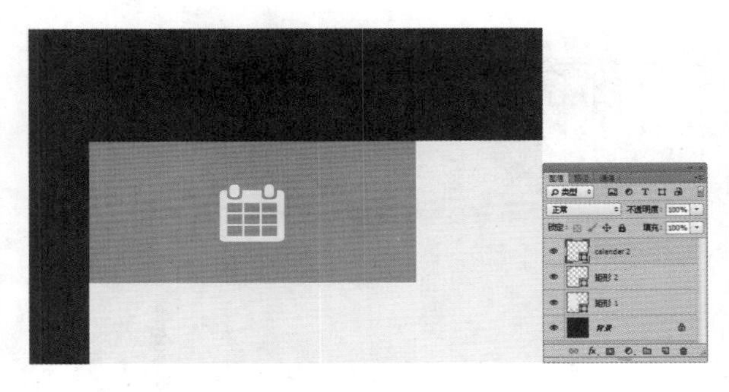

Step 06 复制矩形改变颜色。选择“矩形 2”图层，按快捷键【Ctrl+J】复制得到“矩形 2 拷贝”图层，使用“移动工具”将矩形移动到如图所示的位置上，并更改填充色，效果如下图所示。

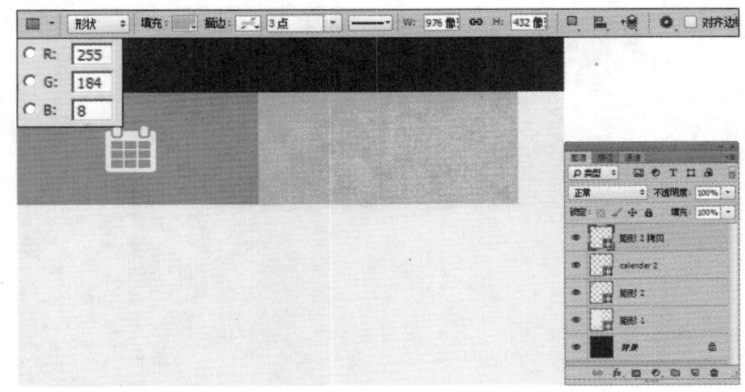

Step 07 添加自定义图形。选择“自定义矩形工具”，单击“图案拾色器”按钮，选择“放大镜”，在图中所示的位置上绘制，得到的效果如下图所示。

Step 08 复制矩形改变颜色。选择“矩形 2 拷贝”图层，按快捷键【Ctrl+J】复制得到“矩形 2 拷贝 2”图层，使用“移动工具”将矩形移动到如图所示的位置上，并更改填充色，效果如下图所示。

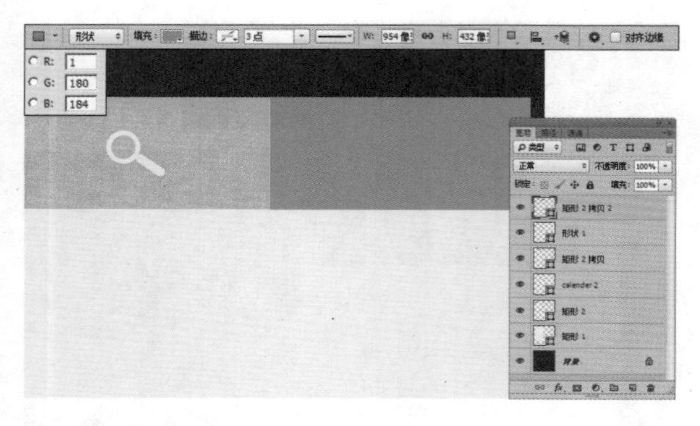

Step 09 绘制矩形边框。选择“矩形工具”，在工具选项栏中选择“形状”选项，在如图所示的位置上绘制白色矩形边框，设置的参数如下图所示。

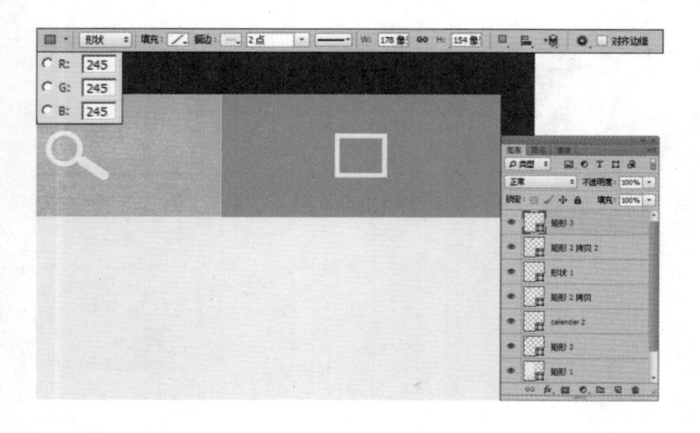

Step 10 绘制白色矩形。选择“矩形工具”，在工具选项栏中选择“形状”选项，在如图所示的位置上绘制白色矩形，设置的参数如下图所示。

Step 11 绘制三角形。选择“多边形工具”，在工具选项栏中选择“形状”选项，在如图所示的位置上绘制三角形，设置的参数如下图所示。

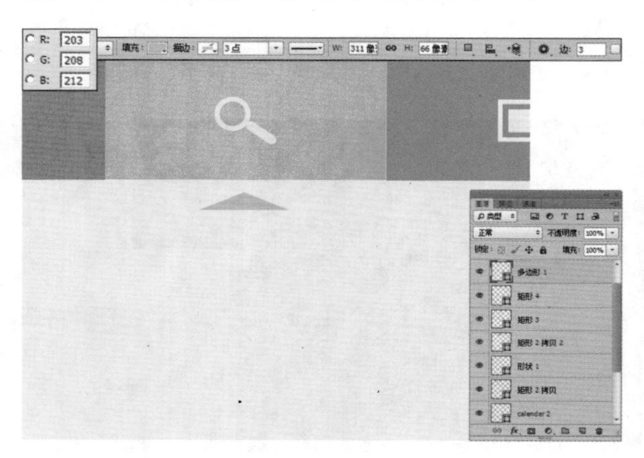

Step 12 添加文字。选择“文字工具” T，在工具选项栏中设置字体大小、字体颜色和字体，输入“NEW YORK”，最终效果如下图所示。

Step 13 绘制云朵。设置前景色为白色，使用“钢笔工具”在图中所示的位置上绘制云朵图形，效果如下图所示。

Step 14 设置填充渐变色。单击“添加图层样式”按钮，在弹出的菜单中选择“渐变叠加”命令，设置弹出的“渐变叠加”命令对话框，如下图所示。

Step 15 用钢笔工具绘制阴影。设置前景色为白色，使用“钢笔工具”在图中所示的位置上绘制阴影图形，设置的参数和效果如下图所示。

Step 16 设置渐变色。单击“添加图层样式”按钮，在弹出的菜单中选择“渐变叠加”命令，设置弹出的“渐变叠加”命令对话框，如下图所示。

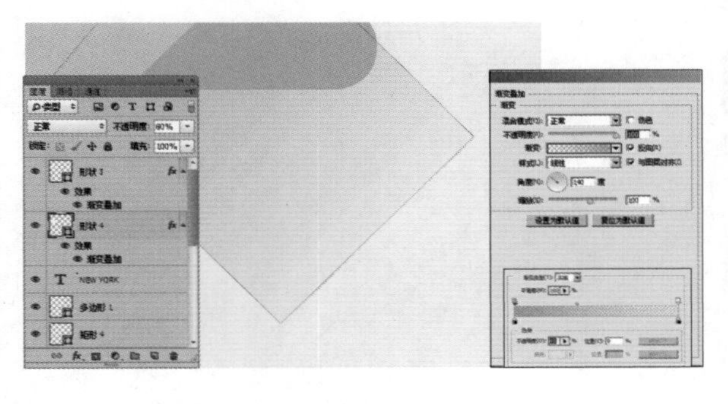

Step 17 绘制渐变色雨滴图形。使用“钢笔工具”，在图中所示的位置上绘制图形，单击“添加图层样式”按钮，在弹出的菜单中选择“渐变叠加”命令，设置弹出的参数对话框，如下图所示。

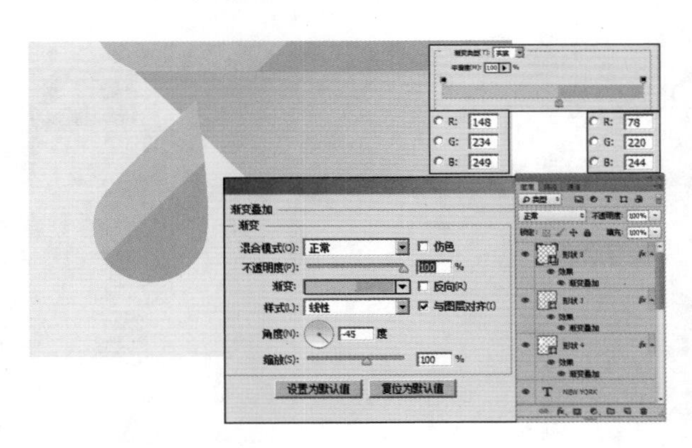

Step 18 绘制阴影。使用“钢笔工具”在图中所示的位置上绘制阴影图形，单击“添加图层样式”按钮，在弹出的菜单中选择“渐变叠加”命令，设置弹出的参数对话框，效果如下图所示。

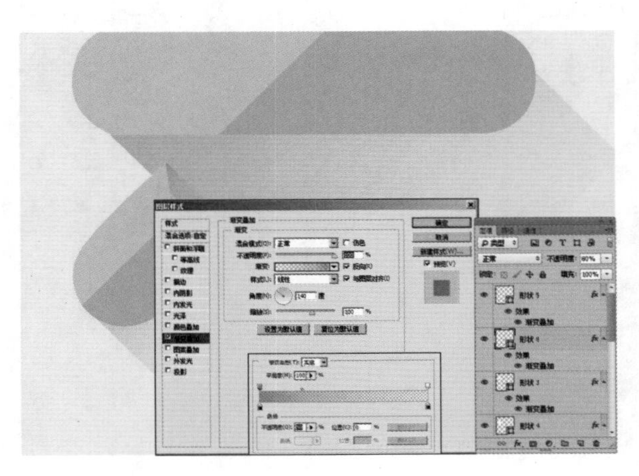

Step 19 复制雨滴图形。选择雨滴图形，按快捷键【Ctrl+J】复制两个雨滴图形，使用“移动工具”将矩形移动至如图所示的位置上。

Step 20 输入“17°”。选择“文字工具”，在工具选项栏中设置字体大小、字体颜色和字体，输入“17°”，最终效果如下图所示。

Step 21 输入“7AM”。选择“文字工具”，在工具选项栏中设置字体大小、字体颜色和字体，输入“7AM”，最终效果如下图所示。

Step 22 添加文字。选择“文字工具”，在工具选项栏中设置字体大小、字体颜色和字体，输入图中所示的文字，最终效果如下图所示。

Step 23 绘制红色矩形。选择“矩形工具”，在工具选项栏中选择“形状”选项，在如图所示的位置上绘制红色矩形，设置的参数如下图所示。

Step 24 添加“TUE”。设置前景色为白色，选择“文字工具”，在工具选项栏中设置字体大小、字体颜色和字体，输入“TUE”，最终效果如下图所示。

Step 25 添加图形素材。打开随书光盘中的“素材 2”图像文件，使用“移动工具”将图像拖动到第 1 步新建的文件中，按快捷键【Ctrl+T】，调出自由变换控制框，变换图像到如图所示的状态，按【Enter】键确认操作。

Step 26 输入“21° ”。设置前景色为白色，选择“文字工具” T，在工具选项栏中设置字体大小、字体颜色和字体，输入“21° ”，最终效果如下图所示。

Step 27 复制矩形，更改填充色。选择“矩形 2”图层，按快捷键【Ctrl+J】复制得到“矩形 2 拷贝 4”图层，使用“移动工具”将矩形移动到图中所示位置上，并更改填充色，效果如下图所示。

Step 28 添加素材，输入文字。添加“太阳图形”素材，设置前景色为白色，选择“文字工具” T，在工具选项栏中设置字体大小、字体颜色和字体，输入“WED”“25° ”，最终效果如下图所示。

Step 29 绘制剩余图形。参照前面的复制矩形更改填充色，以及添加图形素材和文字，绘制出剩余的图形，效果如下图所示。

Step 30 绘制阴影渐变色。使用“钢笔工具”在图中所示的位置上绘制阴影图形，单击“添加图层样式”按钮 fx，在弹出的菜单中选择“渐变叠加”命令，设置弹出的对话框，效果如下图所示。

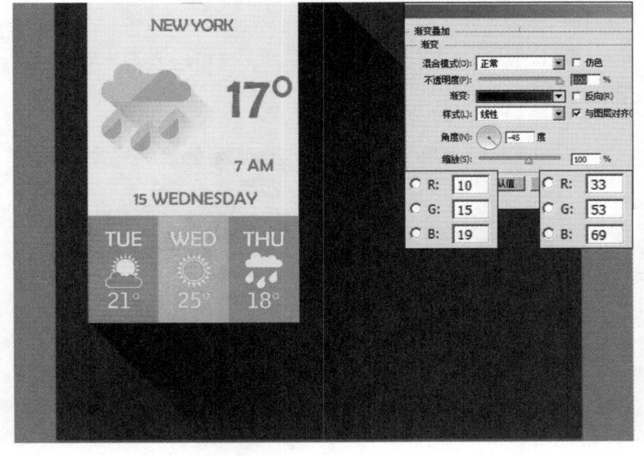

Step 31 复制素材文件。选择做好的矩形素材、文字和图形素材文件，使用“移动工具”拖动至“图层”面板下方的“新建图层”按钮上，得到复制出的图层，再使用“移动工具”移动到下图所示的文件。

Step 32 添加素材，设置填充色。打开随书光盘中的“素材 2”图像文件，使用“移动工具”将图像拖动到第 1 步新建的文件中，单击“添加图层样式”按钮，在弹出的菜单中选择“渐变叠加”命令。

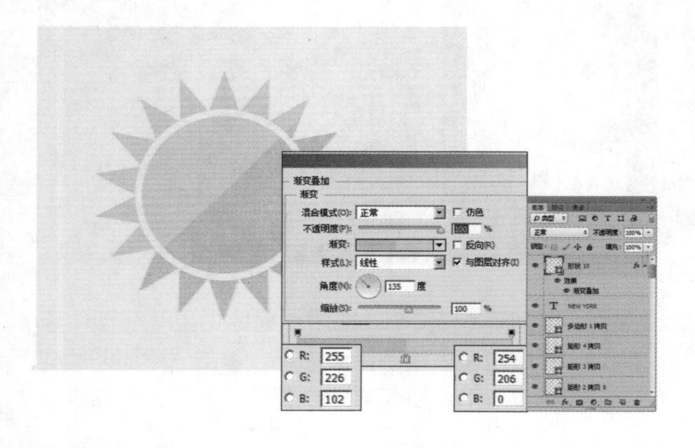

Step 33 复制云朵图形。选择前面做好的云朵图形，使用快捷键【Ctrl+J】复制一个，使用“移动工具”移动到如图所示的位置上，并绘制出阴影，设置渐变色。

Step 34 绘制红色矩形。选择“矩形工具”，在工具选项栏中选择“形状”选项，在如图所示的位置上绘制红色矩形，设置的参数如下图所示。

Step 35 绘制水滴图形。设置前景色为白色，使用“钢笔工具”在图中所示的位置上绘制水滴图形，效果如下图所示。

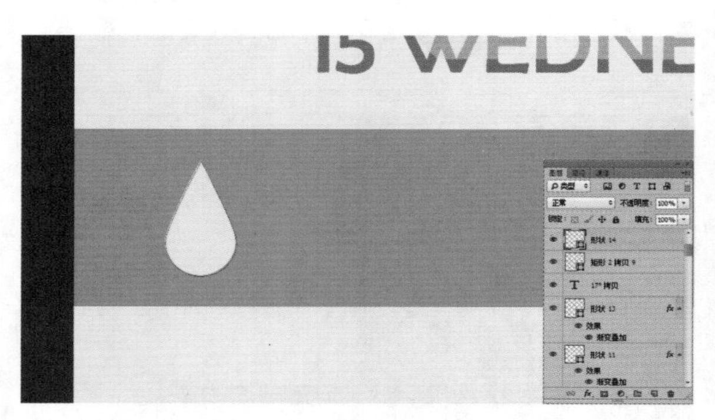

Step 36 添加文字。设置前景色为白色，选择“文字工具”，在工具选项栏中设置字体大小、字体颜色和字体，输入“-53%”文字，最终效果如下图所示。

Step 37 添加素材。打开随书光盘中的“素材 2”图像文件，使用“移动工具” 将图像拖动到红色矩形中，效果如下图所示。

Step 38 添加文字。设置前景色为白色，选择“文字工具” ，在工具选项栏中设置字体大小、字体颜色和字体，输入“-10m/s”文字，最终效果如下图所示。

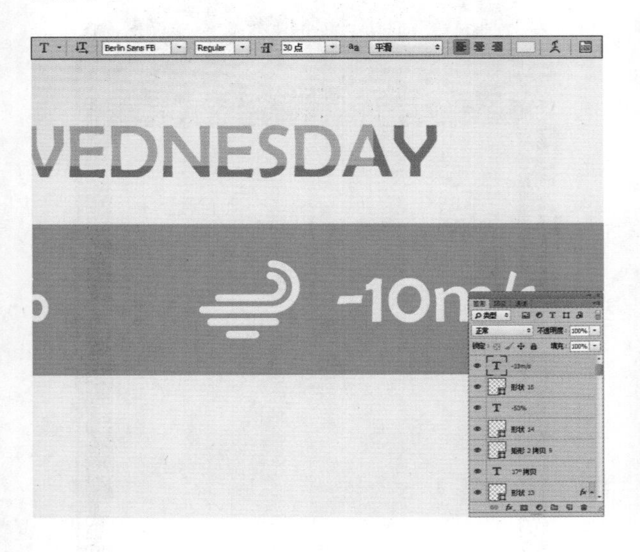

Step 39 绘制出剩下的图形。参照前面的复制矩形更改填充色，以及添加图形素材和文字，绘制出剩余的图形，对矩形更改填充色，最终效果如下图所示。

Step 40 最终效果。为绘制好的图形添加阴影，最终的效果如下图所示。

3.4 妙用圆形设计

按钮的设计主要涉及使用椭圆工具等，在工具选项栏中单击“形状图层”按钮，设计按钮的形状，按钮的颜色大小可以根据自己的喜好决定。最主要的是风格要统一。

易难度★★★　实用度★★★

色彩分析

简洁的圆形按钮，在颜色选择上，多偏向一种色调，在制作立体效果感的时候，使用渐变色会更好一些。

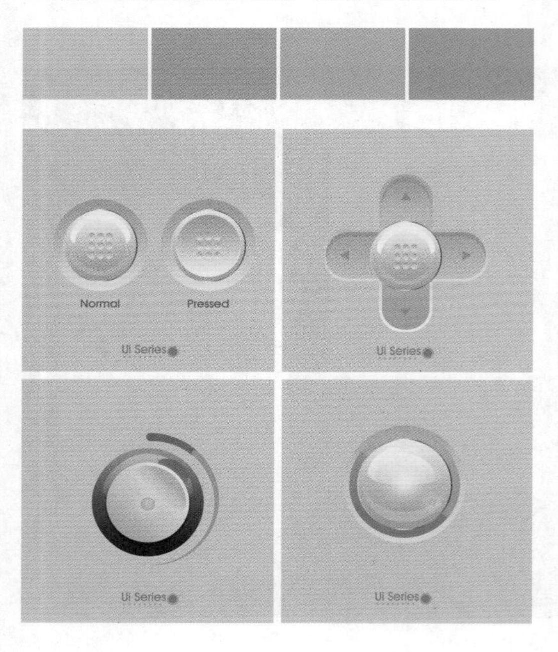

布局分析

在按钮设计的布局上，无论大小和颜色都要统一，一般都以对称为主。

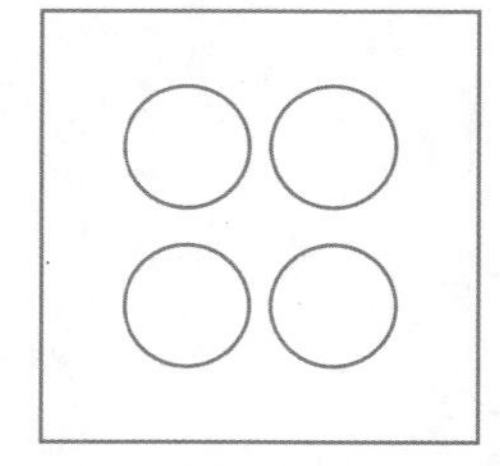

技法分析

在立体效果的按钮设计上，多数使用到了渐变叠加、投影效果和内阴影效果，在形状上，按钮多数为圆形。

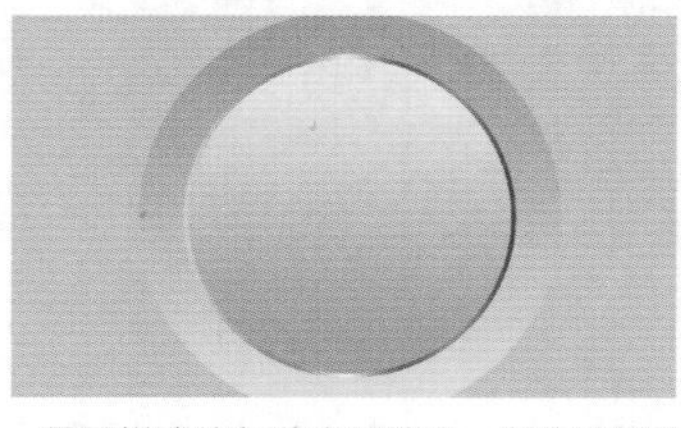

图层样式的各种应用效果：制作这样的纽扣形状的按钮时，一般用到了斜面和浮雕的效果，在制作边缘圈效果时，使用了渐变叠加的效果。

Step 01 新建文档。执行菜单“文件”/“新建”命令(或按【Ctrl+N】快捷键),设置弹出的“新建”命令对话框,单击“确定”按钮,即可创建一个新的空白文档。

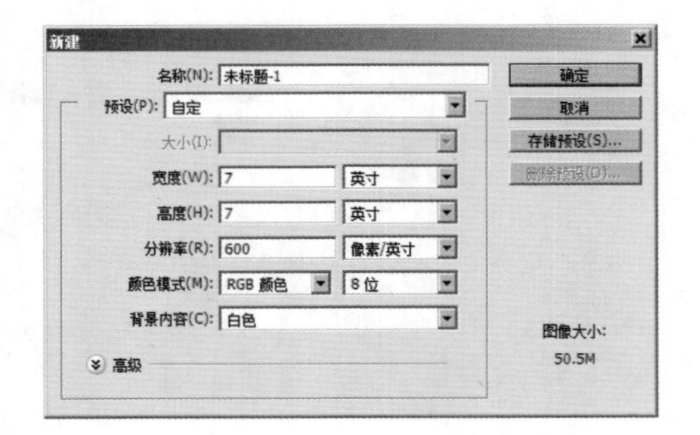

Step 02 填充背景色。设置前景色的颜色值为(R:229,G:222,B:206),按快捷键【Alt+Delete】填充背景色。

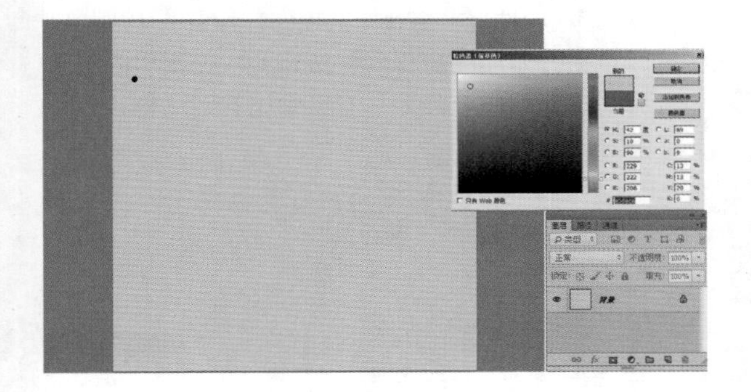

Step 03 绘制渐变椭圆。选择“椭圆工具”,在工具选项栏中选择“形状”选项,在背景的中间绘制椭圆,单击“添加图层样式”按钮,在弹出的菜单中选择“渐变叠加”命令,设置弹出的对话框,效果如下图所示。

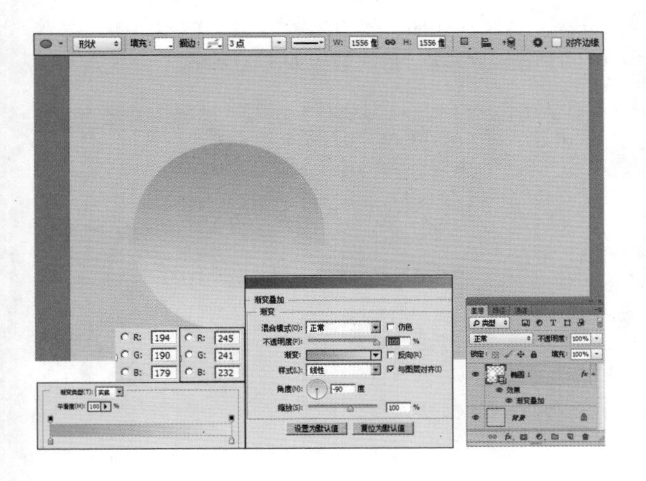

Step 04 复制椭圆,设置渐变色。选择“椭圆 1”,按快捷键【Ctrl+J】复制一个,按快捷键【Ctrl+T】,调出自由变换控制框,变换图像到如图所示的状态,按【Enter】键确认操作。单击“添加图层样式”按钮,在弹出的菜单中选择“渐变叠加”命令,设置的参数如下图所示。

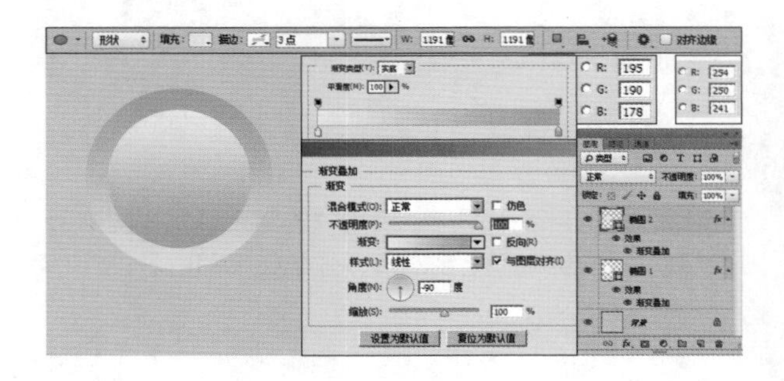

Step 05 绘制椭圆边框,设置渐变色。选择“椭圆工具”,在工具选项栏中选择“形状”选项,在背景的中间绘制椭圆边框,单击“添加图层样式”按钮,在弹出的菜单中选择“渐变叠加”命令,设置弹出的对话框,效果如下图所示。

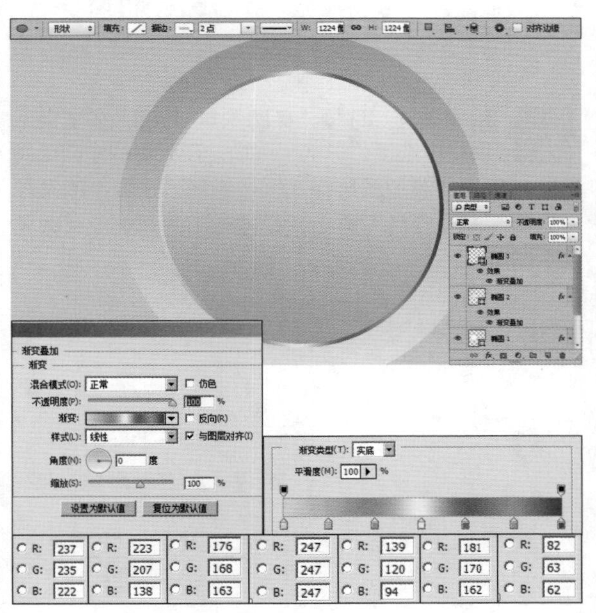

Step 06 钢笔绘制图形。设置前景色为白色,使用“钢笔工具”在图中所示的位置上绘制图形,效果如下图所示。

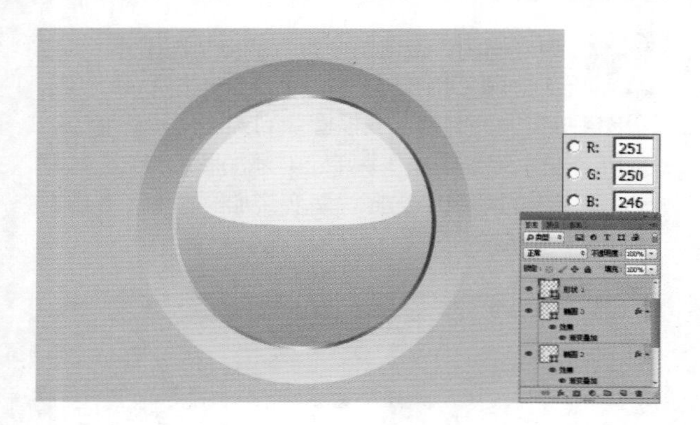

Step 07 绘制月牙形图形。使用“钢笔工具”在图中所示的位置上绘制图形，效果如下图所示。

Step 08 绘制椭圆。选择“椭圆工具”，在工具选项栏中选择“形状”选项，在背景的中间绘制椭圆，单击“添加图层样式”按钮，在弹出的菜单中选择“渐变叠加”命令，设置弹出的对话框，效果如下图所示。

Step 09 绘制 3 个小椭圆。选择“椭圆工具”，在工具选项栏中选择“形状”选项，在背景的中间绘制椭圆，单击“添加图层样式”按钮，在弹出的菜单中选择“渐变叠加”命令，设置弹出的对话框，效果如下图所示。

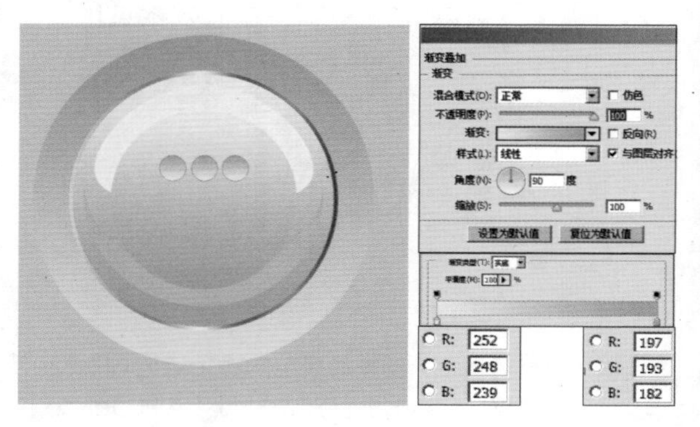

Step 10 复制椭圆。选择“椭圆工具”，在工具选项栏中选择“形状”选项，在背景的中间绘制椭圆，单击“添加图层样式”按钮，在弹出的菜单中选择“渐变叠加”命令，设置弹出的对话框，效果如下图所示。

Step 11 添加文字。选择“文字工具”，在工具选项栏中设置字体大小、字体颜色和字体，输入“Normal”文字，最终效果如下图所示。

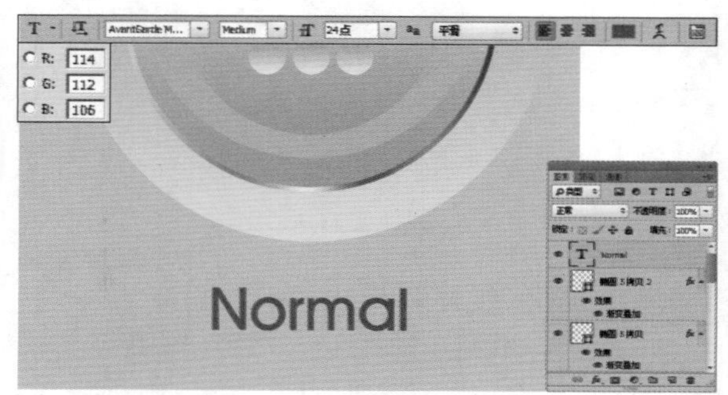

Step 12 复制之前绘制的渐变椭圆边框。选择前面制作的渐变矩形，按快捷键【Ctrl+J】复制一个，使用“移动工具”将图像拖动到如图所示的位置上，效果如下图所示。

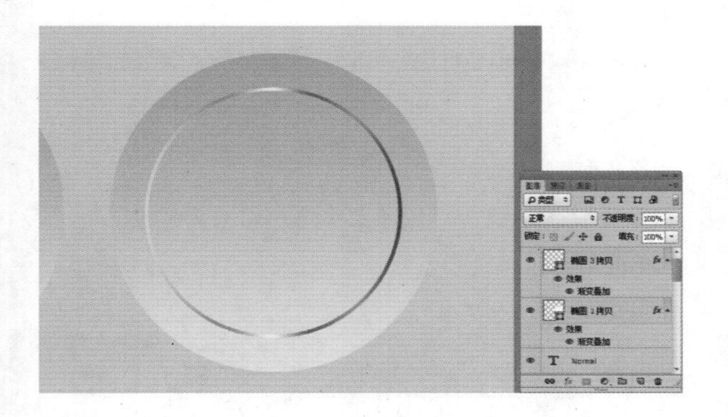

Step 13 绘制渐变椭圆。选择“椭圆工具”，在工具选项栏中选择“形状”选项，在背景的中间绘制椭圆，单击“添加图层样式”按钮，在弹出的菜单中选择“渐变叠加”命令，设置弹出的对话框，效果如下图所示。

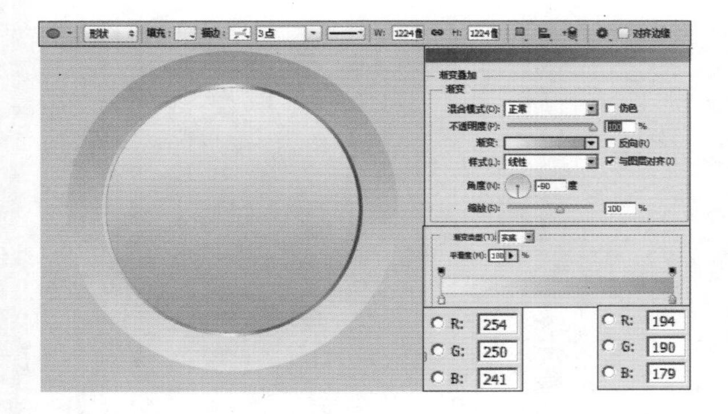

Step 14 钢笔绘制月牙形。设置前景色为白色，使用“钢笔工具”在图中所示的位置上绘制图形，效果如下图所示。

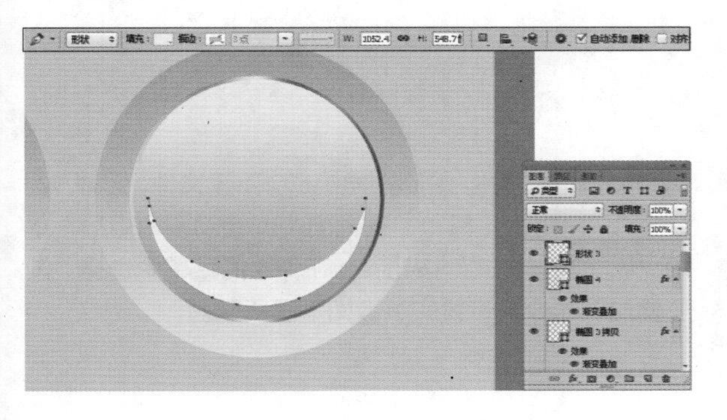

Step 15 绘制渐变椭圆。选择“椭圆工具”，在工具选项栏中选择“形状”选项，在背景的中间绘制椭圆，单击“添加图层样式”按钮，在弹出的菜单中选择“渐变叠加”命令，设置弹出的对话框，效果如下图所示。

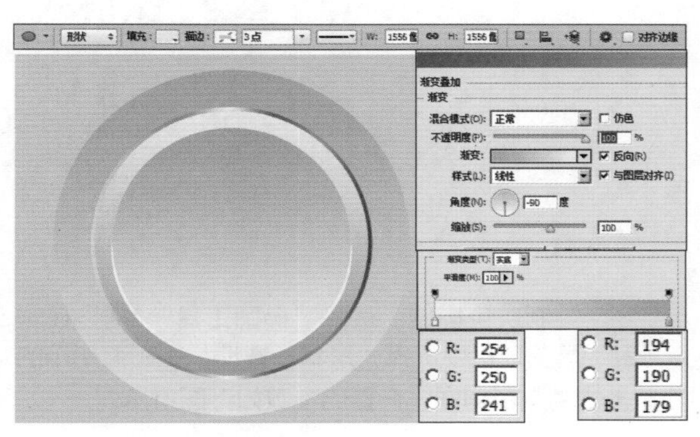

Step 16 复制椭圆。将前面绘制好的椭圆图层，按快捷键【Ctrl+J】复制一个，使用“移动工具”将图像拖动到如图所示的位置上，效果如下图所示。

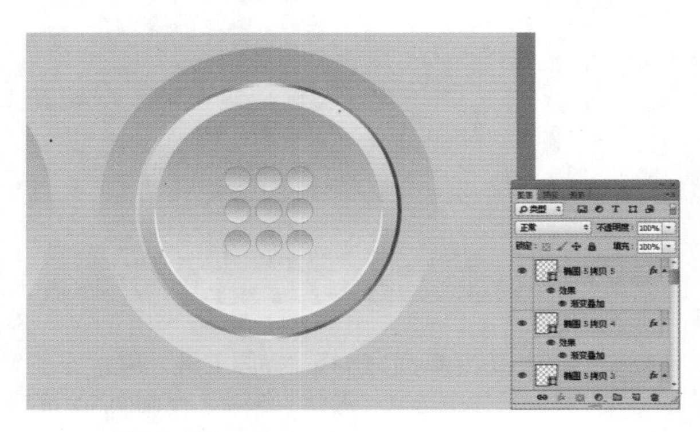

Step 17 添加文字。选择“文字工具”，在工具选项栏中设置字体大小、字体颜色和字体，输入“Pressed”文字，最终效果如下图所示。

Step 18 输入文字。选择“文字工具”，在工具选项栏中设置字体大小、字体颜色和字体，输入“Ui Series”文字，最终效果如下图所示。

Step 19 绘制灰色椭圆。选择“椭圆工具”，在工具选项栏中选择“形状”选项，在画面所示的位置上绘制灰色椭圆，设置的参数如下图所示。

Step 20 绘制深灰色椭圆。选择“椭圆工具”，在工具选项栏中选择“形状”选项，在画面所示的位置上绘制深灰色椭圆，设置的参数如下图所示。

Step 21 绘制多个小椭圆。选择“椭圆工具”，在工具选项栏中选择“形状”选项，单击“路径选择工具”按钮，在弹出的下拉菜单中选择“合并图层”选项，在画面所示的位置上绘制深灰色椭圆，设置的参数如下图所示。

Step 22 最终效果如下图所示。

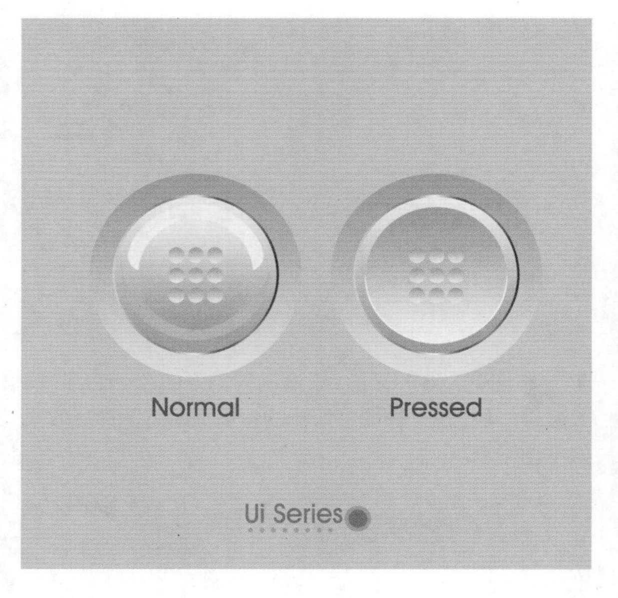

Step 23 新建文件，绘制圆角矩形。新建文件，选择“圆角矩形工具”，在画面中间绘制圆角矩形，单击“添加图层样式”按钮，在弹出的菜单中选择“渐变叠加”命令，设置的参数如下图所示。

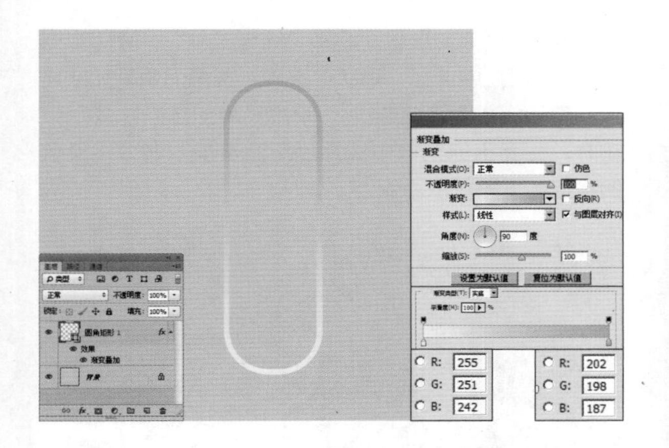

Step 24 填充背景色。选择“圆角矩形工具”，在画面中间绘制圆角矩形，单击“添加图层样式”按钮，在弹出的菜单中选择“渐变叠加”命令，设置的参数如下图所示。

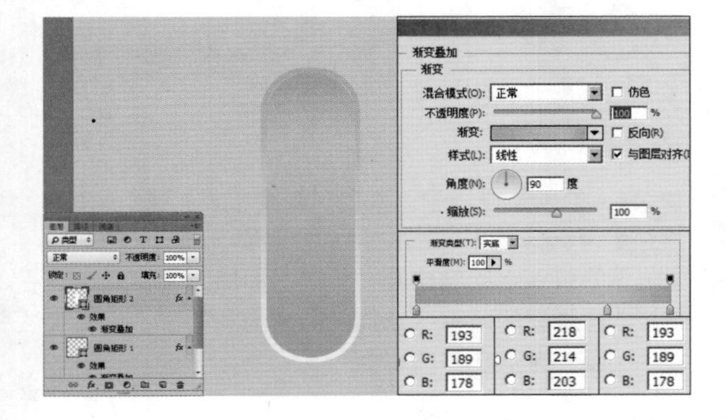

Step 25 复制圆角矩形。选择“圆角矩形 1”、“圆角矩形 2”，按快捷键【Ctrl+J】复制，按快捷键【Ctrl+T】调出自由变换控制框，变换图像到如图所示的状态，按【Enter】键确认操作。

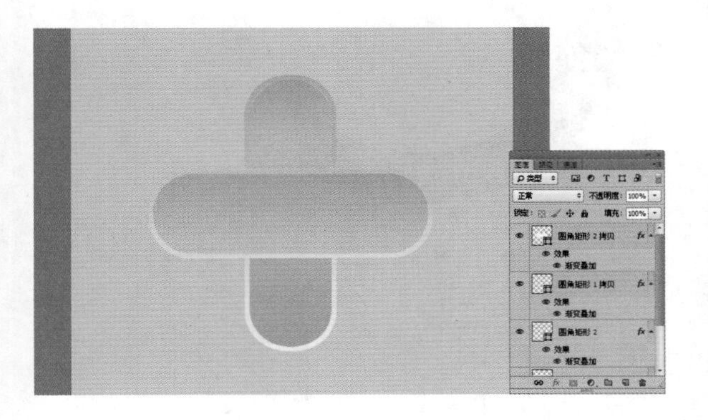

Step 26 绘制月牙形。使用“钢笔工具”在图中所示的位置上绘制图形，效果如下图所示。

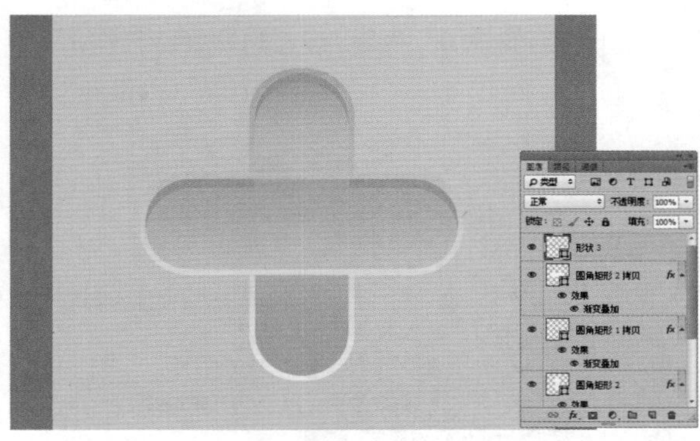

Step 27 复制前面绘制的图形。选择前面绘制的凸出感椭圆形控制键的图层，下拉到“图层”面板下方的“新建图层”按钮上进行复制，按快捷键【Ctrl+T】，调出自由变换控制框，变换缩小图像，按【Enter】键确认操作。使用“移动工具”将图像拖动到如图所示的位置上，效果如下图所示。

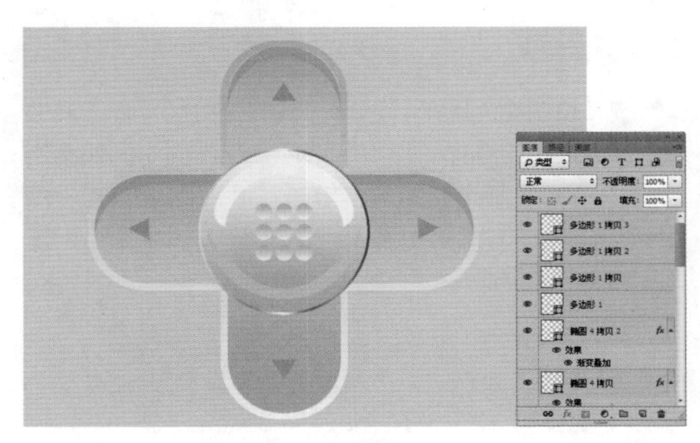

Step 28 复制文字和椭圆。将前面绘制好的椭圆图层和文字图层下拉到“图层”面板下方的“新建图层”按钮上进行复制，使用“移动工具”将图像拖动到如图所示的位置上，效果如下图所示。

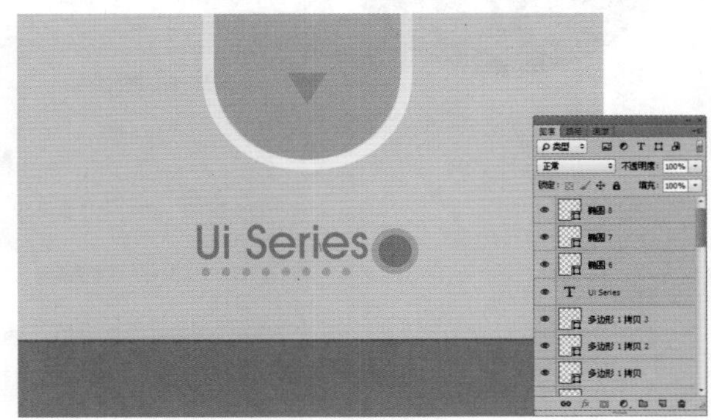

Step 29 绘制渐变椭圆。选择“椭圆工具”，在工具选项栏中选择“形状”选项，在画面中间绘制椭圆，单击“添加图层样式”按钮fx，在弹出的菜单中选择“渐变叠加”命令，设置的参数如下图所示。

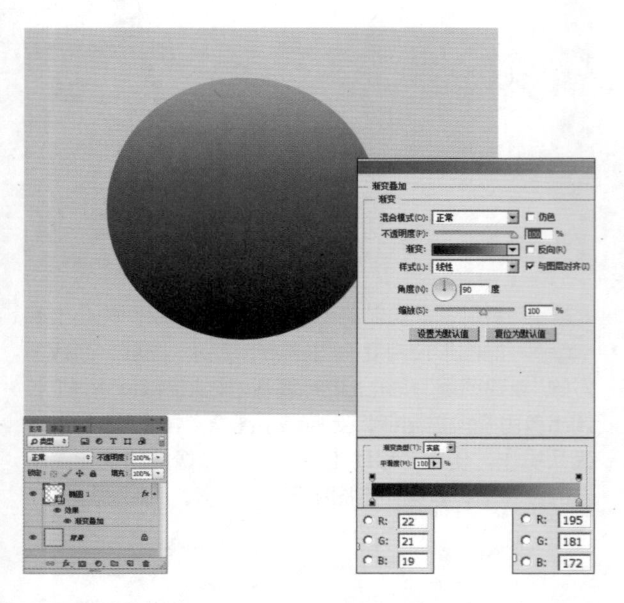

Step 30 绘制高光图形。选择“钢笔工具”，在工具选项栏中选择“形状”选项，在画面中间如图所示的位置上绘制高光图形，单击“添加图层样式”按钮fx，在弹出的菜单中选择“渐变叠加”命令，设置的参数如下图所示。

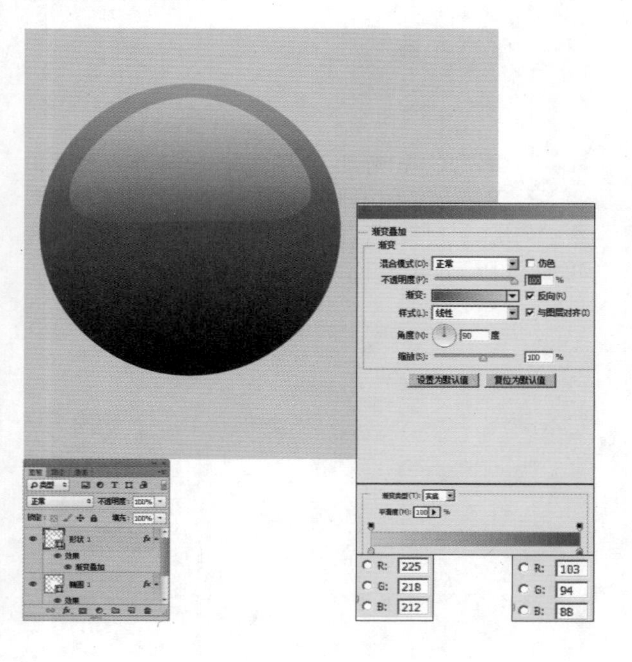

Step 31 绘制渐变形状。选择“钢笔工具”，在工具选项栏中选择“形状”选项，在画面中间如图所示的位置上绘制渐变图形，单击“添加图层样式”按钮fx，在弹出的菜单中选择“渐变叠加”命令，设置的参数如下图所示。

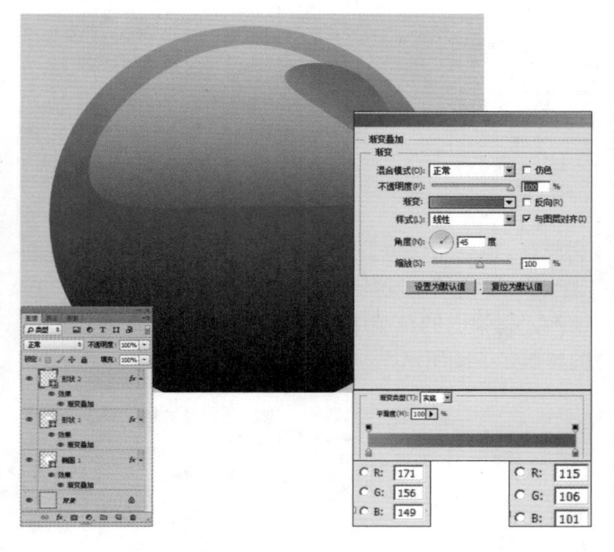

Step 32 绘制渐变椭圆。选择“椭圆工具”，在工具选项栏中选择“形状”选项，在画面中间如图所示的位置上绘制椭圆，单击“添加图层样式”按钮fx，在弹出的菜单中选择“渐变叠加”、“投影”命令，设置的参数如下图所示。

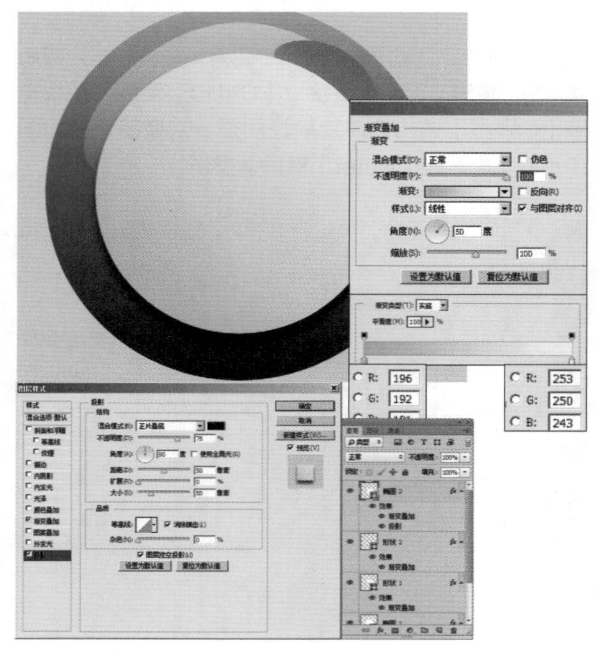

Step 33 绘制渐变图形。选择“钢笔工具”，在工具选项栏中选择“形状”选项，在画面中间如图所示的位置上绘制渐变图形，单击“添加图层样式”按钮fx，在弹出的菜单中选择“渐变叠加”命令，设置的参数如下图所示。

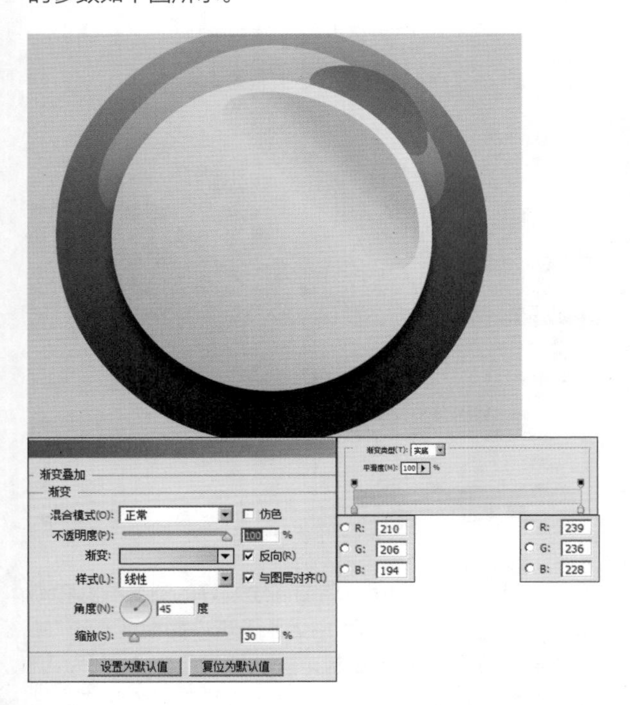

Step 34 绘制多边形形状。选择“钢笔工具”，在工具选项栏中选择“形状”选项，在画面中间如图所示的位置上绘制渐变图形，填充色值参数如下图所示。

Step 35 绘制蓝色渐变椭圆。选择“椭圆工具”，在工具选项栏中选择“形状”选项，在画面中间如图所示的位置上绘制椭圆，单击“添加图层样式”按钮fx，在弹出的菜单中选择“渐变叠加”、“投影”命令，设置的参数如下图所示。

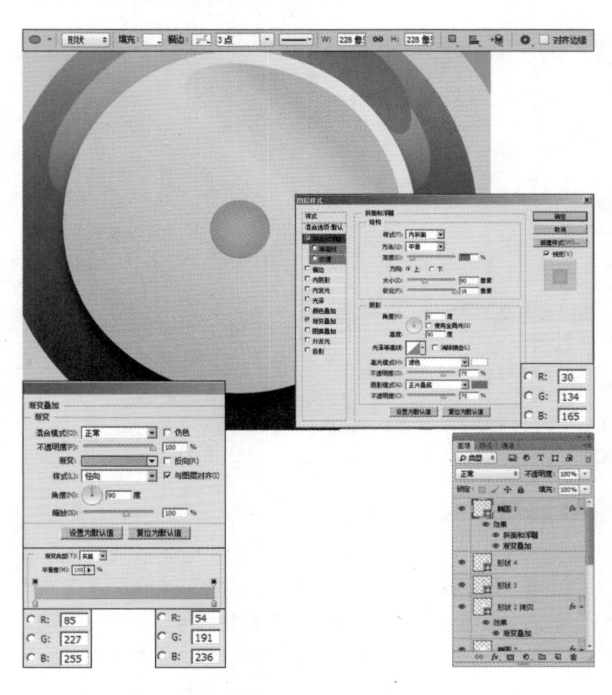

Step 36 复制文字素材。前面绘制好的两个灰色椭圆、一些小椭圆和文字素材下拉到“图层”面板下方的“新建图层”按钮上进行复制，使用“移动工具”将图像拖动到如图所示的位置上，效果如下图所示。

Step 37 绘制渐变椭圆。选择“椭圆工具”，在工具选项栏中选择“形状”选项，在画面中间如图所示的位置上绘制椭圆，单击“添加图层样式”按钮，在弹出的菜单中选择“渐变叠加”命令，设置的参数如下图所示。

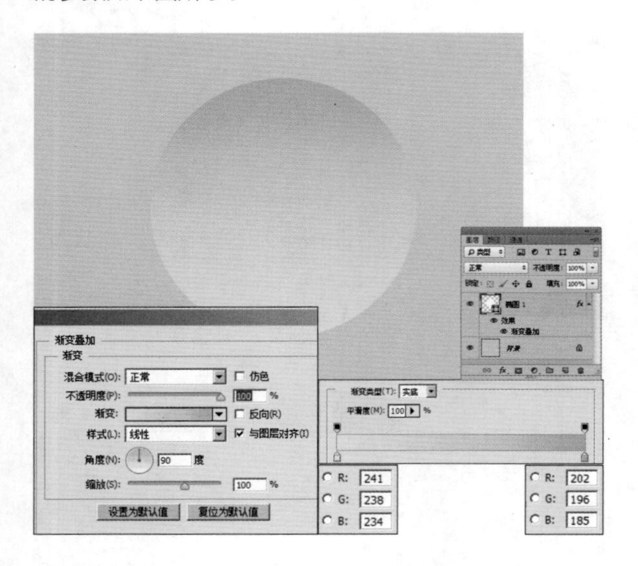

Step 38 用钢笔工具绘制多边形，设置渐变色。选择“钢笔工具”，在工具选项栏中选择“形状”选项，在画面中间如图所示的位置上绘制多边形图形，单击“添加图层样式”按钮，在弹出的菜单中选择“渐变叠加”命令，设置的参数如下图所示。

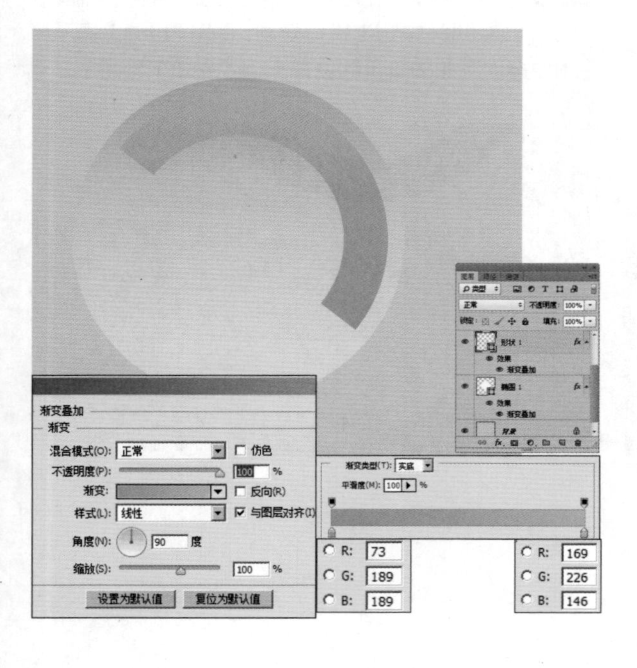

Step 39 绘制灰色多边形。选择“钢笔工具”，在工具选项栏中选择“形状”选项，在画面中间如图所示的位置上绘制高光图形，单击“添加图层样式”按钮，在弹出的菜单中选择“渐变叠加”命令，设置的参数如下图所示。

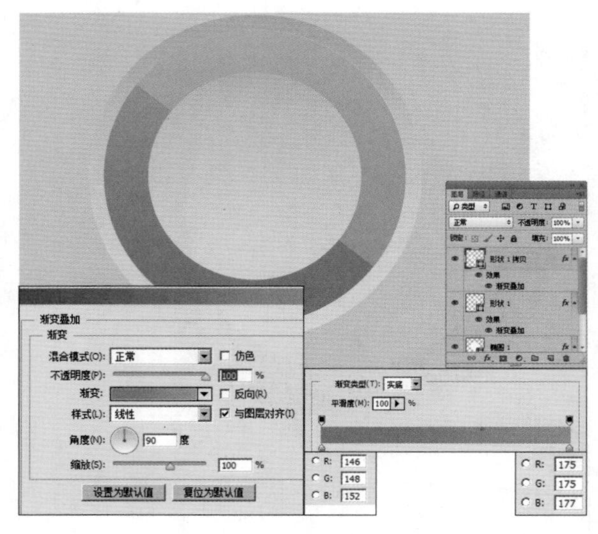

Step 40 复制椭圆图层。将前面绘制好的渐变椭圆和渐变椭圆边框图层下拉到“图层”面板下方的“新建图层”按钮上进行复制，按快捷键【Ctrl+T】，调出自由变换控制框，变换图像到如图所示的状态，按【Enter】键确认操作。使用“移动工具”将图像拖动到如图所示的位置上，效果如下图所示。

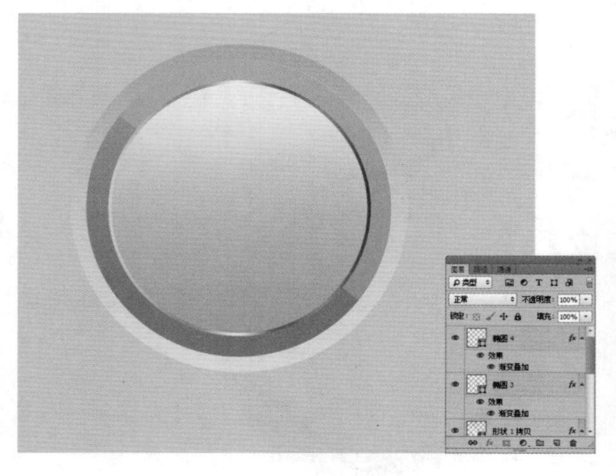

Step 41 用钢笔工具绘制高光。选择“钢笔工具”，在工具选项栏中选择“形状”选项，在画面中间如图所示的位置上绘制渐变图形，单击“添加图层样式”按钮，在弹出的菜单中选择“渐变叠加”命令，设置的参数如下图所示。

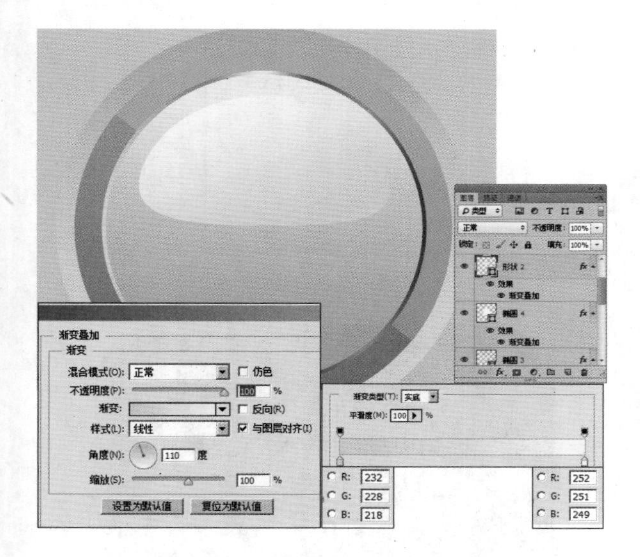

Step 42 用“钢笔工具”绘制多边形。选择“钢笔工具”，在工具选项栏中选择“形状”选项，在画面中间如图所示的位置上绘制渐变多边形图形，并单击“添加图层样式”按钮，在弹出的菜单中选择“渐变叠加”命令，设置的参数如下图所示。

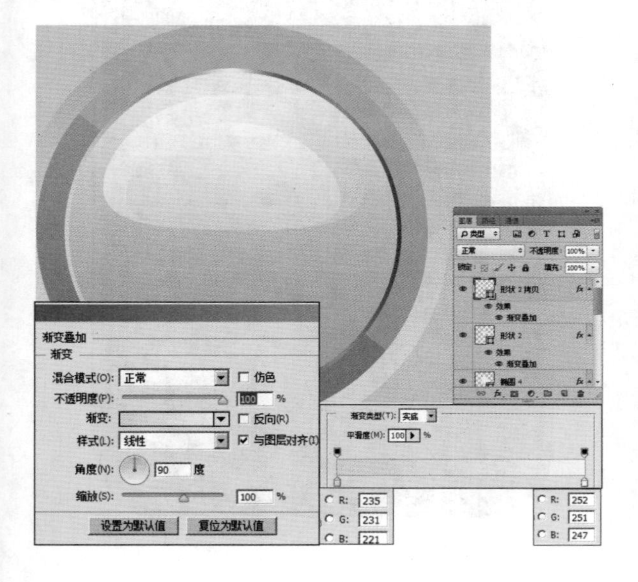

Step 43 添加文字素材和椭圆素材。将前面绘制好的两个灰色椭圆、一些小椭圆和文字素材下拉到“图层”面板下方的“新建图层”按钮上进行复制，使用“移动工具”将图像拖动到如图所示的位置上，效果如下图所示。

Step 44 最终效果。将绘制好的 4 个文件合并到一个图层中，分别安放在正方形的四角，最终效果如图所示。

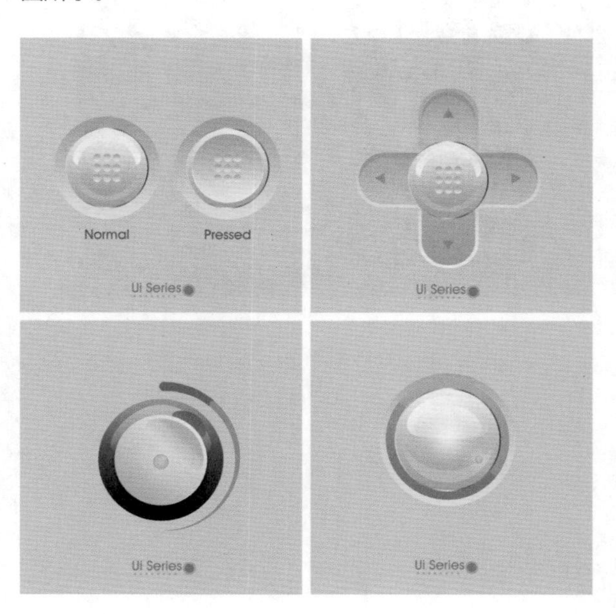

3.5 深浅色系手机天气 APP

利用“渐变色”及颜色的深浅搭配，设计本案例的深浅色系手机天气预报界面。本案例使用到了“圆角矩形工具”、“钢笔工具”和“文字工具”，颜色上使用了渐变叠加效果。

易难度★★　　实用度★★★★

布局分析

这种一个大面积加上几个小块面积的布局，是为了更好地观察到每天的天气情况。

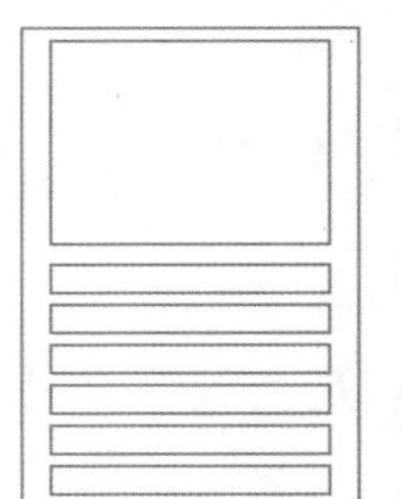

色彩分析

本例在颜色选择上，只使用了深蓝色一种色调，给人一种简洁大方、成熟稳重的感觉。

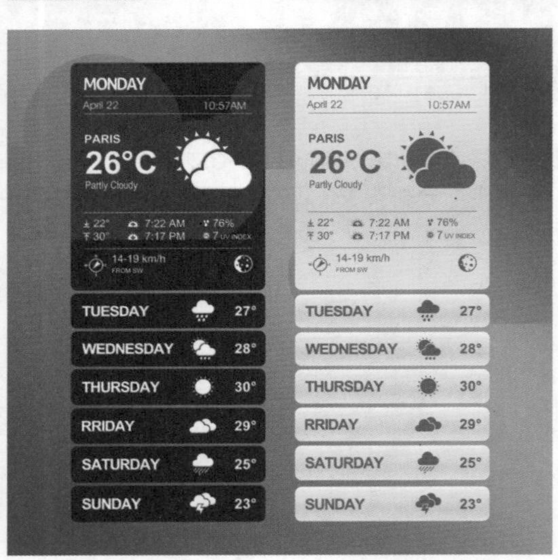

Step 01 新建文档。执行菜单“文件”/“新建”命令（或按【Ctrl+N】快捷键），设置弹出的“新建”命令对话框，单击“确定”按钮，即可创建一个新的空白文档。

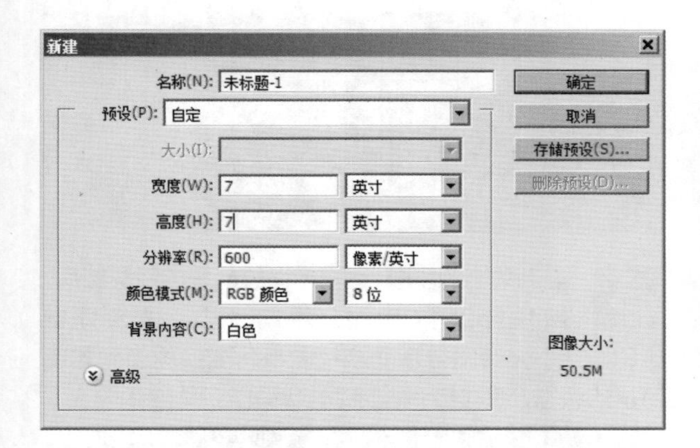

Step 02 设置渐变背景色。单击工具栏中的“渐变工具”按钮，设置渐变色值，选择渐变方向“对称渐变”，设置的参数和得到的渐变效果如下图所示。

Step 03 绘制圆角矩形。选择“圆角矩形工具”，在工具选项栏中的“选择工具模式”中选择“形状”选项，在图中所示的位置上绘制圆角矩形，效果如下图所示。

Step 04 用钢笔绘制云。选择“钢笔工具”，在工具选项栏中选择“形状”选项，在画面中间如图所示的位置上绘制多边形图形，设置的参数如下图所示。

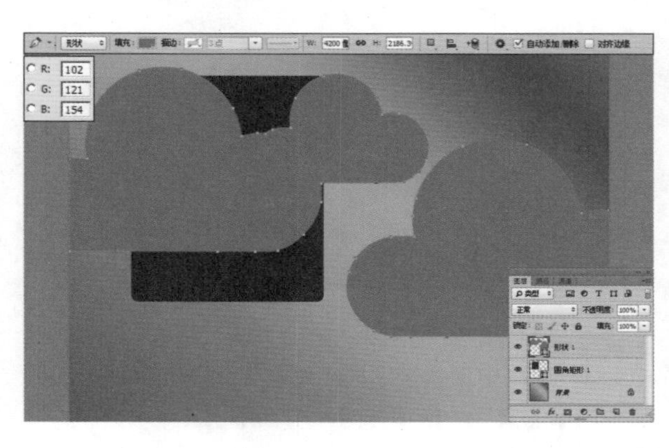

Step 05 设置不透明度。选择云图层，设置“图层”面板上的不透明度为“30%”，得到的效果如下图所示。

Step 06 添加素材。打开随书光盘中的“素材 1”图像文件，使用“移动工具”将图像拖动到红色矩形中，效果如下图所示。

Step 07 绘制白色矩形线条。选择“矩形工具”，在工具选项栏中的“选择工具模式”中选择“形状”选项，在图中所示的位置上绘制矩形，设置的参数如下图所示。

Step 08 添加文字。选择“文字工具”T，在工具选项栏中设置字体大小、字体颜色和字体，输入文中所示的文字，最终效果如下图所示。

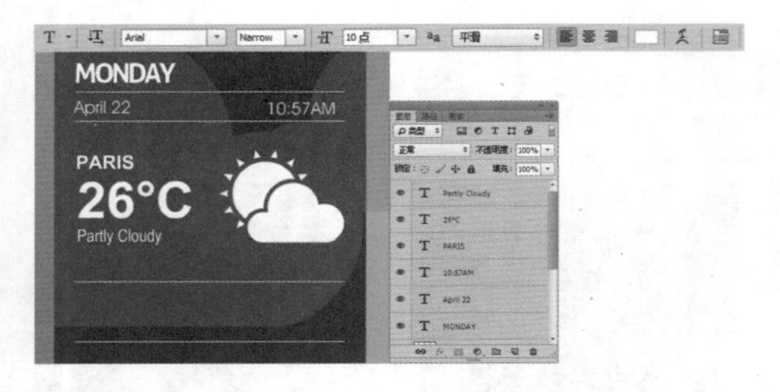

Step 09 添加自定义图形。选择“自定义形状工具”，在工具选项栏中的“选择工具模式”中选择“形状”选项，在图案拾色器中选择箭头图案，在图中所示的位置上绘制。

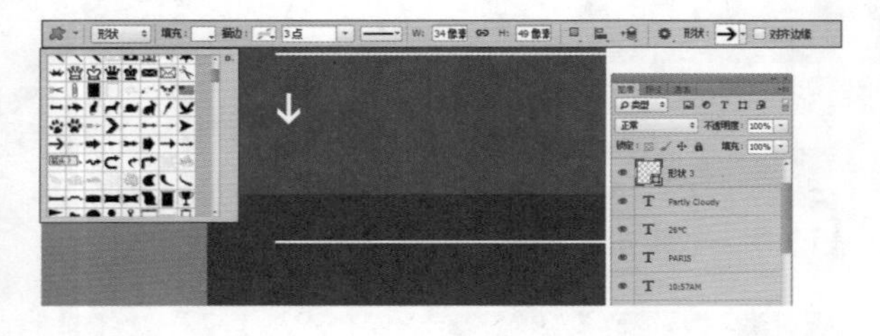

Step 10 绘制圆角矩形。选择“圆角矩形工具”，在工具选项栏中的“选择工具模式”中选择“形状”选项，在图中箭头下方绘制圆角矩形，效果如下图所示。

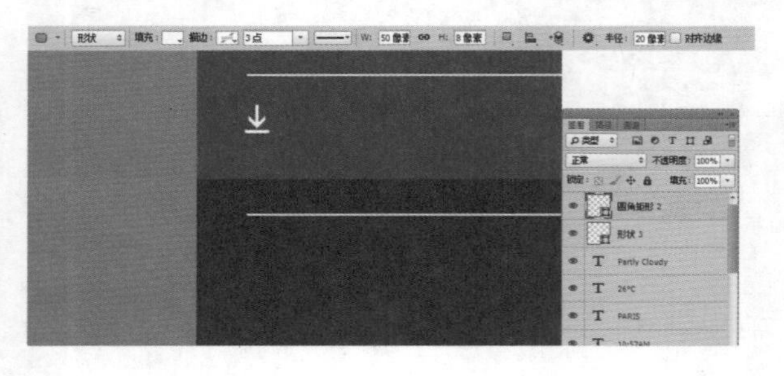

Step 11 输入“22° ”。选择“文字工具”T，在工具选项栏中设置字体大小、字体颜色和字体，输入“22° ”字样，最终效果如下图所示。

Step 12 复制前面的步骤。选择前面绘制好的箭头图层，按快捷键【Ctrl+J】复制一个，按快捷键【Ctrl+T】，调出自由变换控制框，变换图像到如图所示的状态，按【Enter】键确认操作。

Step 13 添加素材。打开随书光盘中的“素材 2”图像文件，使用“移动工具”将图像拖动到图中所示的位置中，效果如下图所示。

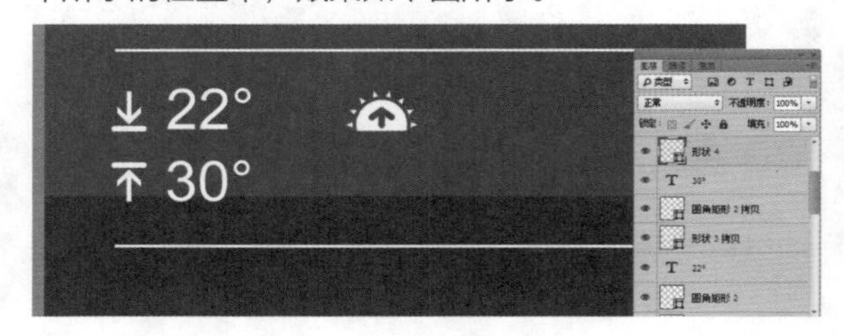

Step 14 输入文字。选择“文字工具”T，在工具选项栏中设置字体大小、字体颜色和字体，输入“7:22AM”字样，最终效果如下图所示。

Step 15 添加"雨水"素材。打开随书光盘中的"素材 3"图像文件，使用"移动工具"将图像拖动到图中所示的位置中，效果如下图所示。

Step 16 输入雨水量。设置前景色为白色，选择"文字工具"，在工具选项栏中设置字体大小、字体颜色和字体，输入"76%"字样文字，最终效果如下图所示。

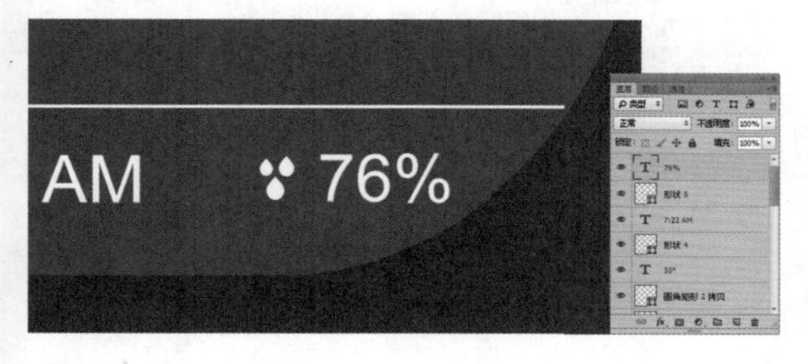

Step 17 绘制同样的效果。选择绘制好的素材图层，下拉到"图层"面板下方的"新建图层"按钮上，复制图层，使用"移动工具"移动到图中所示的位置上，并更改文字。

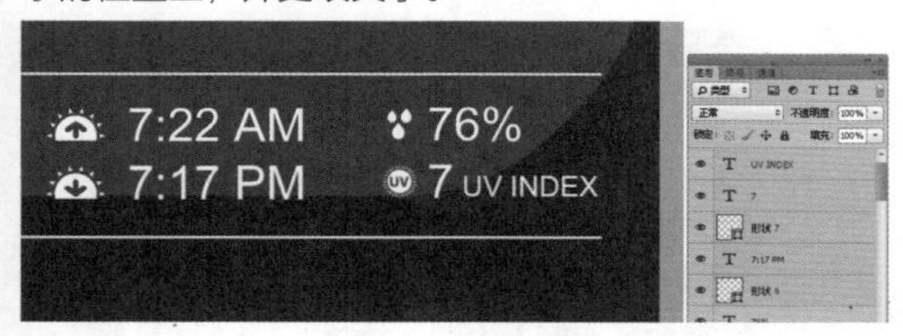

Step 18 添加指南针素材。打开随书光盘中的"素材 3"图像文件，使用"移动工具"将图像拖动到红色矩形中，效果见下图。

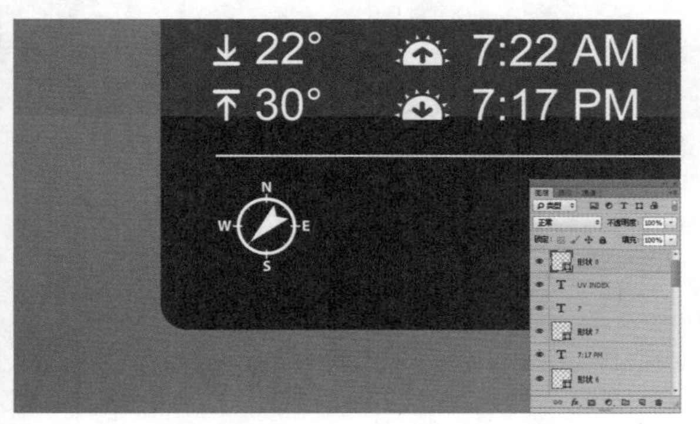

Step 19 输入文字。设置前景色为白色，选择"文字工具"，在工具选项栏中设置字体大小、字体颜色和字体，输入图中所示的文字，最终效果如下图所示。

Step 20 添加月球素材。打开随书光盘中的"素材 4"图像文件，使用"移动工具"将图像拖动到红色矩形中，效果如下图所示。

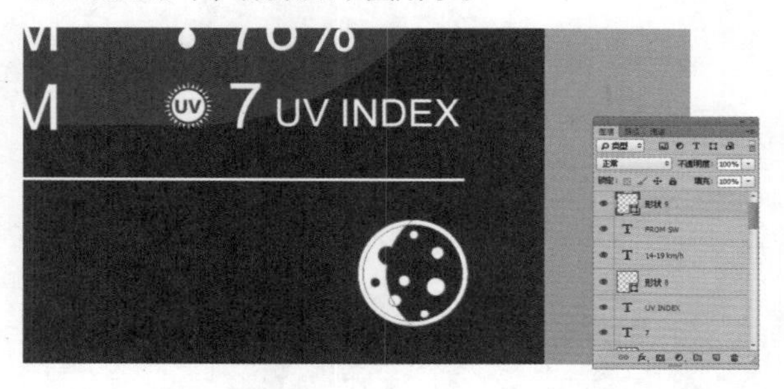

Step 21 绘制圆角矩形。选择"圆角矩形工具"，在工具选项栏中的"选择工具模式"中选择"形状"图层，在图中所示的位置上绘制圆角矩形，设置参数和效果如下图所示。

Step 22 添加日期文字。设置前景色为白色，选择"文字工具"，在工具选项栏中设置字体大小、字体颜色和字体，输入"TUESDAY"文字，最终效果如下图所示。

Step 23 添加雨云素材。打开随书光盘中的“素材 4”图像文件，使用“移动工具”将图像拖动到图中所示的位置中，效果如下图所示。

Step 24 输入“27° ”。设置前景色为白色，选择“文字工具”，在工具选项栏中设置字体大小、字体颜色和字体，输入“27° ”字样，最终效果如下图所示。

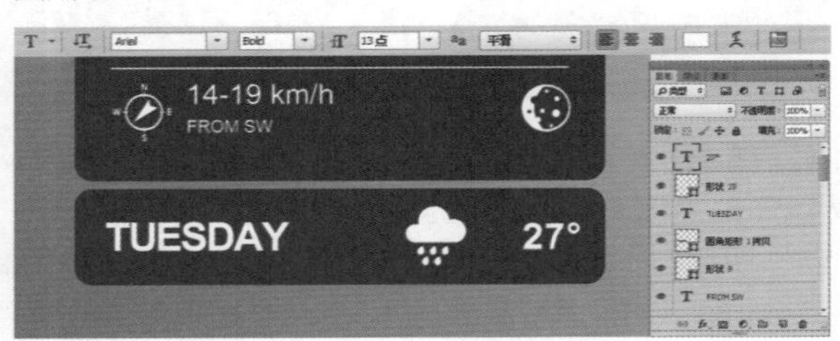

Step 25 复制图层。将前面绘制好的步骤绘制出其他的条形框，使用文字工具输入天气度数。

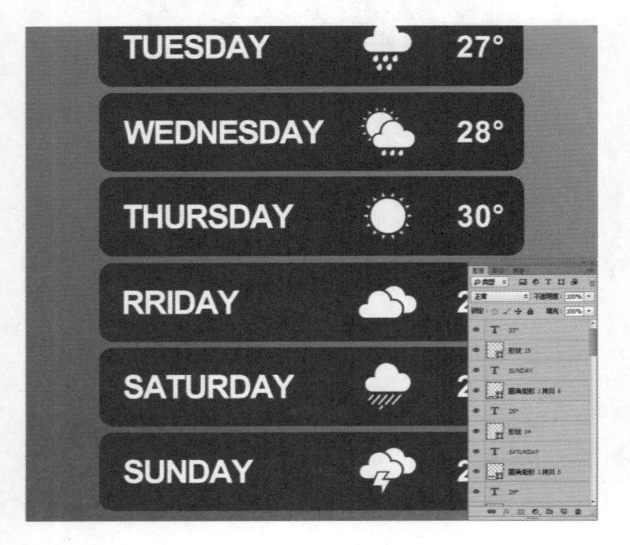

Step 26 绘制渐变，绘制圆角矩形。选择“圆角矩形工具”，在工具选项栏中的“选择工具模式”中选择“形状”选项，在图中所示的位置上绘制圆角矩形，单击“添加图层样式”按钮，在弹出的菜单中选择“渐变叠加”命令，设置“渐变叠加”的参数，最后得到的效果如下图所示。

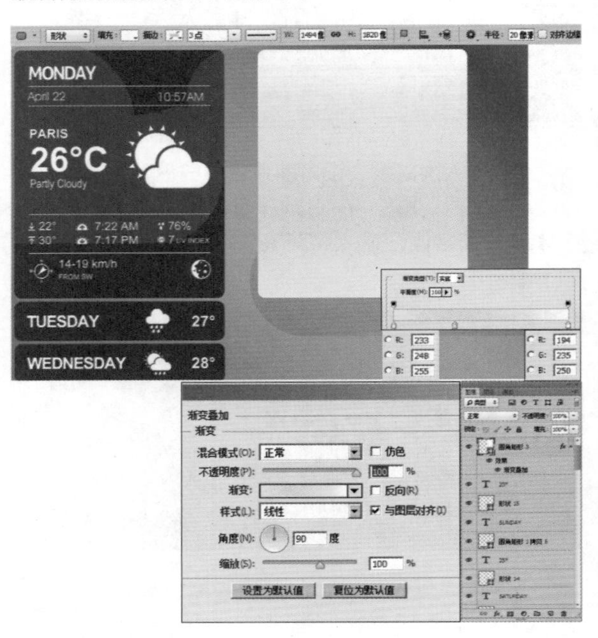

Step 27 最终效果。复制前面所绘制的圆角矩形框、日期文字、天气素材和温度文字素材，使用“移动工具”将图像拖动到图中所示的位置，最终效果如下图所示。

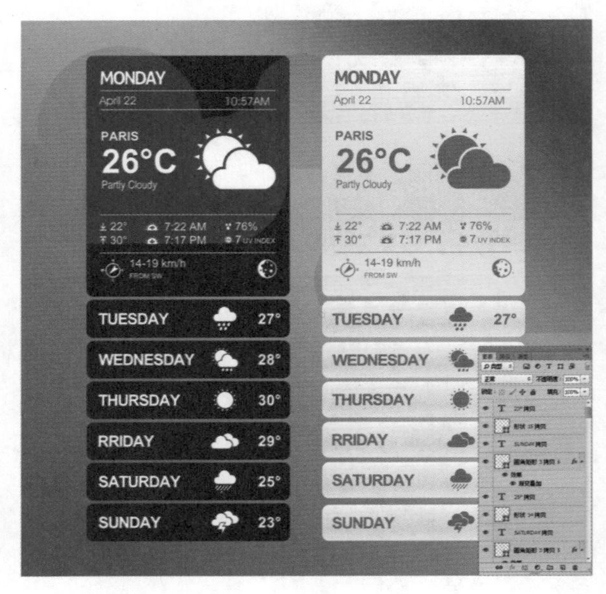

第 4 章

常用软件界面设计

本章节主要介绍了界面元素、各个元素的具体设计要求，以及 Photoshop 中辅助制作的常用功能等，包括触摸反馈、字体、颜色和图标等内容。

4.1 生活类型 APP 界面设计

本章节主要讲解了手机界面中不同的生活类型软件，大多数在设计上都会采用渐变、斜面浮雕等效果制作，以突出立体感。

本案例在设计上使用了“矩形工具”、“椭圆工具”、“图层样式”等命令绘制，为了使效果看起来有立体感，还使用到“渐变叠加”的效果。

易难度★★★★　实用度★★★

布局分析

本案例所用的布局分为上中下，上面小面积为任务栏，中间大面积为数据介绍。

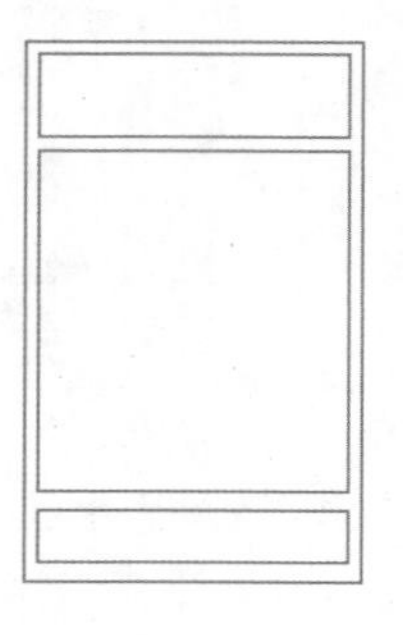

色彩分析

一个界面选择一个颜色为主体色，可是适当地加一点鲜艳的颜色点缀下。

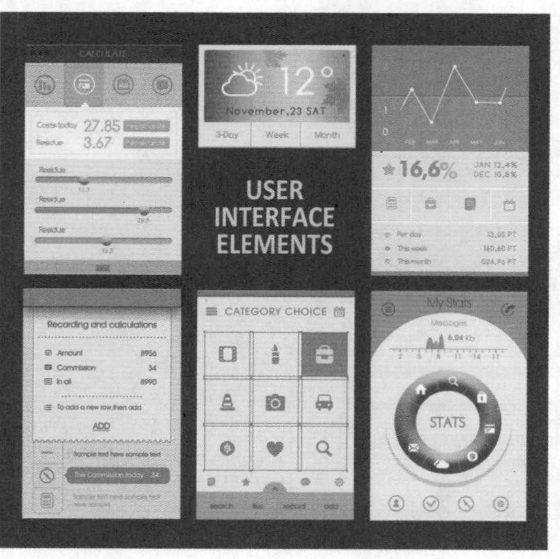

技法分析

在股票类的 APP 界面里，常看到折线表格设计，在本案例里只做除了投影、折页的效果。

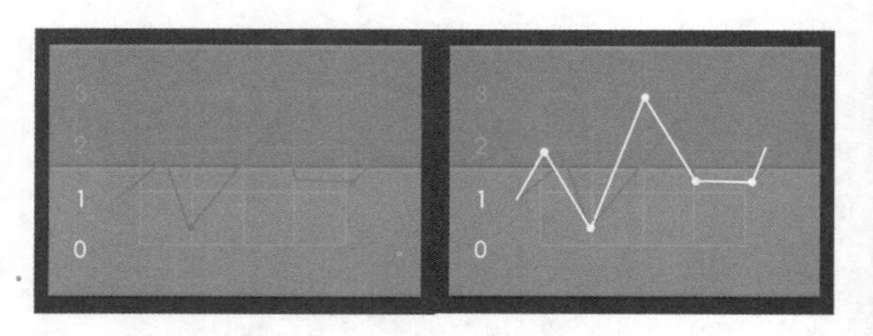

在制作投影效果的时候，可以复制一个折线图，变换图形形状，设置一个深一点的颜色，放置于折线图后面，这样看起来就有立体感。

Step 01 新建文档。执行菜单“文件”/“新建”命令(或按【Ctrl+N】快捷键),设置弹出的“新建”命令对话框,单击“确定”按钮,即可创建一个新的空白文档。

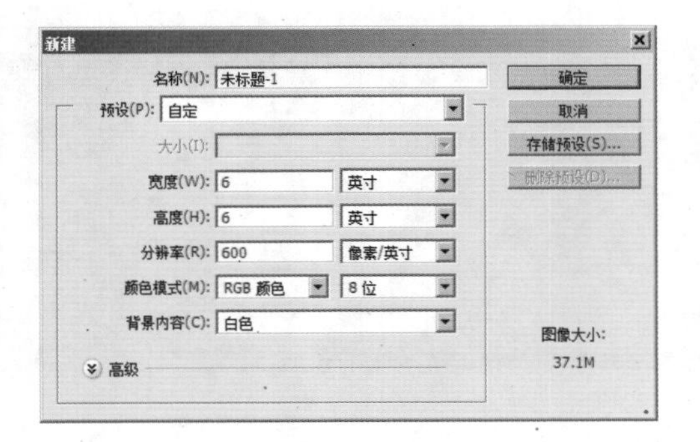

Step 02 填充背景色。设置前景色的颜色值为(R:82,G:87,B:91),按快捷键【Alt+Delete】填充背景色。

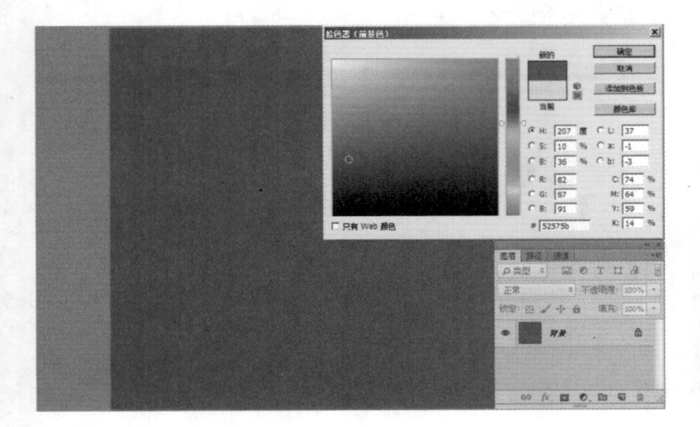

Step 03 绘制深灰色矩形。选择“矩形工具”,在工具选项栏中选择“形状”选项,在如图所示的位置上绘制深灰色矩形,设置的参数如下图所示。

Step 04 添加图层样式。单击“添加图层样式”按钮,在弹出的菜单中选择“渐变叠加”命令,设置弹出的“渐变叠加”命令对话框,在对话框中编辑渐变颜色选择框中单击,可以弹出“渐变编辑器”对话框,在对话框中可以编辑渐变的颜色,如下图所示。

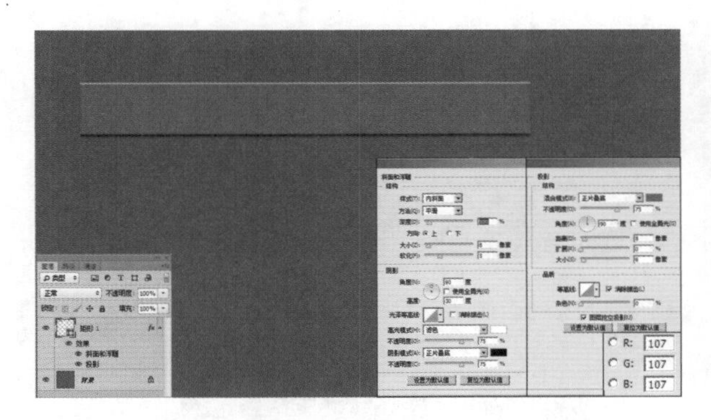

Step 05 绘制矩形。选择“矩形工具”,在工具选项栏中选择“形状”选项,单击“路径选择”按钮,在下拉菜单中选择“合并图层”命令,在如图所示的位置上绘制深灰色矩形,设置的参数如下图所示。

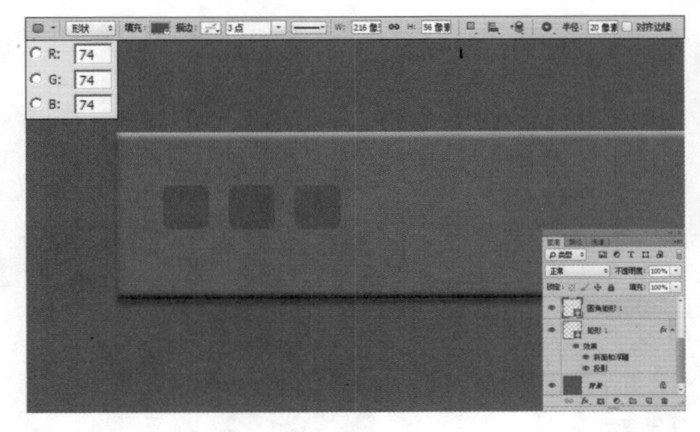

Step 06 输入文字。选择“文字工具”,在工具选项栏中设置字体大小、字体颜色和字体,输入图中所示的文字,最终效果如下图所示。

Step 07 绘制3个圆角矩形。选择"圆角矩形工具"，在工具选项栏中的"选择工具模式"中选择"形状"选项，在"路径选择"在下拉菜单中选择"合并图层"选项，在图中所示的位置上绘制圆角矩形，设置的参数和效果如下图所示。

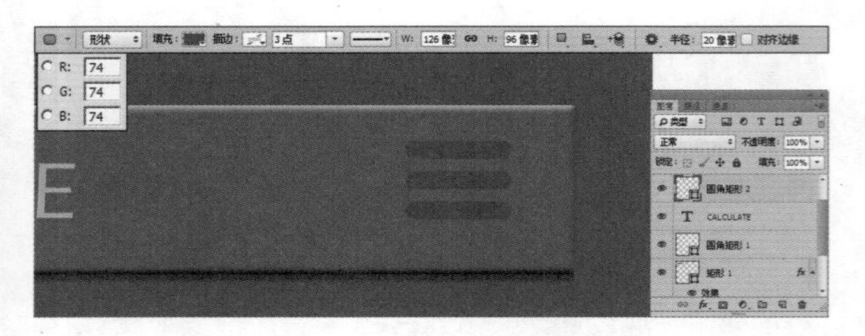

Step 08 绘制点线条。绘制一条直线，选择直线样式为虚线，设置的参数和得到的效果如下图所示。

Step 09 绘制矩形。选择"矩形工具"，在工具选项栏中选择"形状"选项，在如图所示的位置上绘制矩形，单击"添加图层样式"按钮，在弹出的菜单中选择"斜面和浮雕"命令，设置的参数如下图所示。

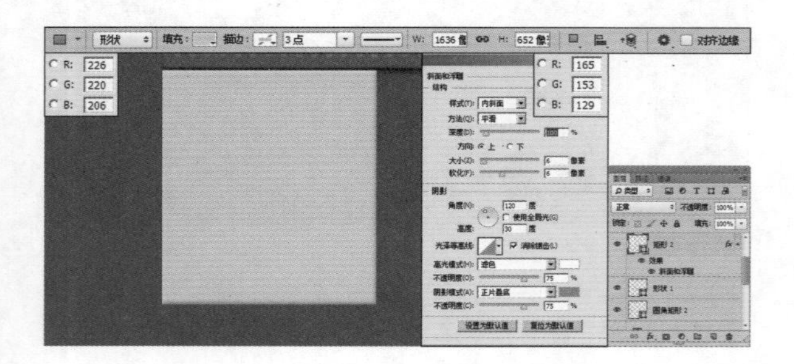

Step 10 添加素材，设置图层样式。打开随书光盘中的"素材1"图像文件，使用"移动工具"将图像拖动到图中所示的位置，单击"添加图层样式"按钮，在弹出的菜单中选择"投影"命令，设置的参数如下图所示。

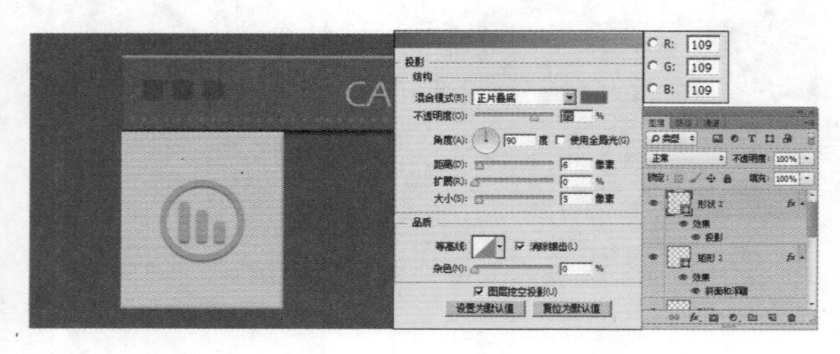

Step 11 绘制矩形。选择"矩形工具"，在工具选项栏中选择"形状"选项，在如图所示的位置上绘制矩形，单击"添加图层样式"按钮，在弹出的菜单中选择"斜面和浮雕"命令，设置的参数如下图所示。

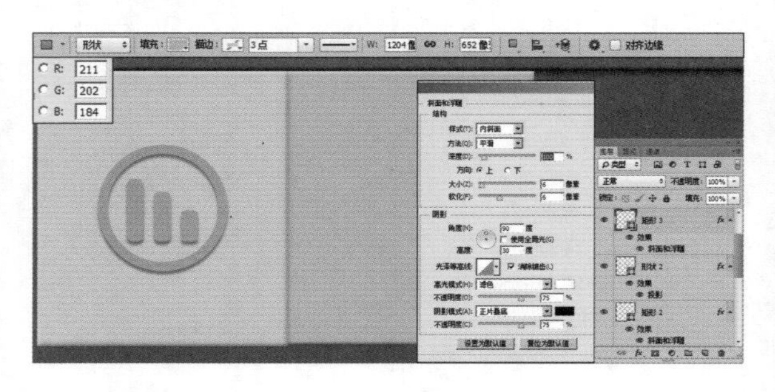

Step 12 添加素材，设置图层样式。打开随书光盘中的"素材2"图像文件，使用"移动工具"将图像拖动到图中所示的位置，单击"添加图层样式"按钮，在弹出的菜单中选择"斜面和浮雕"命令，设置的参数如下图所示。

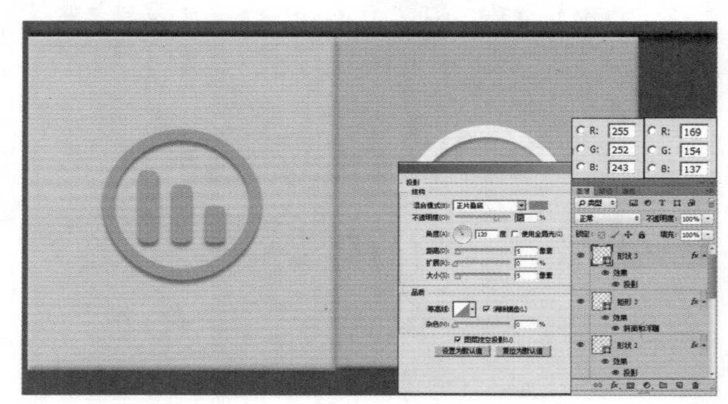

Step 13 绘制矩形。选择"矩形工具"，在工具选项栏中选择"形状"选项，在如图所示的位置上绘制矩形，单击"添加图层样式"按钮，在弹出的菜单中选择"斜面和浮雕"命令，设置的参数如下图所示。

Step 14 添加素材，设置图层样式。打开随书光盘中的“素材 3”图像文件，使用“移动工具”将图像拖动到图中所示的位置，单击“添加图层样式”按钮，在弹出的菜单中选择“斜面和浮雕”命令，设置的参数如下图所示。

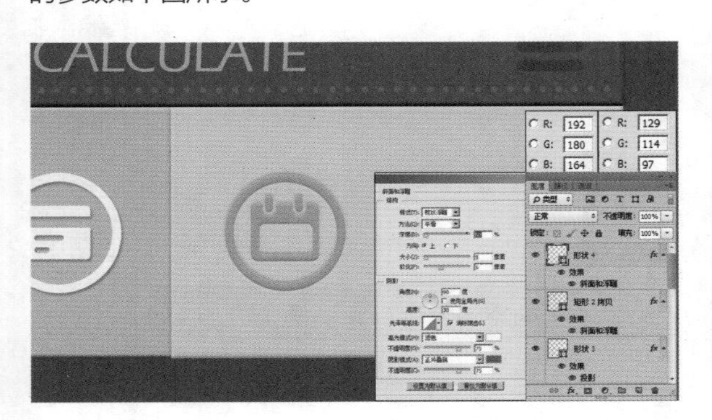

Step 15 添加素材。打开随书光盘中的“素材 4”图像文件，使用“移动工具”将图像拖动到图中所示的位置，单击“添加图层样式”按钮，在弹出的菜单中选择“斜面和浮雕”命令，设置的参数如下图所示。

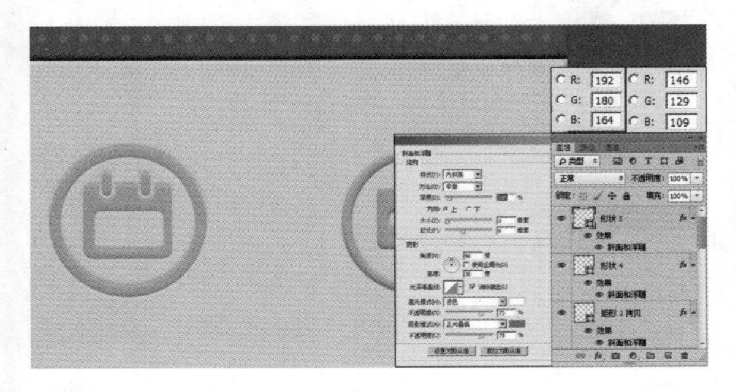

Step 16 绘制多边形。选择“多边形工具”，在工具选项栏中选择“形状”选项，在如图所示的位置上绘制多边形，单击“添加图层样式”按钮，在弹出的菜单中选择“斜面和浮雕”命令，设置的参数如下图所示。

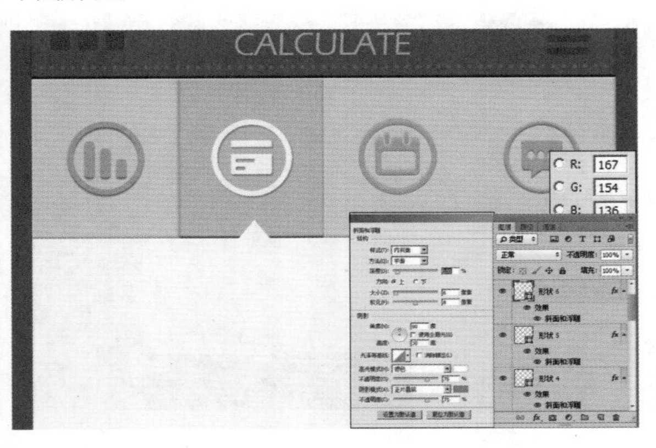

Step 17 绘制多边形框。选择“多边形工具”，在工具选项栏中选择“形状”选项，在如图所示的位置上绘制多边形边框，设置的参数和得到的效果如下图所示。

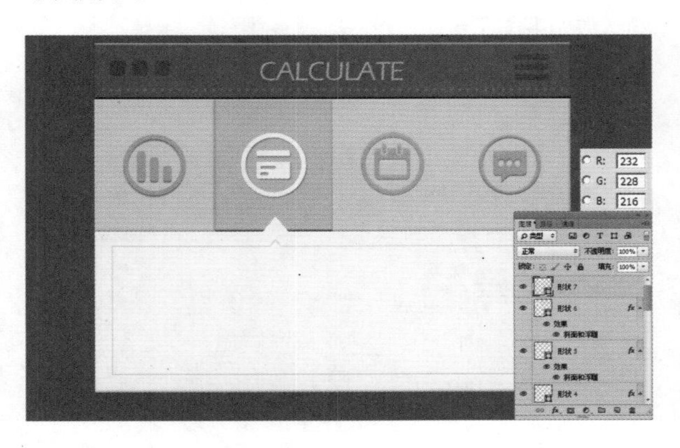

Step 18 输入文字。选择“文字工具”，在工具选项栏中设置字体大小、字体颜色和字体，输入图中所示的文字，最终效果如下图所示。

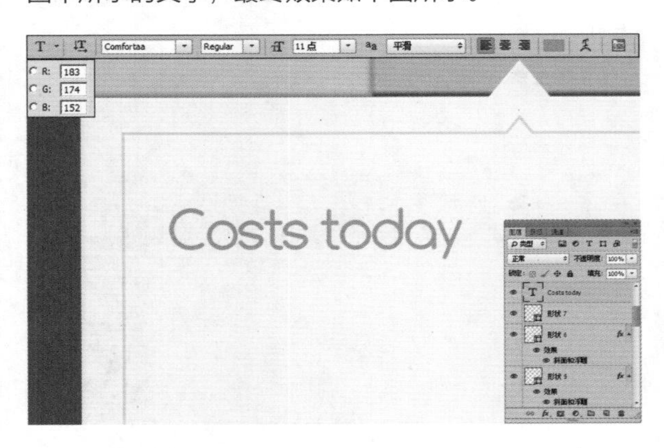

Step 19 添加数字。选择“文字工具”，在工具选项栏中设置字体大小、字体颜色和字体，输入文中所示的“27.85”文字，最终效果如下图所示。

Step 20 绘制渐变，绘制圆角矩形。选择“圆角矩形工具”，在工具选项栏中的“选择工具模式”中选择“形状”选项，绘制矩形。单击“添加图层样式”按钮，在弹出的菜单中选择“渐变叠加”命令，设置的参数如下图所示。

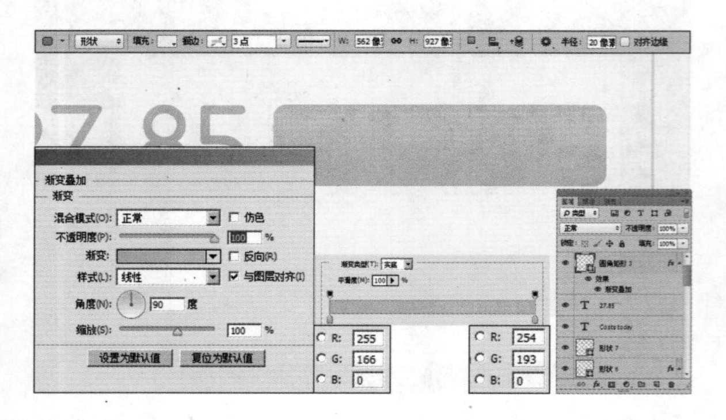

Step 21 输入文字。设置前景色为白色，选择“文字工具”T，在工具选项栏中设置字体大小、字体颜色和字体，输入图中所示的文字，最终效果如下图所示。

Step 22 绘制同样效果。按照前面的步骤，添加文字，绘制渐变圆角矩形，得到的效果如下图所示。

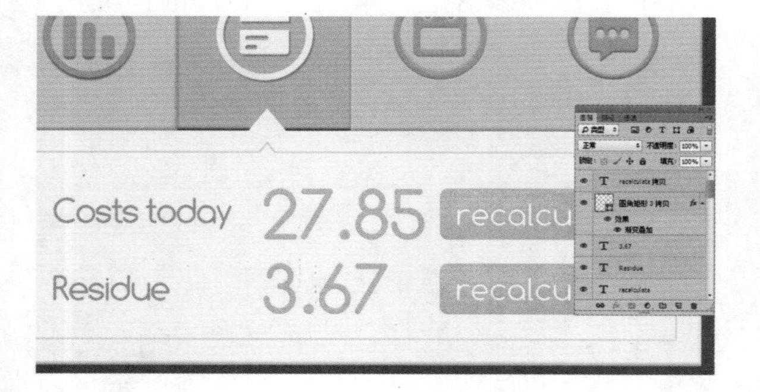

Step 23 绘制矩形。选择“圆角矩形工具”，在工具选项栏中的“选择工具模式”中选择“形状”选项，绘制矩形，设置的参数如下图所示。

Step 24 输入文字。选择“文字工具”T，在工具选项栏中设置字体大小、字体颜色和字体，输入图中所示的文字，最终效果如下图所示。

Step 25 绘制有内阴影的圆角矩形。选择“圆角矩形工具”，在工具选项栏中的“选择工具模式”中选择“形状”选项，绘制矩形。单击“添加图层样式”按钮，在弹出的菜单中选择“内阴影”命令，设置的参数如下图所示。

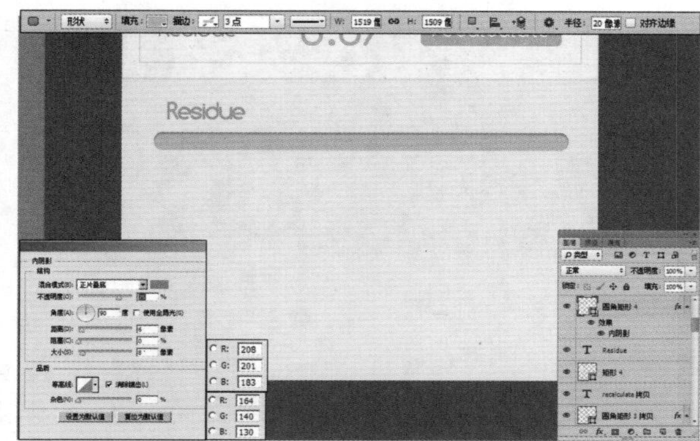

Step 26 绘制圆角矩形。选择“圆角矩形工具”，在工具选项栏中的“选择工具模式”中选择“形状”选项，绘制矩形。单击“添加图层样式”按钮，在弹出的菜单中选择“内阴影”命令，设置的参数如下图所示。

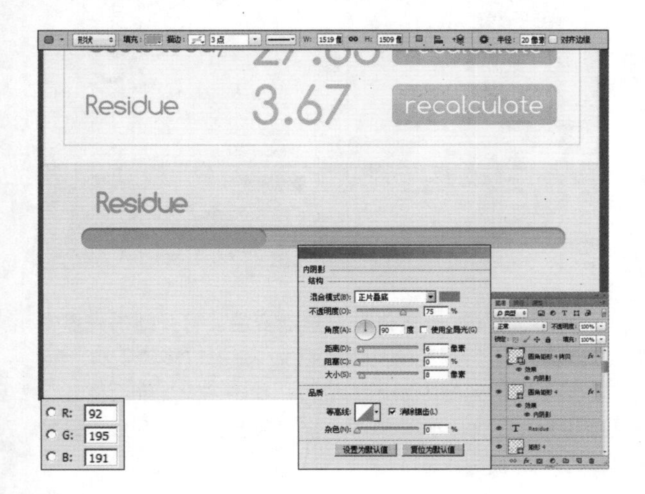

Step 27 绘制椭圆，添加图层样式。选择“椭圆工具”，在工具选项栏中的“选择工具模式”中选择“形状”选项，绘制椭圆。单击“添加图层样式”按钮，在弹出的菜单中选择“斜面和浮雕”命令。

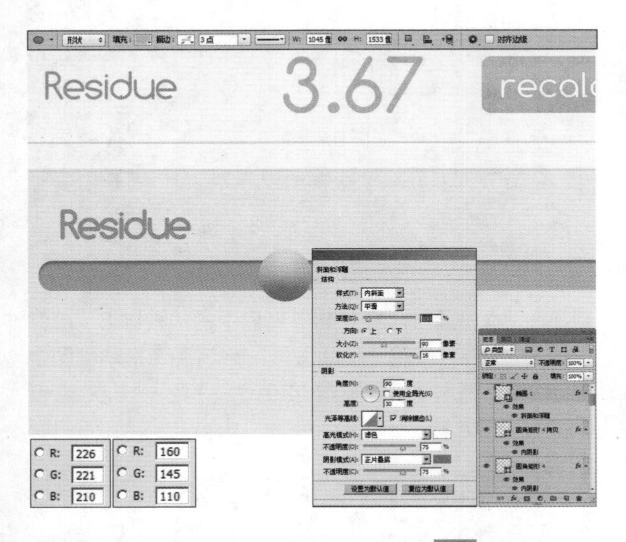

Step 28 添加文字。选择“文字工具”，在工具选项栏中设置字体大小、字体颜色和字体，输入文中所示的文字，最终效果如下图所示。

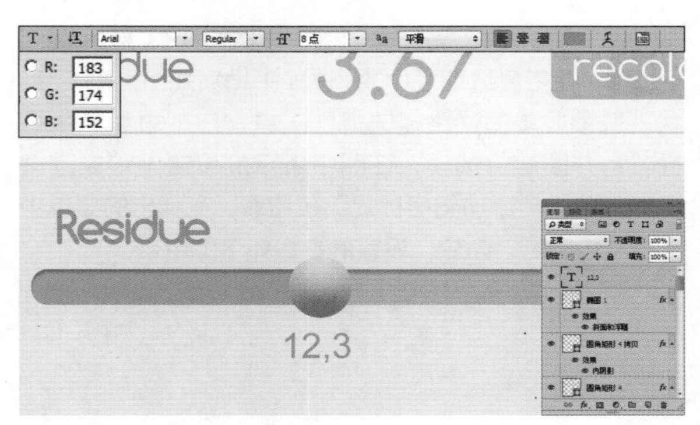

Step 29 绘制剩下的滑动条。按照前面所绘制的滑动条步骤，绘制剩下的两条滑动条，设置的参数如下图所示。

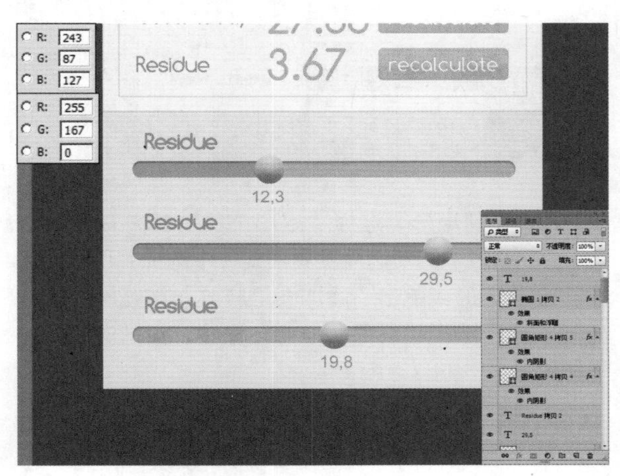

Step 30 绘制矩形，添加图层样式。选择“矩形工具”，在工具选项栏中的“选择工具模式”中选择“形状”选项，绘制矩形，单击“添加图层样式”按钮，在弹出的菜单中选择“斜面和浮雕”命令。

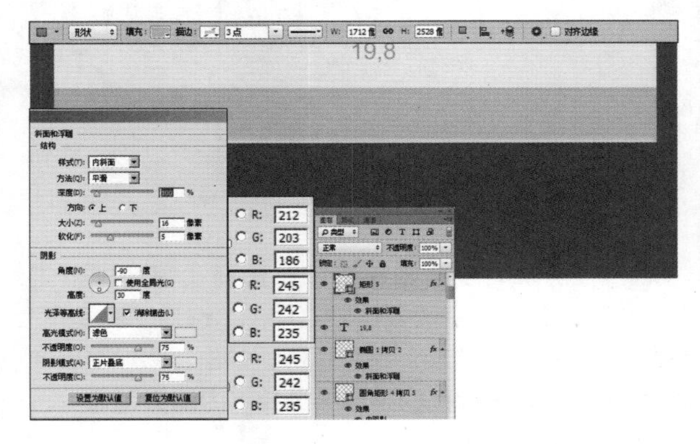

Step 31 绘制3个圆角矩形。选择“圆角矩形工具”，在工具选项栏中的“选择工具模式”中选择“形状”选项，单击“路径选择”工具，在下拉菜单中选择“合并图层”选项，在图中所示的位置上绘制圆角矩形。单击“添加图层样式”按钮，在弹出的菜单中选择“内阴影”命令，设置的参数如下图所示。

Step 32 绘制矩形。选择“矩形工具”，在工具选项栏中的“选择工具模式”中选择“形状”选项，绘制矩形，单击“添加图层样式”按钮，在弹出的菜单中选择“斜面和浮雕”命令，设置的参数如下图所示。

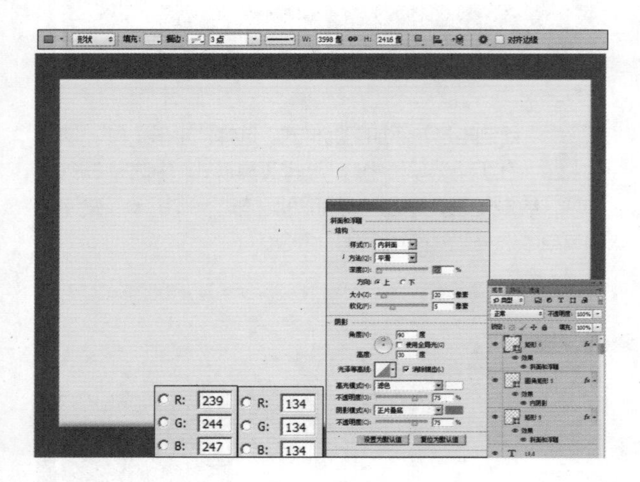

Step 33 绘制渐变色圆角矩形。选择“圆角矩形工具”，在工具选项栏中的“选择工具模式”中选择“形状”选项，绘制矩形。单击“添加图层样式”按钮，在弹出的菜单中选择“内阴影”命令，设置的参数如下图所示。

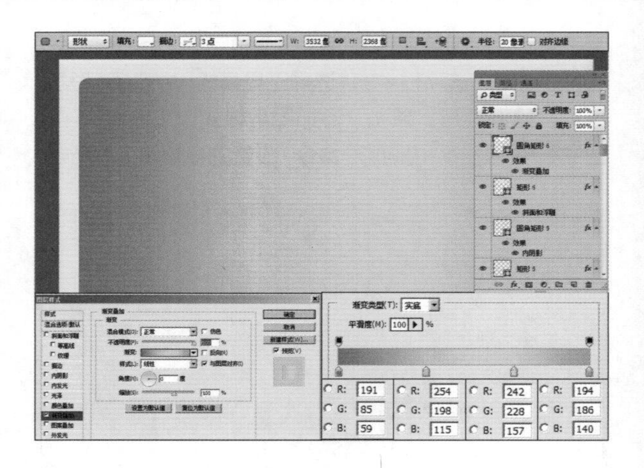

Step 34 添加枫叶素材并设置渐变色。打开随书光盘中的“素材 5”图像文件，使用“移动工具”将图像拖动到图中所示的位置，单击“添加图层样式”按钮，在弹出的菜单中选择“渐变叠加”命令，设置的参数如下图所示。

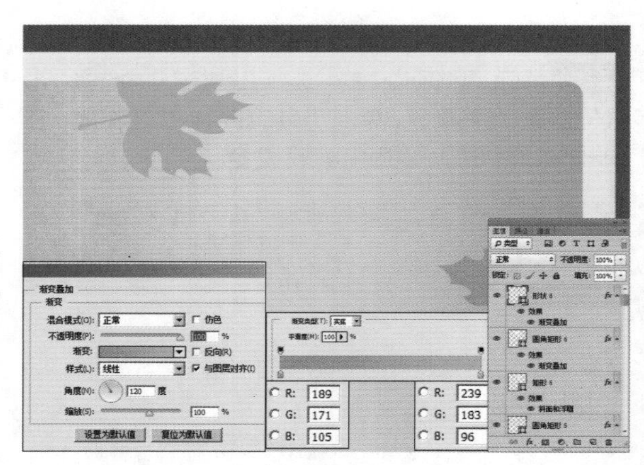

Step 35 添加素材。打开随书光盘中的“素材 6”图像文件，使用“移动工具”将图像拖动到图中所示的位置中，设置前景色为白色，按快捷键【Alt+Delete】进行填充。

Step 36 输入“12° ”。设置前景色为白色，选择“文字工具”T，在工具选项栏中设置字体大小、字体颜色和字体，输入“12° ”，最终效果如下图所示。

Step 37 添加日期文字。选择“文字工具”T，在工具选项栏中设置字体大小、字体颜色和字体，输入图中所示的文字，最终效果如下图所示。

Step 38 绘制矩形分界线。选择“矩形工具”，在工具选项栏中的“选择工具模式”中选择“形状”选项，绘制矩形，单击“添加图层样式”按钮fx，在弹出的菜单中选择“内阴影”命令，设置的参数如下图所示。

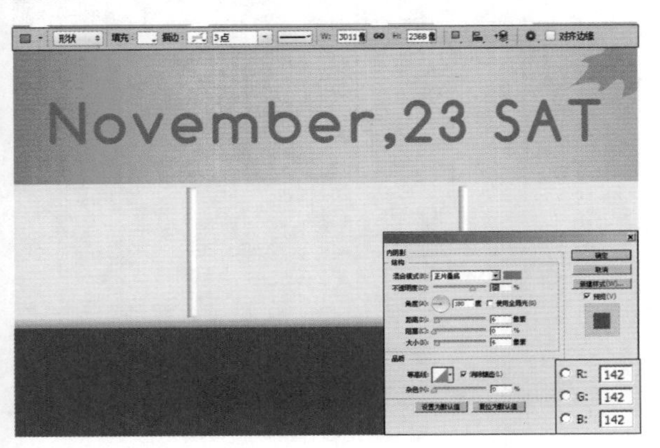

Step 39 添加文字。选择“文字工具”T，在工具选项栏中设置字体大小、字体颜色和字体，输入图中所示的文字，最终效果如下图所示。

Step 40 绘制绿色矩形。选择“矩形工具”，在工具选项栏中的“选择工具模式”中选择“形状”选项，绘制矩形，单击“添加图层样式”按钮fx，在弹出的菜单中选择“斜面和浮雕”命令，设置的参数如下图所示。

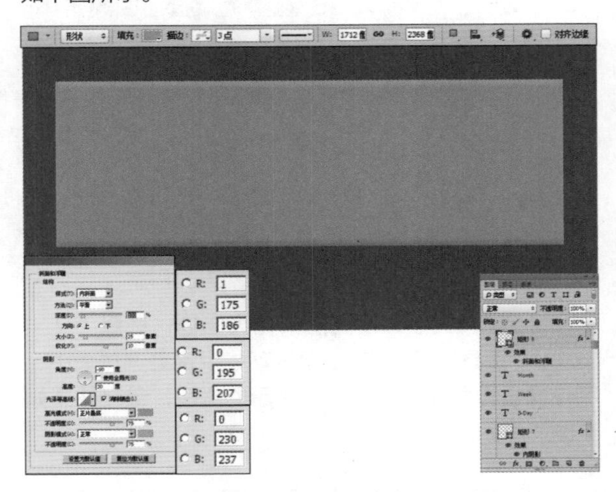

Step 41 复制矩形，更改填充色和图层样式。选择“矩形 8”，按快捷键【Ctrl+J】复制得到“矩形 8 拷贝”，按快捷键【Ctrl+T】，调出自由变换控制框，变换图像到如图所示的状态，按【Enter】键确认操作。单击“添加图层样式”按钮fx，在弹出的菜单中选择“斜面和浮雕”、“投影”命令，设置的参数如下图所示。

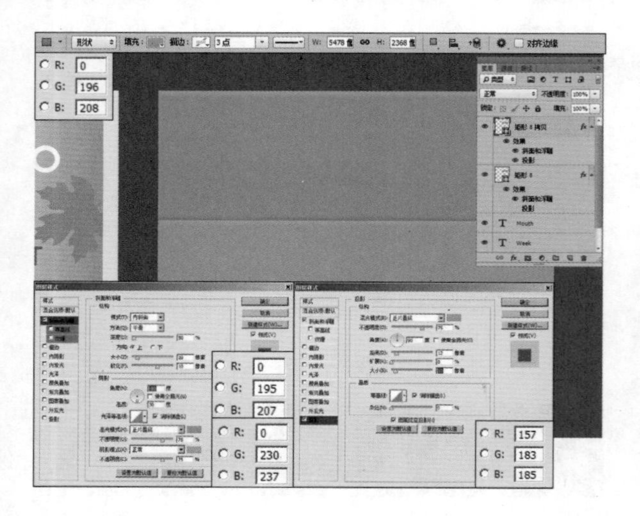

Step 42 输入文字。选择“文字工具” T，在工具选项栏中设置字体大小、字体颜色和字体，输入图中所示的文字，最终效果如下图所示。

Step 43 输入文字，设置前景色为白色，选择“文字工具” T，在工具选项栏中设置字体大小、字体颜色和字体，输入图中所示的文字，最终效果如下图所示。

Step 44 添加素材。打开随书光盘中的“素材 7”图像文件，使用“移动工具”将图像拖动到图中所示的位置中，设置的参数如下图所示。

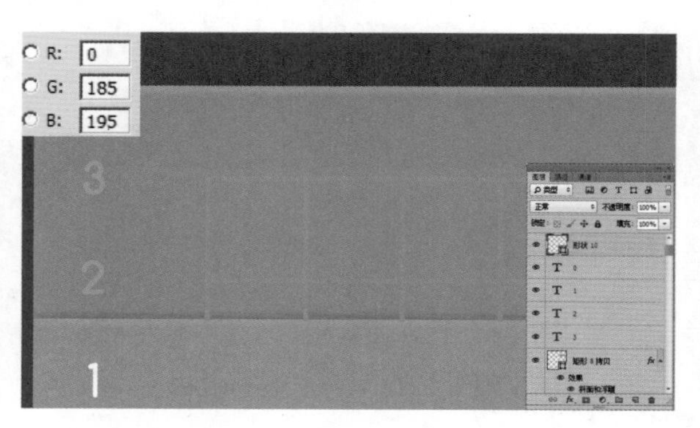

Step 45 添加素材。选择“形状 10”，按快捷键【Ctrl+J】复制一个，按快捷键【Ctrl+T】调出自由变换控制框，变换图像到如图所示的状态，按【Enter】键确认操作，设置的参数如下图所示。

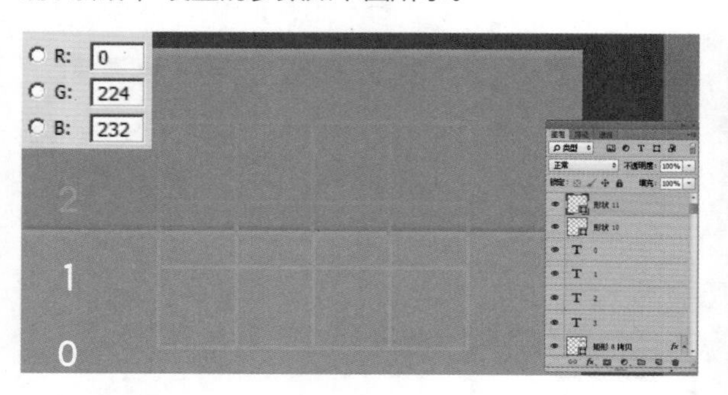

Step 46 绘制矩形分界线。选择“矩形工具”，在工具选项栏中的“选择工具模式”中选择“形状”选项，绘制一条矩形分界线，设置的参数如下图所示。

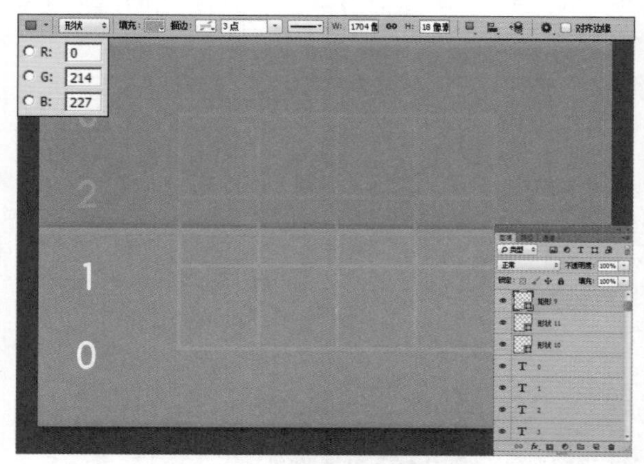

Step 47 添加素材。打开随书光盘中的“素材 8”图像文件，使用“移动工具”将图像拖动到图中所示的位置，设置的参数如下图所示。

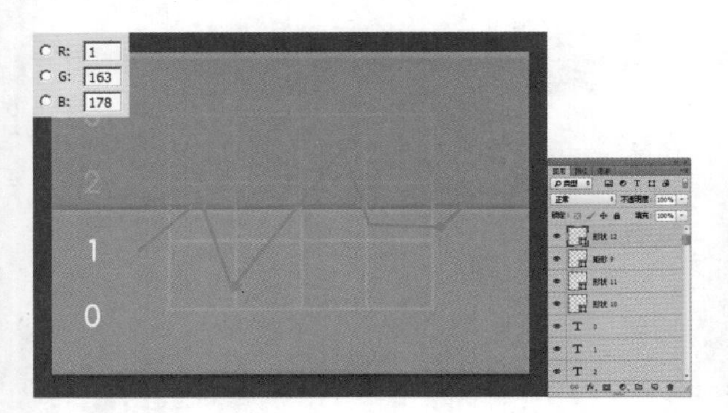

Step 48 添加素材。打开随书光盘中的“素材 9”图像文件，使用“移动工具”将图像拖动到图中所示的位置，设置前景色为白色，按快捷键【Alt+Delete】进行填充。

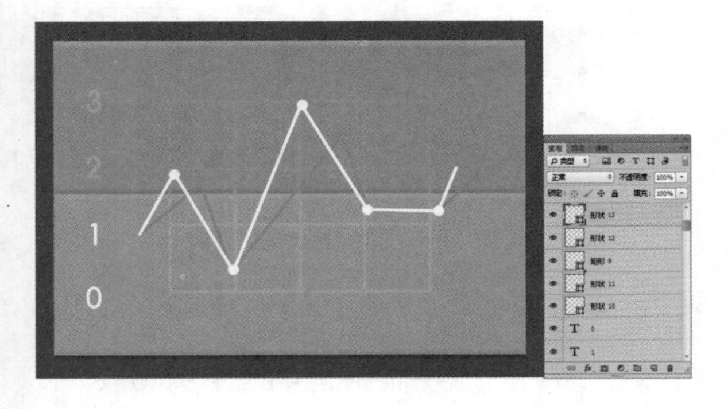

Step 49 输入月份文字。设置前景色为白色，选择“文字工具”，在工具选项栏中设置字体大小、字体颜色和字体，输入图中所示的月份文字，得到的效果如下图所示。

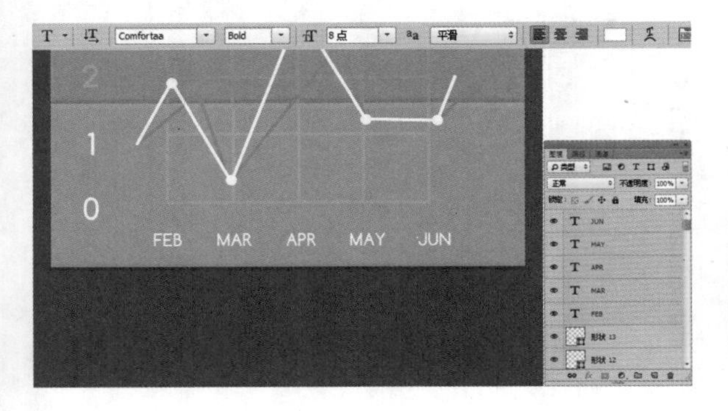

Step 50 绘制矩形。选择“矩形工具”，在工具选项栏中的“选择工具模式”中选择“形状”选项，绘制矩形，设置的参数如下图所示。

Step 51 绘制矩形分界线。设置前景色为白色，选择“矩形工具”，在工具选项栏中的“选择工具模式”中选择“形状”选项，绘制矩形，单击“添加图层样式”按钮，在弹出的菜单中选择“内阴影”命令，设置的参数如下图所示。

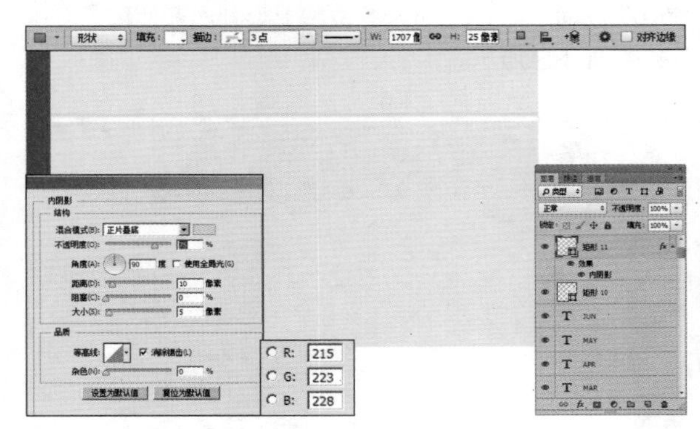

Step 52 复制矩形分界线。选择“矩形 11”，按快捷键【Ctrl+J】复制，得到“矩形 11 拷贝”图层，使用“移动工具”将图像拖动到图中所示的位置，得到的效果如下图所示。

Step 53 复制矩形分界线。选择“矩形 11 拷贝”，按快捷键【Ctrl+J】复制3个，按快捷键【Ctrl+T】调出自由变换控制框，变换图像到如图所示的状态，按【Enter】键确认操作。使用“移动工具”将图像分别拖动到图中所示的位置，得到的效果如下图所示。

Step 54 添加自定义图形。选择“自定义形状工具”，在工具选项栏中的“选择工具模式”中选择“形状”选项，选择“图案拾色器”，在下拉菜单中选择“五角星”选项，在图中所示的位置上绘制出五角星，设置的参数如下图所示。

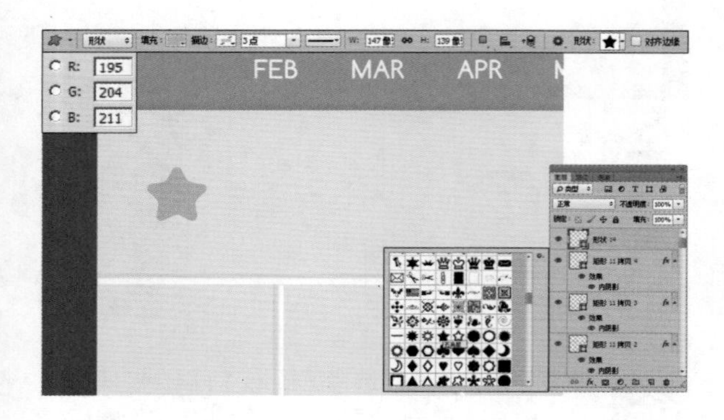

Step 55 输入“16，6”。选择“文字工具”，在工具选项栏中设置字体大小、字体颜色和字体，输入图中所示的“16,6”文字，得到的效果如下图所示。

Step 56 添加“%”符号。选择“文字工具”，在工具选项栏中设置字体大小、字体颜色和字体，输入图中所示的“%”文字，得到的效果如下图所示。

Step 57 输入文字。选择“文字工具”，在工具选项栏中设置字体大小、字体颜色和字体，输入图中所示的文字，得到的效果如下图所示。

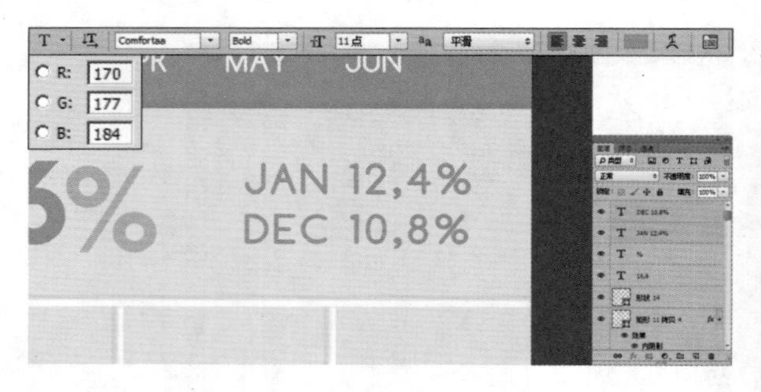

Step 58 添加素材。打开随书光盘中的“素材 10”、“素材 11”、“素材 12”、“素材 13”图像文件，使用“移动工具”将图像拖动到图中所示的位置，设置填充色填充，得到的效果如下图所示。

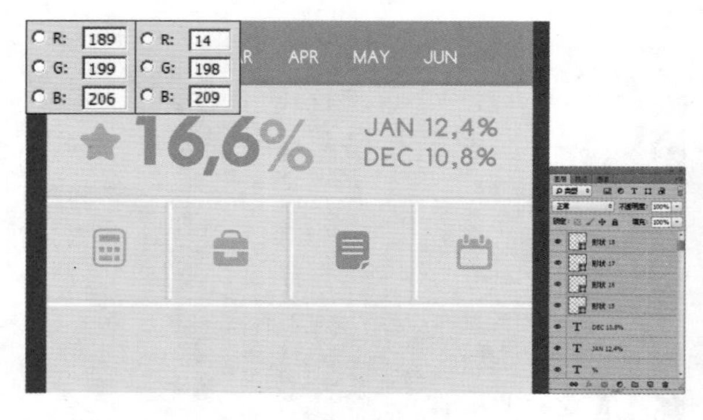

Step 59 绘制椭圆。选择“椭圆工具”，在工具选项栏中的“选择工具模式”中选择“形状”选项绘制椭圆，设置填充色和描边色，设置的参数如下图所示。

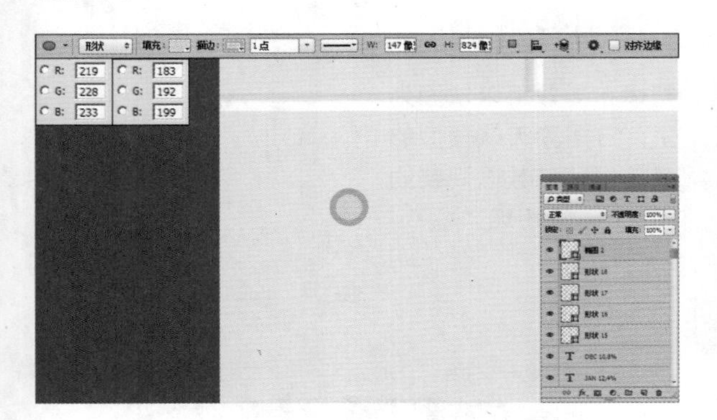

Step 60 输入文字。选择“文字工具”，在工具选项栏中设置字体大小、字体颜色和字体，输入图中所示的文字，得到的效果如下图所示。

Step 61 绘制下图所示的文字和图形。参照步骤 58 和步骤 59，绘制下图所示的文字和图形文件。

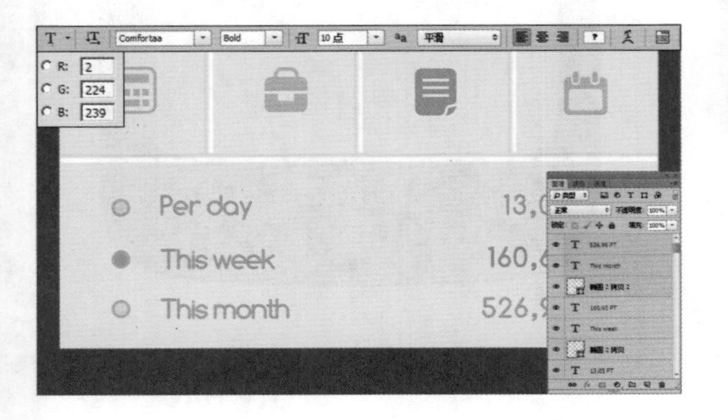

Step 62 绘制绿色矩形。选择“矩形工具”，在工具选项栏中的“选择工具模式”中选择“形状”选项，绘制绿色矩形，设置的参数如下图所示。

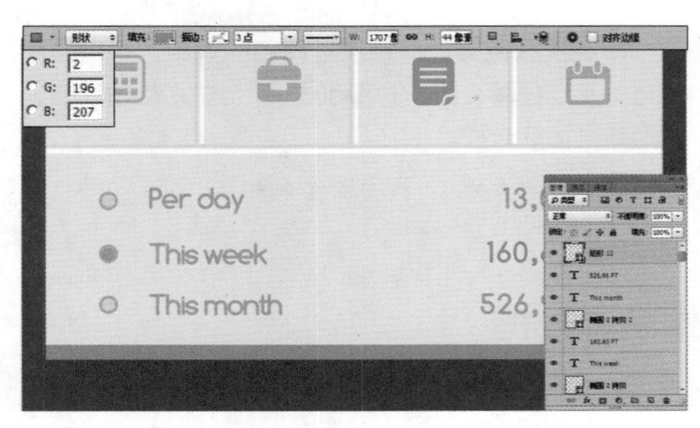

Step 63 最终效果。选择“矩形工具”，在工具选项栏中的“选择工具模式”中选择“形状”选项，绘制绿色矩形。

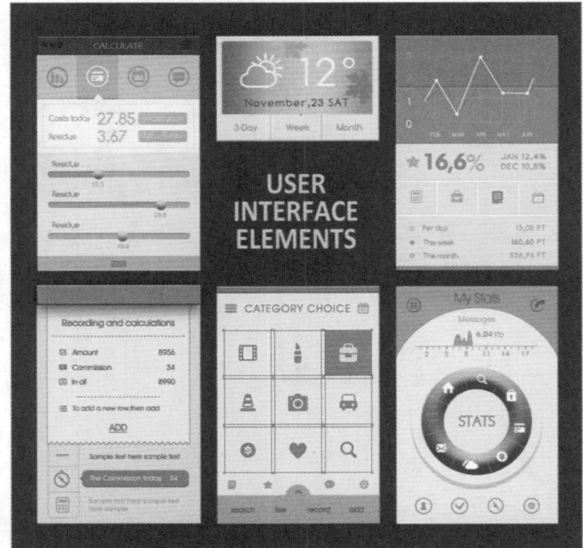

4.2 基础色调设计常用图形

本案例在色彩上使用了三原色的效果。利用颜色相近的基础色调设计，在常用图形设计中是最普通的，也是最简洁的一种。

易难度★★★　　实用度★★★

布局分析

整体布局效果以块面为主，日期和天气预报的界面设计多数以规整的正方形块面出现。

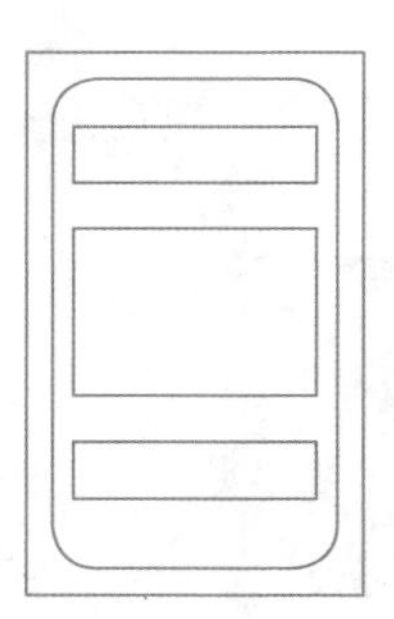

色彩分析

整体色调以一种颜色为主体，在小按钮的绘制上使用了对比色制作，这两种颜色混在一起，有种跳跃性的活泼感。

技法分析

本案例使用到的制图工具有圆角矩形工具、矩形工具、椭圆工具，以及文字工具。

Step 01 新建文档。执行菜单“文件”/“新建”命令（或按【Ctrl+N】快捷键），设置弹出的“新建”命令对话框，单击“确定”按钮，即可创建一个新的空白文档。

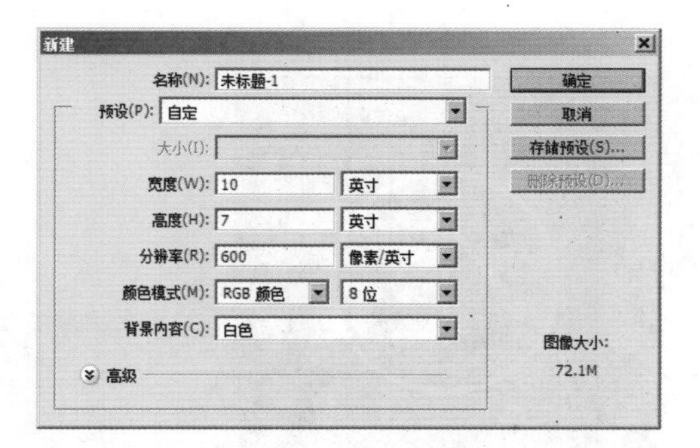

Step 02 绘制矩形。选择“矩形工具” ，在工具选项栏中的“选择工具模式”中选择“形状”选项，在图中所示的位置上绘制矩形，设置的参数如下图所示。

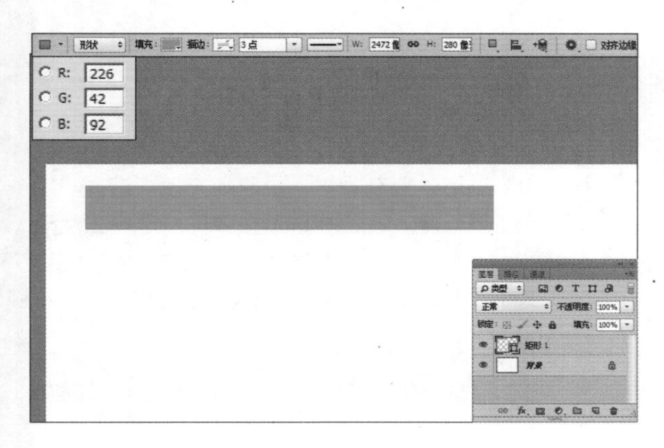

Step 03 添加文字。设置前景色为白色，选择“文字工具” T，在工具选项栏中设置字体大小、字体颜色和字体，输入图中所示的文字，得到的效果如下图所示。

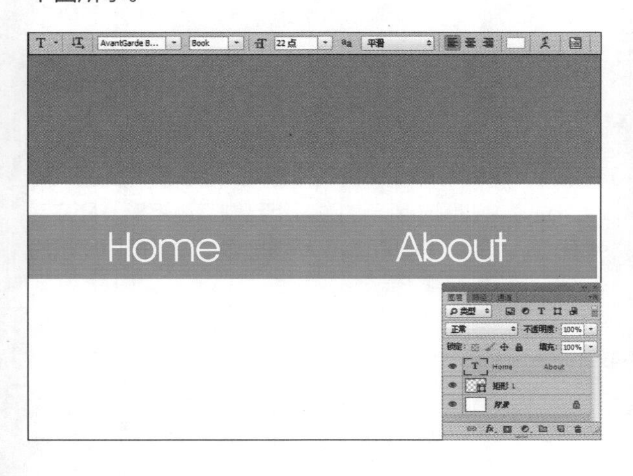

Step 04 绘制红色矩形。选择“矩形工具” ，在工具选项栏中的“选择工具模式”中选择“形状”选项，在图中所示的位置上绘制红色矩形，设置的参数如下图所示。

Step 05 添加文字。设置前景色为白色，选择“文字工具” T，在工具选项栏中设置字体大小、字体颜色和字体，输入图中所示的文字，得到的效果如下图所示。

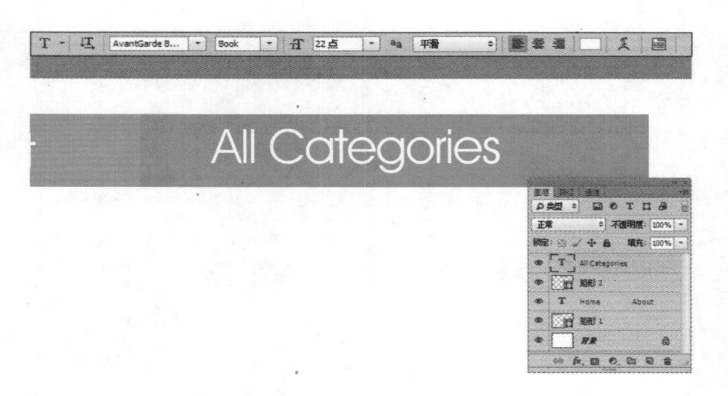

Step 06 添加素材文件。打开随书光盘中的“素材 1”图像文件，使用“移动工具” 将图像拖动到图中所示的位置，按快捷键【Ctrl+T】，调出自由变换控制框，然后将图像调整到如图所示的状态，按【Enter】键确认操作。

Step 07 绘制矩形。选择“矩形工具”，在工具选项栏中的“选择工具模式”中选择“形状”选项，在图中所示的位置上绘制矩形，设置的参数如下图所示。

Step 08 添加文字。设置前景色为白色，选择“文字工具”，在工具选项栏中设置字体大小、字体颜色和字体，输入图中所示的文字，得到的效果如下图所示。

Step 09 绘制浅蓝色矩形。选择“矩形工具”，在工具选项栏中的“选择工具模式”中选择“形状”选项，在图中所示的位置上绘制浅蓝色矩形，设置的参数如下图所示。

Step 10 添加素材。打开随书光盘中的“素材 1”图像文件，使用“移动工具”将图像拖动到图中所示的位置，按快捷键【Ctrl+T】，调出自由变换控制框，然后将图像调整到如图所示的状态，按【Enter】键确认操作。

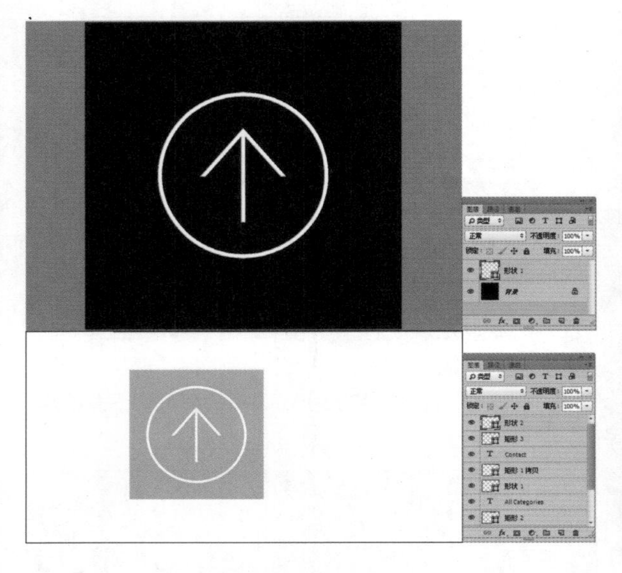

Step 11 绘制矩形，复制素材，更改填充色。选择“矩形工具”，在工具选项栏中的“选择工具模式”中选择“形状”选项，在图中所示的位置上绘制红色矩形，复制“形状 1”，设置的参数如下图所示。

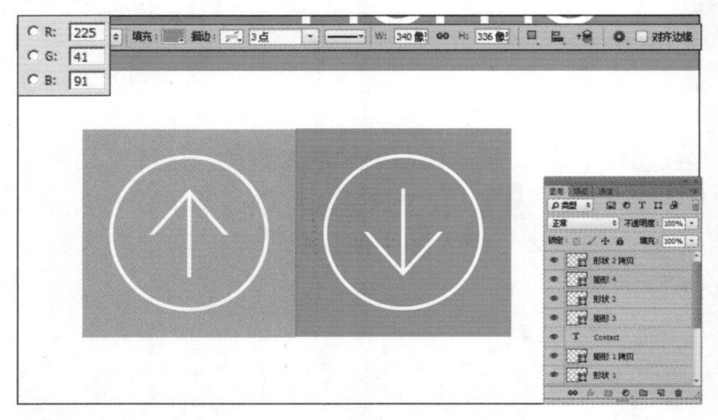

Step 12 绘制矩形，添加素材。选择“矩形工具”，在工具选项栏中的“选择工具模式”中选择“形状”选项，在图中所示的位置上绘制蓝色矩形，打开素材图像，使用“移动工具”将图像拖动到图中所示的位置，效果如下图所示。

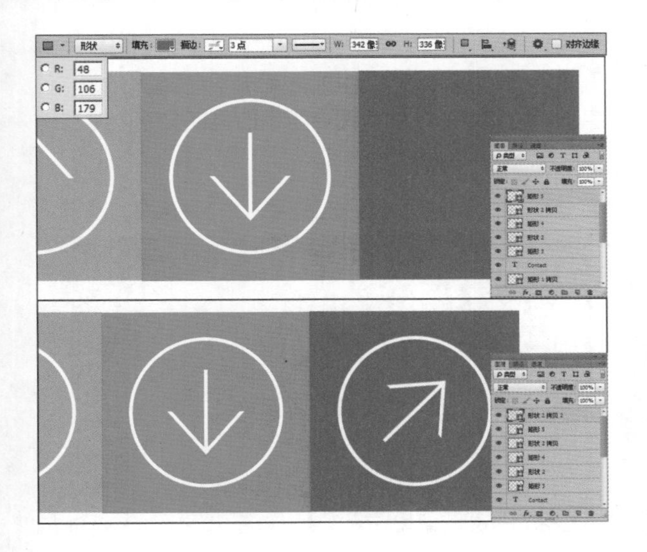

Step 13 绘制灰色矩形。选择“矩形工具”，在工具选项栏中的“选择工具模式”中选择“形状”选项，在图中所示的位置上绘制灰色矩形，设置的参数如下图所示。

Step 14 打开素材并添加。打开随书光盘中的“素材 1”图像文件，使用“移动工具”将图像拖动到图中所示的位置，按快捷键【Ctrl+T】，调出自由变换控制框，然后将图像调整到如图所示的状态，按【Enter】键确认操作。

Step 15 绘制矩形，复制素材，更改填充色。选择“矩形工具”，在工具选项栏中的“选择工具模式”中选择“形状”选项，在图中所示的位置上绘制红色矩形，复制“形状 1”，设置的参数如下图所示。

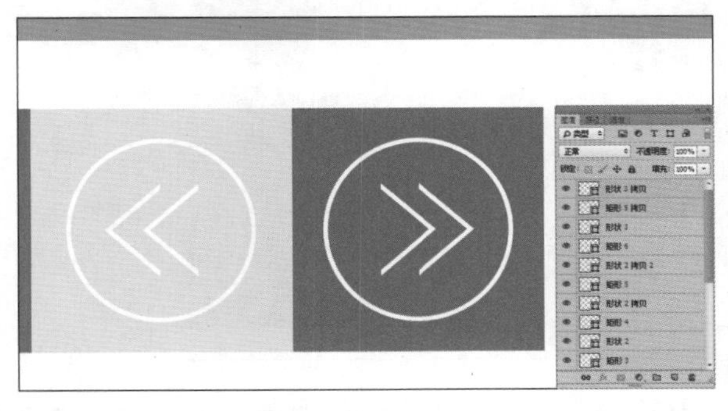

Step 16 添加素材。打开随书光盘中的“素材 1”图像文件，使用“移动工具”将图像拖动到图中所示的位置，按快捷键【Ctrl+T】，调出自由变换控制框，然后将图像调整到如图所示的状态，按【Enter】键确认操作。

Step 17 绘制矩形，复制素材，更改填充色。选择“矩形工具”，在工具选项栏中的“选择工具模式”中选择“形状”选项，在图中所示的位置上绘制红色矩形，复制“形状 1”，设置的参数如下图所示。

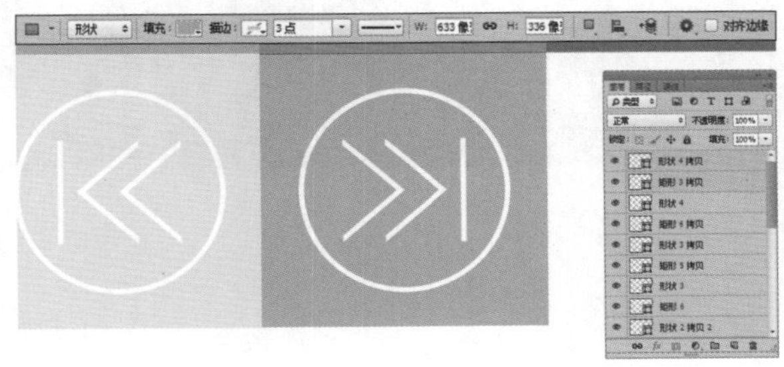

Step 18 绘制剩下的图形。按照前面绘制矩形和添加素材的步骤，绘制出剩下的图形，得到的效果如下图所示。

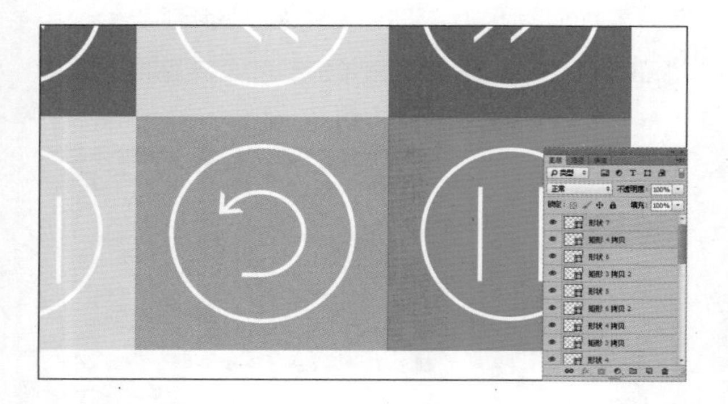

Step 19 绘制矩形。选择“矩形工具”，在工具选项栏中的“选择工具模式”中选择“形状”选项，在图中所示的位置上绘制矩形，设置的参数如下图所示。

Step 20 添加文字。设置前景色为白色，选择“文字工具”，在工具选项栏中设置字体大小、字体颜色和字体，输入图中所示的文字，得到的效果如下图所示。

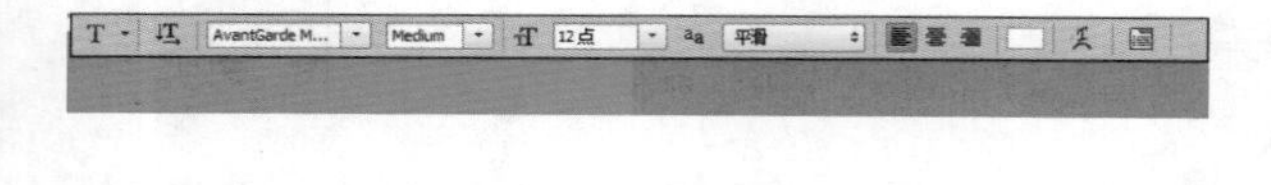

Step 21 输入星期文字。设置前景色为白色，选择“文字工具”，在工具选项栏中设置字体大小、字体颜色和字体，输入图中所示的星期文字，得到的效果如下图所示。

Step 22 输入天数。设置前景色为白色，选择“文字工具”，在工具选项栏中设置字体大小、字体颜色和字体，输入图中所示的天数文字，得到的效果如下图所示。

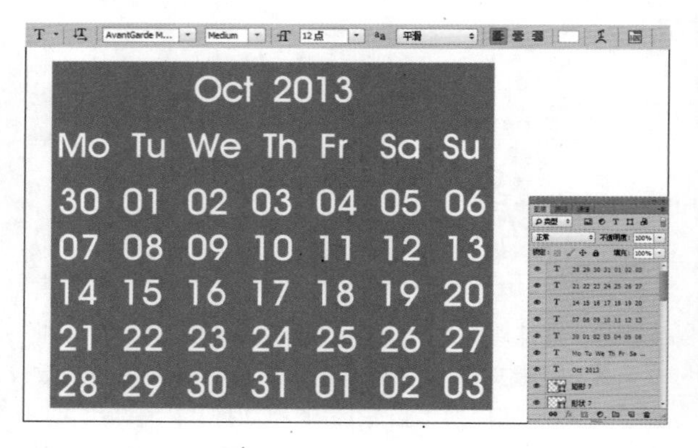

Step 23 绘制蓝色圆角矩形。选择“圆角矩形工具”，在工具选项栏中的“选择工具模式”中选择“形状”选项，在图中所示的位置上绘制蓝色圆角矩形，设置的参数如下图所示。

Step 24 绘制红色圆角矩形。选择“圆角矩形工具”，在工具选项栏中的“选择工具模式”中选择“形状”选项，在图中所示的位置上绘制红色圆角矩形，设置的参数如下图所示。

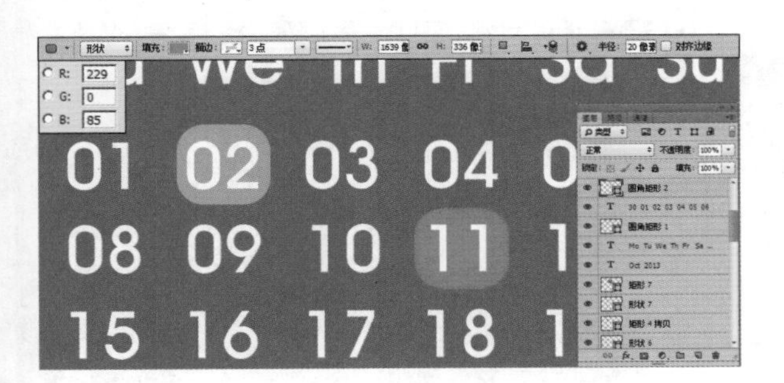

Step 25 复制红蓝圆角矩形。选择“圆角矩形 1”、“圆角矩形 2”，按快捷键【Ctrl+J】复制，使用“移动工具”将图像拖动到图中所示的位置，得到的效果如下图所示。

Step 26 复制矩形分界线。选择“矩形工具”，在工具选项栏中的“选择工具模式”中选择“形状”选项，单击“路径选择”工具，在下拉菜单中选择“合并图层”命令，在图中所示的位置上绘制红色矩形，设置的参数如下图所示。

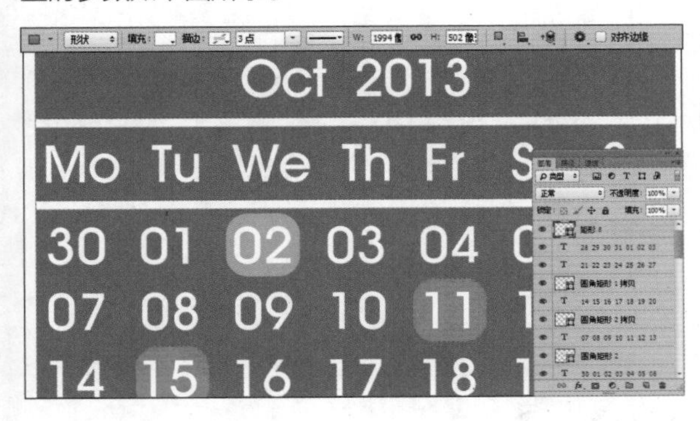

Step 27 绘制描边矩形。选择“矩形工具”，在工具选项栏中的“选择工具模式”中选择“形状”选项，在图中所示的位置上绘制描边矩形，设置的参数如下图所示。

Step 28 输入“Search”。选择“文字工具”，在工具选项栏中设置字体大小、字体颜色和字体，输入“Search”文字，得到的效果如下图所示。

Step 29 绘制红色矩形。选择“矩形工具”，在工具选项栏中的“选择工具模式”中选择“形状”选项，在图中所示的位置上绘制矩形，设置的参数如下图所示。

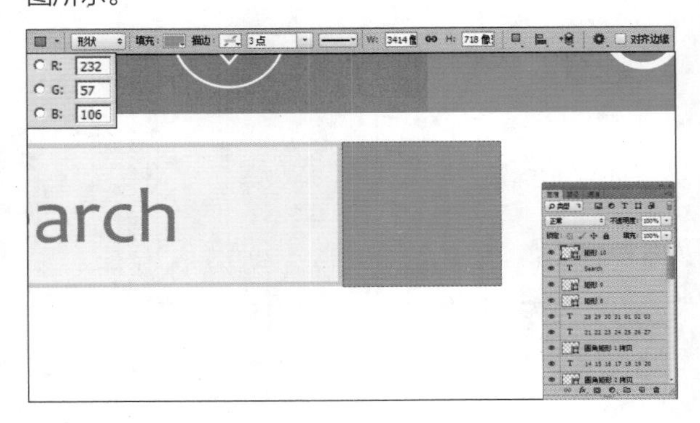

Step 30 复制素材文件。选择“形状 1”，按快捷键【Ctrl+J】复制一个，使用“移动工具”将图像拖动到图中所示的位置，得到的效果如下图所示。

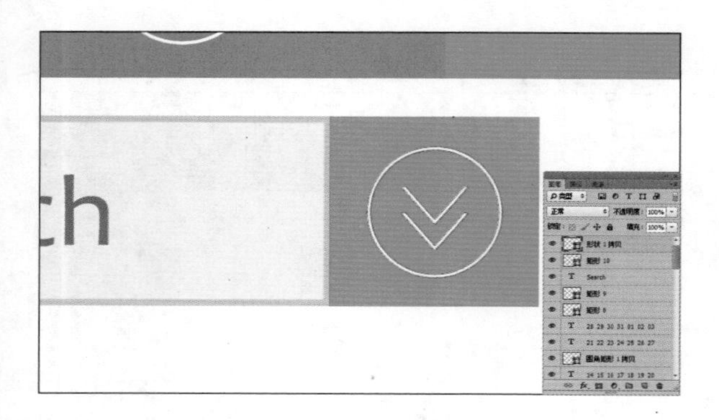

Step 31 绘制如下图形。按照前面绘制矩形、添加文字和添加素材的步骤绘制出剩下的图形，得到的效果如下图所示。

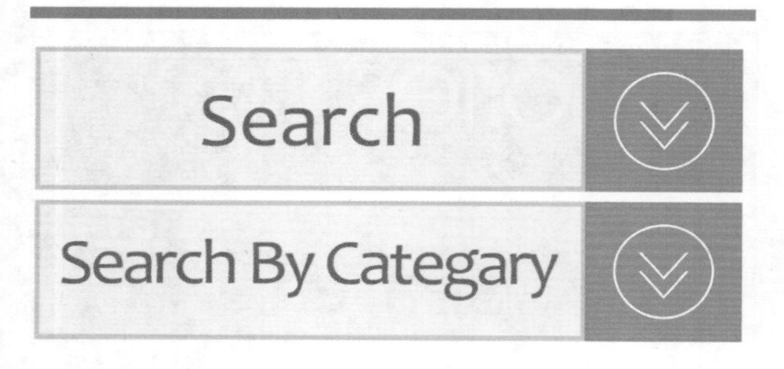

Step 32 绘制矩形。选择“矩形工具”，在工具选项栏中的“选择工具模式”中选择“形状”选项，在图中所示的位置上绘制矩形，设置的参数如下图所示。

Step 33 绘制红色矩形。选择“矩形工具”，在工具选项栏中的“选择工具模式”中选择“形状”选项，在图中所示的位置上绘制红色矩形，设置的参数如下图所示。

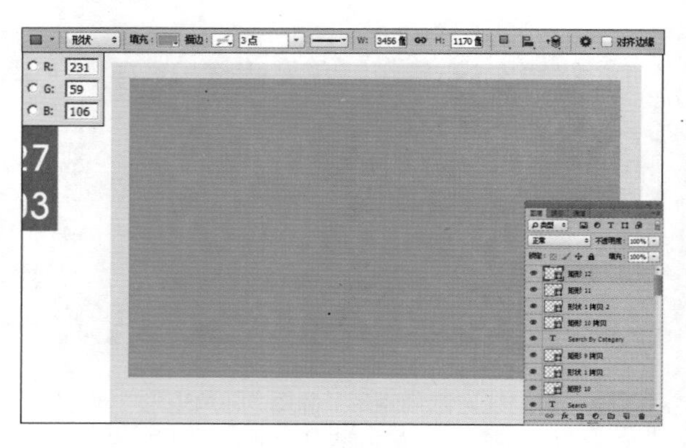

Step 34 钢笔绘制多边形。选择“钢笔工具”，在工具选项栏中的“选择工具模式”中选择“形状”选项，在红色矩形中绘制如图所示的多边形，得到的效果如下图所示。

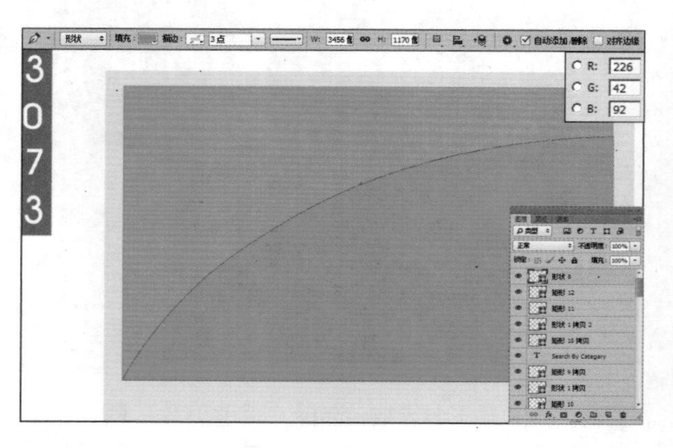

Step 35 绘制白色椭圆。设置前景色为白色，选择“椭圆工具”，在工具选项栏中的“选择工具模式”中选择“形状”选项，在矩形中间绘制椭圆，设置的参数如下图所示。

Step 36 打开素材并添加。打开随书光盘中的“素材 3”图像文件，使用“移动工具”将图像拖动到图中所示的位置，按快捷键【Ctrl+T】，调出自由变换控制框，然后将图像调整到如图所示的状态，按【Enter】键确认操作。

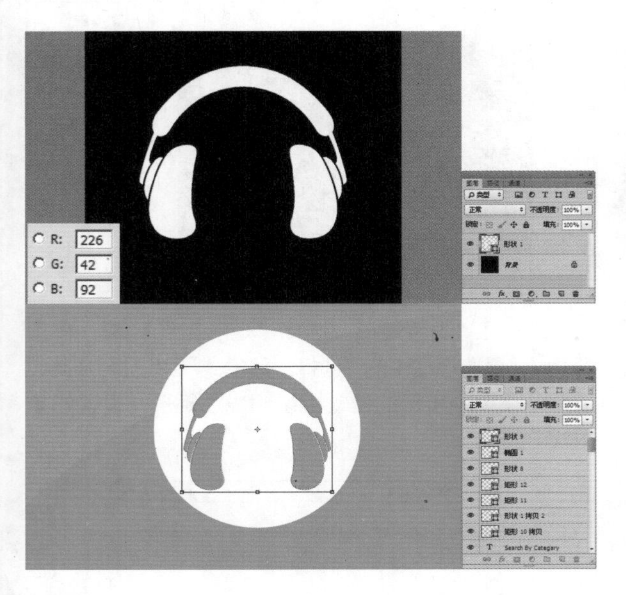

Step 37 绘制圆角矩形。选择“圆角矩形工具”，在工具选项栏中的“选择工具模式”中选择“形状”选项，在图中所示的位置上绘制蓝色圆角矩形，设置的参数如下图所示。

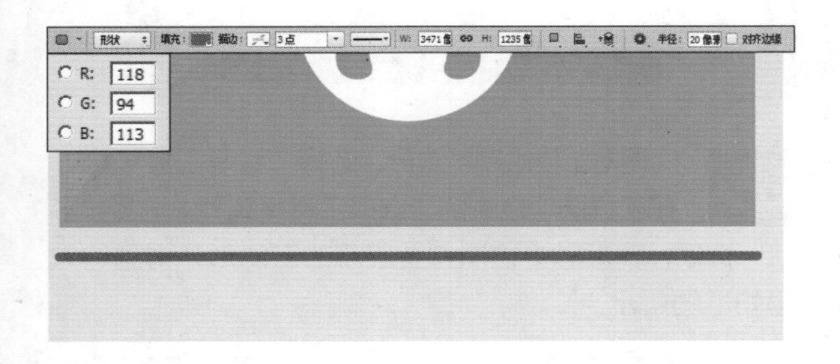

Step 38 绘制红边椭圆。选择“椭圆工具”，在工具选项栏中的“选择工具模式”中选择“形状”选项，在圆角矩形上绘制红边椭圆，设置的参数如下图所示。

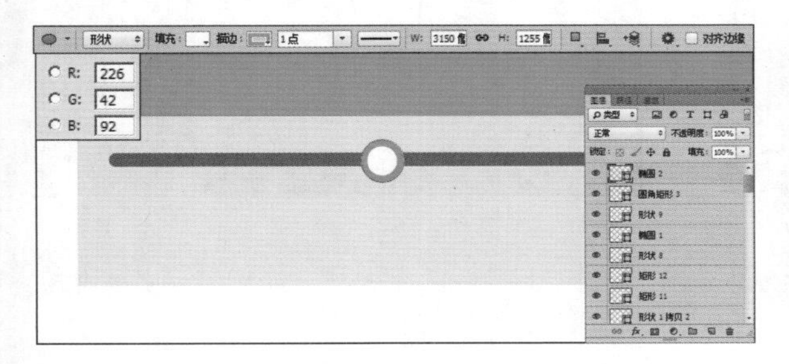

Step 39 打开素材并添加。打开随书光盘中的“素材 4”图像文件，使用“移动工具”将图像拖动到图中所示的位置，按快捷键【Ctrl+T】，调出自由变换控制框，然后将图像调整到如图所示的状态，按【Enter】键确认操作。

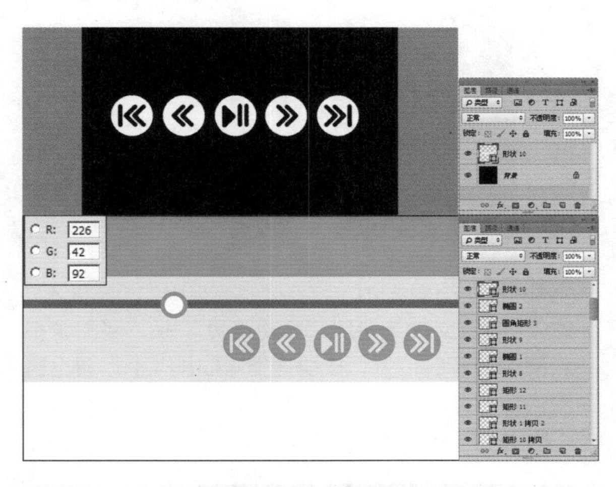

Step 40 添加图层样式。单击“添加图层样式”按钮，在弹出的菜单中选择“渐变叠加”命令，设置弹出的“渐变叠加”命令对话框，如下图所示。

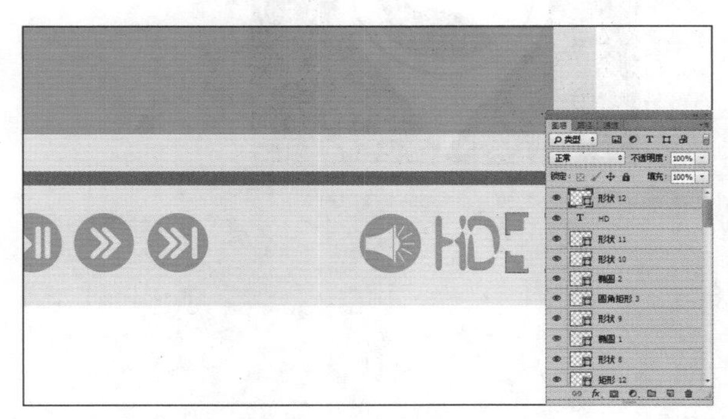

Step 41 绘制矩形。选择“矩形工具”，在工具选项栏中的“选择工具模式”中选择“形状”选项，在图中所示的位置上绘制矩形，设置的参数如下图所示。

Step 42

用钢笔工具绘制多边形。选择“钢笔工具”，在工具选项栏中的“选择工具模式”中选择“形状”，在矩形中绘制如图所示的三角形，得到的效果如下图所示。

Step 43

打开素材并添加。打开随书光盘中的“素材 4”图像文件，使用“移动工具”，将图像拖动到图中所示的位置，按快捷键【Ctrl+T】，调出自由变换控制框，然后将图像调整到如图所示的状态，按【Enter】键确认操作。

Step 44

添加文字。设置前景色为白色，选择“文字工具”T，在工具选项栏中设置字体大小、字体颜色和字体，输入图中所示的天数文字，得到的效果如下图所示。

Step 45

绘制矩形。选择“矩形工具”，在工具选项栏中的“选择工具模式”中选择“形状”选项，在图中所示的位置上绘制矩形，设置的参数如下图所示。

Step 46

绘制浅色矩形。选择“矩形工具”，在工具选项栏中的“选择工具模式”中选择“形状”选项，在图中所示的位置上绘制浅色矩形，设置的参数如下图所示。

Step 47

用钢笔工具绘制多边形。选择“钢笔工具”，在工具选项栏中的“选择工具模式”中选择“形状”选项，在矩形中绘制如图所示的三角形，得到的效果如下图所示。

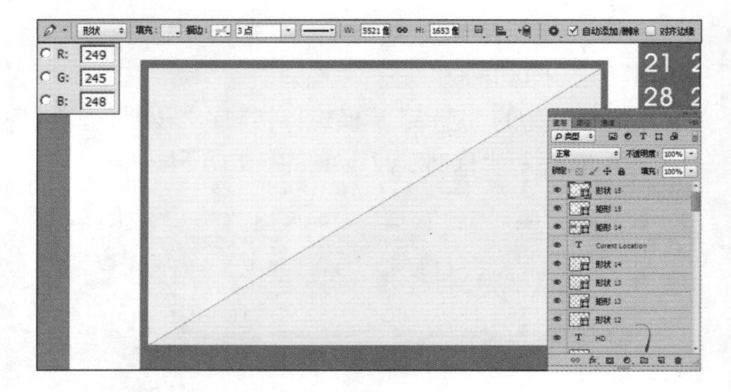

Step 48 添加素材，设置图层样式。打开素材并添加，单击“添加图层样式”按钮fx，在弹出的菜单中选择“渐变叠加”命令，设置弹出的“渐变叠加”命令对话框，如下图所示。

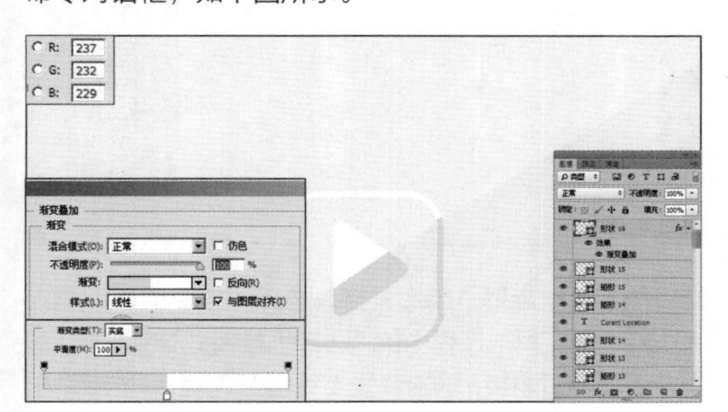

Step 49 绘制圆角矩，形添加内阴影。选择“圆角矩形工具”，在工具选项栏中的“选择工具模式”中选择“形状”选项，在图中所示的位置上绘制深色圆角矩形。单击“添加图层样式”按钮fx，在弹出的菜单中选择“内阴影”命令，设置弹出的“内阴影”命令对话框，如下图所示。

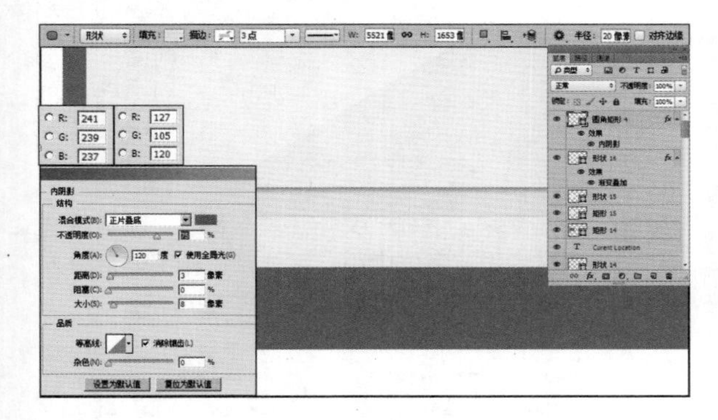

Step 50 绘制深色圆角矩形。选择“圆角矩形工具”，在工具选项栏中的“选择工具模式”中选择“形状”选项，在图中所示的位置上绘制深色圆角矩形，设置左上角左下角像素值为零。

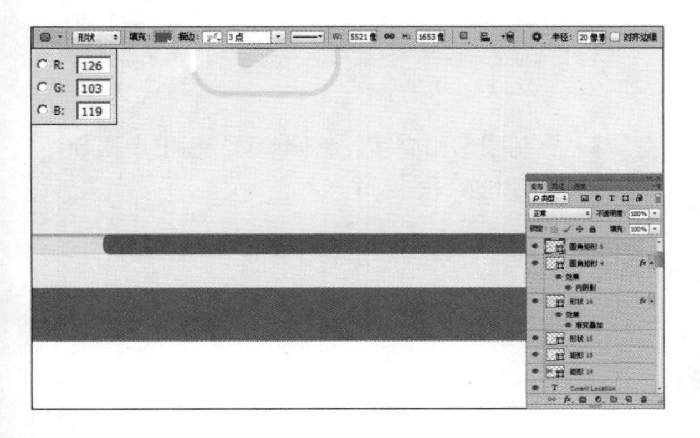

Step 51 绘制描边椭圆。选择“椭圆工具”，在工具选项栏中的“选择工具模式”中选择“形状”选项，在圆角矩形上绘制描边椭圆，设置的参数如下图所示。

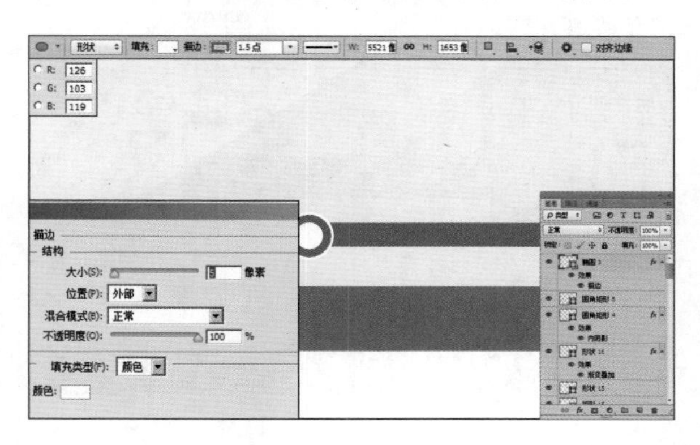

Step 52 绘制多边形。选择“钢笔工具”，在工具选项栏中的“选择工具模式”中选择“形状”选项，在矩形中绘制如图所示的多边形，得到的效果如下图所示。

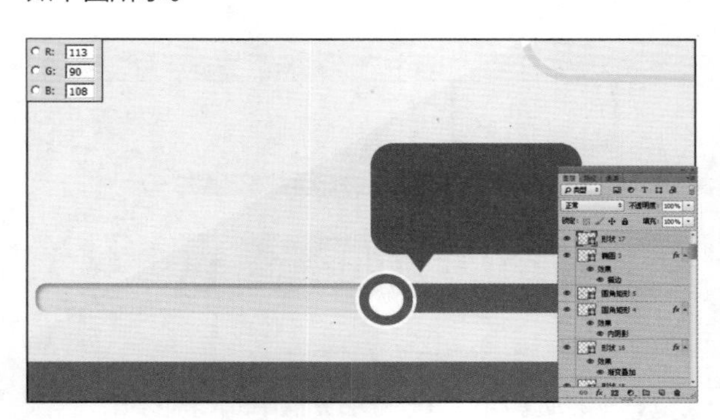

Step 53 复制多边形添加渐变色。选择“形状 17”，按快捷键【Ctrl+J】复制得到“形状 17 拷贝”，按快捷键【Ctrl+T】调出自由变换控制框，然后将图像调整到如图所示的状态，按【Enter】键确认操作。单击“添加图层样式”按钮fx，在弹出的菜单中选择“渐变叠加”命令，设置弹出的“渐变叠加”命令对话框，如下图所示。

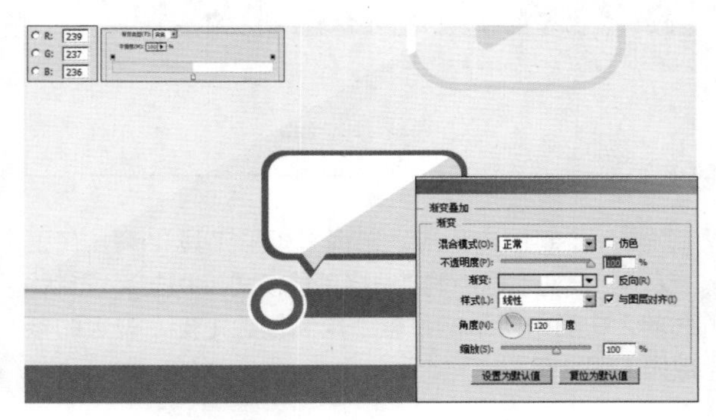

Step 54 绘制多边形素材。选择“多边形工具”，在工具选项栏中的“选择工具模式”中选择“形状”选项，在图中绘制三角形，并添加其他图形素材，设置的参数如下图所示。

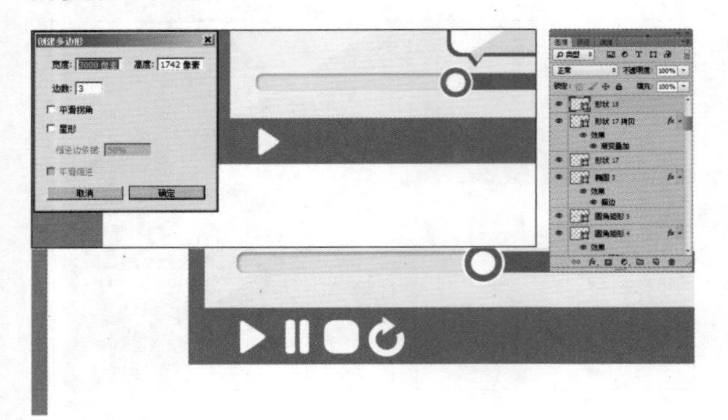

Step 55 输入时间文字。设置前景色为白色，选择“文字工具”，在工具选项栏中设置字体大小、字体颜色和字体，输入图中所示的时间文字，得到的效果如下图所示。

Step 56 添加素材。打开随书光盘中的“素材 5”图像文件，使用“移动工具”将图像拖动到图中所示的位置，按快捷键【Ctrl+T】，调出自由变换控制框，然后将图像调整到如图所示的状态，按【Enter】键确认操作。

Step 57 绘制描边矩形。选择“矩形工具”，在工具选项栏中的“选择工具模式”中选择“形状”选项，在图中所示的位置上绘制描边矩形，设置的参数如下图所示。

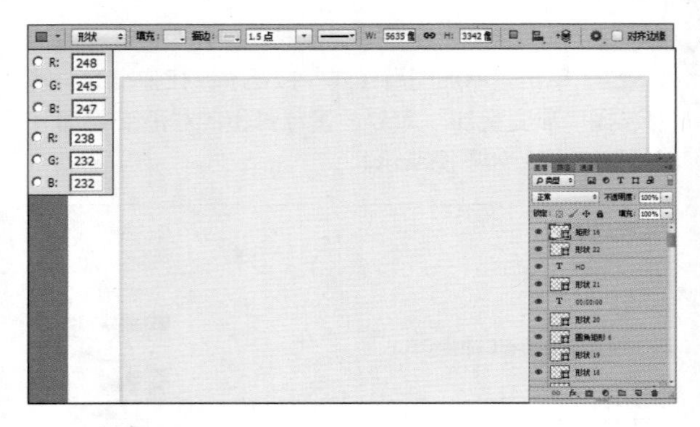

Step 58 绘制矩形，添加素材。选择“矩形工具”，在工具选项栏中的“选择工具模式”中选择“形状”选项，在图中所示的位置上绘制蓝色矩形，选择“形状 3”，按快捷键【Ctrl+J】进行复制。

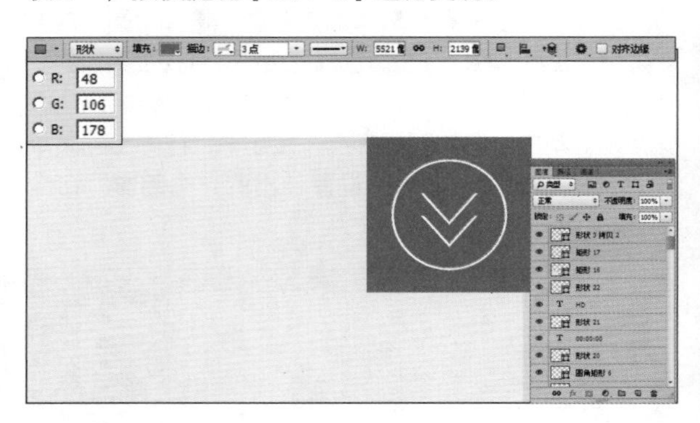

Step 59 输入文字。选择“文字工具”，在工具选项栏中设置字体大小、字体颜色和字体，输入图中所示的时间文字，得到的效果如下图所示。

Step 60 复制图形和文字。参照步骤 58 和步骤 59，绘制出余下的图形。

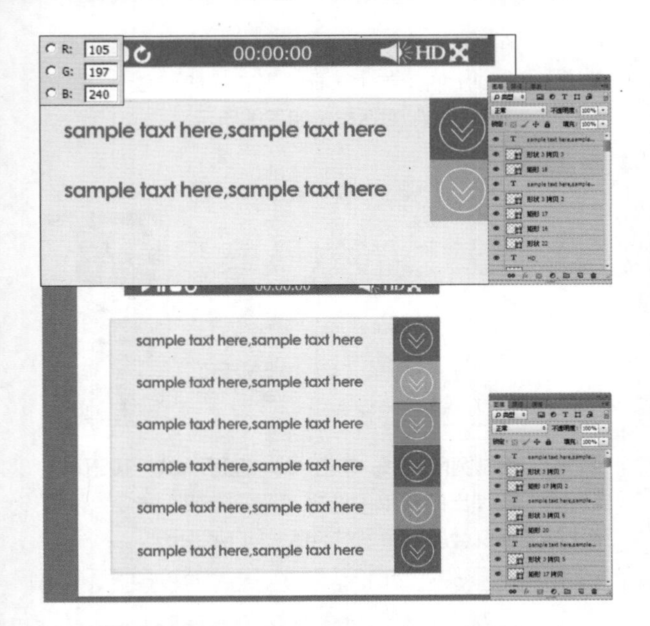

Step 61 绘制矩形分界线。选择“矩形工具”，在工具选项栏中的“选择工具模式”中选择“形状”选项，在图中所示的位置上绘制浅咖啡色矩形分界线。

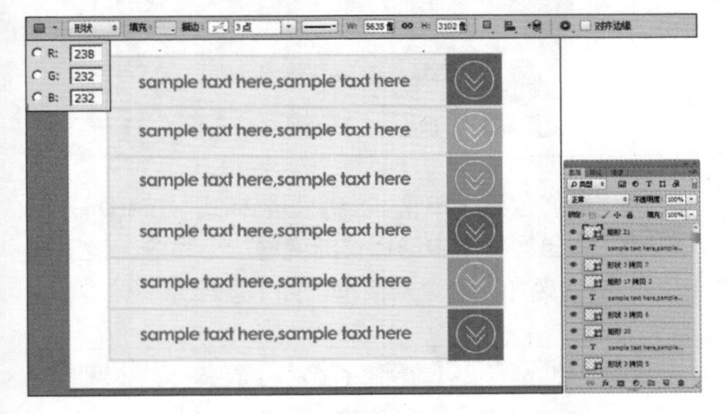

Step 62 绘制圆角矩形。选择“圆角矩形工具”，在工具选项栏中的“选择工具模式”中选择“形状”选项，在图中所示的位置上绘制深咖啡色的圆角矩形。

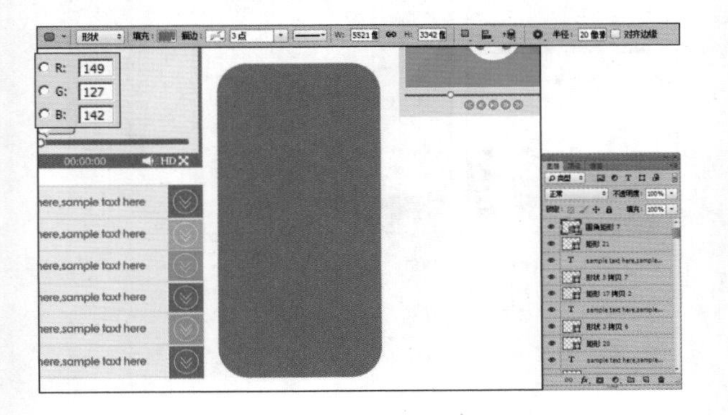

Step 63 添加渐变叠加效果。单击“添加图层样式”按钮，在弹出的菜单中选择“渐变叠加”命令，设置弹出的“渐变叠加”命令对话框，如下图所示。

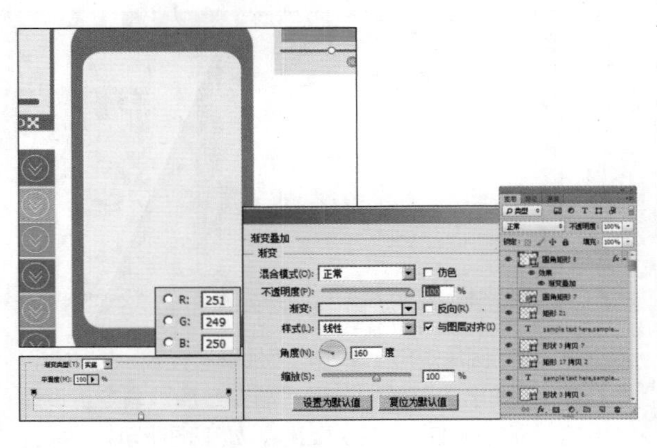

Step 64 输入文字。选择“文字工具”，在工具选项栏中设置字体大小、字体颜色和字体，输入图中所示的时间文字，得到的效果如下图所示。

Step 65 用钢笔工具绘制图形，并添加渐变叠加效果。

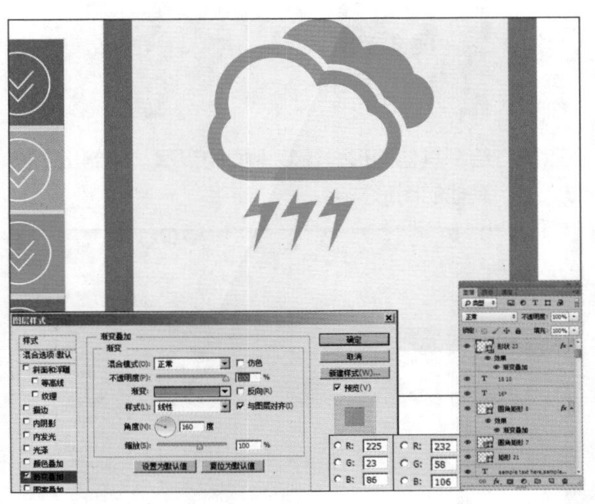

Step 66 添加地址和时间文字。选择“文字工具”T，在工具选项栏中设置字体大小、字体颜色和字体，输入图中所示的时间文字，得到的效果如下图所示。

Step 67 绘制圆角矩形。单击“添加图层样式”按钮fx，在弹出的菜单中选择“渐变叠加”命令，设置弹出的“渐变叠加”命令对话框，如下图所示。

Step 68 用钢笔工具绘制照相机图形。选择“钢笔工具”，在工具选项栏中的“选择工具模式”中选择“形状”选项，在矩形中绘制如图所示的多边形，得到的效果如下图所示。

Step 69 绘制其他图形。重复上面的步骤，绘制出下面其他的图形文件。

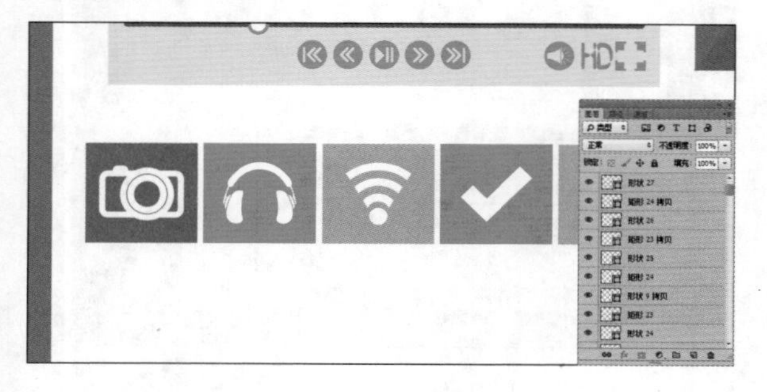

Step 70 绘制圆角矩形。单击“添加图层样式”按钮fx，在弹出的菜单中选择“渐变叠加”命令，设置弹出的“渐变叠加”对话框，如下图所示。

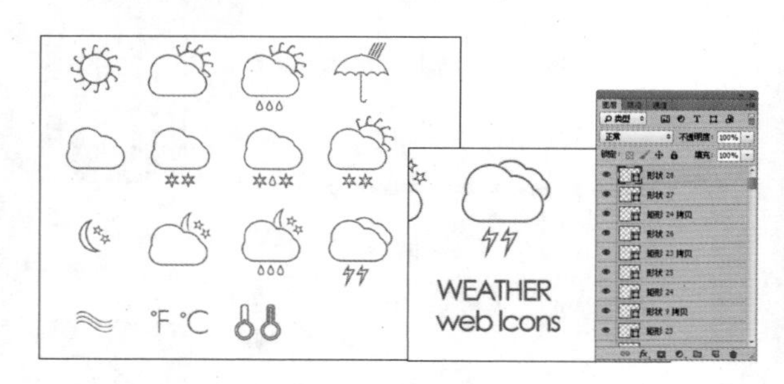

Step 71 绘制圆角矩形。单击“添加图层样式”按钮fx，在弹出的菜单中选择“渐变叠加”命令，设置弹出的“渐变叠加”命令对话框，如下图所示。

Step 72 最终效果。单击“添加图层样式”按钮fx，在弹出的菜单中选择“渐变叠加”命令，设置弹出的“渐变叠加”命令对话框，如下图所示。

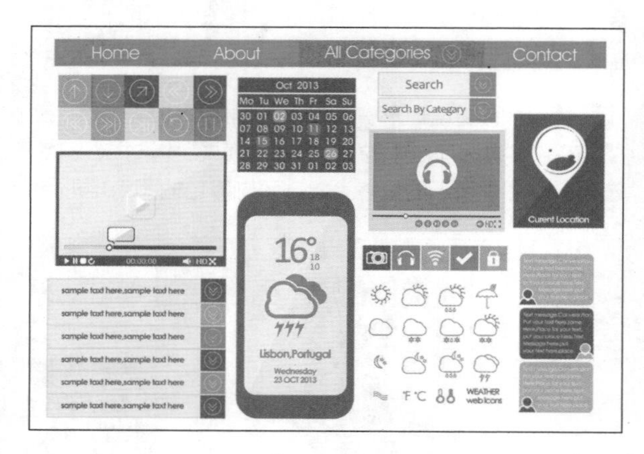

4.3 单色系的界面设计

本案例主要的重点在于，使用单色系绘制界面时，注意深浅色的合理搭配。

易难度★★★★　　实用度★★★★

布局分析

布局的设计上，依旧使用了横向排列方式，规整而有序。

色彩分析

本案例在构思设计之时所选择的颜色，是以近似色为主的，是由同一种色系由深到浅地来搭配。

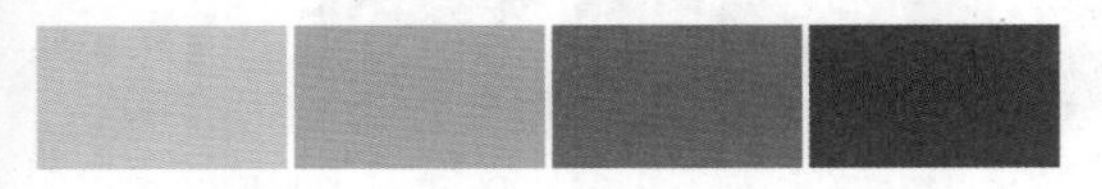

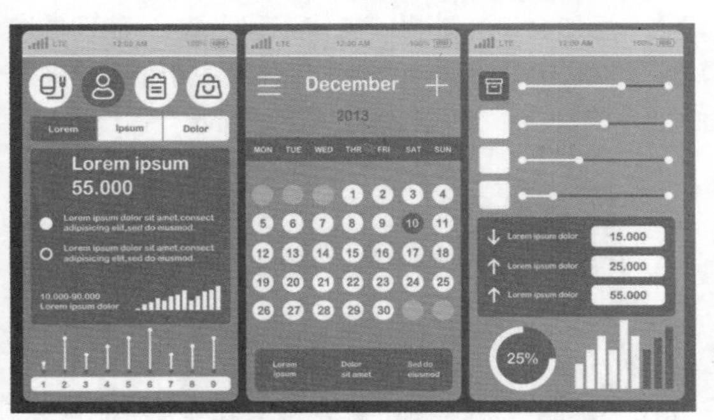

技法分析

本案例使用到了“圆角矩形工具”、“矩形工具”绘制块面，“椭圆工具”、“自定义形状工具”和“钢笔工具”绘制图形。

Step 01 新建文档。执行菜单“文件”/“新建”命令（或按【Ctrl+N】快捷键），设置弹出的“新建”命令对话框，单击“确定”按钮，即可创建一个新的空白文档。

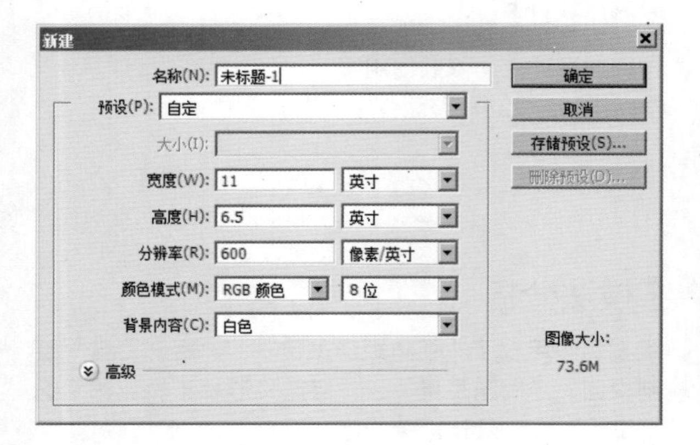

Step 02 设置渐变背景。单击“添加图层样式”按钮，在弹出的菜单中选择“渐变叠加”命令，设置的参数效果如下图所示。

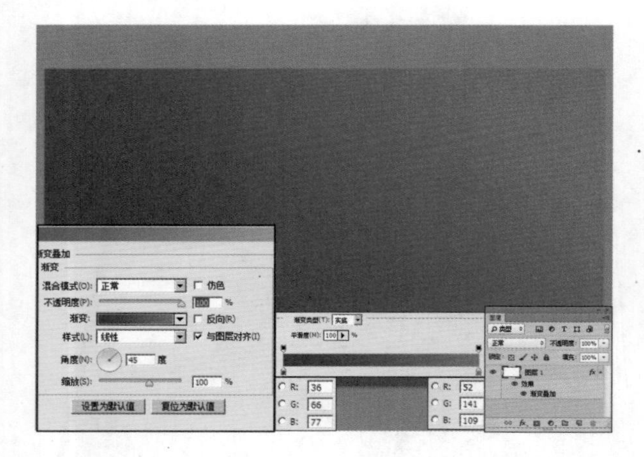

Step 03 绘制圆角。选择“圆角矩形工具”，在工具选项栏中的“选择工具模式”中选择“形状”选项，在图中所示的位置上绘制深色圆角矩形，设置的参数如下图所示。

Step 04 绘制信号矩形。选择“矩形工具”，在工具选项栏中的“选择工具模式”中选择“形状”选项，单击“路径操作”按钮，在图中所示的位置上绘制信号矩形，设置的参数如下图所示。

Step 05 添加文字。选择“文字工具”，在工具选项栏中设置字体大小、字体颜色和字体，输入图中所示的文字，得到的效果如下图所示。

Step 06 添加时间文字。选择“文字工具”，在工具选项栏中设置字体大小、字体颜色和字体，输入图中所示的时间文字，得到的效果如下图所示。

Step 07 添加电量剩余文字。选择“文字工具”T，在工具选项栏中设置字体大小、字体颜色和字体，输入图中所示的电量剩余文字，得到的效果如下图所示。

Step 08 绘制电池矩形。选择“矩形工具”，在工具选项栏中的“选择工具模式”中选择“形状”选项，单击“路径操作”按钮，在图中所示的位置上绘制电池矩形，设置的参数如下图所示。

Step 09 绘制电量矩形。选择“矩形工具”，在工具选项栏中的“选择工具模式”中选择“形状”选项，单击“路径操作”按钮，在图中所示的位置上绘制电量矩形，设置的参数如下图所示。

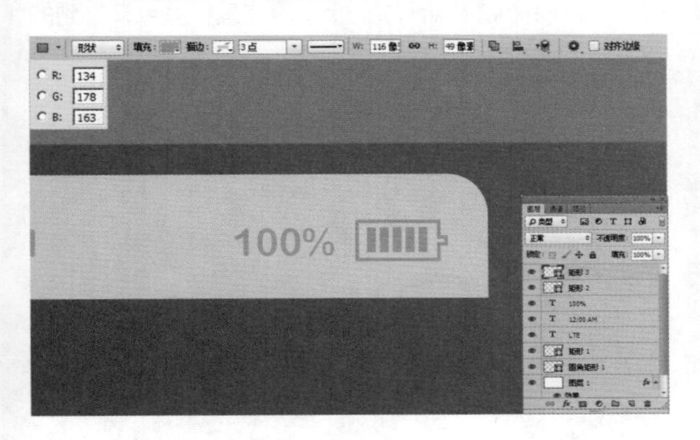

Step 10 绘制白色矩形。选择“矩形工具”，在工具选项栏中的“选择工具模式”中选择“形状”选项，在图中所示的位置上绘制白色矩形分界线，设置的参数如下图所示。

Step 11 绘制圆角矩形。选择“圆角矩形工具”，在工具选项栏中的“选择工具模式”中选择“形状”选项，在图中所示的位置上绘制深色圆角矩形，设置的参数如下图所示。

Step 12 设置透明度。选择“圆角矩形2”图层，在“图层”面板上设置不透明度，设置参数为60%，得到的效果如下图所示。

Step 13 绘制白色椭圆。选择“椭圆工具”，在工具选项栏中的“选择工具模式”中选择“形状”选项，单击“路径操作”按钮，在图中所示的位置上绘制 3 个白色椭圆，设置的参数如下图所示。

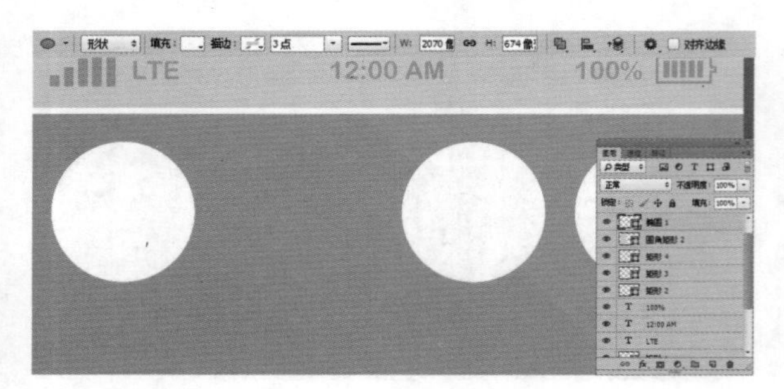

Step 14 绘制绿色椭圆。选择“椭圆工具”，在工具选项栏中的“选择工具模式”中选择“形状”选项，在图中所示的位置上绘制绿色椭圆，设置的参数如下图所示。

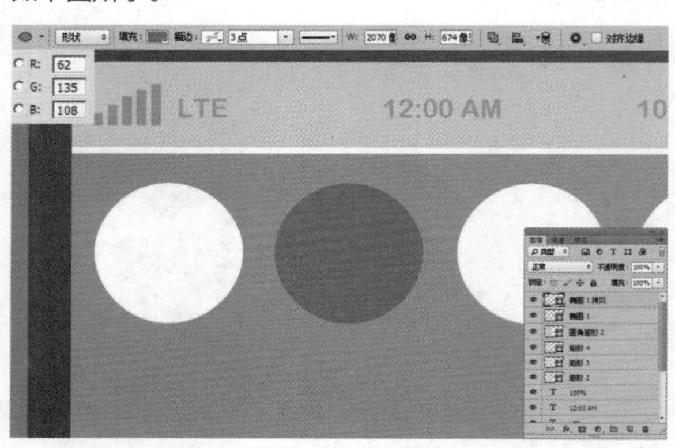

Step 15 打开素材文件。打开随书光盘中的“形状 2”图像文件，此时的图像效果和“图层”面板如下图所示。

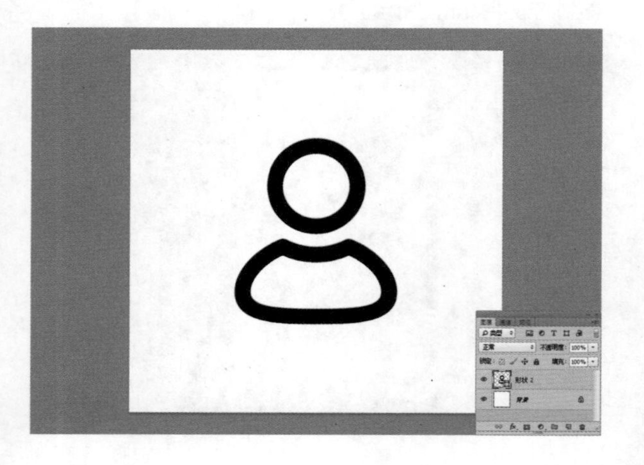

Step 16 添加素材文件。使用“移动工具”将图像拖动到第 1 步新建的文件中，得到“形状 2”，按快捷键【Ctrl+T】，调出自由变换控制框，变换图像到如图所示的状态，按【Enter】键确认操作。

Step 17 打开素材文件。打开随书光盘中的“形状 1”图像文件，此时的图像效果和“图层”面板如下图所示。

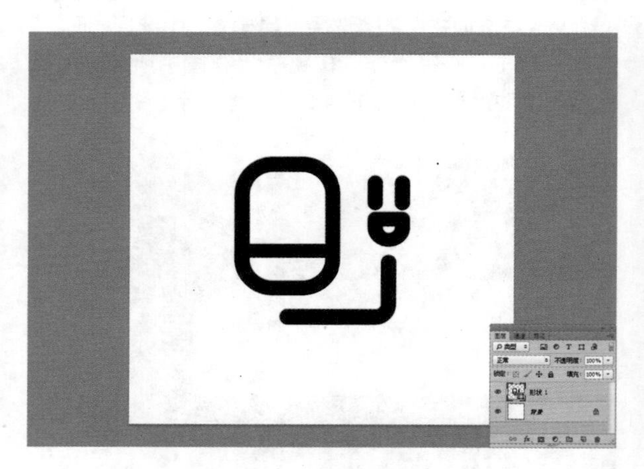

Step 18 添加素材文件。使用“移动工具”将图像拖动到第 1 步新建的文件中，得到“形状 2”，按快捷键【Ctrl+T】，调出自由变换控制框，变换图像到如图所示的状态，按【Enter】键确认操作。设置前景色，按快捷键【Alt+Delete】填充素材颜色，得到的效果如下图所示。

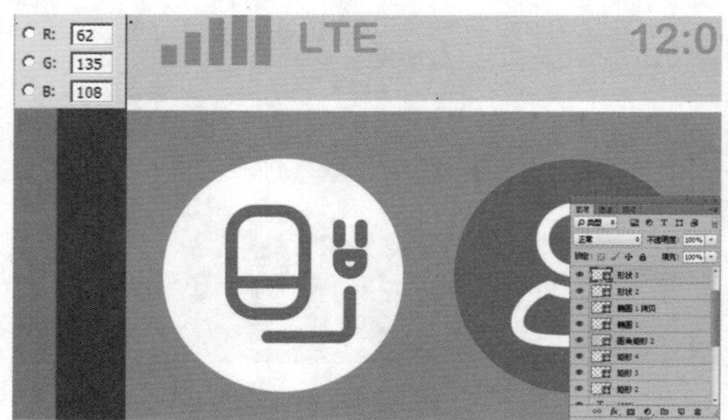

Step 19 添加其他素材。参照步骤 17 步骤 18，添加剩余的两个素材文件，并设置填充色，得到的效果如下图所示。

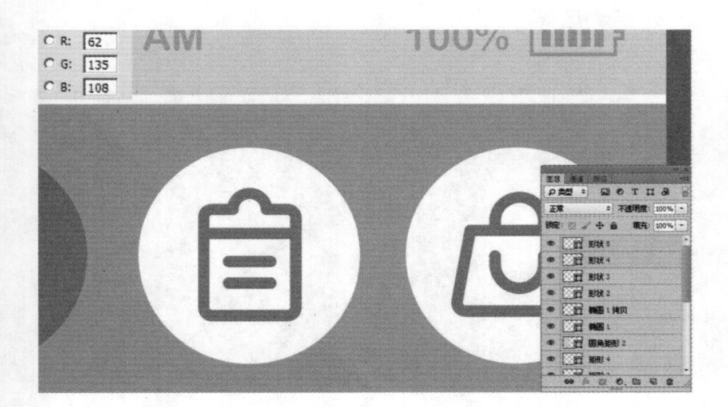

Step 20 绘制绿色圆角矩形。选择“圆角矩形工具”，在工具选项栏中的“选择工具模式”中选择“形状”选项，在图中所示的位置上绘制绿色圆角矩形，设置右上角和右下角的圆角像素值为 0，得到的效果如下图所示。

Step 21 添加文字。设置前景色为白色，选择“文字工具”，在工具选项栏中设置字体大小、字体颜色和字体，输入图中所示的文字，得到的效果如下图所示。

Step 22 绘制白色矩形。设置前景色为白色，选择“矩形工具”，在工具选项栏中的“选择工具模式”中选择“形状”选项，在图中所示的位置上绘制白色矩形，设置的参数如下图所示。

Step 23 添加文字。选择“文字工具”，在工具选项栏中设置字体大小、字体颜色和字体，输入图中所示的文字，得到的效果如下图所示。

Step 24 绘制白色圆角矩形。设置前景色为白色，选择“圆角矩形工具”，在工具选项栏中的“选择工具模式”中选择“形状”选项，在图中所示的位置上绘制绿色圆角矩形，设置左上角和左下角的圆角像素值为 0，得到的效果如下图所示。

Step 25 添加文字。选择“文字工具”T，在工具选项栏中设置字体大小、字体颜色和字体，输入图中所示的文字，得到的效果如下图所示。

Step 26 绘制绿色图角矩形。选择“圆角矩形工具”，在工具选项栏中的“选择工具模式”中选择“形状”选项，在图中所示的位置上绘制绿色圆角矩形，设置的参数如下图所示。

Step 27 输入文字。设置前景色为白色，选择“文字工具”T，在工具选项栏中设置字体大小、字体颜色和字体，输入图中所示的文字，得到的效果如下图所示。

Step 28 绘制白色椭圆。选择“椭圆工具”，在工具选项栏中的“选择工具模式”中选择“形状”选项，在图中所示的位置上绘制白色椭圆，设置的参数如下图所示。

Step 29 输入文字。设置前景色为白色，选择“文字工具”T，在工具选项栏中设置字体大小、字体颜色和字体，输入图中所示的文字，得到的效果如下图所示。

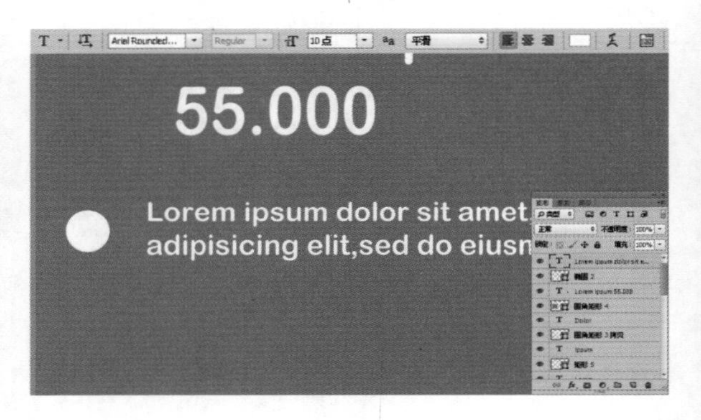

Step 30 绘制白色描边椭圆。选择“椭圆工具”，在工具选项栏中的“选择工具模式”中选择“形状”选项，在图中所示的位置上绘制白色椭圆，设置不填充颜色，参数如下图所示。

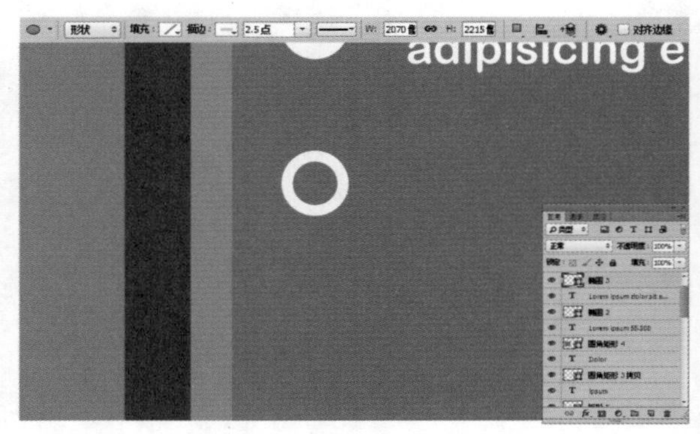

Step 31 输入文字。设置前景色为白色，选择“文字工具”T，在工具选项栏中设置字体大小、字体颜色和字体，输入图中所示的文字，得到的效果如下图所示。

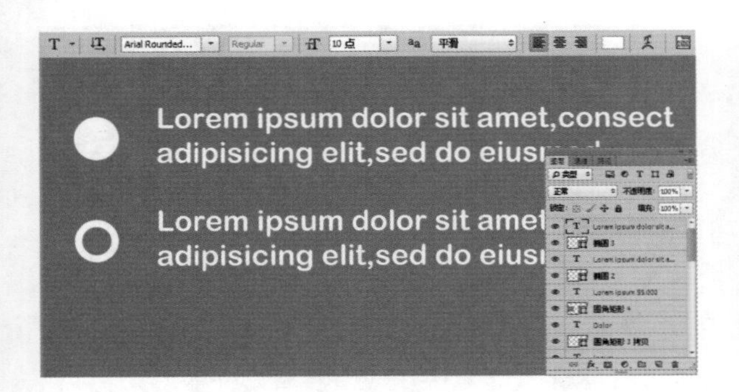

Step 32 添加图中文字。设置前景色为白色，选择“文字工具”T，在工具选项栏中设置字体大小、字体颜色和字体，输入图中所示的文字，得到的效果如下图所示。

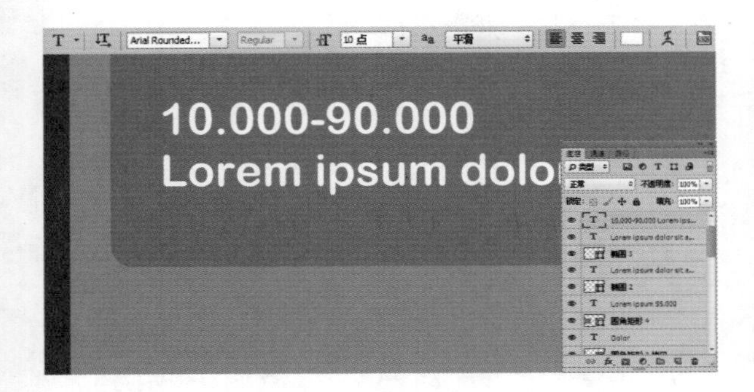

Step 33 绘制声波矩形。选择“矩形工具”，在工具选项栏中的“选择工具模式”中选择“形状”选项，单击“路径操作”按钮，在图中所示的位置上绘制声波矩形，设置的参数如下图所示。

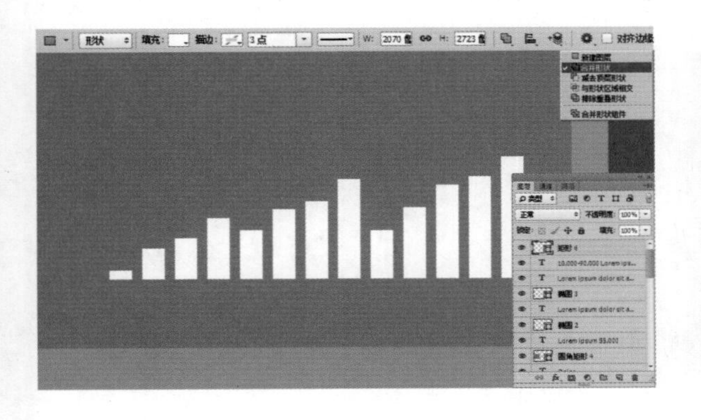

Step 34 绘制多个矩形。选择“矩形工具”，在工具选项栏中的“选择工具模式”中选择“形状”选项，单击“路径操作”按钮，在图中所示的位置上绘制多个矩形，设置的参数如下图所示。

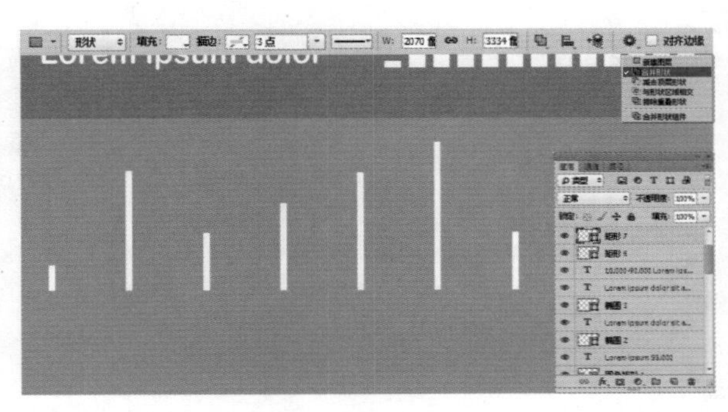

Step 35 绘制多个椭圆。选择“椭圆工具”，在工具选项栏中的“选择工具模式”中选择“形状”选项，单击“路径操作”按钮，在图中所示的位置上绘制多个绿色椭圆，设置的参数如下图所示。

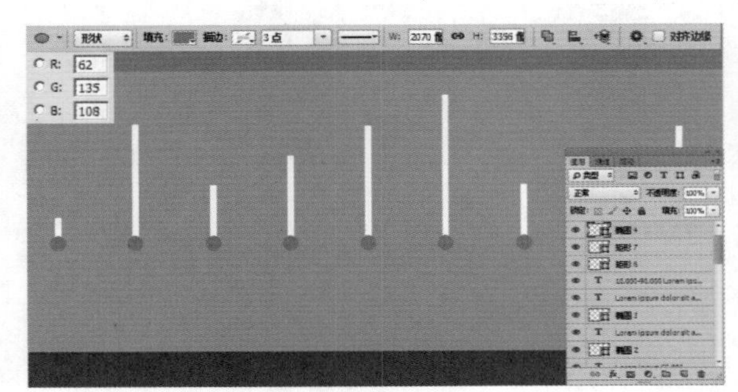

Step 36 绘制多个椭圆。选择“椭圆工具”，在工具选项栏中的“选择工具模式”中选择“形状”选项，单击“路径操作”按钮，在图中所示的位置上绘制多个绿色椭圆，设置的参数如下图所示。

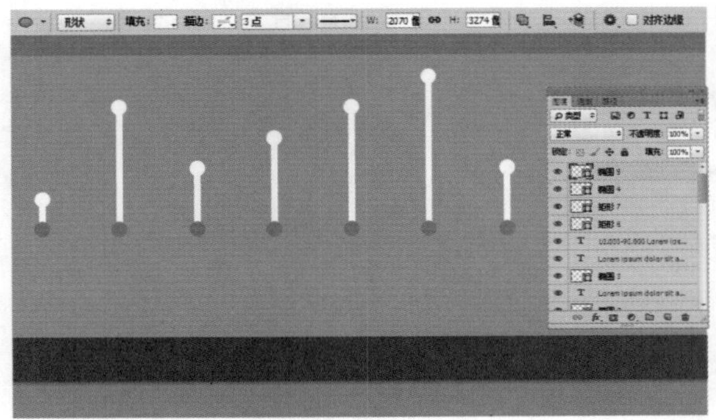

Step 37 绘制圆角矩形。设置前景色为白色，选择“圆角矩形工具”，在工具选项栏中的“选择工具模式”中选择“形状”选项，在图中所示的位置上绘制白色圆角矩形，设置的参数如下图所示。

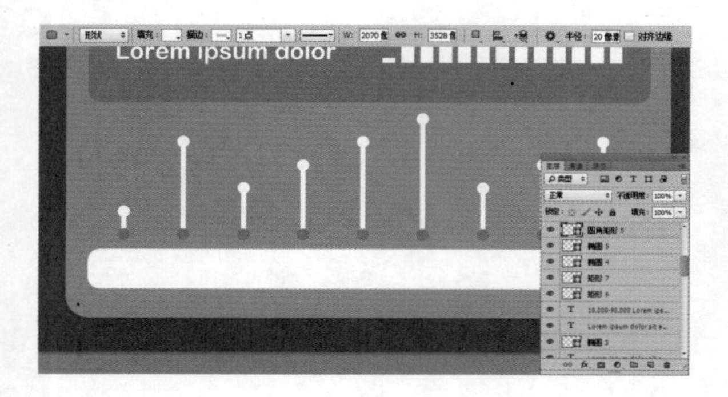

Step 38 输入文字“1”。选择“文字工具”T，在工具选项栏中设置字体大小、字体颜色和字体，输入图中所示的 "1" 文字，得到的效果如下图所示。

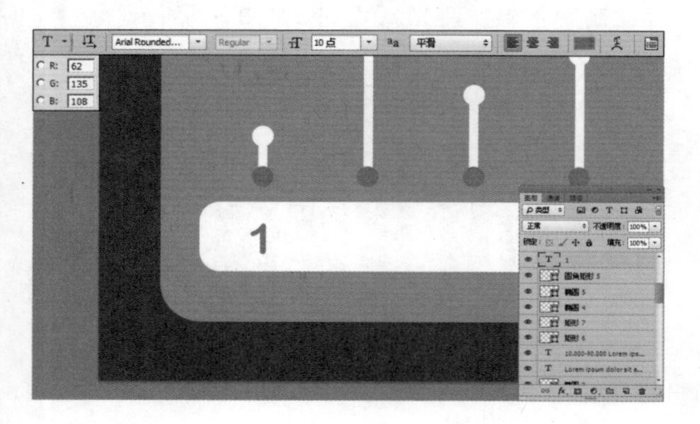

Step 39 输入其他数字文字。选择“文字工具”T，在工具选项栏中设置字体大小、字体颜色和字体，输入图中所示的其他数字文字，得到的效果如下图所示。

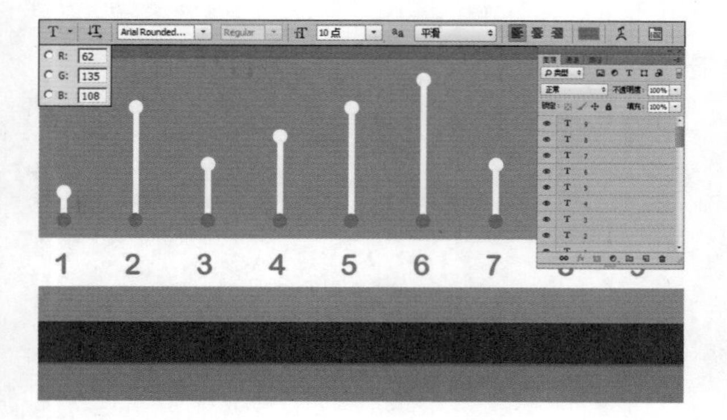

Step 40 复制图形文件。选择如图所示的一些图层文件，并拖动至“图层”面板下方的“新建图层”按钮进行复制。使用“移动工具”移动到旁边位置，效果如下图所示。

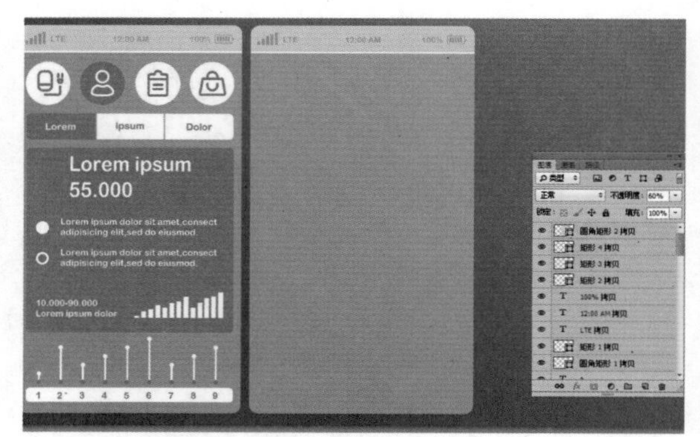

Step 41 绘制 3 个圆角矩形。选择“圆角矩形工具”，在工具选项栏中的“选择工具模式”中选择“形状”选项，单击“路径操作”按钮，在图中所示的位置上绘制，设置的参数如下图所示。

Step 42 输入月份英文文字。设置前景色为白色，选择“文字工具”T，在工具选项栏中设置字体大小、字体颜色和字体，输入图中所示的文字，得到的效果如下图所示。

Step 43 绘制“十”字图形。选择“圆角矩形工具”，在工具选项栏中的“选择工具模式”中选择“形状”选项，单击“路径操作”按钮，在图中所示的位置上绘制十字，设置的参数如下图所示。

Step 44 输入年份英文文字。选择“文字工具”，在工具选项栏中设置字体大小、字体颜色和字体，输入图中所示的“2013”文字，得到的效果如下图所示。

Step 45 绘制绿色矩形。选择“矩形工具”，在工具选项栏中的“选择工具模式”中选择“形状”选项，在图中所示的位置上绘制矩形，设置的参数如下图所示。

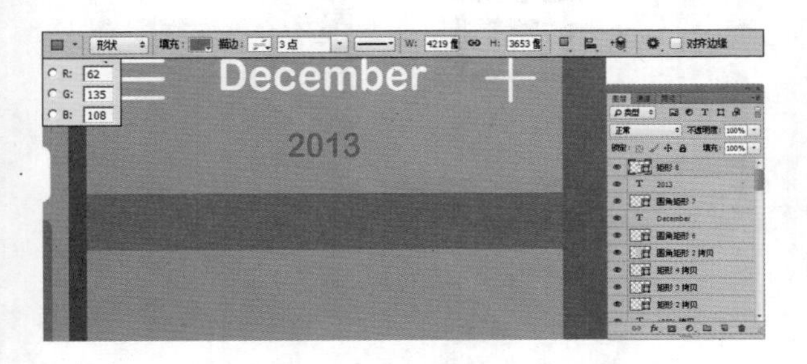

Step 46 添加星期文字。设置前景色为白色，选择“文字工具”，在工具选项栏中设置字体大小、字体颜色和字体，输入图中所示的“MON”文字，得到的效果如下图所示。

Step 47 添加其他文字。设置前景色为白色，选择“文字工具”，在工具选项栏中设置字体大小、字体颜色和字体，输入图中所示的其他文字，得到的效果如下图所示。

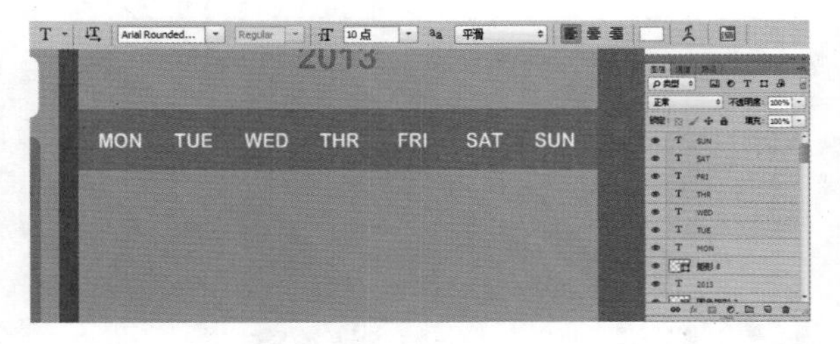

Step 48 绘制3个白色椭圆。设置前景色为白色，选择“椭圆工具”，在工具选项栏中的“选择工具模式”中选择“形状”选项，在图中所示的位置上绘制白色椭圆，设置的参数如下图所示。

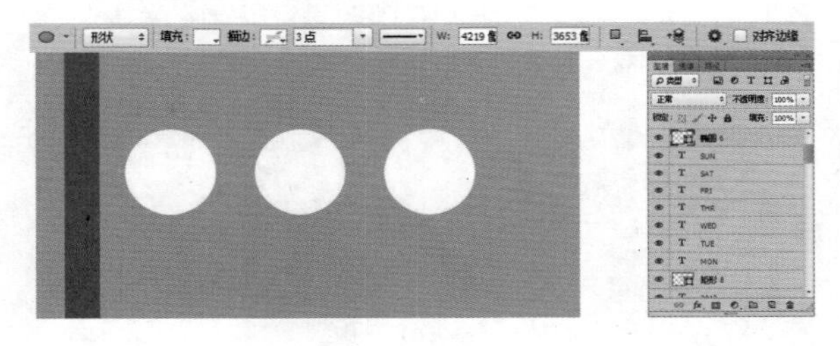

Step 49 设置透明度。选择“圆角矩形2”图层，在“图层”面板上设置不透明度，设置参数为30%，得到的效果如下图所示。

Step 50 绘制其他椭圆。设置前景色为白色，选择“椭圆工具”，在工具选项栏中的“选择工具模式”中选择“形状”选项，单击“路径操作”按钮，在图中所示的位置上绘制多个白色椭圆，设置的参数如下图所示。

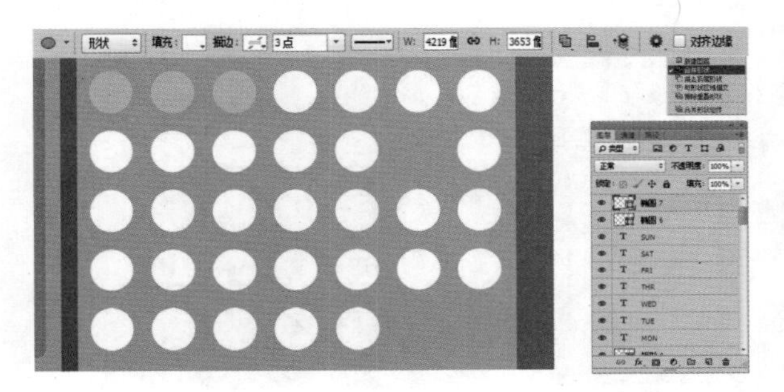

Step 51 输入天数数字。设置前景色为白色，选择“文字工具”T，在工具选项栏中设置字体大小、字体颜色和字体，输入图中所示的文字，得到的效果如下图所示。

Step 52 绘制绿色圆角矩形。选择“圆角矩形工具”，在工具选项栏中的“选择工具模式”中选择“形状”选项，在图中所示的位置上绘制绿色圆角矩形，设置的参数如下图所示。

Step 53 输入文字。设置前景色为白色，选择“文字工具”T，在工具选项栏中设置字体大小、字体颜色和字体，输入图中所示的文字，得到的效果如下图所示。

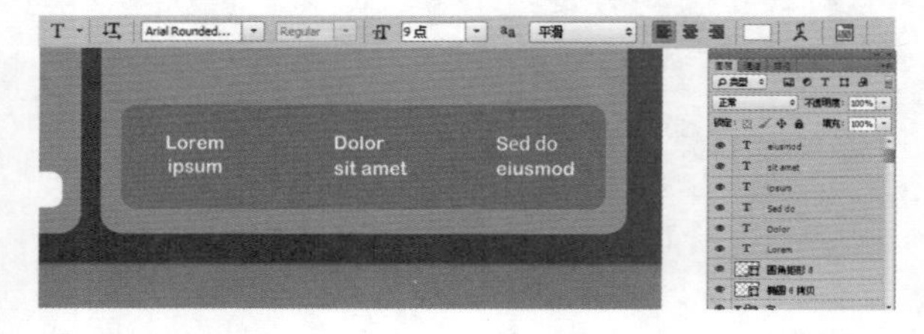

Step 54 复制图形文件。选择如图所示的一些图层文件，并拖动至“图层”面板下方的“新建图层”按钮进行复制。使用“移动工具”移动到旁边的位置，效果如下图所示。

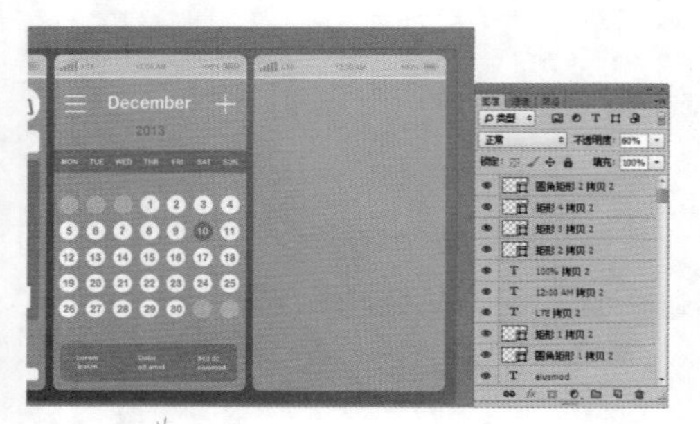

Step 55 绘制圆角矩形。选择“圆角矩形工具”，在工具选项栏中的“选择工具模式”中选择“形状”选项，在图中所示的位置上绘制绿色圆角矩形，设置的参数如下图所示。

Step 56 打开素材文件并添加。打开随书光盘中的“形状 6”图像文件，此时的图像效果和“图层”面板如图所示。使用“移动工具”将图像拖动到第 1 步新建的文件中，得到“形状 2”，按快捷键【Ctrl+T】，调出自由变换控制框，变换图像到如图所示的状态，按【Enter】键确认操作。设置前景色为白色，按快捷键【Alt+Delete】填充素材颜色，得到的效果如下图所示。

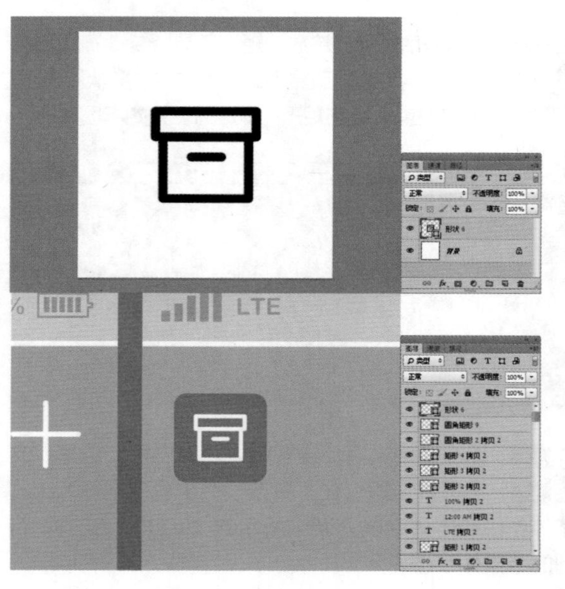

Step 57 绘制绿色矩形。选择“矩形工具”，在工具选项栏中的“选择工具模式”中选择“形状”选项，在图中所示的位置上绘制矩形，设置的参数如下图所示。

Step 58 绘制进度条。选择“椭圆工具”和“矩形工具”，在工具选项栏中的“选择工具模式”中选择“形状”选项，单击“路径操作”按钮，在图中所示的位置上绘制进度条图形，设置的参数如下图所示。

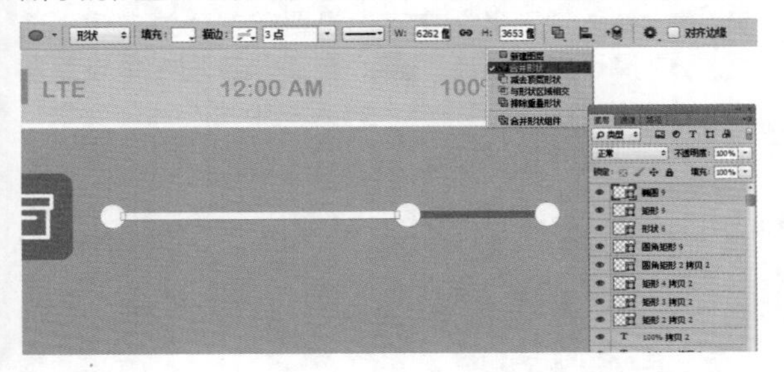

Step 59 绘制 3 个白色圆角矩形。选择“圆角矩形工具”，在工具选项栏中的“选择工具模式”中选择“形状”选项，单击“路径操作”按钮，在图中所示的位置上绘制3个圆角矩形，设置的参数如下图所示。

Step 60 绘制剩余的进度条。参照步骤 57，绘制出如图所示的剩余进度条。

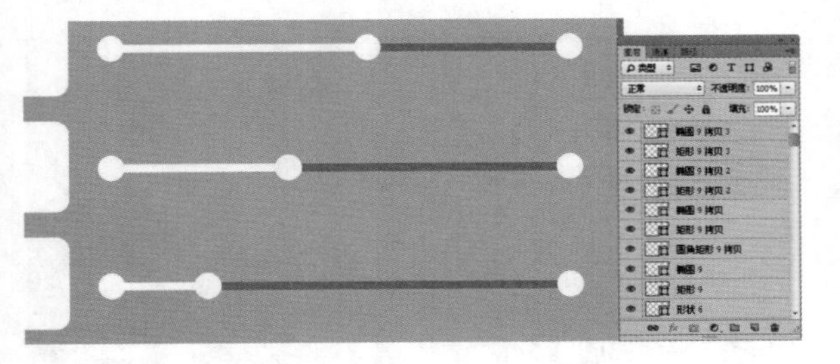

Step 61 绘制 3 个白色圆角矩形。选择“圆角矩形工具”，在工具选项栏中的“选择工具模式”中选择“形状”选项，单击“路径操作”按钮，在图中所示的位置上绘制3个圆角矩形，设置的参数如下图所示。

Step 62 添加自定义图形。选择“自定义形状工具”，在工具选项栏中的“选择工具模式”中选择“形状”选项，单击打开“自定形状”拾色器，在下拉菜单中选择“箭头 7”，在图中所示的位置上绘制 3 个箭头，设置的参数如下图所示。

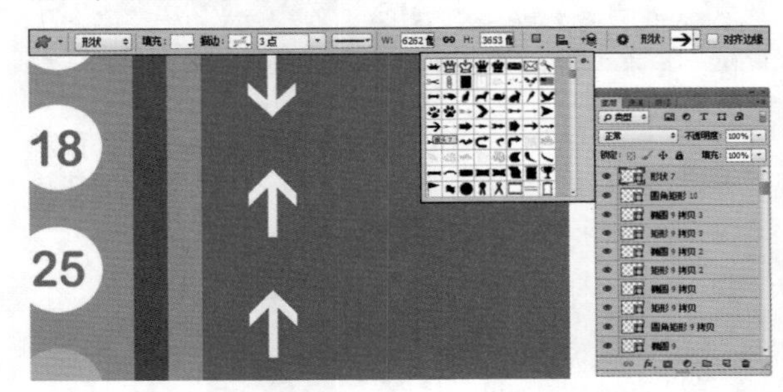

Step 63 输入文字。设置前景色为白色，选择“文字工具”，在工具选项栏中设置字体大小、字体颜色和字体，在第一个箭头后输入图中所示的文字，得到的效果如下图所示。

Step 64 绘制绿色圆角矩形。选择“圆角矩形工具”，在工具选项栏中的“选择工具模式”中选择“形状”选项，在图中所示的位置上绘制绿色圆角矩形，设置的参数如下图所示。

Step 65 输入“15.000”。选择“文字工具”，在工具选项栏中设置字体大小、字体颜色和字体，输入图中“15.000”文字，得到的效果如下图所示。

Step 66 输入剩下文字和绘制图形。参照步骤 63 和步骤 64，绘制出剩余的两个白色圆角矩形并输入文字，得到的效果如下图所示。

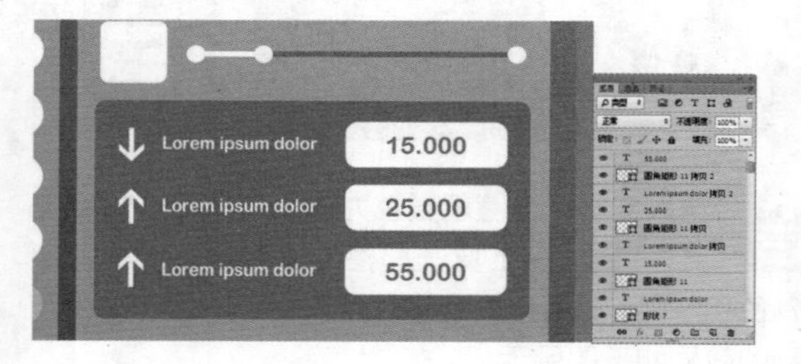

Step 67 绘制白色椭圆。设置前景色为白色，选择“椭圆工具”，在工具选项栏中的“选择工具模式”中选择“形状”选项，在图中所示的位置上绘制白色椭圆，设置的参数如下图所示。

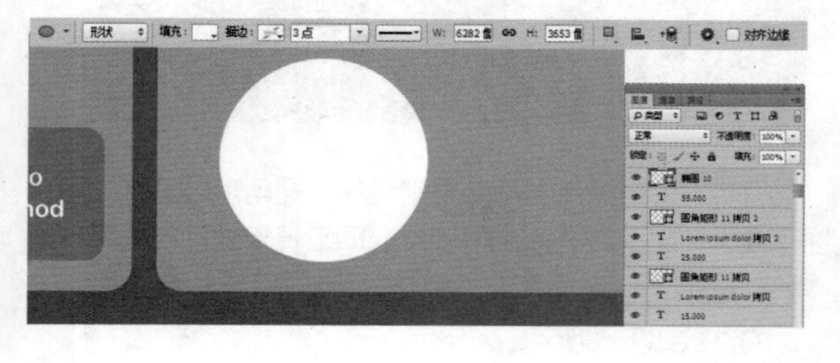

Step 68 绘制同心绿色椭圆。选择“椭圆工具”，在工具选项栏中的“选择工具模式”中选择“形状”选项，在图中白色圆的中心位置上绘制绿色的椭圆，设置的参数如下图所示。

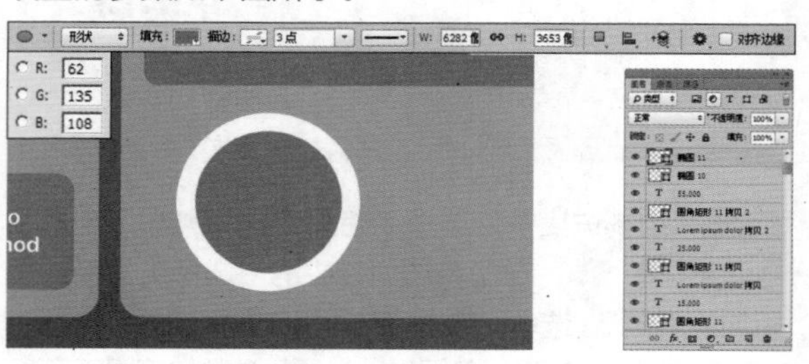

Step 69 输入“25%”文字。设置前景色为白色，选择“文字工具”，在工具选项栏中设置字体大小、字体颜色和字体，输入图中“25%”文字，得到的效果如下图所示。

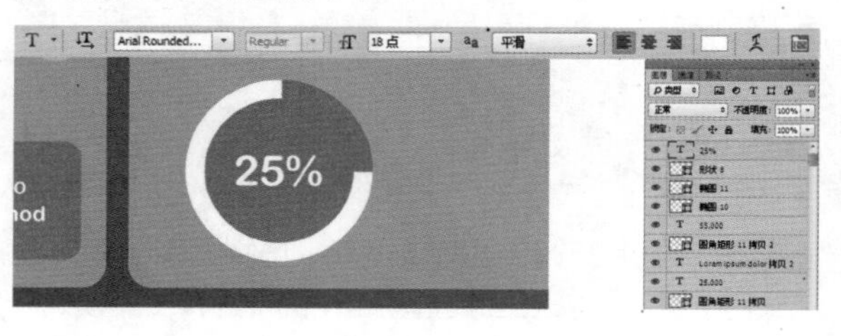

Step 70 绘制多个矩形。选择“矩形工具”，在工具选项栏中的“选择工具模式”中选择“形状”选项，单击“路径操作”按钮，在图中所示的位置上绘制多个矩形，设置的参数如下图所示。

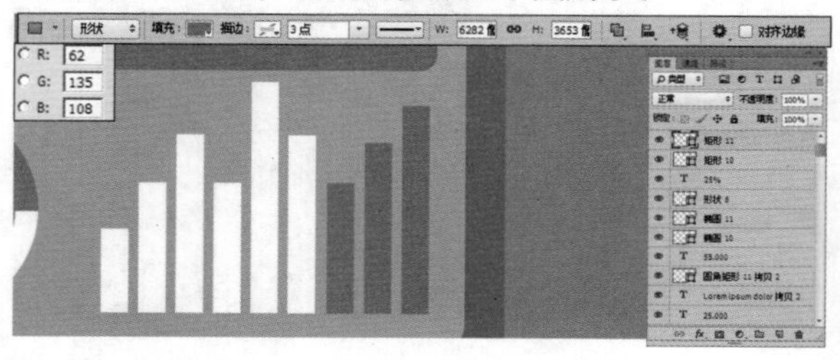

Step 71 最终效果。完成所有步骤后，最终效果如下图所示。

第 5 章 APP 常用效果制作

本章节主要介绍了界面元素、各个元素的具体设计要求，以及 Photoshop 中辅助制作的常用功能等，包括触摸反馈、字体、颜色和图标等内容。

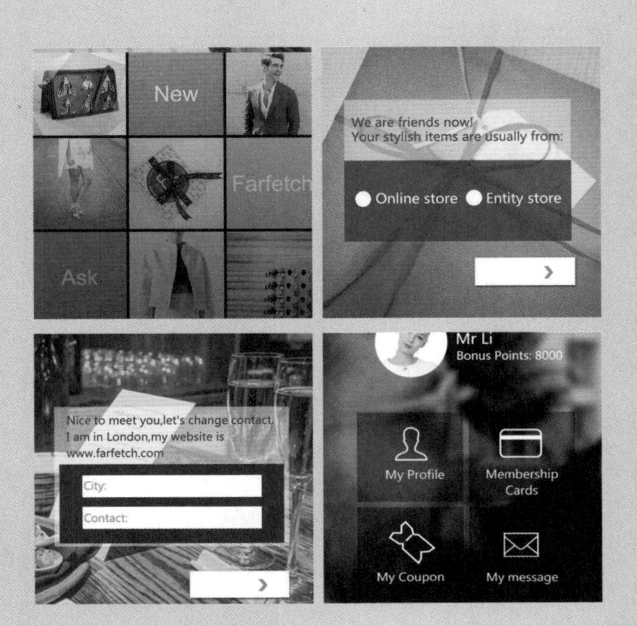

5.1 常用登录界面设计

常用登录界面的设计多偏向扁平化，没有明显的立体效果，最多加点投影效果衬托一下。

易难度★★★　　实用度★★★★

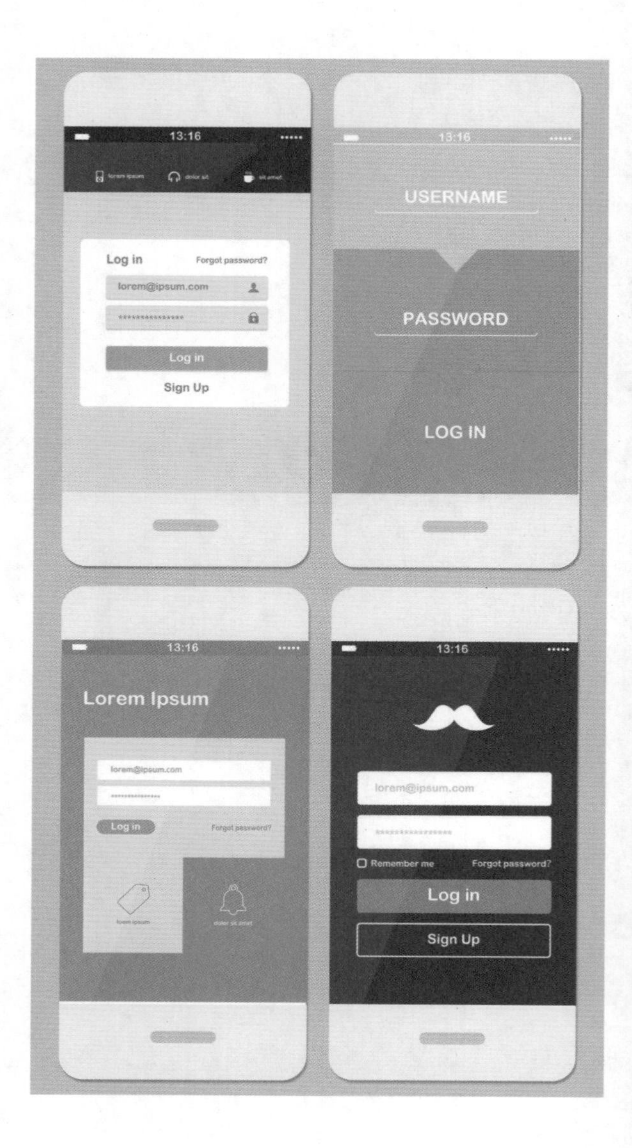

色彩分析

色彩上，选择了冷色系为主，一个界面的颜色不超过 4 个，超过了就会觉得眼花缭乱，看起来不舒服。

布局分析

登录界面一般都是简单的块面组合，多数以长方形和正方形为主。

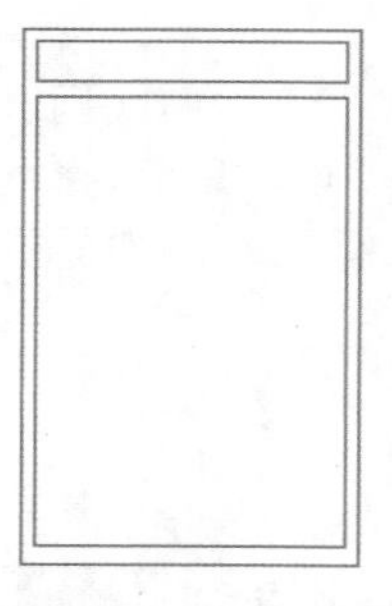

技法分析

本案例在设计上，使用到了圆角矩形工具和矩形工具制作界面，添加一些小图形元素，让整个界面看起来有俏皮感。

Step 01 新建文档。执行菜单“文件”/“新建”命令（或按【Ctrl+N】快捷键），设置弹出的“新建”命令对话框，单击“确定”按钮，即可创建一个新的空白文档。

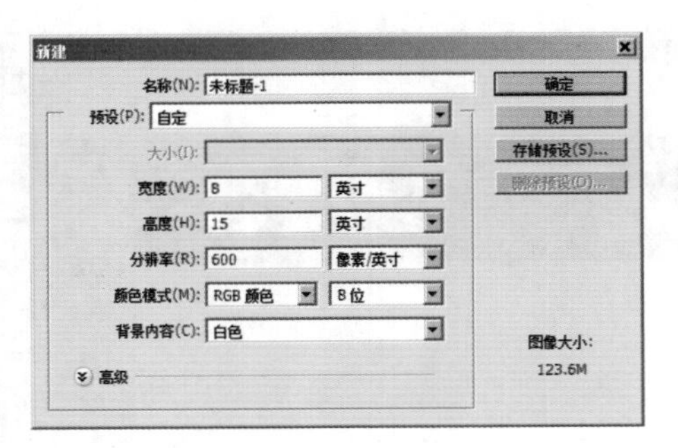

Step 02 设置背景色。设置前景色的颜色值为（R:208，G,216，B:219），按快捷键【Alt+Delete】填充背景色。

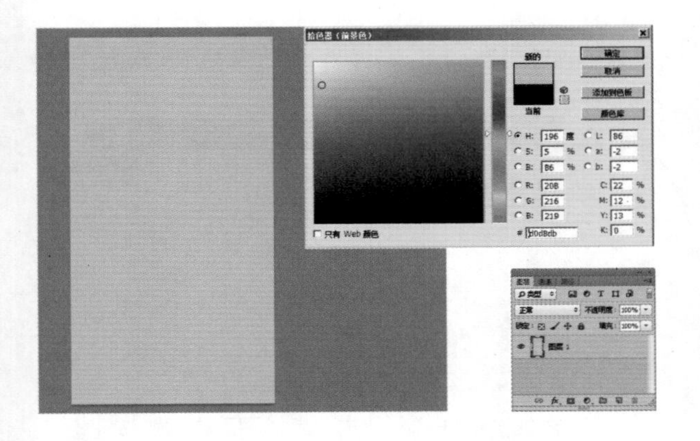

Step 03 绘制圆角矩形。设置前景色为白色，选择“圆角矩形工具”，在工具选项栏中的“选择工具模式”中选择“形状”选项，在图中所示的位置上绘制圆角矩形，设置的参数如下图所示。

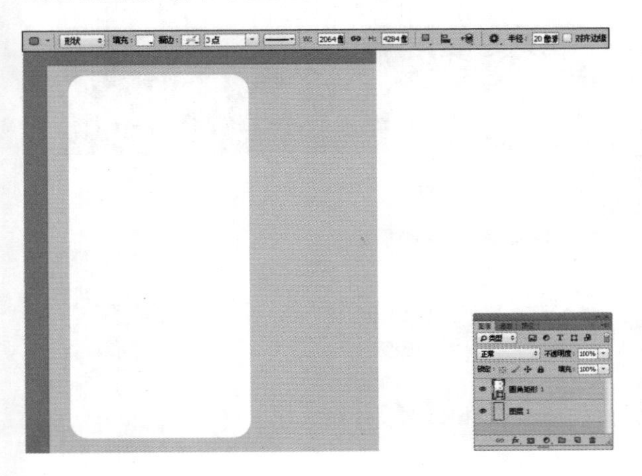

Step 04 添加阴影图层样式。单击“添加图层样式”按钮，在弹出的菜单中选择“阴影”命令，设置弹出的命令对话框如下图所示。

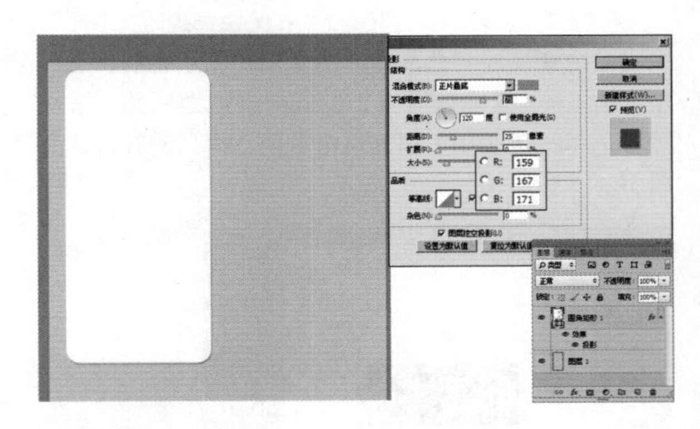

Step 05 绘制圆角矩形。选择“圆角矩形工具”，在工具选项栏中的“选择工具模式”中选择“形状”选项，在图中所示的位置上绘制绿色圆角矩形，设置左下角和右下角的圆角像素值为 0，得到的效果如下图所示。

Step 06 绘制矩形。选择“矩形工具”，在工具选项栏中的“选择工具模式”中选择“形状”选项，在图中所示的位置上绘制深灰色矩形，设置的参数如下图所示。

Step 07 打开素材文件并添加。打开随书光盘中的“形状 1”图像文件，此时的图像效果和“图层”面板如图所示。使用“移动工具”将图像拖动到第1步新建的文件中，得到“形状 1”，按快捷键【Ctrl+T】，调出自由变换控制框，变换图像到如图所示的状态，按【Enter】键确认操作。设置前景色为白色，按快捷键【Alt+Delete】填充素材颜色，得到的效果如图所示。

Step 08 添加时间文字。设置前景色为白色，选择“文字工具”，在工具选项栏中设置字体大小、字体颜色和字体，输入图中“13:16”文字，得到的效果如下图所示。

Step 09 绘制多个椭圆。设置前景色为白色，选择“文字工具”，在工具选项栏中设置字体大小、字体颜色和字体，输入图中“13:16”文字，得到的效果如下图所示。

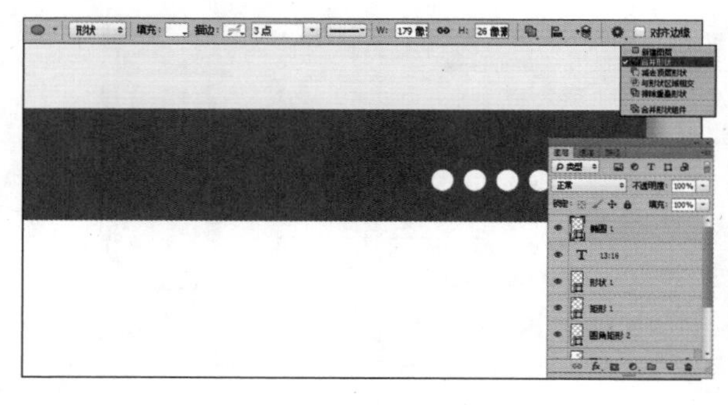

Step 10 绘制矩形。选择“矩形工具”，在工具选项栏中的“选择工具模式”中选择“形状”选项，在图中所示的位置上绘制矩形，设置的参数如下图所示。

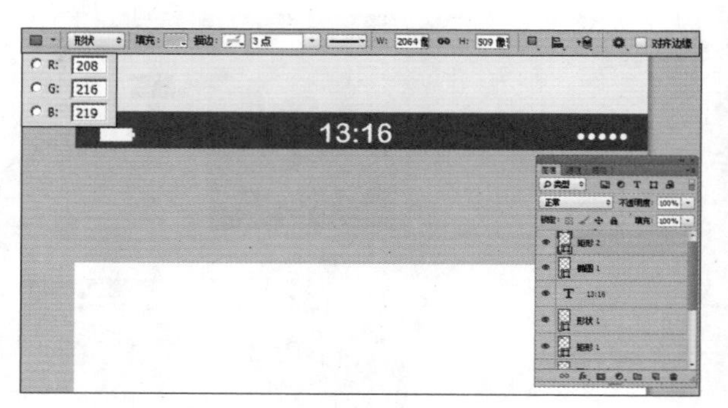

Step 11 添加图层样式。单击“添加图层样式”按钮，在弹出的菜单中选择“渐变叠加”命令，设置弹出的“渐变叠加”命令对话框，在对话框中的编辑渐变颜色选择框中单击，可以弹出“渐变编辑器”对话框，在对话框中可以编辑渐变的颜色，效果如下图所示。

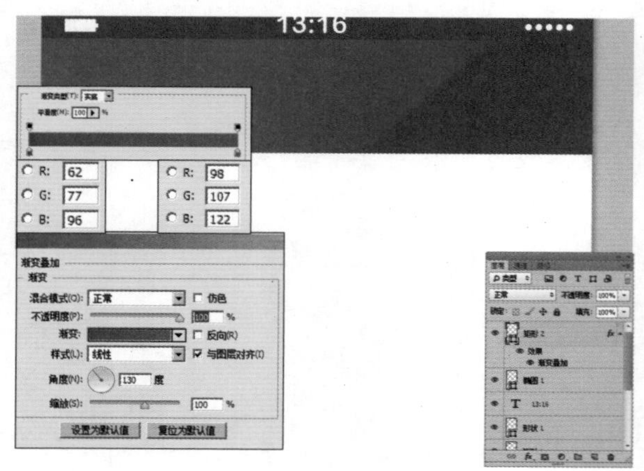

Step 12 绘制矩形。打开随书光盘中的“形状 2”图像文件，此时的图像效果和“图层”面板如图所示。使用“移动工具”将图像拖动到第 1 步新建的文件中得到“形状 2”，按快捷键【Ctrl+T】，调出自由变换控制框，变换图像到如图所示的状态，按【Enter】键确认操作。设置前景色为白色，按快捷键【Alt+Delete】填充素材颜色，得到的效果如下图所示。

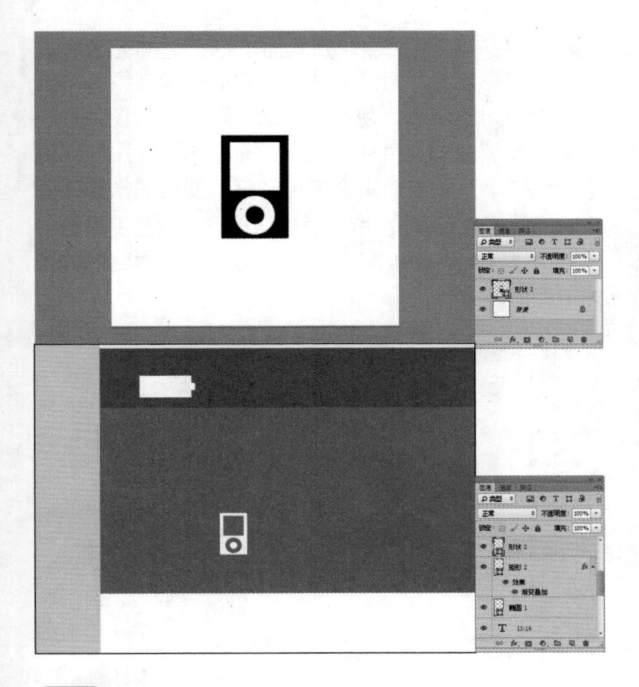

Step 13 添加文字。设置前景色为白色，选择“文字工具”，在工具选项栏中设置字体大小、字体颜色和字体，输入图中的文字，得到的效果如下图所示。

Step 14 添加其他素材，输入文字。参照步骤 12 和步骤 13，打开素材，并添加到图形中，输入下图所示的文字，得到的效果如下图所示。

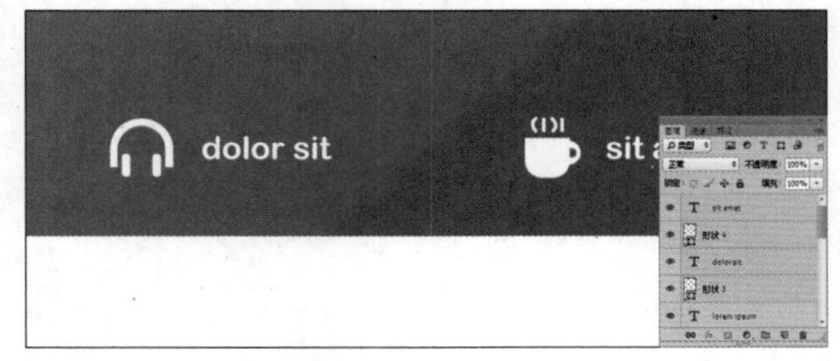

Step 15 绘制浅色矩形。选择“矩形工具”，在工具选项栏中的“选择工具模式”中选择“形状”选项，在图中所示的位置上绘制矩形，设置的参数如下图所示。

Step 16 绘制圆角矩形。设置前景色为白色，选择“圆角矩形工具”，在工具选项栏中的“选择工具模式”中选择“形状”选项，在图中所示的位置上绘制如图所示的圆角矩形，得到的效果如下图所示。

Step 17 添加文字。选择“文字工具”，在工具选项栏中设置字体大小、字体颜色和字体，输入图中“Log in”文字，得到的效果如图所示。

Step 18 输入图中文字。选择“文字工具” T，在工具选项栏中设置字体大小、字体颜色和字体，输入图中“Forgot password？”文字，得到的效果如下图所示。

Step 19 绘制圆角矩形。选择“圆角矩形工具” ，在工具选项栏中的“选择工具模式”中选择“形状”选项，在图中所示的位置上绘制圆角矩形，得到的效果如下图所示。

Step 20 添加图层样式。单击“添加图层样式”按钮 fx，在弹出的菜单中选择“阴影”命令，设置弹出的命令对话框，如下图所示。

Step 21 输入文字。选择“文字工具” T，在工具选项栏中设置字体大小、字体颜色和字体，输入图中文字，得到的效果如下图所示。

Step 22 打开素材文件，并添加。打开随书光盘中的“形状 5”图像文件，此时的图像效果和“图层”面板如图所示。使用“移动工具” 将图像拖动到第 1 步新建的文件中，得到“形状 5”，按快捷键【Ctrl+T】，调出自由变换控制框，变换图像到如图所示的状态，按【Enter】键确认操作。设置前景色，按快捷键【Alt+Delete】填充素材颜色，得到的效果如下图所示。

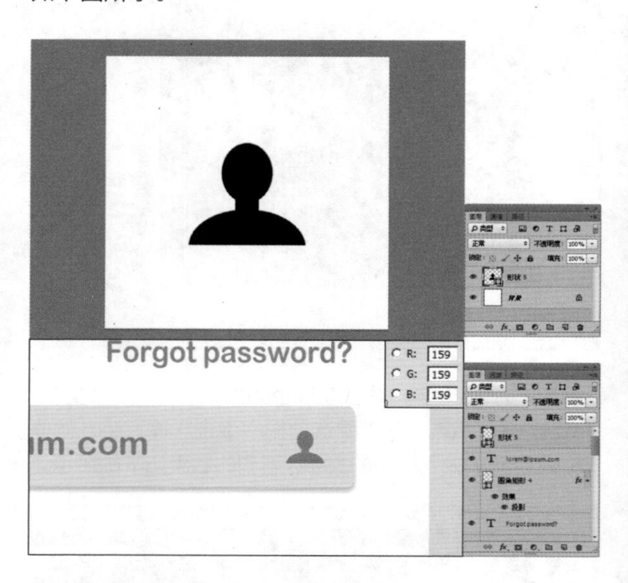

Step 23 复制圆角矩形。选择“圆角矩形 4”图层，按快捷键【Ctrl+J】复制得到“圆角矩形 4 拷贝”图层，使用“移动工具”将其移动到如下图所示的位置上。

Step 24 输入"*"符号。选择"文字工具" T，在工具选项栏中设置字体大小、字体颜色和字体，输入图中"*"符号文字，得到的效果如下图所示。

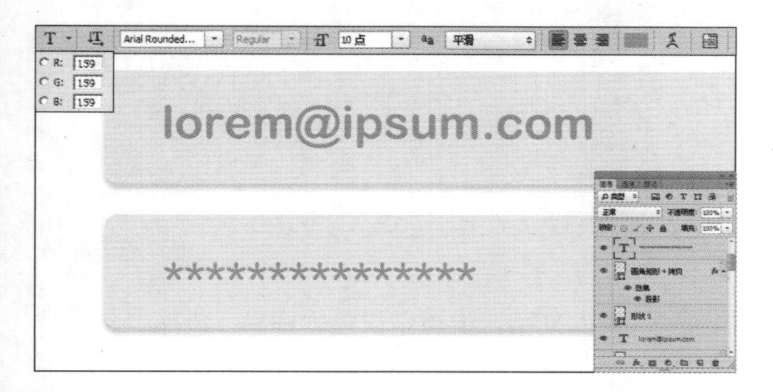

Step 25 打开素材文件并添加。参照步骤 22，打开素材并添加到"圆角矩形 4 拷贝"中，使用"移动工具"将其移动到如下图所示的位置上。

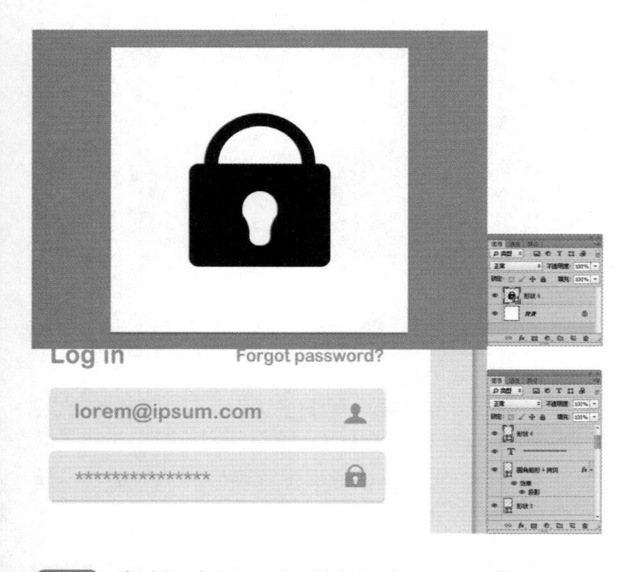

Step 26 复制圆角矩形并更改填充色。选择"圆角矩形 4"图层，按快捷键【Ctrl+J】复制得到"圆角矩形 4 拷贝"图层，使用"移动工具"将其移动到如图所示的位置上。设置前景色，按快捷键【Alt+Delete】填充颜色，设置的参数如下图所示。

Step 27 输入"Log in"。选择"文字工具" T，在工具选项栏中设置字体大小、字体颜色和字体，输入图中"*"符号文字，得到的效果如下图所示。

Step 28 绘制圆角矩形。选择"圆角矩形工具"，在工具选项栏中的"选择工具模式"中选择"形状"选项，在图中所示的位置上绘制绿色圆角矩形，设置左上角和右上角的圆角像素值为 0，得到的效果如下图所示。

Step 29 绘制灰色圆角矩形。选择"圆角矩形工具"，在工具选项栏中的"选择工具模式"中选择"形状"选项，在图中所示的位置上绘制灰色圆角矩形，得到的效果如下图所示。

Step 30 复制图层。选择“手机”图形图层，将其拖动至“图层”面板下方的“新建图层”按钮上复制，使用“移动工具”将其移动到如下图所示的位置上。

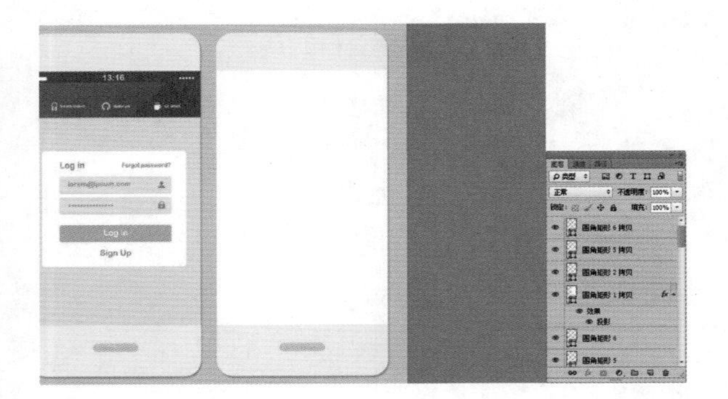

Step 31 绘制矩形。选择“矩形工具”，在工具选项栏中的“选择工具模式”中选择“形状”选项，在图中所示的位置上绘制同样的矩形，设置的参数如下图所示。

Step 32 复制图形文件。选择“形状 1”、“13:16”、“椭圆 1”图层，将其拖动至“图层”面板下方的“新建图层”按钮上复制，使用“移动工具”将其移动到如下图所示的位置上。

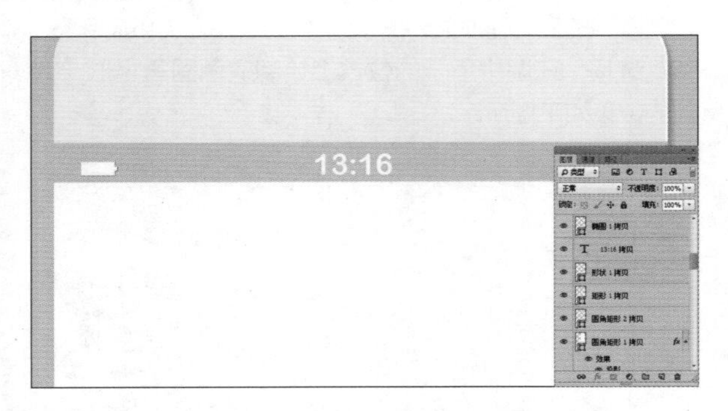

Step 33 绘制蓝色矩形。选择“矩形工具”，在工具选项栏中的“选择工具模式”中选择“形状”选项，在下图中所示的位置上绘制蓝色矩形。

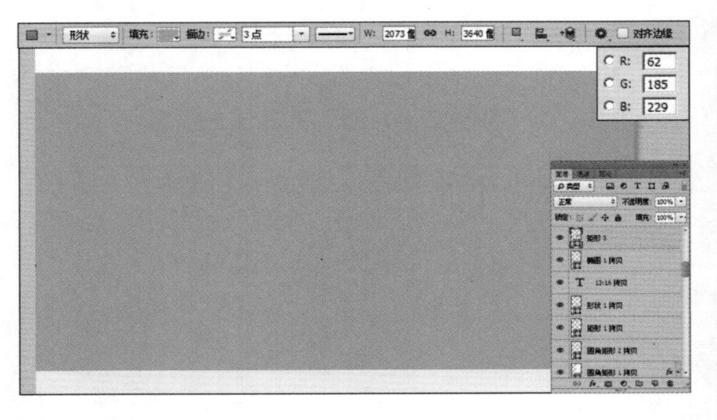

Step 34 输入文字。设置前景色为白色，选择“文字工具”，在工具选项栏中设置字体大小、字体颜色和字体，输入图中文字，得到的效果如下图所示。

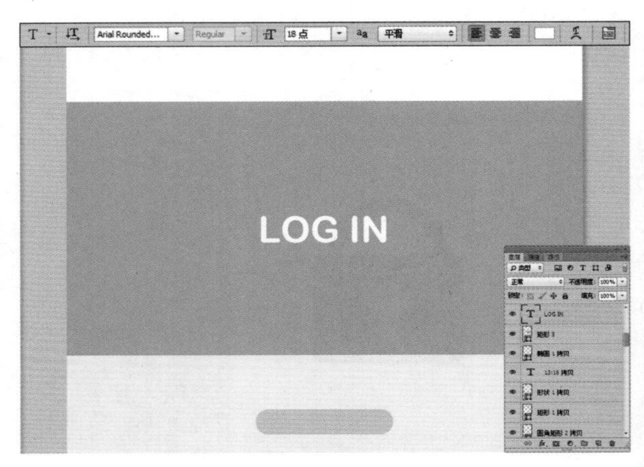

Step 35 用“钢笔工具”绘制多边形。设置前景色的颜色值为（R:188，G:187，B:171），选择“钢笔工具”，在工具选项栏中选择“形状”选项，在图像中绘制如下图所示的形状。

Step 36 添加文字。设置前景色为白色，选择“文字工具”T，在工具选项栏中设置字体大小、字体颜色和字体，输入图中的文字，得到的效果如下图所示。

Step 37 打开素材文件并添加。打开随书光盘中的“形状 5”图像文件，此时的图像效果和“图层”面板如图所示。使用“移动工具”将图像拖动到第 1 步新建的文件中，得到“形状 5”，按快捷键【Ctrl+T】，调出自由变换控制框，变换图像到如图所示的状态，按【Enter】键确认操作。设置前景色，按快捷键【Alt+Delete】填充素材颜色，得到的效果如下图所示。

Step 38 复制多边形。选择“矩形 6”图层，将其拖动至“图层”面板下方的“新建图层”按钮上复制，使用“移动工具”将其移动到如图所示的位置上，得到“矩形 6 拷贝”，设置前景色，按快捷键【Alt+Delete】填充颜色，得到的效果如下图所示。

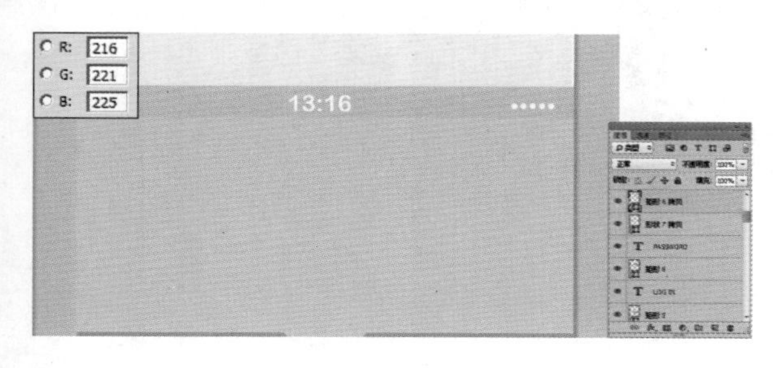

Step 39 输入文字。设置前景色为白色，选择“文字工具”T，在工具选项栏中设置字体大小、字体颜色和字体，输入图中的文字，得到的效果如下图所示。

Step 40 复制图层。选择“矩形 7”图层，按快捷键【Ctrl+J】复制得到“矩形 7 拷贝”，使用“移动工具”将其移动到如图所示的位置上，得到的效果如下图所示。

Step 41 用钢笔绘制四边形。设置前景色为白色，选择“钢笔工具”，在工具选项栏中选择“形状”选项，在图像中绘制如下图所示的四边形形状。

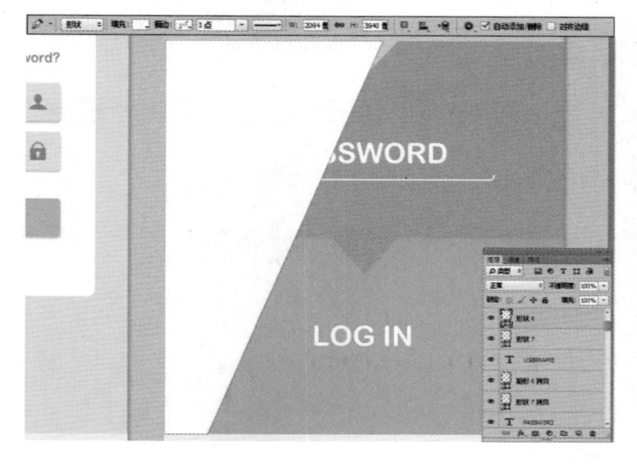

Step 42 设置透明度。选择“形状 8”图层，在“图层”面板上设置不透明度，设置参数为 10%，得到的效果如下图所示。

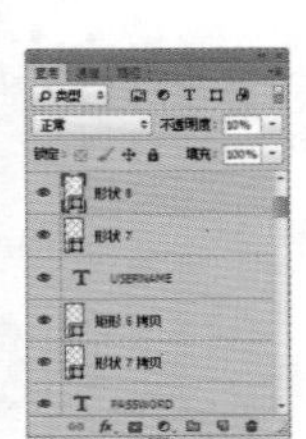

Step 43 复制图层。选择“手机”图形图层，将其拖动至“图层”面板下方的“新建图层”按钮上复制，使用“移动工具”将其移动到如下图所示的位置上。

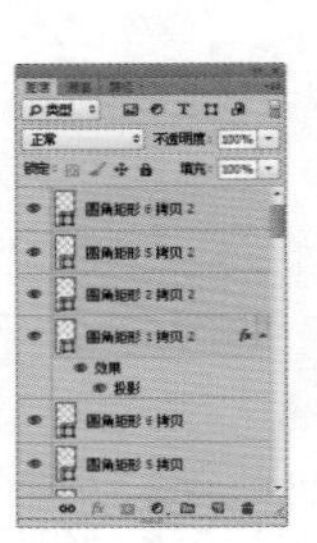

Step 44 绘制绿色矩形。选择“矩形工具”，在工具选项栏中的“选择工具模式”中选择“形状”选项，在图中所示的位置上绘制绿色矩形，设置的参数如下图所示。

Step 45 复制图形文件。选择“形状 1”、“13:16”、“椭圆 1”图层，将其拖动至“图层”面板下方的“新建图层”按钮上复制，使用“移动工具”将其移动到如下图所示的位置上。

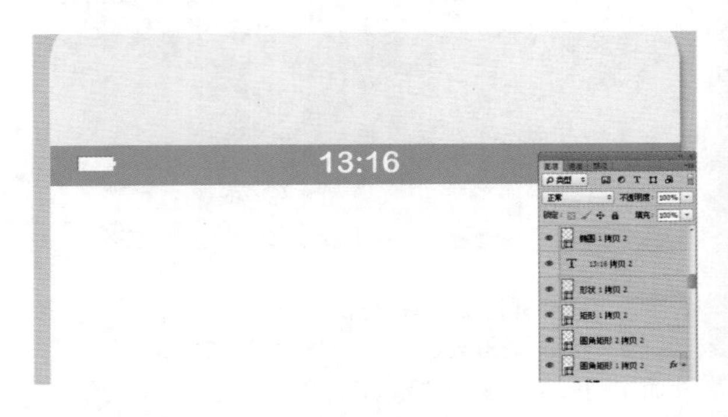

Step 46 绘制矩形。选择“矩形工具”，在工具选项栏中的“选择工具模式”中选择“形状”选项，在图中所示的位置上绘制绿色矩形，设置的参数如下图所示。

Step 47 输入文字。设置前景色为白色，选择“文字工具”，在工具选项栏中设置字体大小、字体颜色和字体，输入图中文字，得到的效果如下图所示。

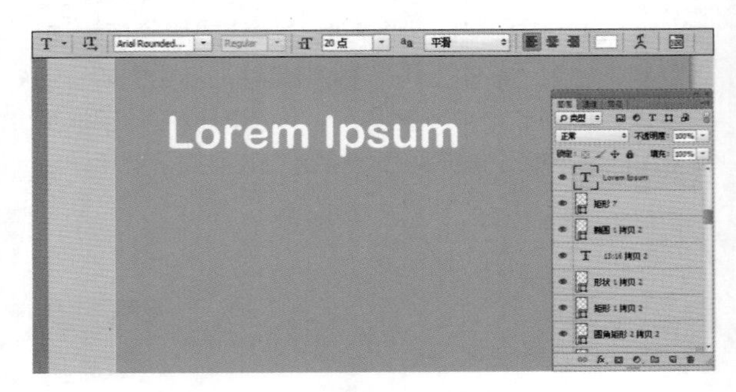

Step 48 绘制浅色矩形。选择“矩形工具”，在工具选项栏中的“选择工具模式”中选择“形状”选项，在图中所示的位置上绘制浅色矩形，设置的参数如下图所示。

Step 49 绘制白色矩形。设置前景色为白色，选择“矩形工具”，在工具选项栏中的“选择工具模式”中选择“形状”选项，在图中所示的位置上绘制白色矩形，设置的参数如下图所示。

Step 50 添加文字图层。选择“文字工具”，在工具选项栏中设置字体大小、字体颜色和字体，输入图中文字，得到的效果如下图所示。

Step 51 复制矩形图形。选择“矩形 9”图形图层，将其拖动至“图层”面板下方的“新建图层”按钮上复制，得到“矩形 9 拷贝”图层，使用“移动工具”将其移动到如下图所示的位置上。

Step 52 输入“*”符号。选择“文字工具”，在工具选项栏中设置字体大小、字体颜色和字体，输入图中“*”符号文字，得到的效果如下图所示。

Step 53 绘制绿色圆角矩形。选择“圆角矩形工具”，在工具选项栏中的“选择工具模式”中选择“形状”选项，在图中所示的位置上绘制绿色圆角矩形，得到的效果如下图所示。

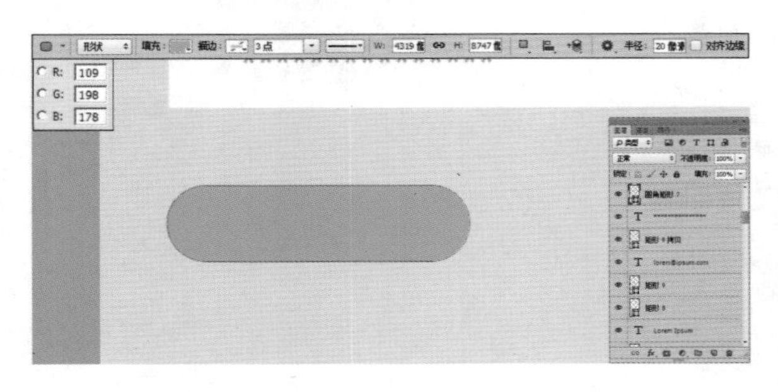

Step 54 添加文字。设置前景色为白色，选择“文字工具”，在工具选项栏中设置字体大小、字体颜色和字体，输入图中“Log in”文字，得到的效果如下图所示。

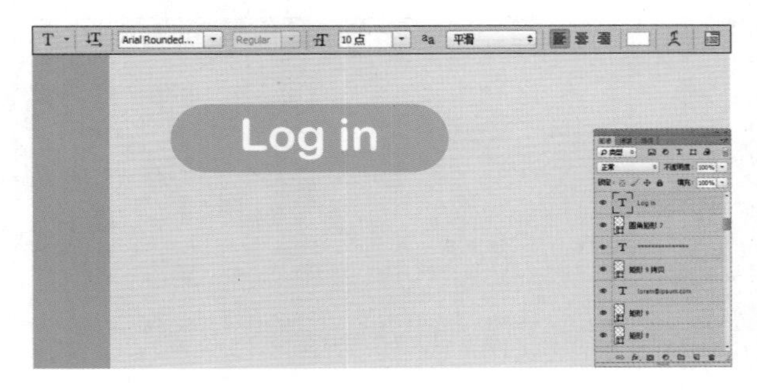

Step 55 输入文字信息。选择“文字工具” T，在工具选项栏中设置字体大小、字体颜色和字体，输入图中文字，得到的效果如下图所示。

Step 56 打开素材文件并添加。打开随书光盘中的“形状 9”图像文件，此时的图像效果和“图层”面板如图所示。使用“移动工具”将图像拖动到第 1 步新建的文件中，得到“形状 9”，按快捷键【Ctrl+T】，调出自由变换控制框，变换图像到如图所示的状态，按【Enter】键确认操作。设置前景色，按快捷键【Alt+Delete】填充素材颜色，得到的效果如下图所示。

Step 57 添加文字。选择“文字工具” T，在工具选项栏中设置字体大小、字体颜色和字体，输入图中文字，得到的效果如下图所示。

Step 58 输入文字信息。选择“文字工具” T，在工具选项栏中设置字体大小、字体颜色和字体，输入图中文字，得到的效果如下图所示。

Step 59 打开素材文件并添加。打开随书光盘中的“形状 11”图像文件，此时的图像效果和“图层”面板如图所示。使用“移动工具”将图像拖动到第 1 步新建的文件中，得到“形状 11”，按快捷键【Ctrl+T】，调出自由变换控制框，变换图像到如图所示的状态，按【Enter】键确认操作。设置前景色为白色，按快捷键【Alt+Delete】填充素材颜色，得到的效果如下图所示。

Step 60 添加文字。设置前景色为白色，选择“文字工具” T，在工具选项栏中设置字体大小、字体颜色和字体，输入图中文字，得到的效果如下图所示。

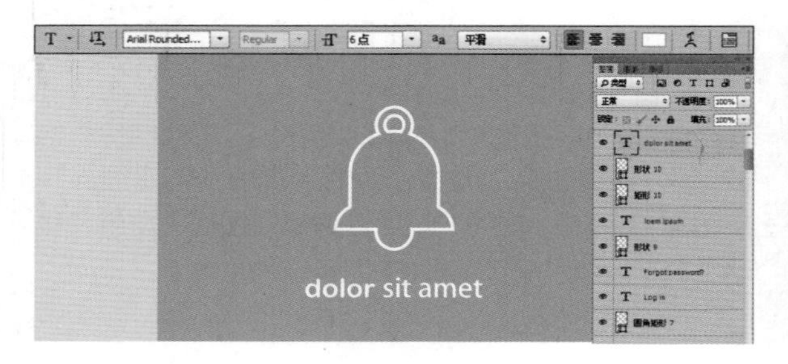

Step 61 复制四边形图形。选择“形状 8”图层，将其拖动至“图层”面板下方的“新建图层”按钮 上复制，得到“形状 8 拷贝”图层，使用“移动工具” 将其移动到如下图所示的位置上。

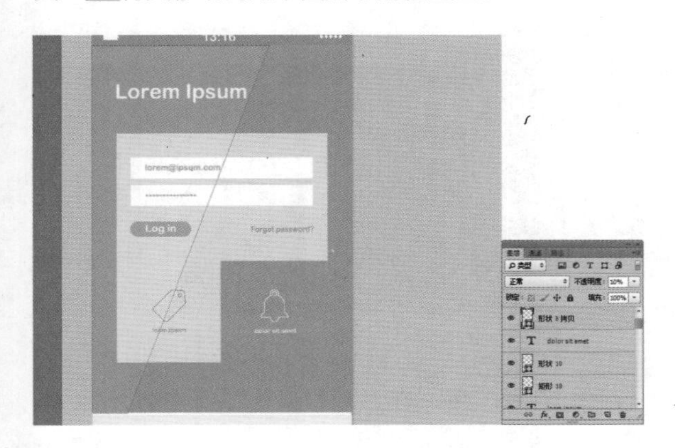

Step 62 复制图形图层。选择“手机”图形图层，将其拖动至“图层”面板下方的“新建图层”按钮 上复制，使用“移动工具” 将其移动到如下图所示的位置上。

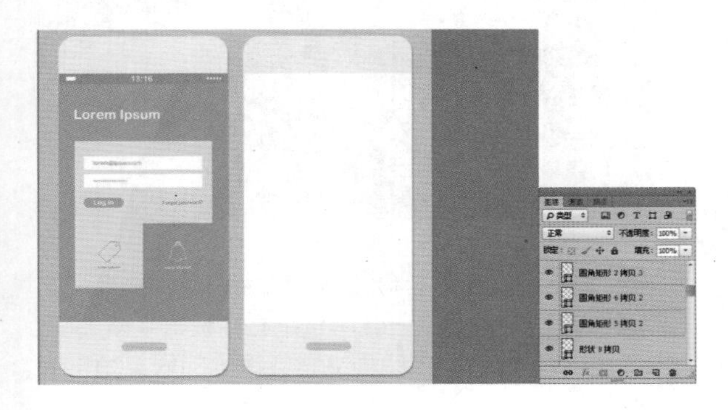

Step 63 绘制深灰色矩形。选择“矩形工具” ，在工具选项栏中的“选择工具模式”中选择“形状”选项，在图中所示的位置上绘制深灰色矩形，设置的参数如下图所示。

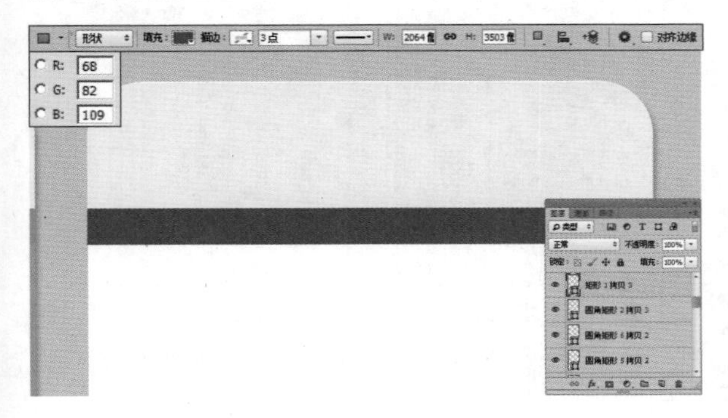

Step 64 复制图形文件。选择“形状 1”、“13:16”、“椭圆 1”图层，将其拖动至“图层”面板下方的“新建图层”按钮 上复制，使用“移动工具” 将其移动到如下图所示的位置上。

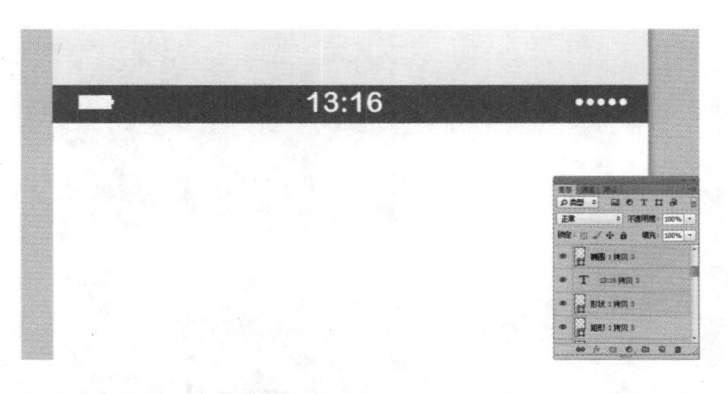

Step 65 绘制蓝灰色矩形。选择“矩形工具” ，在工具选项栏中的“选择工具模式”中选择“形状”选项，在图中所示的位置上绘制深灰色矩形，设置的参数如下图所示。

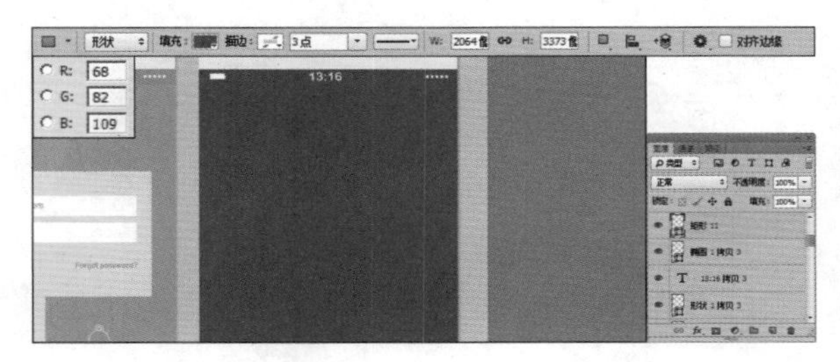

Step 66 打开素材文件并添加。打开随书光盘中的“形状 11”图像文件，此时的图像效果和“图层”面板如图所示。使用“移动工具” 将图像拖动到第 1 步新建的文件中得到“形状 11”，按快捷键【Ctrl+T】，调出自由变换控制框，变换图像到如图所示的状态，按【Enter】键确认操作。设置前景色为白色，按快捷键【Alt+Delete】填充素材颜色，得到的效果如图所示。

Step 67 绘制白色圆角矩形。设置前景色为白色，选择“圆角矩形工具”，在工具选项栏中的“选择工具模式”中选择“形状”选项，在图中所示的位置上绘制圆角矩形，设置的参数如下图所示。

Step 68 输入文字。选择“文字工具”，在工具选项栏中设置字体大小、字体颜色和字体，输入图中文字，得到的效果如下图所示。

Step 69 复制白色圆角矩形，添加文字。选择“圆角矩形 8”图层，按快捷键【Ctrl+J】复制得到“圆角矩形 8 拷贝”图层，使用“移动工具”将其移动到如图所示的位置上。选择“文字工具”，在工具选项栏中设置字体大小、字体颜色和字体，输入图中文字，得到的效果如下图所示。

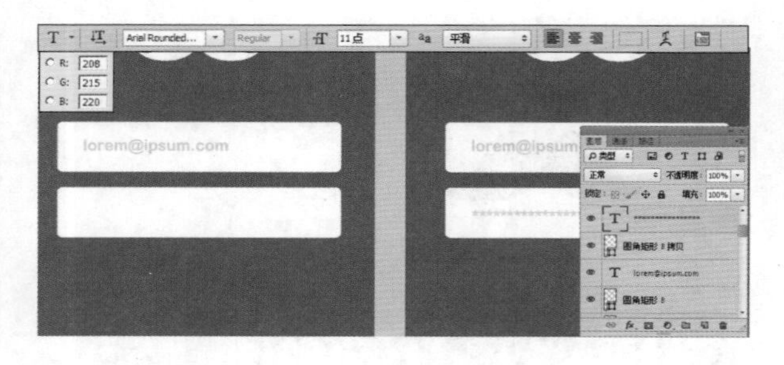

Step 70 绘制小的圆角矩形。选择“圆角矩形工具”，在工具选项栏中的“选择工具模式”中选择“形状”选项，在图中所示的位置上绘制圆角矩形，设置的参数如下图所示。

Step 71 输入图中文字。设置前景色为白色，选择“文字工具”，在工具选项栏中设置字体大小、字体颜色和字体，输入图中的文字，得到的效果如下图所示。

Step 72 输入图中文字。设置前景色为白色，选择“文字工具”，在工具选项栏中设置字体大小、字体颜色和字体，输入图中文字，得到的效果如下图所示。

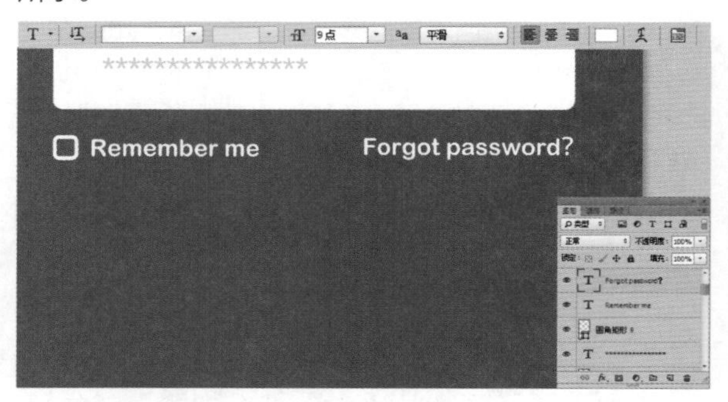

Step 73 绘制绿色圆角矩形。选择“圆角矩形工具”，在工具选项栏中的“选择工具模式”中选择“形状”选项，在图中所示的位置上绘制绿色圆角矩形，设置的参数如下图所示。

Step 74 添加文字。设置前景色为白色，选择“文字工具” T，在工具选项栏中设置字体大小、字体颜色和字体，输入图中文字，得到的效果如下图所示。

Step 75 绘制白色边框圆角矩形。选择“圆角矩形工具”，在工具选项栏中的“选择工具模式”中选择“形状”选项，设置白色边，不填充颜色，在图中所示的位置上绘制圆角矩形，设置的参数如下图所示。

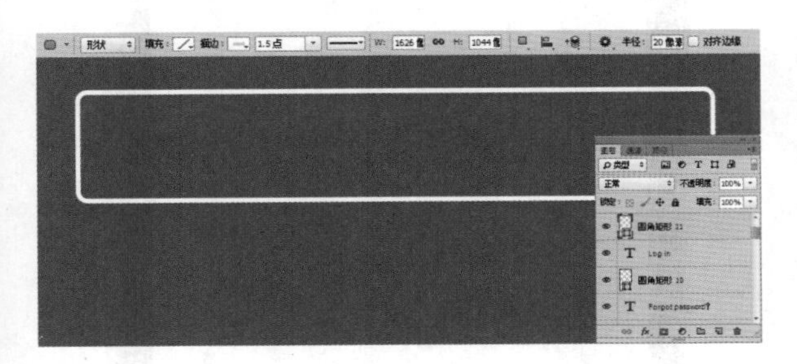

Step 76 添加文字。设置前景色为白色，选择“文字工具” T，在工具选项栏中设置字体大小、字体颜色和字体，输入图中文字，得到的效果如下图所示。

Step 77 最终效果。完成所有的图形制作后，最终的效果如下图所示。

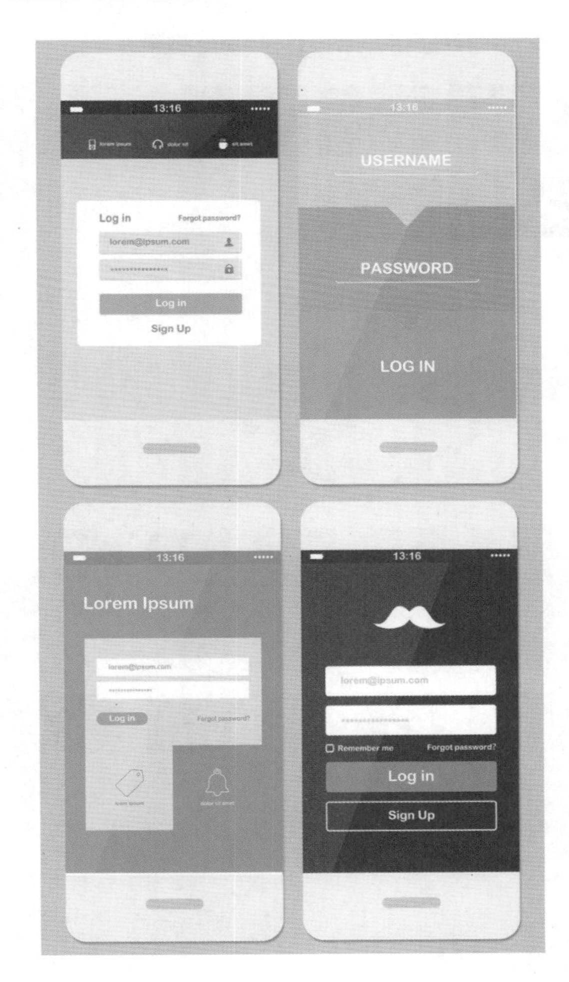

5.2 纯色的天气预报界面

本案例使用纯色绘制界面，无论在视觉效果还是用户体验上，都是很好的界面设计。

易难度★★　　实用度★★★★

布局分析

界面布局上分为上下两大部分，上面的块面面积占整个界面的 1/3 左右，而下面 2/3 的面积主要是用来介绍软件的。

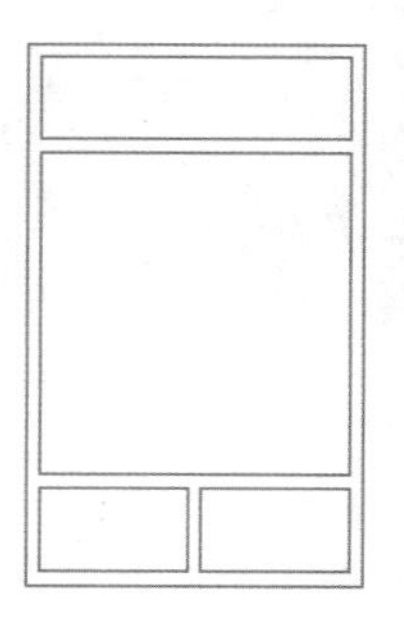

色彩分析

颜色上主题色为一种颜色，其余的色调以彩虹色搭配，这种纯色系的界面有种清新的效果。

技法分析

在制作界面的时候，主要还是采用了“矩形工具”和“圆角矩形工具”来绘制大面积的块面，其他的按钮设计上以“椭圆工具”为主。

Step 01 新建文档。执行菜单“文件”/“新建”命令（或按【Ctrl+N】快捷键），设置弹出的“新建”命令对话框，单击“确定”按钮，即可创建一个新的空白文档。

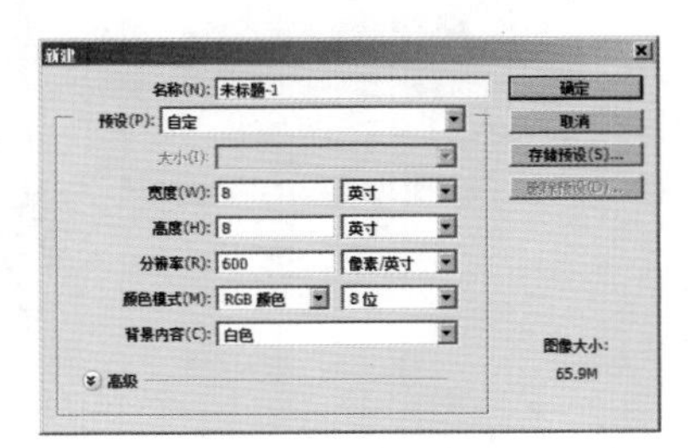

Step 02 绘制蓝色矩形。选择“矩形工具”，在工具选项栏中的“选择工具模式”中选择“形状”选项，在图中所示的位置上绘制蓝色矩形，设置的参数如下图所示。

Step 03 打开素材文件并添加。打开随书光盘中的“形状 1”图像文件，此时的图像效果和“图层”面板如图所示。使用“移动工具”将图像拖动到第 1 步新建的文件中，得到“形状 1”，按快捷键【Ctrl+T】，调出自由变换控制框，变换图像到如图所示的状态，按【Enter】键确认操作。设置前景色为白色，按快捷键【Alt+Delete】填充素材颜色，得到的效果如下图所示。

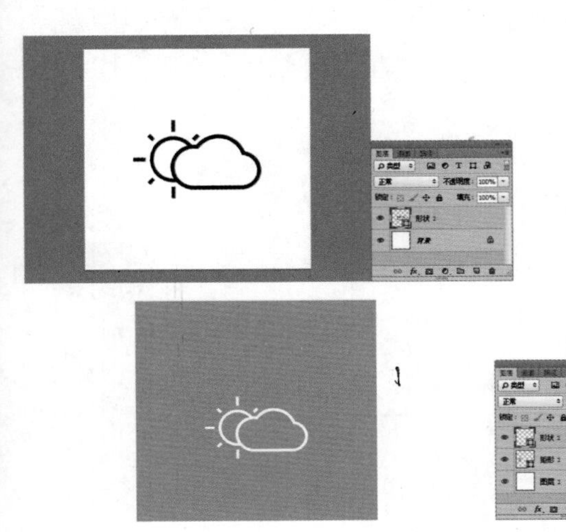

Step 04 输入文字。设置前景色为白色，选择“文字工具”，在工具选项栏中设置字体大小、字体颜色和字体，输入图中文字，得到的效果如下图所示。

Step 05 添加文字。选择“文字工具”，在工具选项栏中设置字体大小、字体颜色和字体，输入下面文字，得到的效果如下图所示。

Step 06 输入“Welcome”。设置前景色为白色，选择“文字工具”，在工具选项栏中设置字体大小、字体颜色和字体，输入“Welcome”文字，得到的效果如下图所示。

Step 07 输入文段文字。设置前景色为白色，选择“文字工具”，在工具选项栏中设置字体大小、字体颜色和字体，输入图中文字，得到的效果如下图所示。

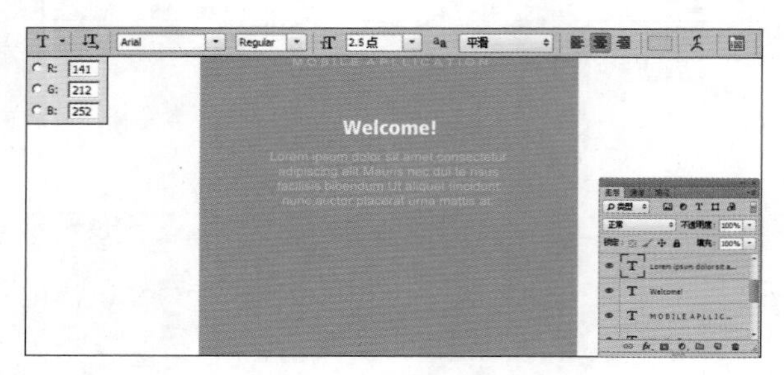

Step 08 绘制 4 个白边椭圆。选择“椭圆工具”，在工具选项栏中的“选择工具模式”中选择“形状”选项，在图中所示的位置上绘制白色椭圆，设置描边粗细大小，不填充颜色，设置的参数如下图所示。

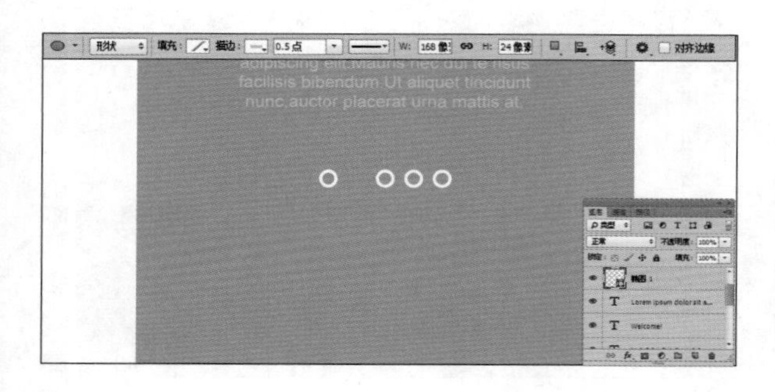

Step 09 绘制白色椭圆。设置前景色为白色，选择“椭圆工具”，在工具选项栏中的“选择工具模式”中选择“形状”选项，在图中所示的位置上绘制白色椭圆，设置的参数如下图所示。

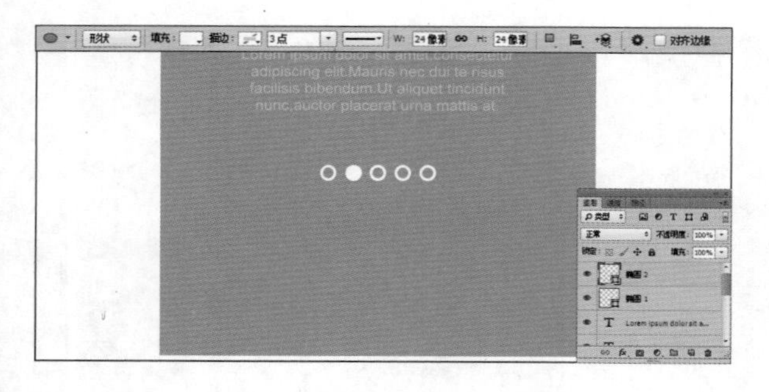

Step 10 绘制蓝色矩形。选择“矩形工具”，在工具选项栏中的“选择工具模式”中选择“形状”选项，在图中所示的位置上绘制蓝色矩形，设置的参数如下图所示。

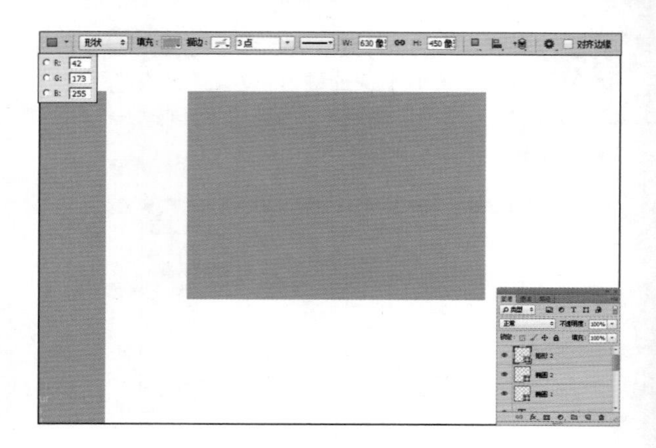

Step 11 复制图形文件。选择“形状 1”、“WeatherText”、“MOBILE APLLOCATION”图层，将其拖动至“图层”面板下方的“新建图层”按钮上复制，得到的效果如下图所示。

Step 12 绘制浅灰色矩形。选择“矩形工具”，在工具选项栏中的“选择工具模式”中选择“形状”选项，在图中所示的位置上绘制浅灰色矩形，设置的参数如下图所示。

Step 13 输入"Log in"。选择"文字工具" T ，在工具选项栏中设置字体大小、字体颜色和字体，输入图中"Log in"文字，得到的效果如下图所示。

Step 14 绘制浅色矩形。选择"矩形工具"，在工具选项栏中的"选择工具模式"中选择"形状"选项，在图中所示的位置上绘制浅色矩形，设置的参数如下图所示。

Step 15 添加文字。选择"文字工具" T ，在工具选项栏中设置字体大小、字体颜色和字体，输入"email"文字，得到的效果如下图所示。

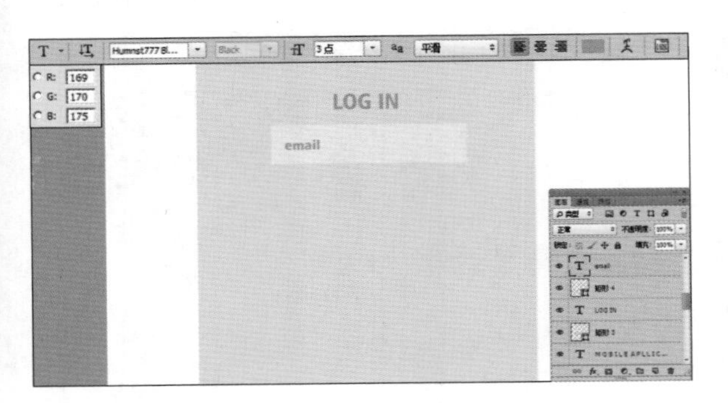

Step 16 复制矩形图形。选择"矩形 4"图层，按快捷键【Ctrl+J】复制得到"矩形 4 拷贝"图层，使用"移动工具"移动到如下图所示位置上。

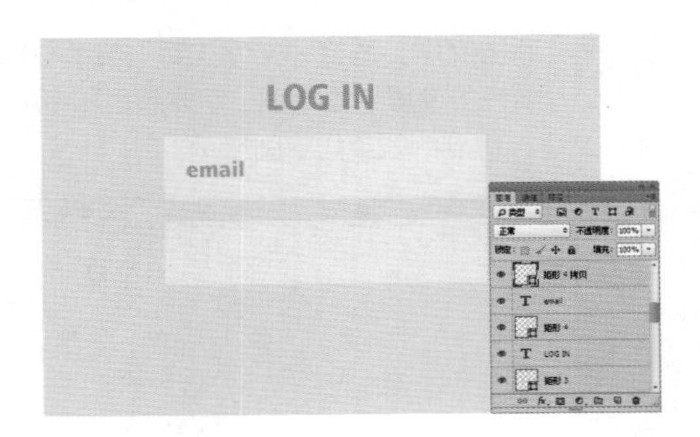

Step 17 输入文字。选择"文字工具" T ，在工具选项栏中设置字体大小、字体颜色和字体，输入图中文字，得到的效果如下图所示。

Step 18 绘制蓝色圆角矩形。选择"圆角矩形工具"，在工具选项栏中的"选择工具模式"中选择"形状"选项，在图中所示的位置上绘制蓝色圆角矩形，设置的参数如下图所示。

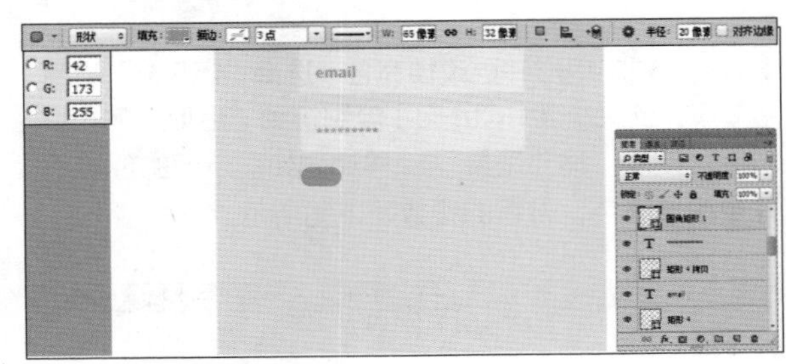

Step 19 绘制椭圆。选择"椭圆工具"，在工具选项栏中的"选择工具模式"中选择"形状"选项，在图中所示的位置上绘制浅色椭圆，设置的参数如下图所示。

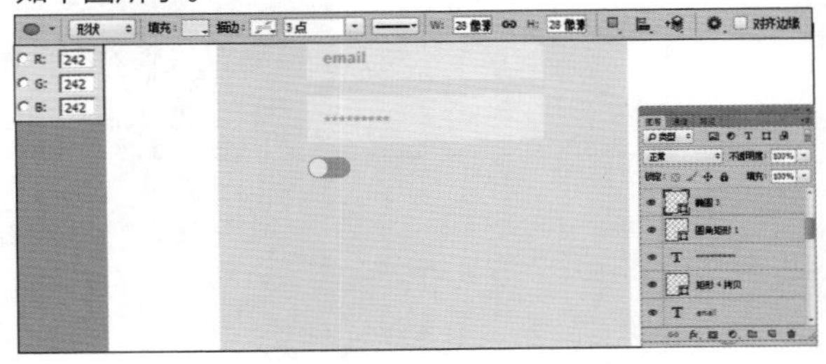

Step 20 添加文字。选择“文字工具”，在工具选项栏中设置字体大小、字体颜色和字体，输入图中文字，得到的效果如下图所示。

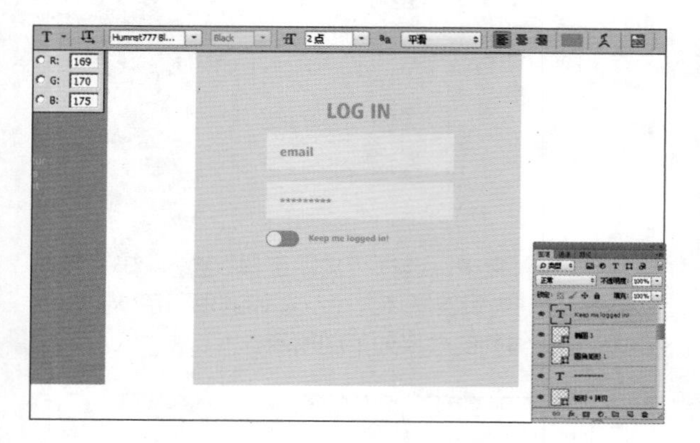

Step 21 输入图中文字。选择“文字工具”，在工具选项栏中设置字体大小、字体颜色和字体，输入图中文字，得到的效果如下图所示。

Step 22 复制矩形并更改填充色。选择“矩形 4”图层，按快捷键【Ctrl+J】复制得到“矩形 4 拷贝 2”图层，使用“移动工具”移动到如图所示的位置上，并更改填充色，设置的参数如下图所示。

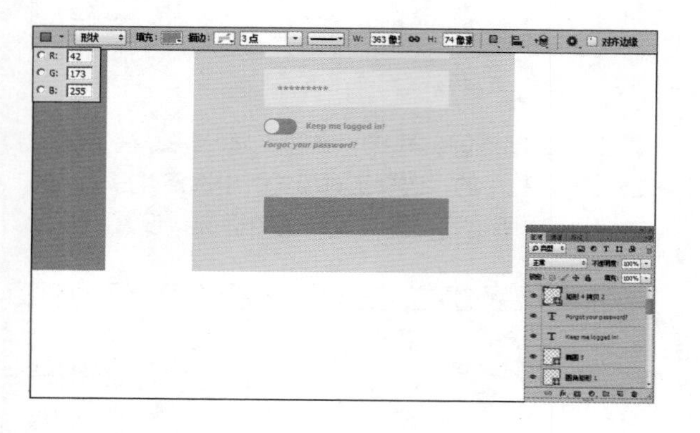

Step 23 添加“OK”文字。选择“文字工具”，在工具选项栏中设置字体大小、字体颜色和字体，输入图中文字，得到的效果如下图所示。

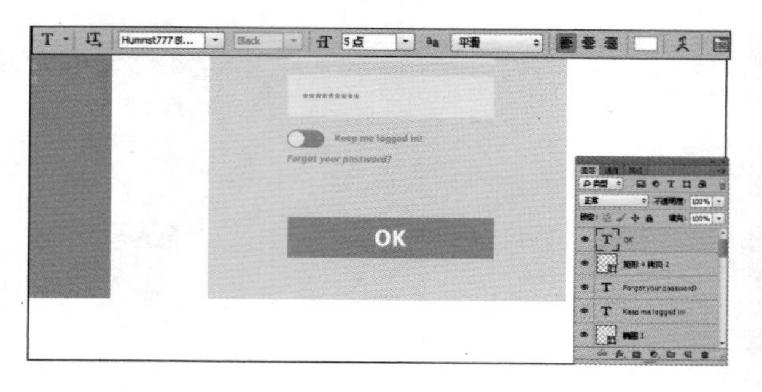

Step 24 复制图形文件。选择“形状 1”、“WeatherText”、“MOBILE APLLOCATION”图层，将其拖动至“图层”面板下方的“新建图层”按钮上复制，得到的效果如下图所示。

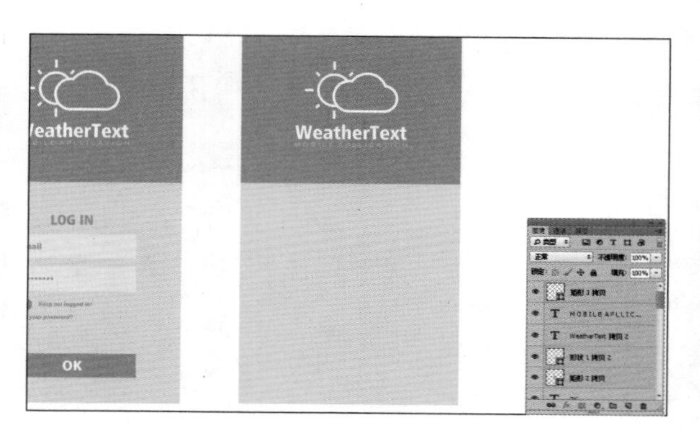

Step 25 绘制矩形分界线。选择“矩形工具”，在工具选项栏中的“选择工具模式”中选择“形状”选项，单击“路径操作”按钮，在图中所示的位置上绘制多个矩形，设置的参数如下图所示。

Step 26 输入图中文字。选择“文字工具”T，在工具选项栏中设置字体大小、字体颜色和字体，输入图中的“New York”文字，得到的效果如下图所示。

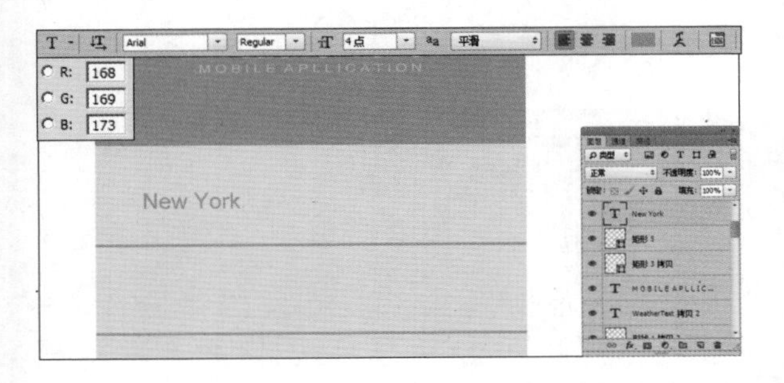

Step 27 添加素材文件。打开随书光盘中的“形状 2”图像文件，使用“移动工具”将图像拖动到第 1 步新建的文件中，得到“形状 2”，得到的效果如下图所示。

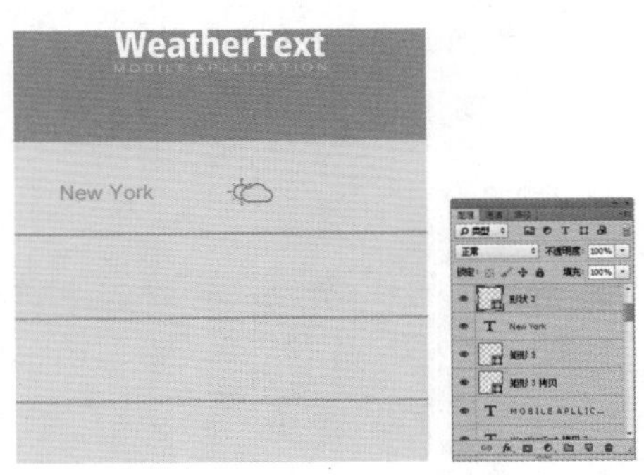

Step 28 输入“23°”。打开随书光盘中的“形状 2”图像文件，使用“移动工具”将图像拖动到第 1 步新建的文件中，得到“形状 2”，得到的效果如下图所示。

Step 29 添加自定义图形。选择“自定义形状工具”，在工具选项栏中的“选择工具模式”中选择“形状”选项，单击打开“自定形状”拾色器，在下拉菜单中选择“前进”选项，在图中所示的位置上绘制，设置的参数如下图所示。

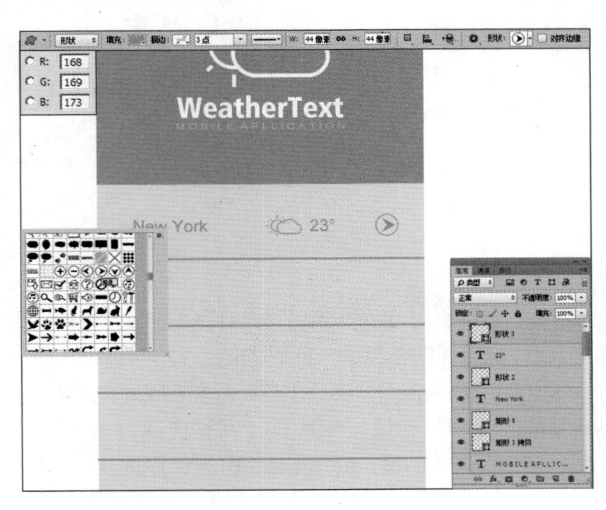

Step 30 绘制其他图形。参照步骤 26、步骤 27 和步骤 28，绘制出其他的图形文件，得到的效果如下图所示。

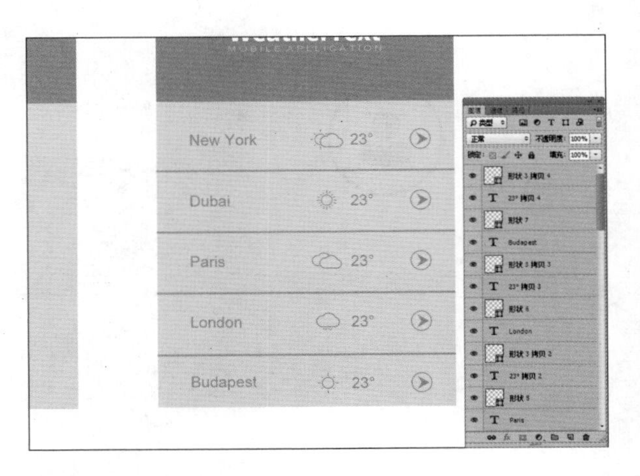

Step 31 复制图形图层。选择“形状 1”、“WeatherText”、“MOBILE APLLOCATION”图层，将其拖动至“图层”面板下方的“新建图层”按钮上复制，得到的效果如下图所示。

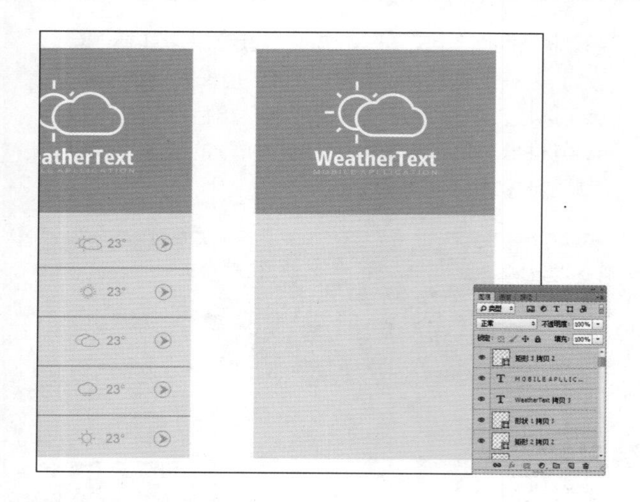

Step 32 打开素材文件并添加。打开随书光盘中的“形状 8”图像文件，此时的图像效果和“图层”面板如图所示。使用“移动工具”将图像拖动到第 1 步新建的文件中，得到“形状 8”，按快捷键【Ctrl+T】，调出自由变换控制框，变换图像到如图所示的状态，按【Enter】键确认操作。设置前景色，按快捷键【Alt+Delete】填充素材颜色，得到的效果如下图所示。

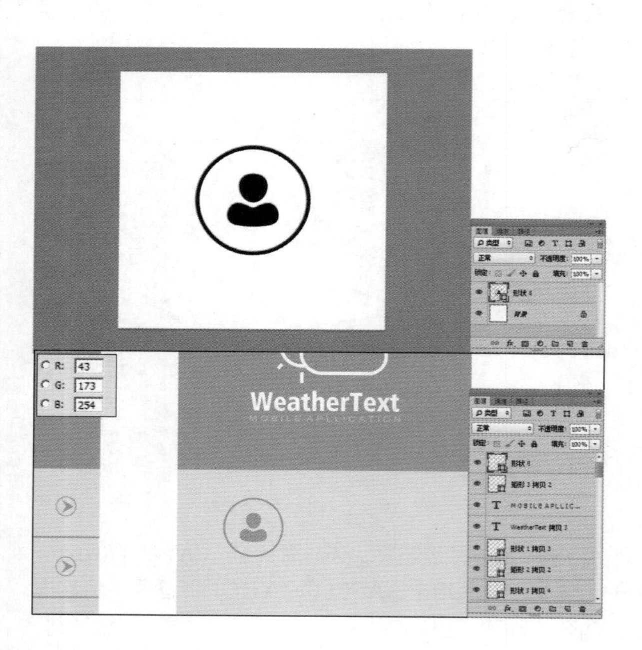

Step 33 添加文字。选择“文字工具”，在工具选项栏中设置字体大小、字体颜色和字体，输入图中文字，得到的效果如下图所示。

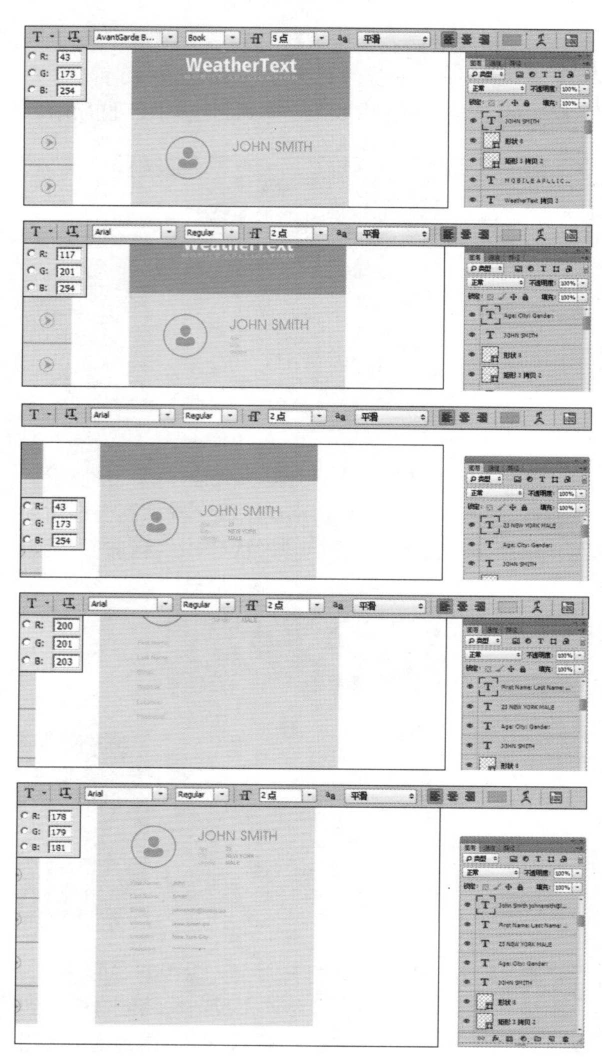

Step 34 添加自定义图形。选择“自定义形状工具”，在工具选项栏中的“选择工具模式”中选择“形状”选项，单击打开“自定形状”拾色器，在下拉菜单中选择“添加”命令，在图中所示的位置上绘制，设置的参数如下图所示。

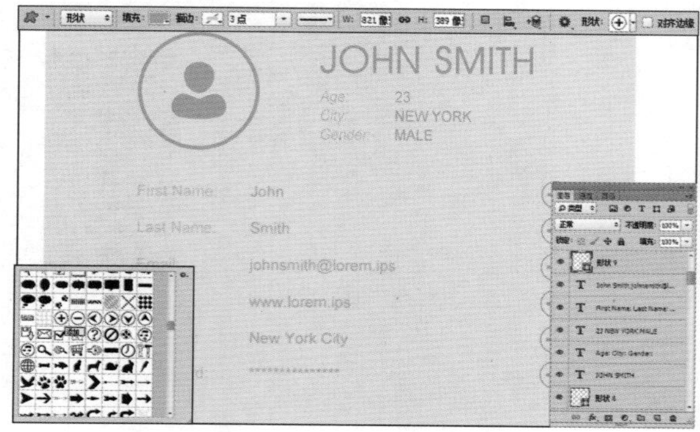

Step 35 复制蓝色圆角矩形。选择“圆角矩形 1”图层，按快捷键【Ctrl+J】复制得到“矩形 4 拷贝 2”图层，使用“移动工具” 移动到如图所示位置上，效果如下图所示。

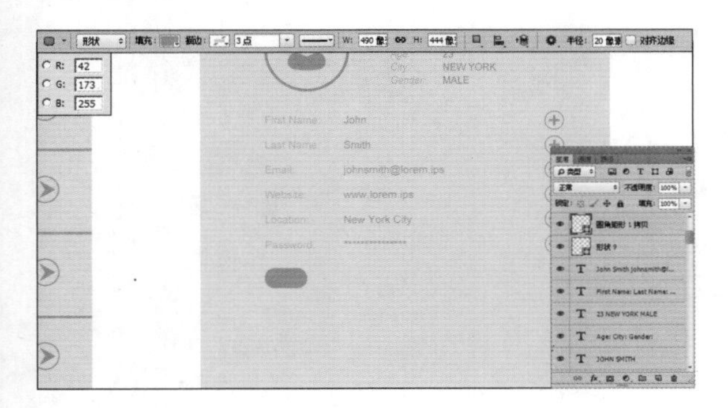

Step 36 复制浅色椭圆。选择“椭圆 3”图层，按快捷键【Ctrl+J】复制得到“椭圆 3 拷贝”图层，使用“移动工具” 移动到如图所示位置上，效果如下图所示。

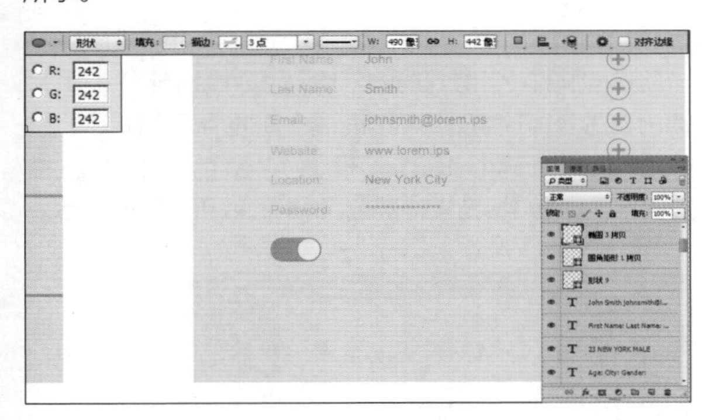

Step 37 添加文字。选择“文字工具” ，在工具选项栏中设置字体大小、字体颜色和字体，输入图中文字，得到的效果如下图所示。

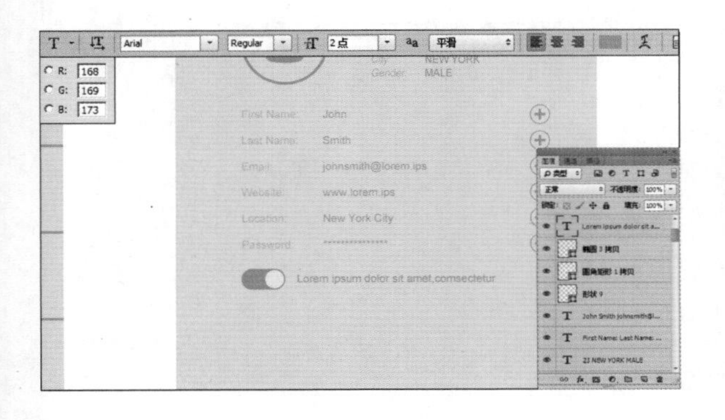

Step 38 绘制蓝色矩形。选择“矩形工具” ，在工具选项栏中的“选择工具模式”中选择“形状”选项，在图中所示的位置上绘制蓝色矩形，设置的参数如下图所示。

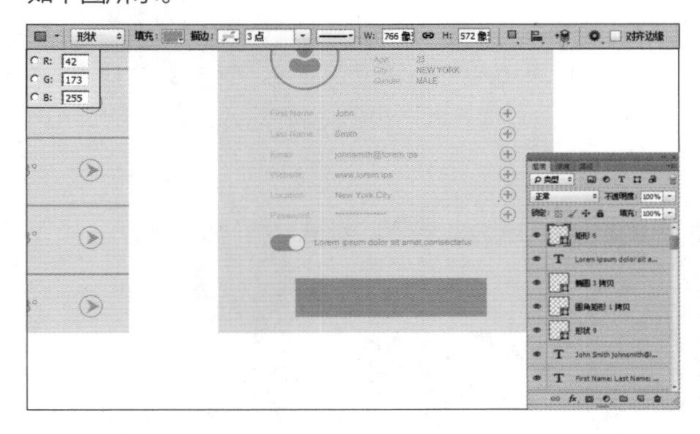

Step 39 绘制蓝色矩形。选择“矩形工具” ，在工具选项栏中的“选择工具模式”中选择“形状”选项，在图中所示的位置上蓝色矩形，设置的参数如下图所示。

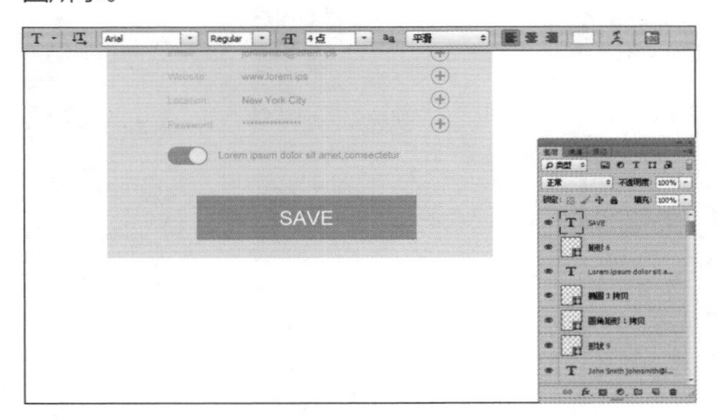

Step 40 复制图形文件。选择“形状 1”、“WeatherText”、“MOBILE APLLOCATION”图层，将其拖动至“图层”面板下方的“新建图层”按钮 上复制，得到的效果如下图所示。

Step 41 打开素材文件并添加。打开随书光盘中的“形状 10”图像文件，此时的图像效果和“图层”面板如图所示。使用“移动工具”将图像拖动到第 1 步新建的文件中，得到“形状 10”，按快捷键【Ctrl+T】，调出自由变换控制框，变换图像到如图所示的状态，按【Enter】键确认操作。设置前景色，按快捷键【Alt+Delete】填充素材颜色，得到的效果如下图所示。

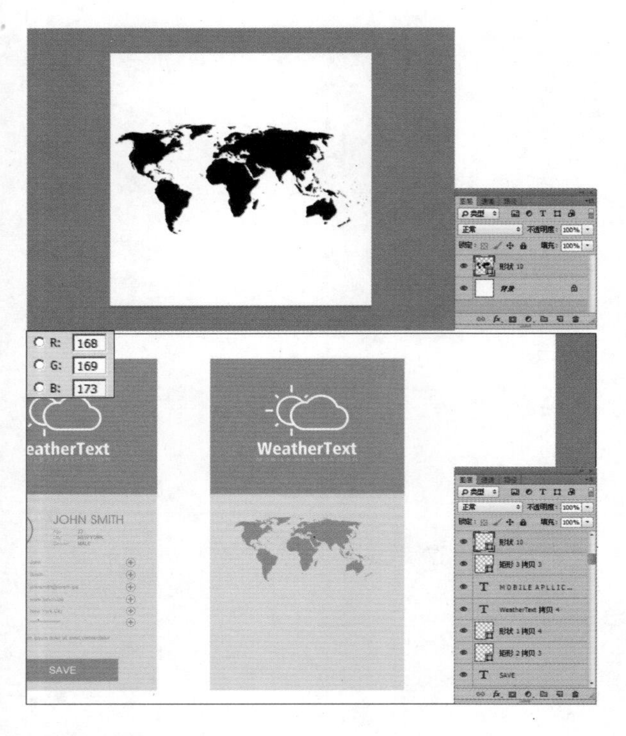

Step 42 复制文字图层。选择“Weather Text”文字图层，将其拖动至“图层”面板下方的“新建图层”按钮上复制，得到的效果如下图所示。

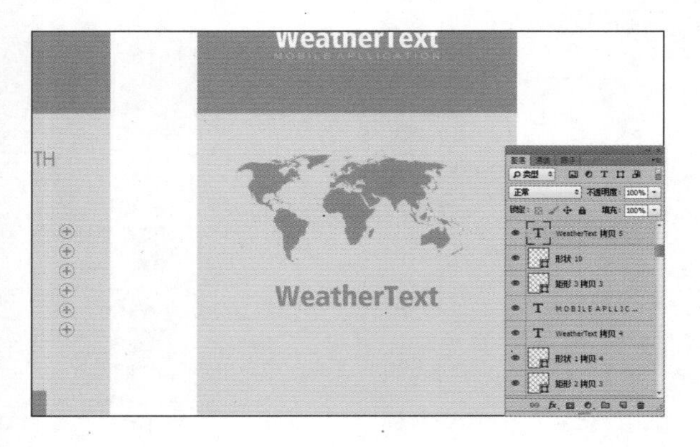

Step 43 添加文字。选择“文字工具”，在工具选项栏中设置字体大小、字体颜色和字体，输入图中文字，得到的效果如下图所示。

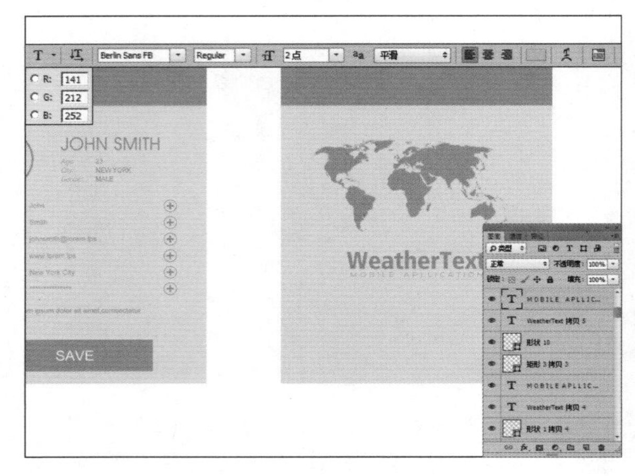

Step 44 打开素材文件并添加。打开随书光盘中的“形状 10”图像文件，此时的图像效果和“图层”面板如图所示。使用“移动工具”将图像拖动到第 1 步新建的文件中，得到“形状 10”，按快捷键【Ctrl+T】，调出自由变换控制框，变换图像到如图所示的状态，按【Enter】键确认操作。设置前景色，按快捷键【Alt+Delete】填充素材颜色，得到的效果如下图所示。

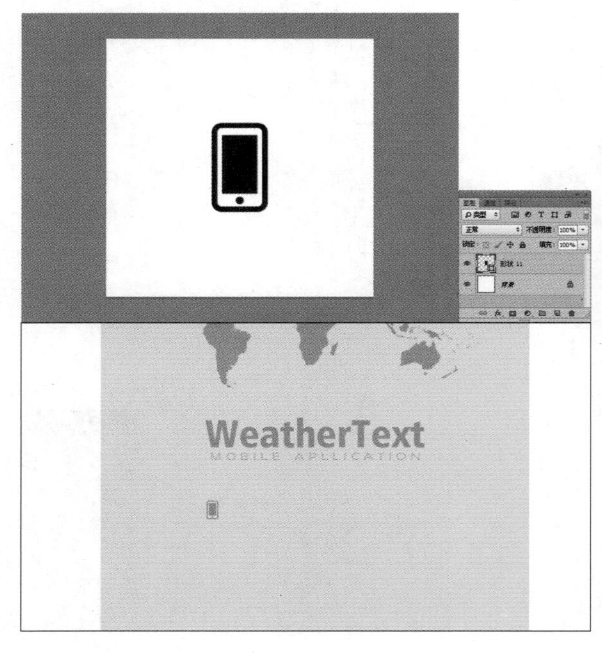

Step 45 添加文字。选择“文字工具”T，在工具选项栏中设置字体大小、字体颜色和字体，输入图中文字，得到的效果如下图所示。

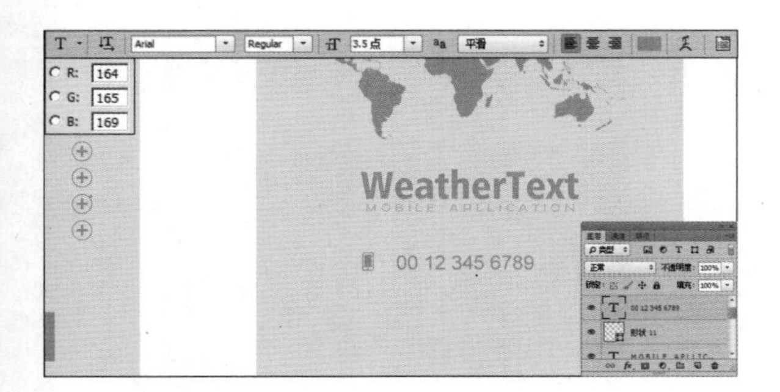

Step 46 添加自定义图形。选择“自定义形状工具”，在工具选项栏中的“选择工具模式”中选择“形状”选项，单击打开“自定形状”拾色器，在下拉菜单中选择“信封”选项，在图中所示的位置上绘制，设置的参数如下图所示。

Step 47 添加文字。选择“文字工具”T，在工具选项栏中设置字体大小、字体颜色和字体，输入图中文字，得到的效果如下图所示。

Step 48 绘制其余图形。参照步骤 45 和步骤 46，添加自定义图形并设置填充色，选择“文字工具”，输入图中所示的文字，得到的效果如下图所示。

Step 49 绘制红色矩形。选择“矩形工具”，在工具选项栏中的“选择工具模式”中选择“形状”选项，在图中所示的位置上绘制红色矩形，设置的参数如下图所示。

Step 50 添加自定义图形。选择“自定义形状工具”，在工具选项栏中的“选择工具模式”中选择“形状”选项，单击打开“自定形状”拾色器，在下拉菜单中选择“前进”命令，在图中所示的位置上进行绘制，设置的参数如下图所示。

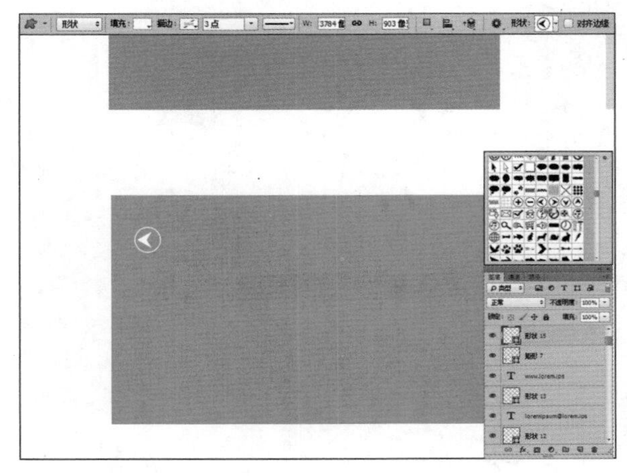

Step 51 添加文字。设置前景色为白色，选择“文字工具”T，在工具选项栏中设置字体大小、字体颜色和字体，输入图中文字，得到的效果如下图所示。

Step 52 复制自定义图形。选择“形状 15”文字图层，将其拖动至“图层”面板下方的“新建图层”按钮上复制，得到“形状 15 拷贝”图层，效果如下图所示。

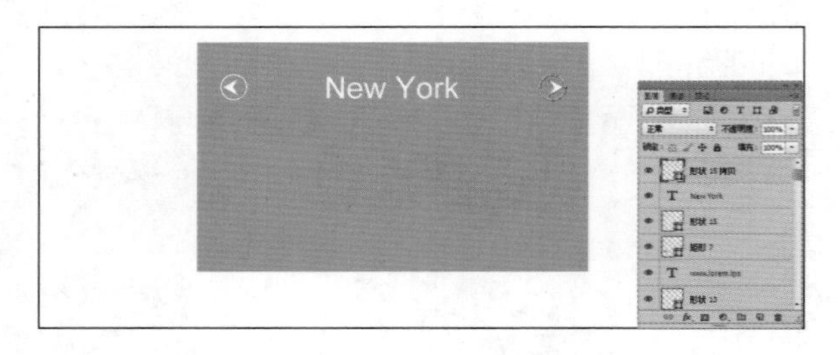

Step 53 打开素材文件并添加。打开随书光盘中的“形状 16”图像文件，此时的图像效果和“图层”面板如图所示。使用“移动工具”将图像拖动到第 1 步新建的文件中，得到“形状 16”，按快捷键【Ctrl+T】，调出自由变换控制框，变换图像到如图所示的状态，按【Enter】键确认操作。设置前景色，按快捷键【Alt+Delete】填充素材颜色，得到的效果如下图所示。

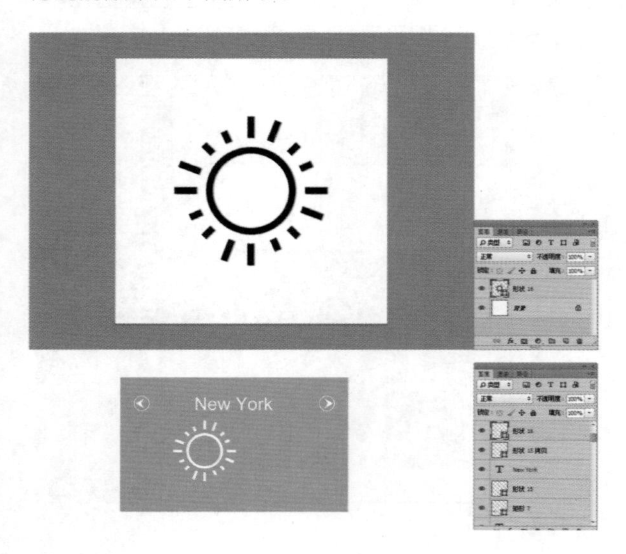

Step 54 输入“23° ”。设置前景色为白色，选择“文字工具”T，在工具选项栏中设置字体大小、字体颜色和字体，输入图中文字，得到的效果如下图所示。

Step 55 输入“23° /10° ”。设置前景色为白色，选择“文字工具”T，在工具选项栏中设置字体大小、字体颜色和字体，输入图中文字，得到的效果如下图所示。

Step 56 添加文字。设置前景色为白色，选择“文字工具”T，在工具选项栏中设置字体大小、字体颜色和字体，输入图中文字，得到的效果如下图所示。

Step 57 绘制深红色矩形。选择“矩形工具”▢，在工具选项栏中的“选择工具模式”中选择“形状”选项，在图中所示的位置上绘制深红色矩形，设置的参数如下图所示。

Step 58 打开素材文件并添加。打开随书光盘中的“形状 14”图像文件，此时的图像效果和“图层”面板如图所示。使用“移动工具”▸将图像拖动到第 1 步新建的文件中，得到“形状 14”，按快捷键【Ctrl+T】，调出自由变换控制框，变换图像到如图所示的状态，按【Enter】键确认操作。设置前景色，按快捷键【Alt+Delete】填充素材颜色，得到的效果如下图所示。

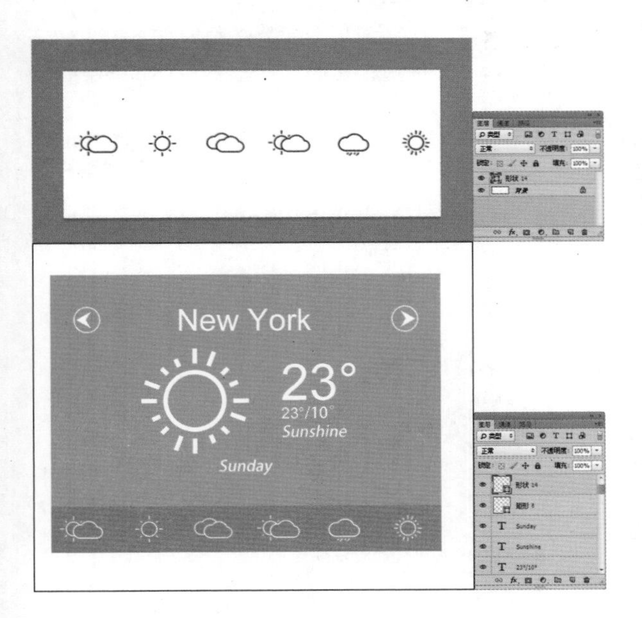

Step 59 绘制矩形分界线。选择“矩形工具”▢，在工具选项栏中的“选择工具模式”中选择“形状”选项，单击“路径操作”按钮▣，在图中所示的位置上绘制分界线矩形，设置的参数如下图所示。

Step 60 添加文字。设置前景色为白色，选择“文字工具”T，在工具选项栏中设置字体大小、字体颜色和字体，输入图中日期文字，得到的效果如下图所示。

Step 61 绘制灰色矩形。选择“矩形工具”▢，在工具选项栏中的“选择工具模式”中选择“形状”选项，在图中所示的位置上绘制灰色矩形，设置的参数如下图所示。

Step 62 绘制矩形分界线。选择“矩形工具”，在工具选项栏中的“选择工具模式”中选择“形状”选项，在图中所示的位置上绘制灰色分界线矩形，设置的参数如下图所示。

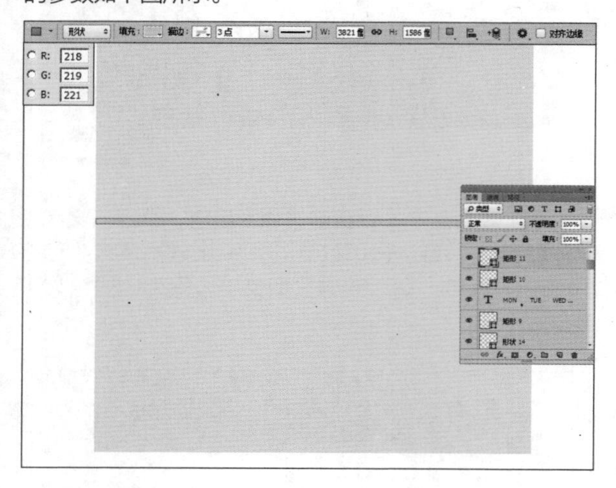

Step 63 选择“文字工具”，在工具选项栏中设置字体大小、字体颜色和字体，输入图中日期文字，得到的效果如下图所示。

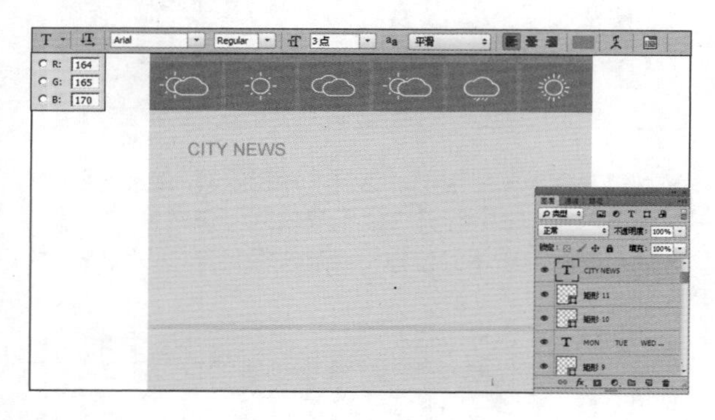

Step 64 输入文字，添加文段文字。选择“文字工具”，在工具选项栏中设置字体大小、字体颜色和字体，输入图中的日期文字，得到的效果如下图所示。

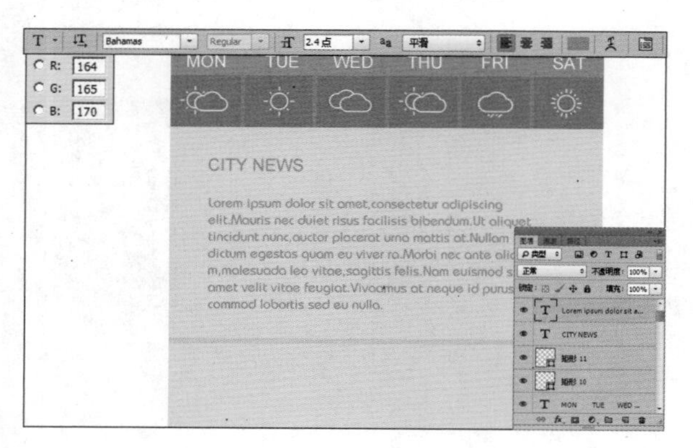

Step 65 复制文字图层。选择前两步文字图层，将其拖动至“图层”面板下方的“新建图层”按钮上复制，得到的效果如下图所示。

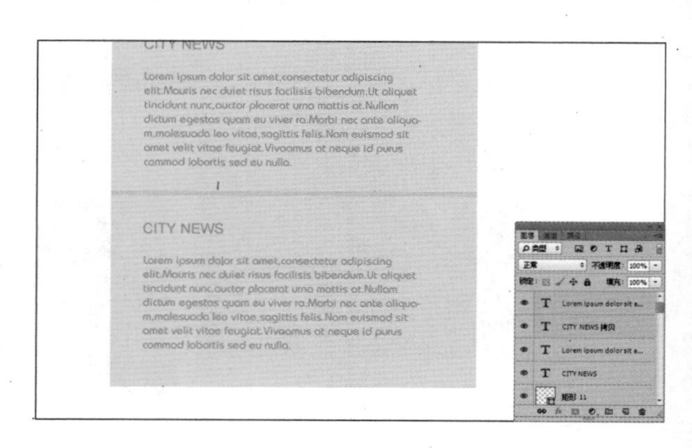

Step 66 绘制其他图形。参照前面的步骤，绘制出如下图所示的图形图层。

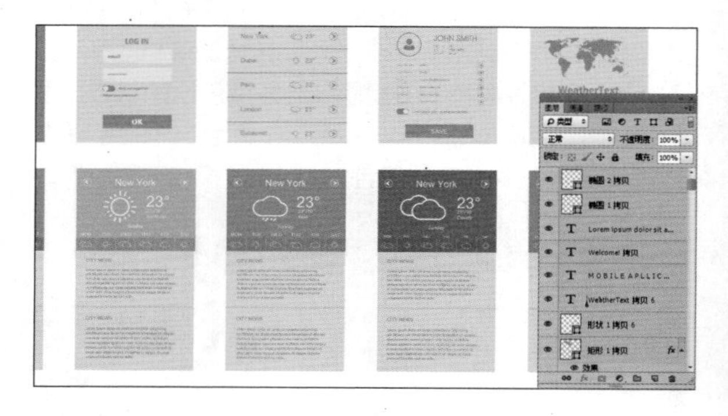

Step 67 最终效果。参照前面的步骤，绘制出如下图所示的图形图层。

5.3 统一风格的 APP 设计

统一风格的 APP，一般出现在手机主题里。主要强调的是色调和样式的设计要统一，每一个图形的风格也要统一。

易难度★★★　　实用度★★★★

布局分析

以大面积为主体，其他的辅助按钮介绍界面不需要很大，因此使用了上中下三部分布局。

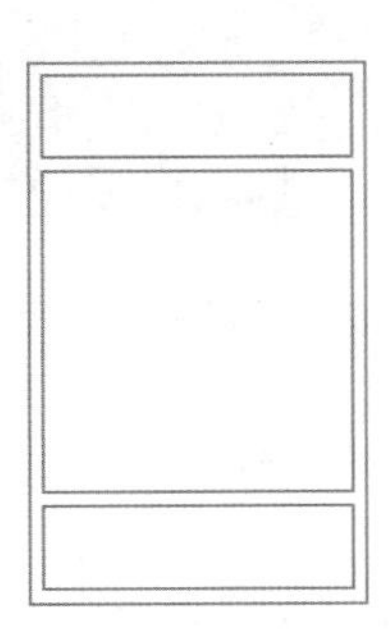

色彩分析

在颜色取色上，选择一个主色。不同作用的 APP 可以选择其他的颜色作为点缀。

技法分析

制作有凹陷感的矩形时，用到了图层样式里的内阴影效果。

在制作矩形分界线的时候，可以添加内阴影，让矩形看起来有种凹陷下去的感觉。

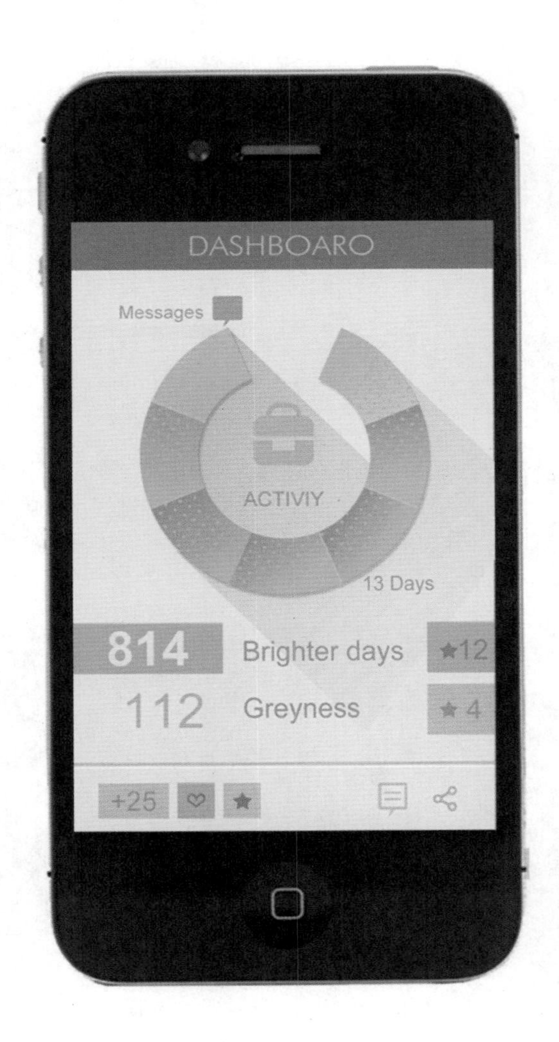

Step 01 新建文档。执行菜单“文件”/“新建”命令（或按【Ctrl+N】快捷键），设置弹出的“新建”命令对话框，单击“确定”按钮，即可创建一个新的空白文档。

Step 02 绘制背景渐变色。单击“添加图层样式”按钮 fx，在弹出的菜单中选择“渐变叠加”命令，设置的参数如下图所示。

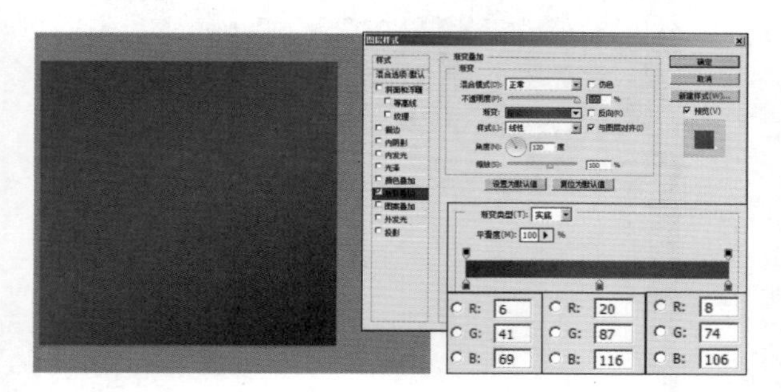

Step 03 绘制灰色矩形。选择“矩形工具”，在工具选项栏中的“选择工具模式”中选择“形状”选项，在图中所示的位置上绘制灰色矩形，设置的参数如下图所示。

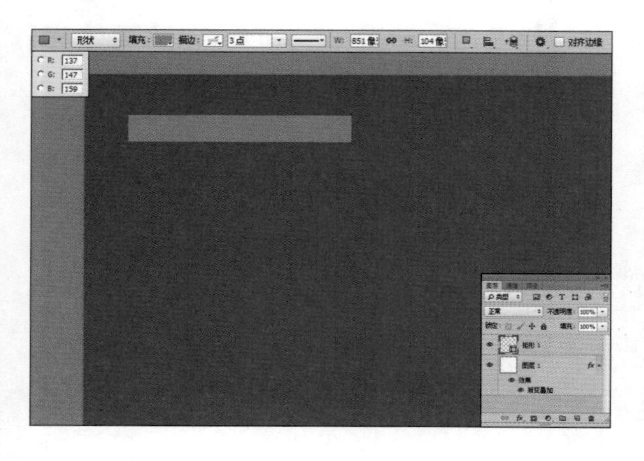

Step 04 输入文字。选择“文字工具” T，在工具选项栏中设置字体大小、字体颜色和字体，输入图中文字，得到的效果如下图所示。

Step 05 绘制蓝灰色矩形。选择“矩形工具”，在工具选项栏中的“选择工具模式”中选择“形状”选项，在图中所示的位置上绘制蓝灰色矩形，设置的参数如下图所示。

Step 06 输入文字。选择“文字工具” T，在工具选项栏中设置字体大小、字体颜色和字体，输入图中文字，得到的效果如下图所示。

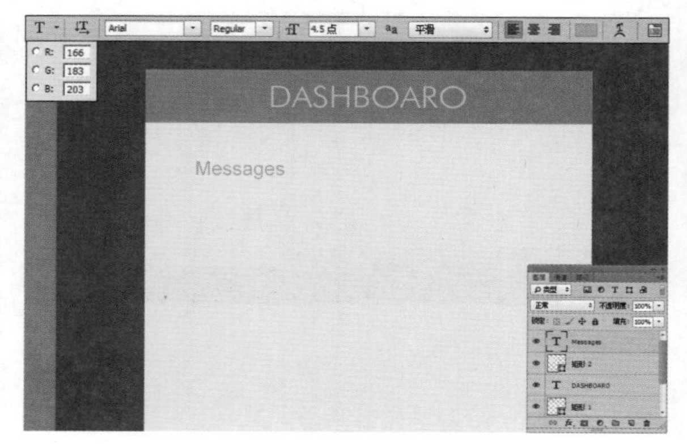

Step 07 添加自定义图形。选择“自定义形状工具”，在工具选项栏中的“选择工具模式”中选择“形状”选项，单击打开“自定形状”拾色器，在下拉菜单中选择“会话”命令，在图中所示的位置上绘制，设置的参数如下图所示。

Step 08 打开素材文件并添加。打开随书光盘中的“矢量智能对象”图像文件，此时的图像效果和“图层”面板如图所示。使用“移动工具”将图像拖动到第 1 步新建的文件中，得到“矢量智能对象”，按快捷键【Ctrl+T】，调出自由变换控制框，变换图像到如图所示的状态，按【Enter】键确认操作，得到的效果如图所示。

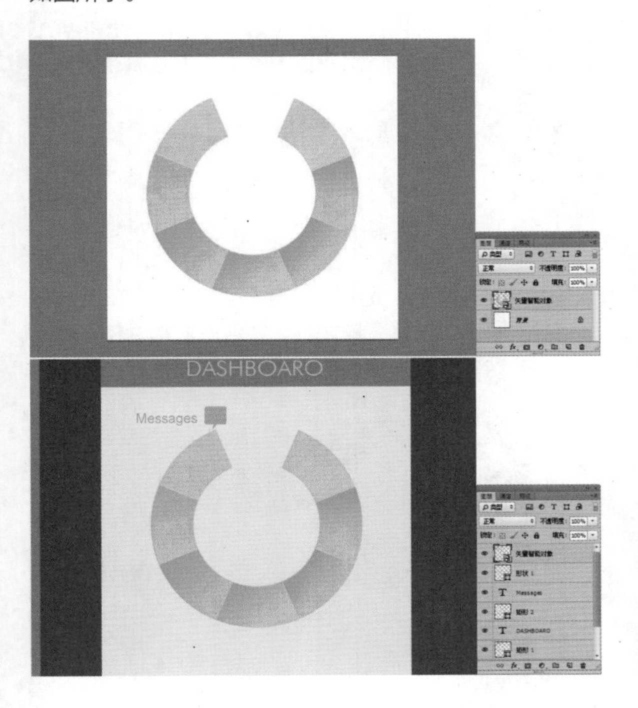

Step 09 添加投影。单击“添加图层样式”按钮，在弹出的菜单中选择“投影”命令，设置的参数如下图所示。

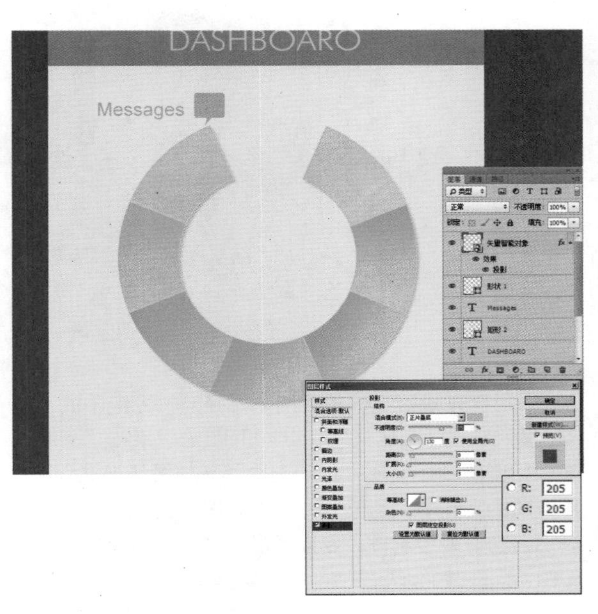

Step 10 打开素材文件并添加。打开随书光盘中的“形状 2”图像文件，此时的图像效果和“图层”面板如图所示。使用“移动工具”将图像拖动到第 1 步新建的文件中，得到“形状 2”，按快捷键【Ctrl+T】，调出自由变换控制框，变换图像到如图所示的状态，按【Enter】键确认操作，得到的效果如下图所示。

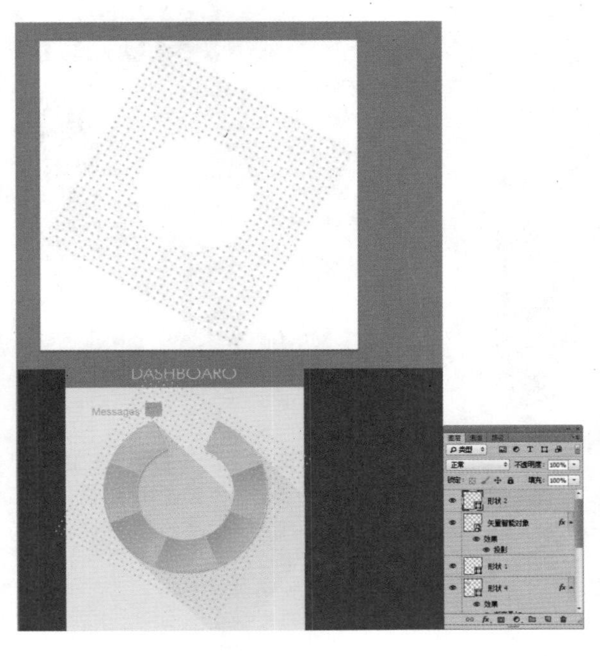

Step 11 创建剪贴蒙版。选择“形状 2”为当前操作图层，按快捷键【Ctrl+Alt+G】，执行“创建剪贴蒙版”操作，得到的效果如下图所示。

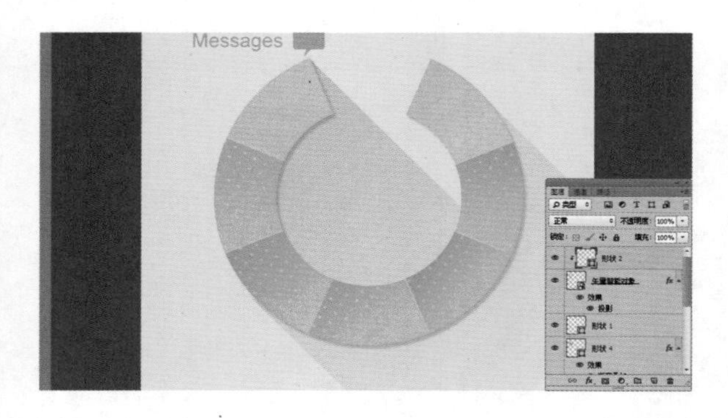

Step 12 打开素材文件并添加。打开随书光盘中的“形状 3”图像文件，此时的图像效果和“图层”面板如图所示。使用“移动工具”将图像拖动到第 1 步新建的文件中，得到“形状 3”，按快捷键【Ctrl+T】，调出自由变换控制框，变换图像到如图所示的状态，按【Enter】键确认操作，设置前景色，按快捷键【Alt+Delete】填充颜色，得到的效果如下图所示。

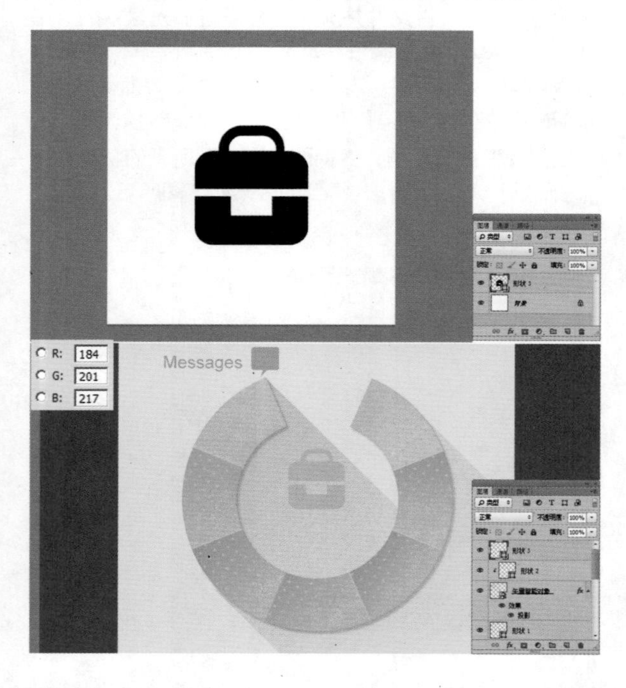

Step 13 输入文字。选择“文字工具”，在工具选项栏中设置字体大小、字体颜色和字体，输入图中文字，得到的效果如下图所示。

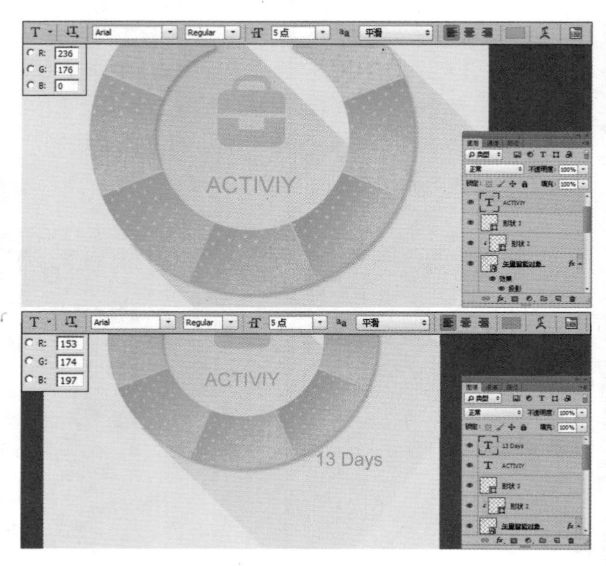

Step 14 绘制两个黄色矩形。选择“矩形工具”，在工具选项栏中的“选择工具模式”中选择“形状”选项，单击选择“路径操作”，在下拉菜单中选择“合并形状”命令，在图中所示的位置上绘制黄色矩形，设置的参数如下图所示。

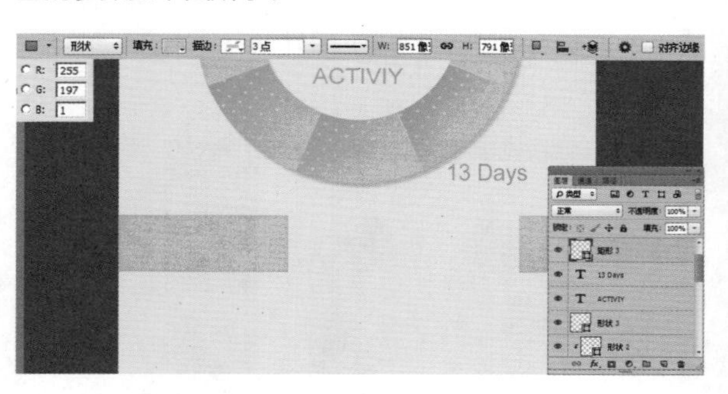

Step 15 输入文字。选择“文字工具”，在工具选项栏中设置字体大小、字体颜色和字体，输入图中“814”文字，得到的效果如下图所示。

Step 16 添加自定义图形。选择“自定义形状工具” ，在工具选项栏中的“选择工具模式”中选择“形状”选项，单击打开“自定形状”拾色器，在下拉菜单中选择“五角星”选项，在图中所示的位置上绘制，设置参数如下图所示。

Step 17 添加“12”文字。选择“文字工具” ，在工具选项栏中设置字体大小、字体颜色和字体，输入图中“12”文字，得到的效果如下图所示。

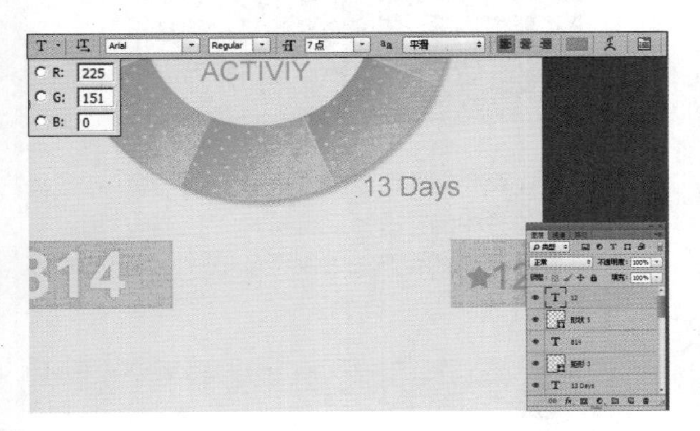

Step 18 绘制灰色矩形。选择“矩形工具” ，在工具选项栏中的“选择工具模式”中选择“形状”选项，在图中所示的位置上绘制灰色矩形，设置的参数如下图所示。

Step 19 复制“五角星”。选择“形状5”图层，按快捷键【Ctrl+J】复制得到“形状5拷贝”图层，设置前景色，按快捷键【Alt+Delete】填充，使用“移动工具” 移动到如下图所示的位置上。

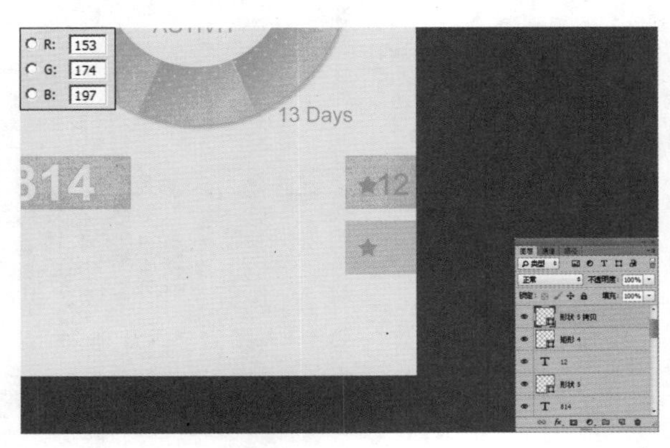

Step 20 输入文字“4”。选择“文字工具” ，在工具选项栏中设置字体大小、字体颜色和字体，输入图中“4”文字，得到的效果如下图所示。

Step 21 添加文字。选择“文字工具” ，在工具选项栏中设置字体大小、字体颜色和字体，输入图中文字，得到的效果如下图所示。

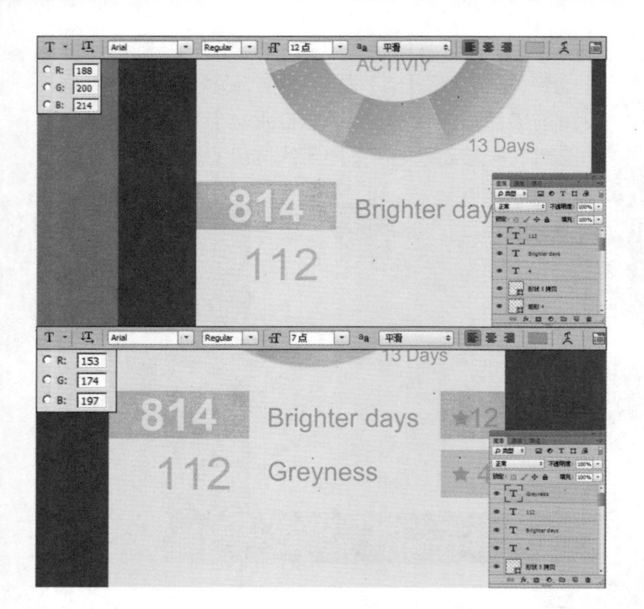

Step 22 绘制矩形并添加图层样式。选择“矩形工具”，在工具选项栏中的“选择工具模式”中选择“形状”选项，在图中所示的位置上绘制矩形。单击“添加图层样式”按钮，在弹出的菜单中选择“渐变叠加”命令，设置的参数效果如下图所示。

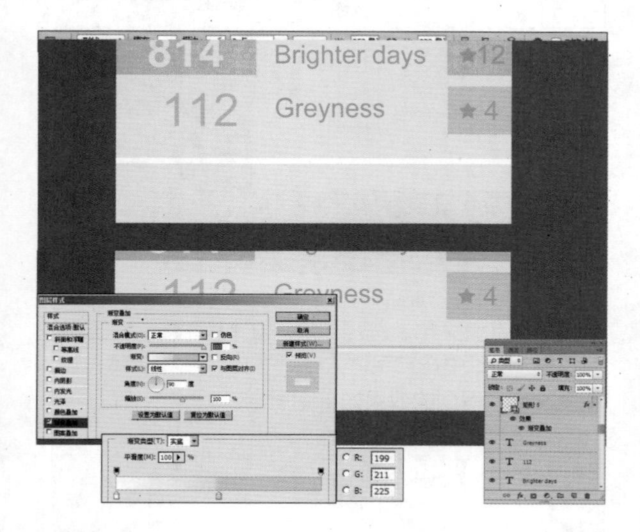

Step 23 绘制灰色矩形。选择“矩形工具”，在工具选项栏中的“选择工具模式”中选择“形状”选项，在图中所示的位置上绘制灰色矩形，设置的参数如下图所示。

Step 24 添加文字。选择“文字工具”，在工具选项栏中设置字体大小、字体颜色和字体，输入图中“+25”文字，得到的效果如下图所示。

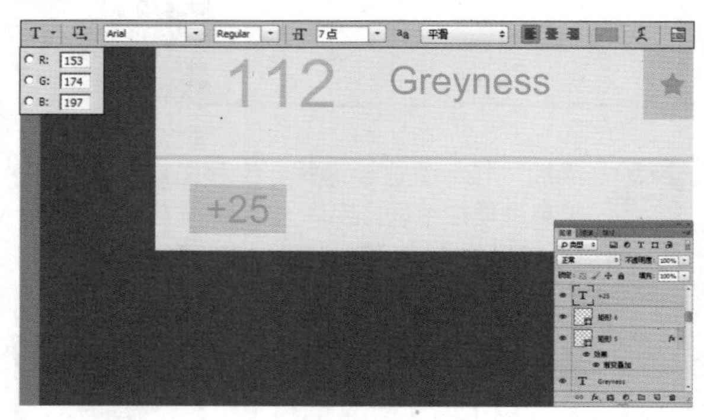

Step 25 绘制黄色矩形。选择“矩形工具”，在工具选项栏中的“选择工具模式”中选择“形状”选项，在图中所示的位置上绘制黄色矩形，设置的参数如下图所示。

Step 26 添加爱心图形。选择“自定义形状工具”，在工具选项栏中的“选择工具模式”中选择“形状”选项，单击打开“自定形状”拾色器，在下拉菜单中选择“爱心”选项，在图中所示的位置上绘制，设置的参数如下图所示。

Step 27 复制矩形。选择“矩形 7”图层，按快捷键【Ctrl+J】复制得到“矩形 7 拷贝”图层，使用“移动工具”将图形移动到如下图所示的位置上。

Step 28 复制五角星并更改填充色。选择“形状 5”图层，按快捷键【Ctrl+J】复制得到“形状 5 拷贝 2”图层，使用“移动工具”将图形移动到如图所示的位置上。设置前景色，按快捷键【Alt+Delete】填充五角星颜色，设置的参数如下图所示。

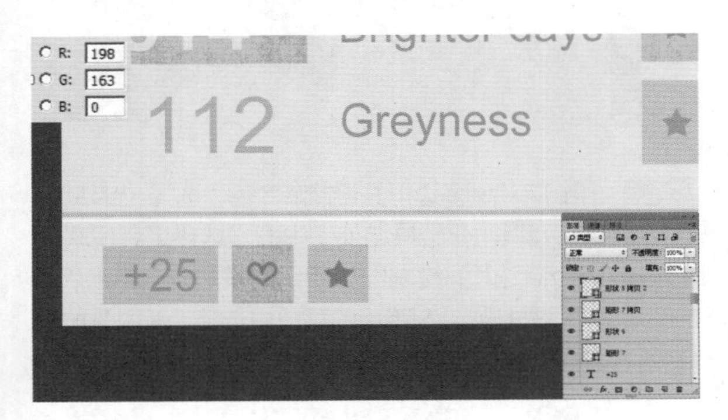

Step 29 绘制两个矩形。选择“矩形工具”，在工具选项栏中的“选择工具模式”中选择“形状”选项，单击选择“路径操作”按钮，在下拉菜单中选择“合并形状”命令，在图中所示的位置上绘制两个矩形，设置的参数如下图所示。

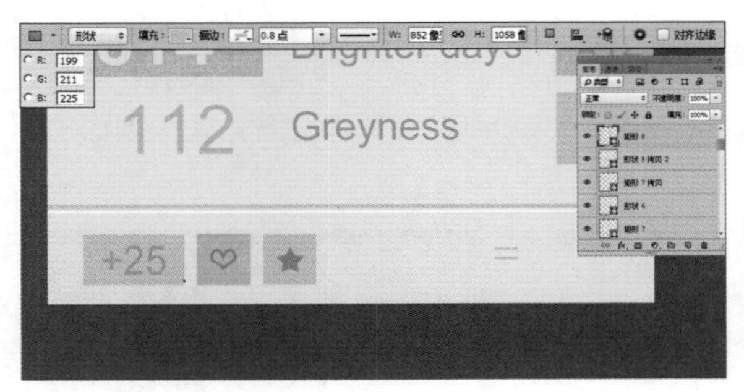

Step 30 添加会话图形。选择“自定义形状工具”，在工具选项栏中的“选择工具模式”中选择“形状”选项，单击打开“自定形状”拾色器，在下拉菜单中选择“会话”命令，在图中所示的位置上绘制，设置的参数如下图所示。

Step 31 绘制多边形。选择“椭圆工具”和“矩形工具”，在工具选项栏中的“选择工具模式”中选择“形状”选项，单击选择“路径操作”按钮，在下拉菜单中选择“合并形状”命令，在图中所示的位置上绘制两个矩形，设置的参数如下图所示。

Step 32 复制背景图形。选择“矩形 1”、“DASHBOARO”、“矩形 2”、“矩形 5”图层，将其拖动至“图层”面板下方的“新建图层”按钮 进行复制，得到的效果如下图所示。

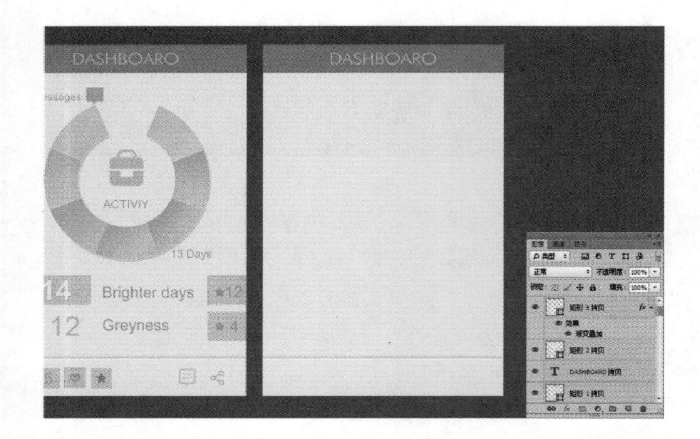

Step 33 输入文字。选择“文字工具” ，在工具选项栏中设置字体大小、字体颜色和字体，输入图中“Sleep”文字，得到的效果如下图所示。

Step 34 打开素材文件并添加。打开随书光盘中的“网点”、“矢量智能图像”图像文件，此时的图像效果和“图层”面板如图所示。使用“移动工具” 将图像拖动到第 1 步新建的文件中，得到“网点”、“矢量智能图像”，按快捷键【Ctrl+T】，调出自由变换控制框，变换图像到如图所示的状态，按【Enter】键确认操作，得到的效果如下图所示。

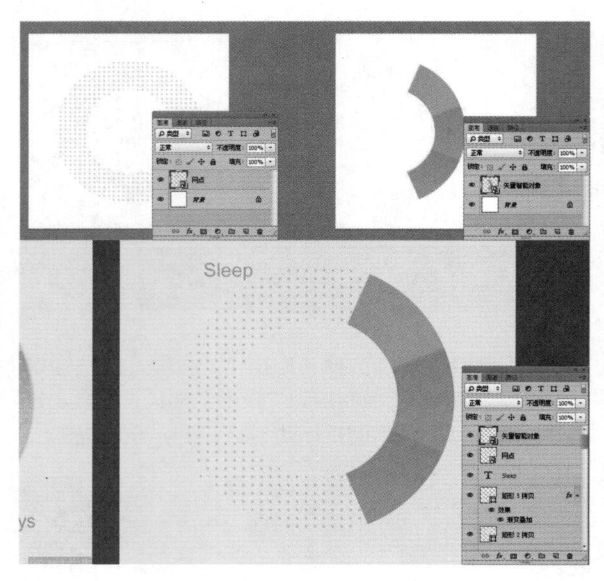

Step 35 绘制矩形。选择“矩形工具” ，在工具选项栏中的“选择工具模式”中选择“形状”选项，单击选择“路径操作” 按钮，在下拉菜单中选择“合并形状”命令，在图中所示的位置上绘制两个矩形，设置的参数如下图所示。

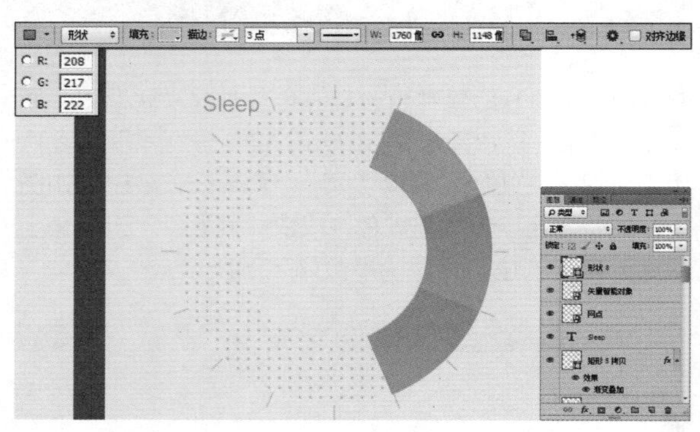

Step 36 用钢笔绘制多边形并设置渐变色。选择“钢笔工具” ，在工具选项栏中的“选择工具模式”中选择“形状”选项，绘制图中所示的多边形。单击“添加图层样式”按钮 ，在弹出的菜单中选择“渐变叠加”命令，设置的参数效果如下图所示。

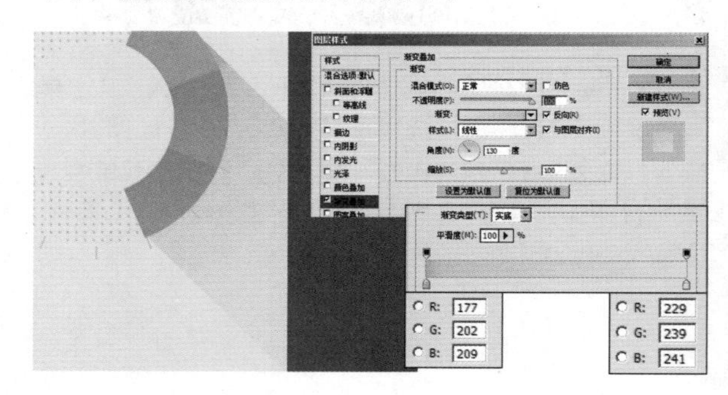

Step 37 绘制椭圆。选择“椭圆工具”，在工具选项栏中的“选择工具模式”中选择“形状”选项，在图中“Sleep”字样右边绘制椭圆，设置的参数如下图所示。

Step 38 绘制水滴图形。选择“直接选择工具”，在图中点击“椭圆 2”图形，这时出现 4 个绘制点，如图所示拖拉最下面的绘制点进行变形，得到如下图所示的水滴形图形。

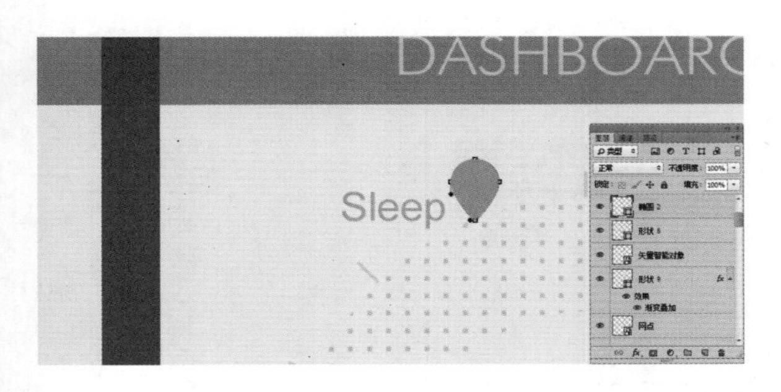

Step 39 绘制浅色椭圆。选择“椭圆工具”，在工具选项栏中的“选择工具模式”中选择“形状”选项，在图中水滴图形中间绘制浅色椭圆，设置的参数如下图所示。

Step 40 绘制闹钟外形。选择“椭圆工具”和“圆角矩形工具”，在工具选项栏中的“选择工具模式”中选择“形状”选项，在图中绘制闹钟的外形，设置的参数如下图所示。

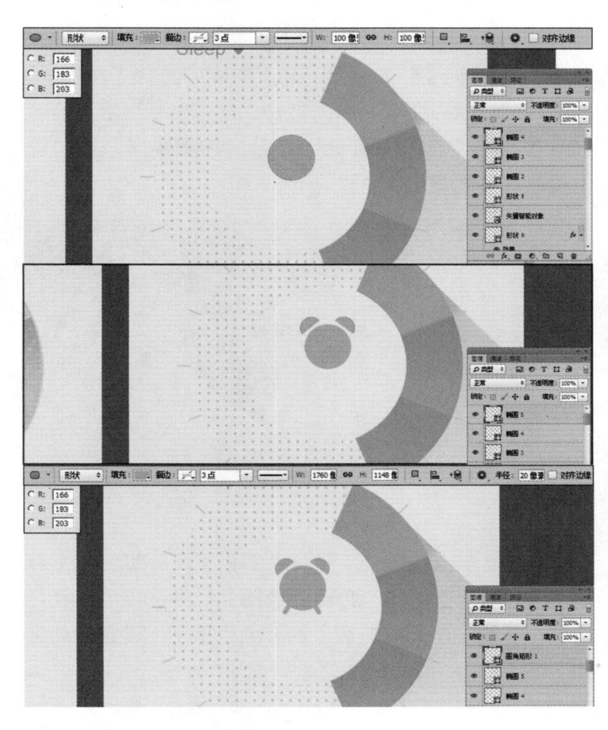

Step 41 绘制闹钟指针。选择“圆角矩形工具”，在工具选项栏中的“选择工具模式”中选择“形状”选项，单击选择“路径操作”按钮，在下拉菜单中选择“合并形状”命令，在图中闹钟椭圆中间绘制闹钟的指针，设置的参数如下图所示。

Step 42 添加文字。选择“文字工具”，在工具选项栏中设置字体大小、字体颜色和字体，输入图中“Sleep”文字，得到的效果如下图所示。

Step 43 添加自定义图形“会话”。选择“自定义形状工具”，在工具选项栏中的“选择工具模式”中选择“形状”选项，单击打开“自定形状”拾色器，在下拉菜单中选择“会话”命令，在图中所示的位置上绘制，设置参数如下图所示。

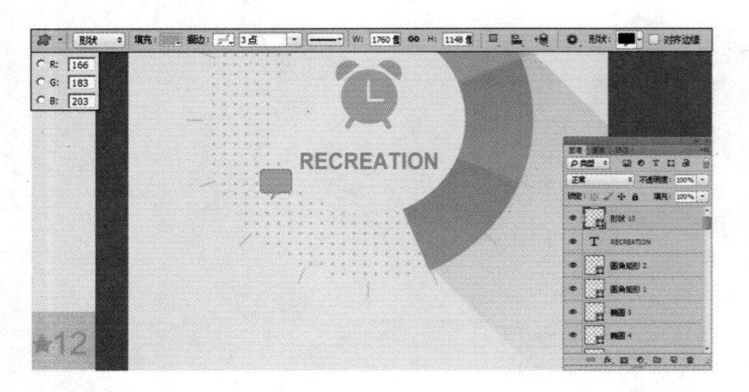

Step 44 绘制绿色矩形。选择“矩形工具”，在工具选项栏中的“选择工具模式”中选择“形状”选项，在图中所示的位置上绘制绿色矩形，设置的参数如下图所示。

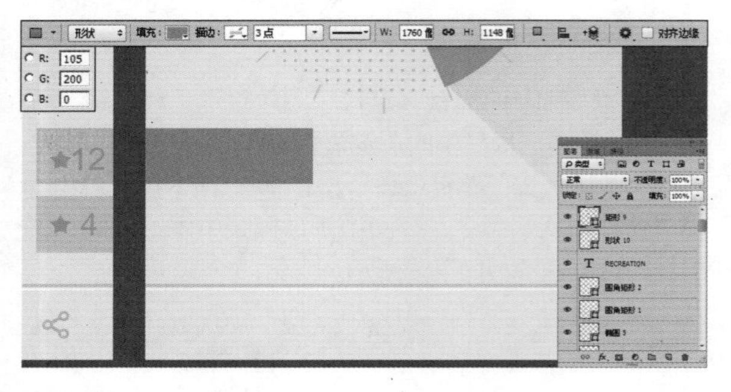

Step 45 输入文字。选择“文字工具”，在工具选项栏中设置字体大小、字体颜色和字体，输入图中文字，得到的效果如下图所示。

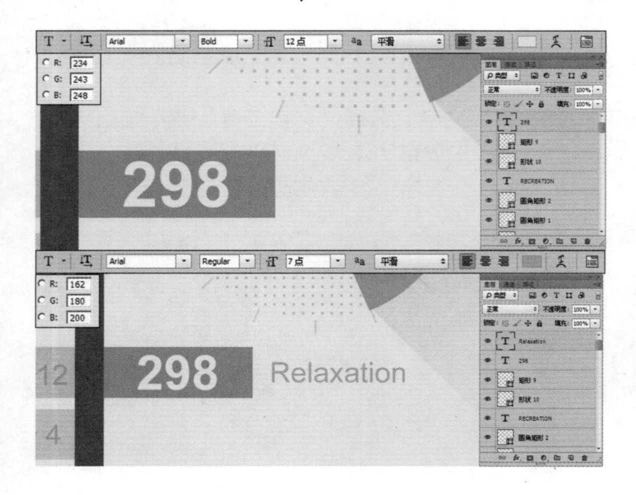

Step 46 复制图形文件。选择“矩形 9”、“形状 5”图层，将其拖动至“图层”面板下方的“新建图层”按钮进行复制，得到的图层如下图所示。设置前景色，填充“形状 5 拷贝 3”图层，输入图中文字“5”。

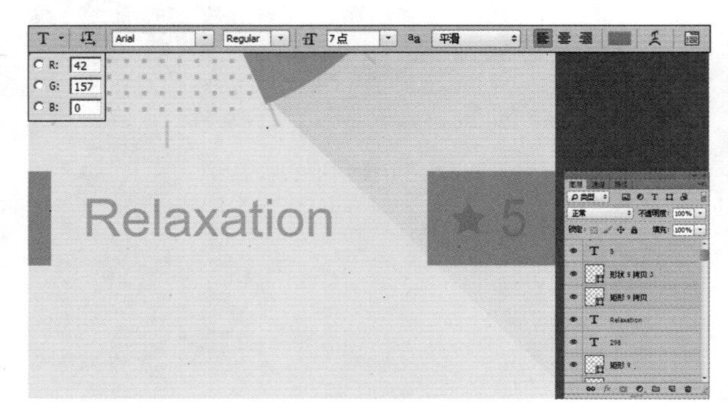

Step 47 输入文字。选择“文字工具”，在工具选项栏中设置字体大小、字体颜色和字体，输入图中文字，得到的效果如下图所示。

Step 48 复制图中文件。选择图中所示的图层，将其拖动至“图层”面板下方的“新建图层”按钮上复制，然后将其颜色改成灰色，使用“移动工具”向下移动，得到如下图所示的效果。

Step 49 绘制剩下图形。参照前面绘制图形和添加文字的步骤，绘制出另一个图形文件，效果如下图所示。

Step 50 绘制蓝灰色矩形。选择“矩形工具”，在工具选项栏中的“选择工具模式”中选择“形状”选项，在图中所示的位置上绘制蓝灰色矩形，设置的参数如下图所示。

Step 51 绘制灰色矩形。选择“矩形工具”，在工具选项栏中的“选择工具模式”中选择“形状”，在图中所示的位置上绘制灰色矩形，设置的参数如下图所示。

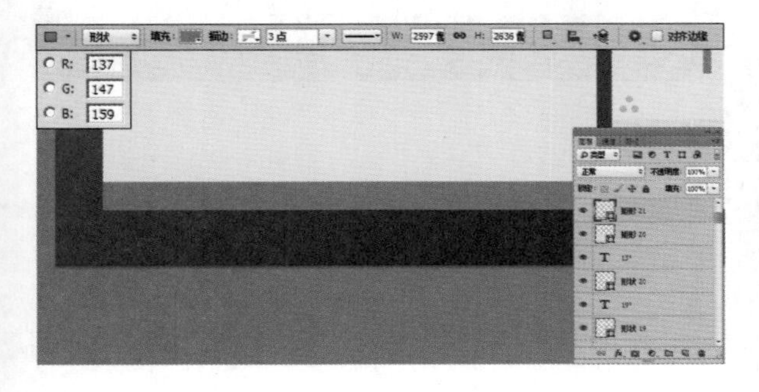

Step 52 绘制圆角矩形并添加内阴影。选择“圆角矩形工具”，在工具选项栏中的“选择工具模式”中选择“形状”选项，单击选择“路径操作”按钮，在下拉菜单中选择“合并形状”命令，在图中绘制 3 个圆角矩形。单击“添加图层样式”按钮，在弹出的菜单中选择“渐变叠加”命令，设置的参数如下图所示。

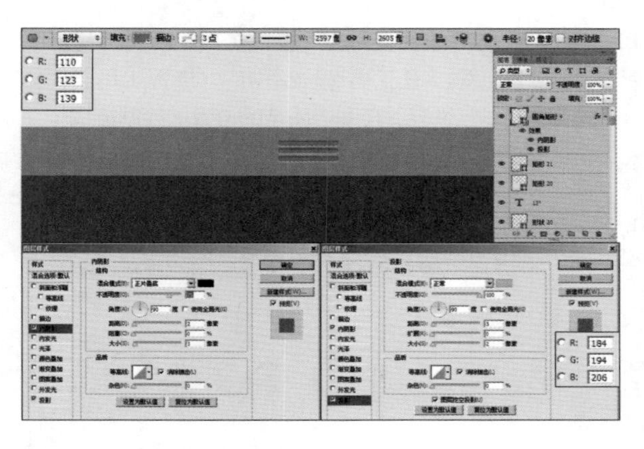

Step 53 绘制圆角矩形。选择“圆角矩形工具”，在工具选项栏中的“选择工具模式”中选择“形状”选项，在图中所示的位置上绘制白色圆角矩形，设置的参数如下图所示。

Step 54 复制水滴图形。选择“椭圆 2”图层，将其拖动至“图层”面板下方的“新建图层”按钮上复制，使用“移动工具”移动到如图所示的位置上。在水滴图形旁边输入数字文字，得到的效果如下图所示。

Step 55 绘制折线图。选择“椭圆工具”和“矩形工具”，在工具选项栏中的“选择工具模式”中选择“形状”选项，在图中所示的位置上绘制折线图，设置的参数如下图所示。

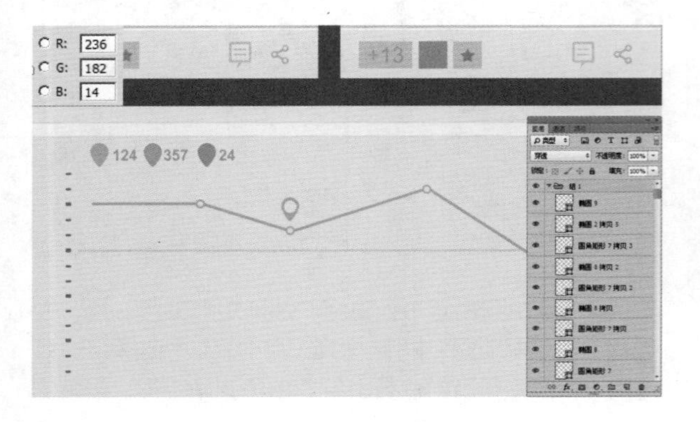

Step 56 绘制其余两条折线图。参照步骤 55，绘制出其余两条折线图，得到的效果如下图所示。

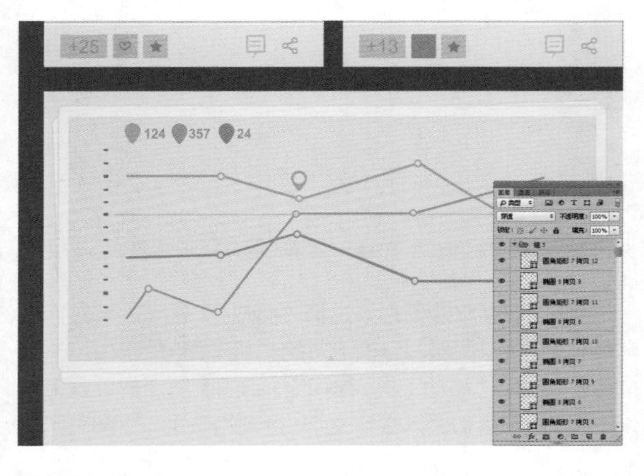

Step 57 输入文字。选择“文字工具”，在工具选项栏中设置字体大小、字体颜色和字体，输入图中文字，得到的效果如下图所示。

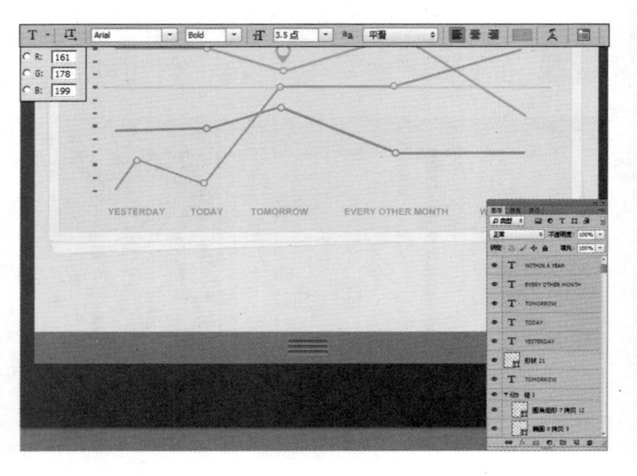

Step 58 最终效果。在前面所教的绘制图形和添加图形文件的基础上绘制出余下的图形，选择“文字工具”添加文字，最终效果如下图所示。

第 6 章 APP 常用图标设计

本章节主要是应用前面所讲的基础知识进行更深入的实例制作，其中包括了一般的图标制作效果和扁平设计风格的图标效果制作，通过这些实例的讲解，在巩固知识点的同时，学会一些新的配色方法和设计方法。

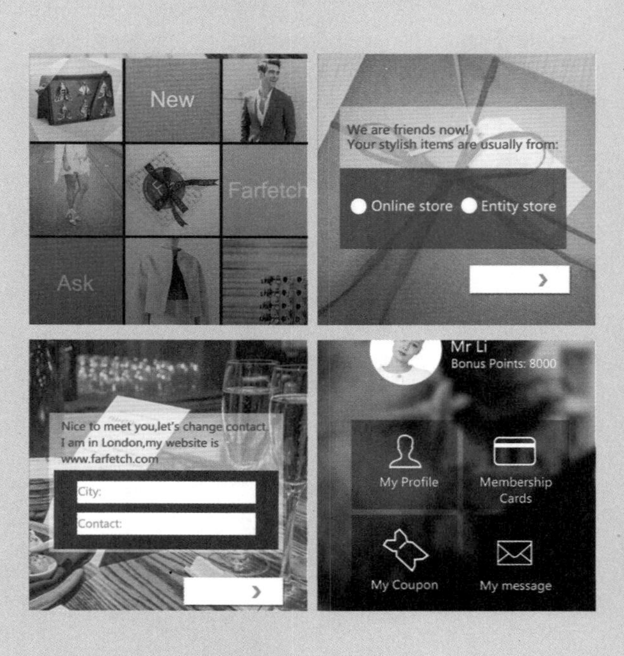

6.1 木质效果

采用图形设计的 APP 一般归纳为二种形式，一是自然图形标志，二是几何图形标志，图形制作在手机 APP 设计中是最常见的一种形式。

制作木质效果的 APP，要有强烈的立体质感。处理光感的时候应该更精致自然一些。

易难度★★★★　实用度★★★

布局分析

在排列布局上，选择了九宫格的形式。有序而紧密的排列，在视觉上让人感觉简洁。

色彩分析

木质感的色调以黄色为主，图形的颜色也要协调。

技法分析

本案例主要使用了“圆角矩形工具”、“钢笔工具”和椭圆文字。

Step 01 新建文档。执行菜单“文件”/“新建”命令（或按【Ctrl+N】快捷键），设置弹出的“新建”命令对话框，单击“确定”按钮，即可创建一个新的空白文档。

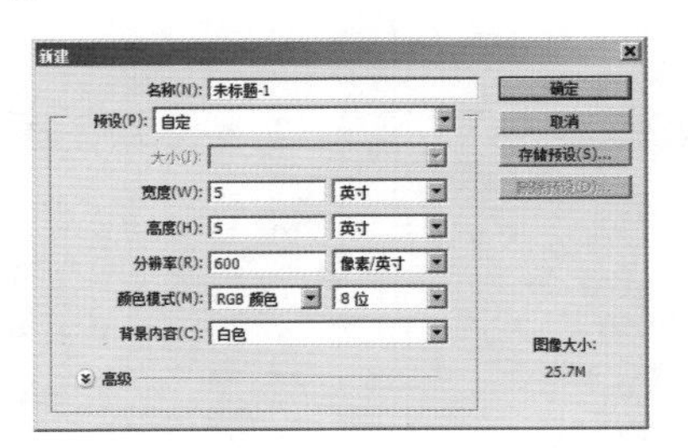

Step 02 绘制圆角矩形。设置前景色为黑色，选择“圆角矩形工具”，在工具选项栏中的“选择工具模式”中选择“形状”选项，在图中所示的位置上绘制黑色圆角矩形，设置的参数如下图所示。

Step 03 添加图层样式。选择“圆角矩形 1”图层，单击“添加图层样式”按钮，在弹出的菜单中选择“斜面和浮雕”、“渐变叠加”和“投影”命令，其中设置“斜面和浮雕”底下的“纹理”命令，设置的参数如下图所示。

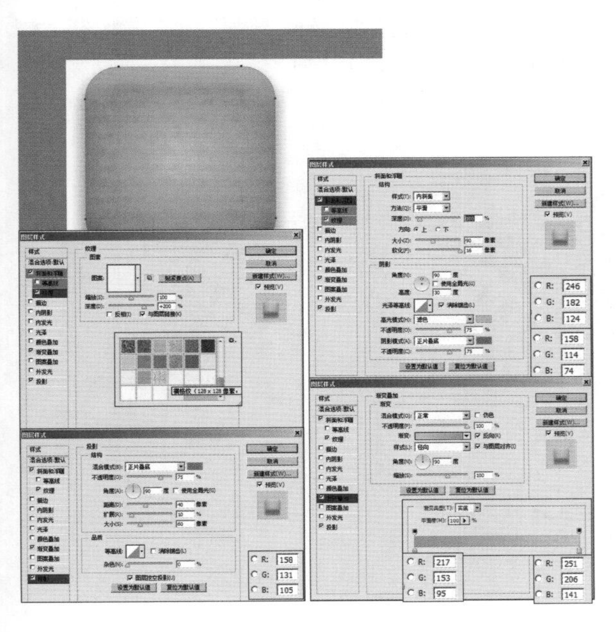

Step 04 绘制椭圆。设置前景色为白色，选择“椭圆工具”，在工具选项栏中的“选择工具模式”中选择“形状”选项，在图中所示的位置上绘制白色椭圆，设置的参数如下图所示。

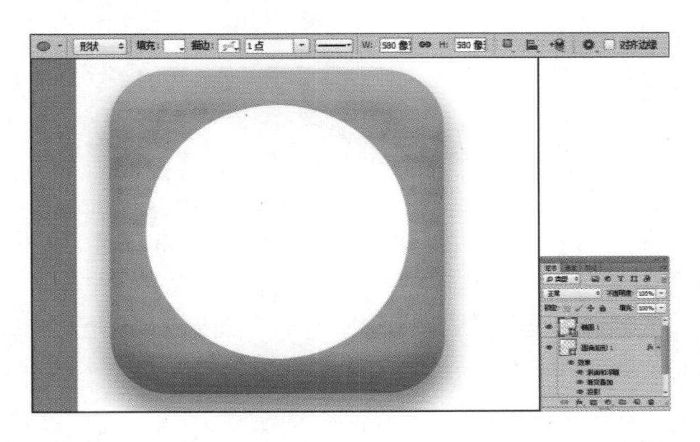

Step 05 为椭圆添加渐变。选择“椭圆 1”图层，单击“添加图层样式”按钮，在弹出的菜单中选择“渐变叠加”命令，设置的参数如下图所示。

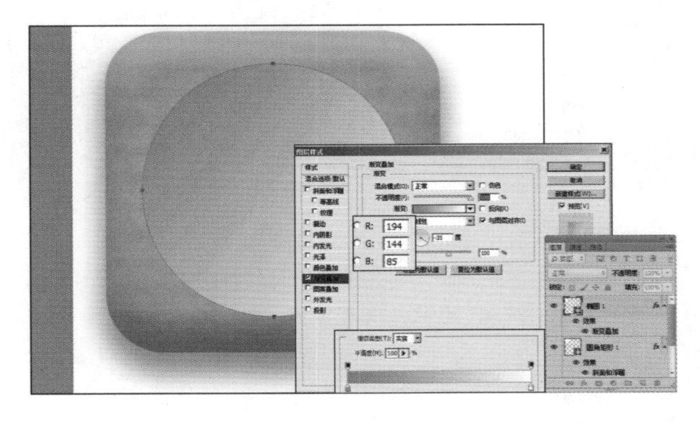

Step 06 绘制椭圆。选择“椭圆工具”，在工具选项栏中的“选择工具模式”中选择“形状”选项，在图中“椭圆 1”的位置上绘制同心椭圆，设置的参数如下图所示。

Step 07 绘制矩形。选择“矩形工具”，在工具选项栏中的“选择工具模式”中选择“形状”选项，在图中所示的位置绘制上矩形，设置的参数如下图所示。

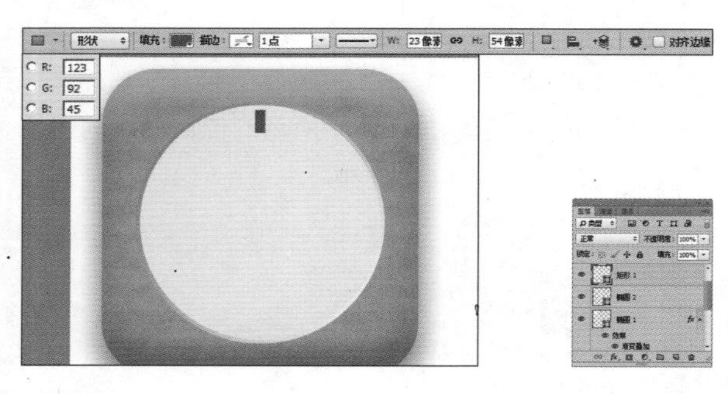

Step 08 绘制合并矩形。选择“矩形工具”，在工具选项栏中的“选择工具模式”中选择“形状”选项，单击“路径操作按钮”按纽，在下拉菜单中选择“合并图层”命令，在图中矩形 1 的正下方绘制矩形，设置的参数如下图所示。

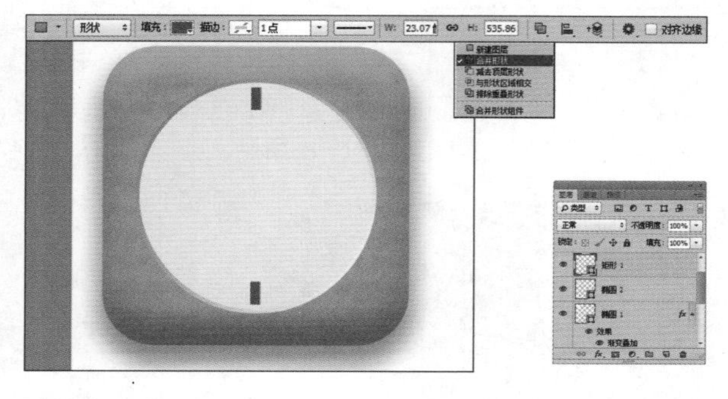

Step 09 绘制出其他矩形。参照步骤 7 和步骤 8，绘制出如图所示的其他矩形，并使用快捷键【Ctrl+T】变换矩形，得到的效果如下图所示。

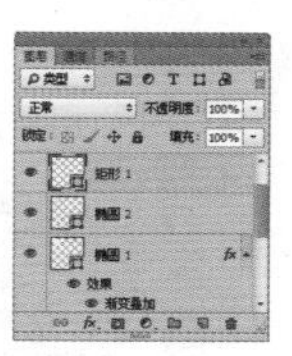

Step 10 绘制一个时刻矩形。选择“矩形工具”，在工具选项栏中的“选择工具模式”中选择“形状”选项，在图中所示的位置上绘制矩形，设置的参数如下图所示。

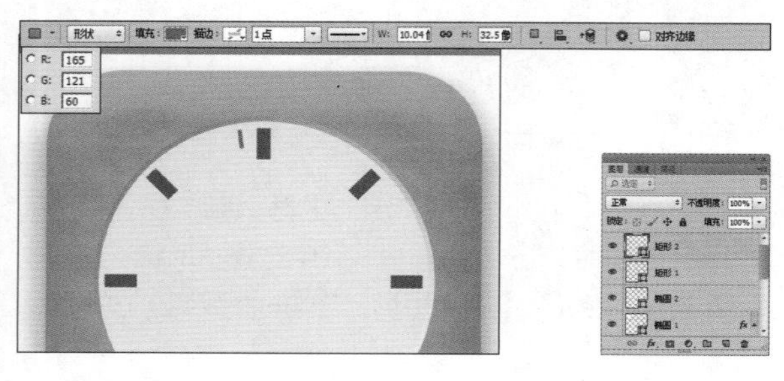

Step 11 绘制多个时刻矩形。选择“矩形工具”，在工具选项栏中的“选择工具模式”中选择“形状”选项，单击“路径操作按钮”，在下拉菜单中选择“合并图层”命令，在图中位置上绘制其他的时刻矩形，设置的参数如下图所示。

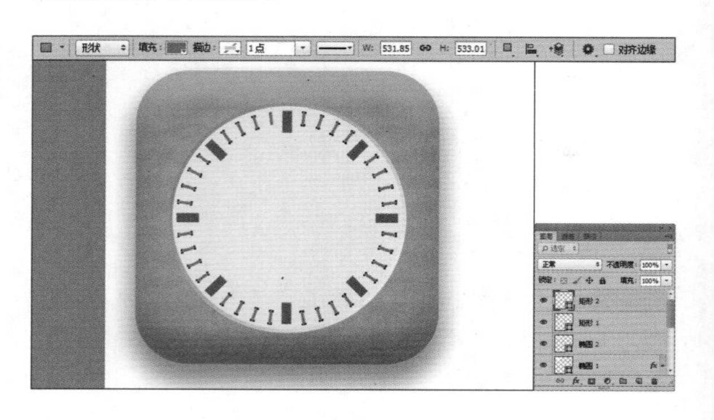

Step 12 绘制红色椭圆。选择“椭圆工具”，在工具选项栏中的“选择工具模式”中选择“形状”选项，在图中“椭圆 1”的中心位置上绘制红色椭圆，设置的参数如下图所示。

Step 13 绘制红色椭圆。选择“矩形工具”，在工具选项栏中的“选择工具模式”中选择“形状”选项，单击“路径操作”按钮，在下拉菜单中选择“合并图层”命令，在图中红色椭圆下方绘制矩形，设置的参数如下图所示。

Step 14 绘制分针时针。选择“矩形工具”，在工具选项栏中的“选择工具模式”中选择“形状”选项，在图中红色秒针位置上绘制分针时针矩形，设置的参数如下图所示。

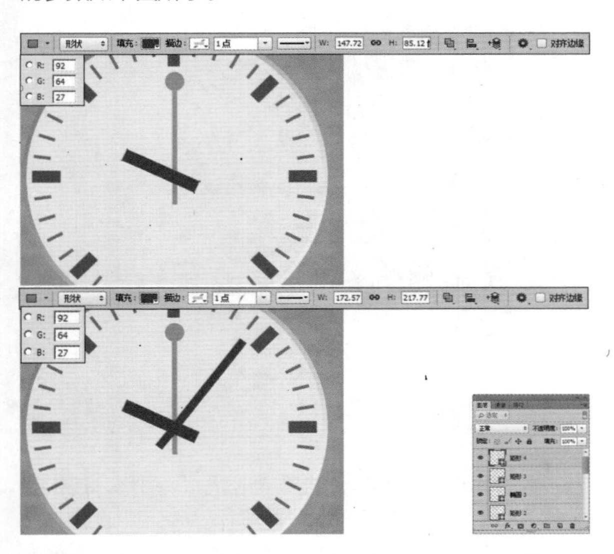

Step 15 复制圆角矩形。选择“圆角矩形 1”，按快捷键【Ctrl+J】复制得到“圆角矩形 1 拷贝”图层。使用“移动工具”，将图形文件移动到画面右上角的位置上。

Step 16 绘制圆角矩形。设置前景色为白色，选择“圆角矩形工具”，在工具选项栏中的“选择工具模式”中选择“形状”选项，在图中所示的位置上绘制圆角矩形，设置的参数如下图所示。

Step 17 为圆角矩形添加渐变。选择“圆角矩形 2”，单击“添加图层样式”按钮，在弹出的菜单中选择“渐变叠加”命令，设置的参数效果如下图所示。

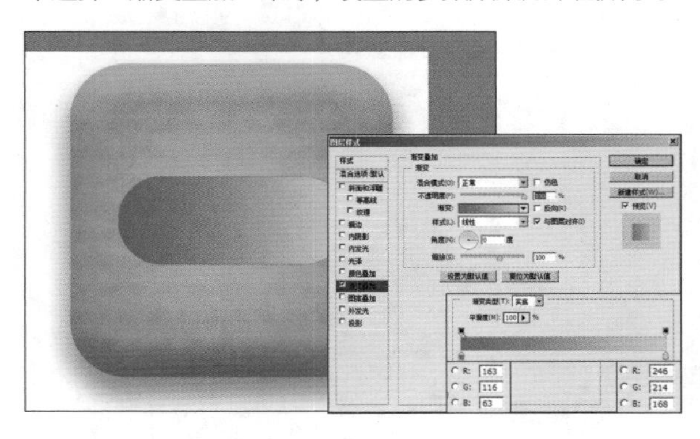

Step 18 绘制圆角矩形。选择“圆角矩形工具”，在工具选项栏中的“选择工具模式”中选择“形状”选项，在图中所示的位置上绘制圆角矩形，设置的参数如下图所示。

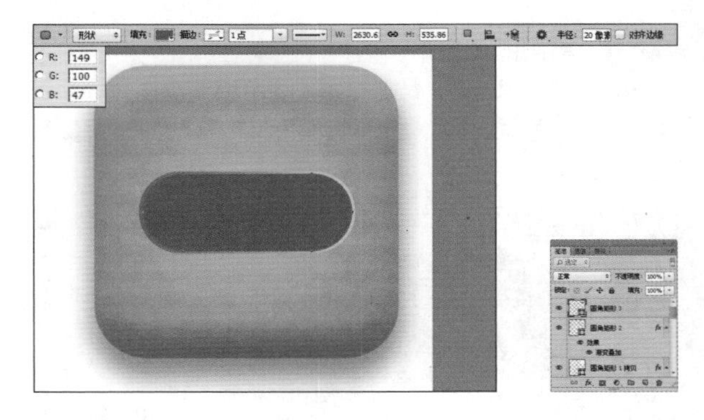

Step 19 绘制椭圆。选择“椭圆工具”，在工具选项栏中的“选择工具模式”中选择“形状”选项，在图中“圆角矩形 3”的位置上绘制椭圆，设置的参数如下图所示。

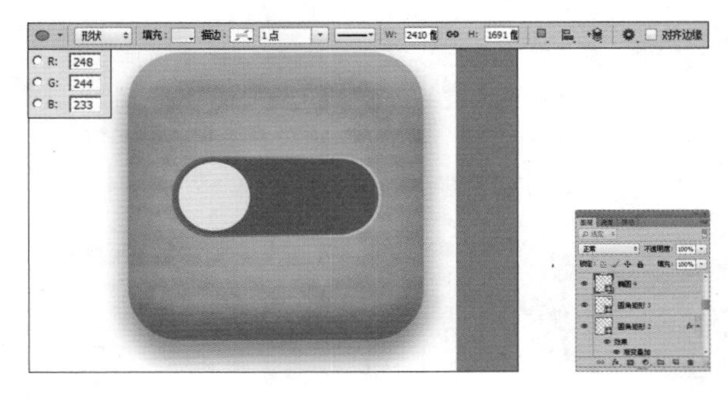

Step 20 为椭圆添加图层样式。选择“椭圆 4”图层，单击“添加图层样式”按钮，在弹出的菜单中选择“斜面和浮雕”命令，设置的参数效果如下图所示。

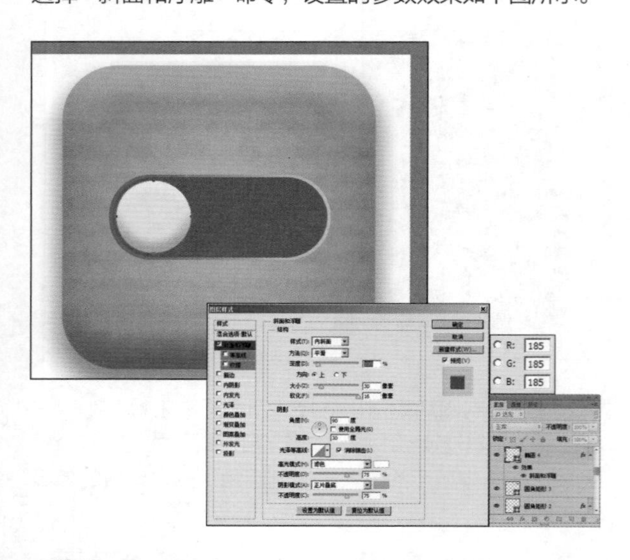

Step 21 复制圆角矩形。选择“圆角矩形 1”，按快捷键【Ctrl+J】复制得到“圆角矩形 1 拷贝 2”图层。使用“移动工具”，将图形文件移动到画面右上角的位置上。

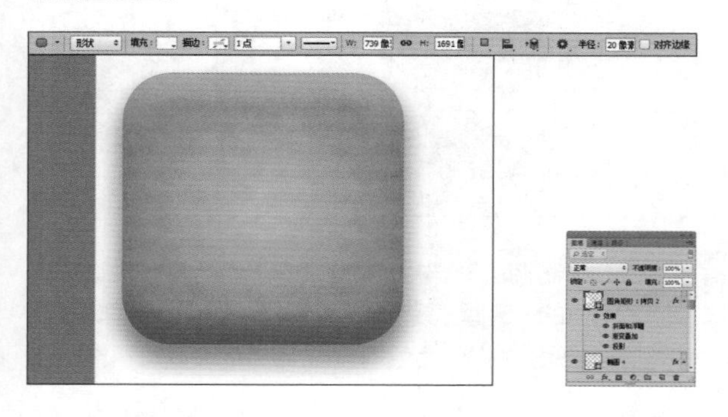

Step 22 用钢笔绘制云朵图形。选择“钢笔工具”，在工具选项栏中的“选择工具模式”中选择“形状”选项，在“圆角矩形 1 拷贝 2”图层上绘制云朵图形，设置的参数和效果如下图所示。

Step 23 为云朵添加图层样式。选择“形状 1”图层，单击“添加图层样式”按钮，在弹出的菜单中选择“渐变叠加”命令，设置的参数效果如下图所示。

Step 24 复制云朵图形。选择“形状 1”图层，按快捷键【Ctrl+J】复制得到“形状 1 拷贝”图层，按快捷键【Ctrl+T】，调出自由变换控制框，变换图像到如图所示的状态，按【Enter】键确认操作，得到的效果如图所示。设置前景色，设置参数，按快捷键【Alt+Delete】填充，得到的效果如下图所示。

Step 25 复制圆角矩形。选择“圆角矩形 1”，按快捷键【Ctrl+J】复制得到“圆角矩形 1 拷贝 3”图层。使用“移动工具”，将图形文件移动到画面右上角的位置上。

Step 26 绘制圆角矩形和条形码。选择“圆角矩形工具”，在工具选项栏中的“选择工具模式”中选择“形状”选项，在图中所示的位置上绘制圆角矩形，设置的参数如下图所示。选择“矩形工具”，在工具选项栏中的“选择工具模式”中选择“形状”选项，单击“路径操作按钮”，在下拉菜单中选择“合并图层”命令，绘制条形码，设置的参数如下图所示。

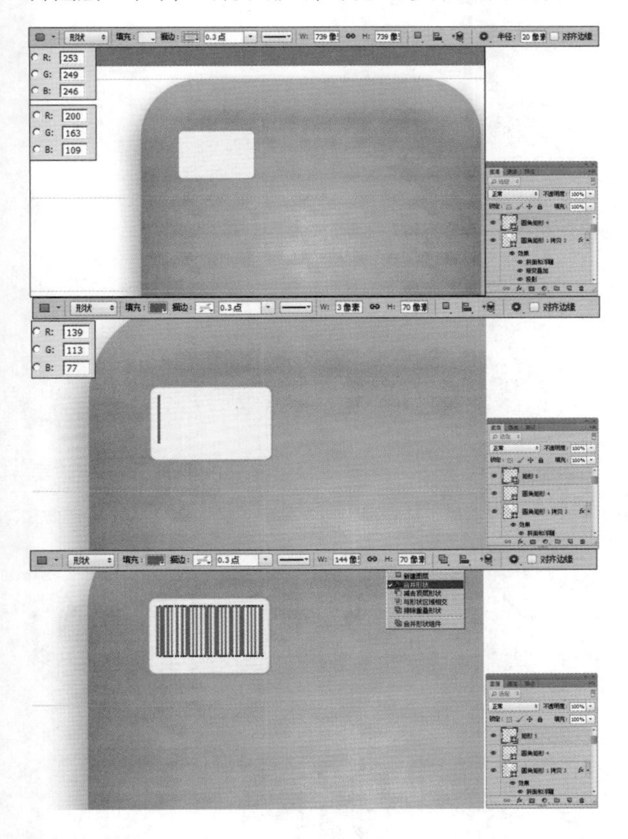

Step 27 添加文字。选择“文字工具”，在工具选项栏中设置字体大小、字体颜色和字体，输入图中文字，得到的效果如下图所示。

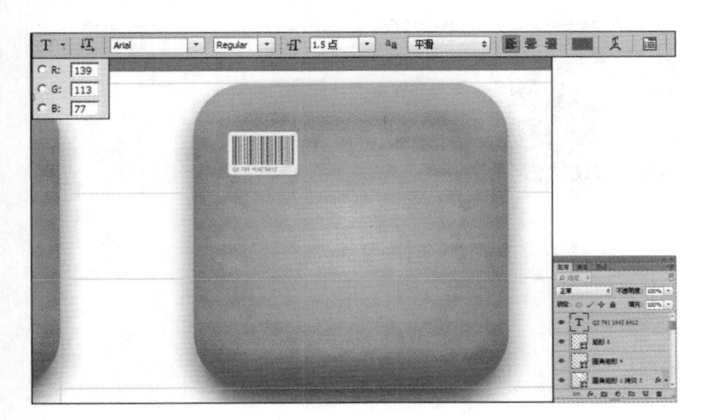

Step 28 复制图形文件。选择“圆角矩形 4”和“矩形 5”图层，并将它们拖入到“图层”面板上的“新建图层”按钮上进行复制，得到“圆角矩形 4 拷贝”和“矩形 5 拷贝”图层。按快捷键【Ctrl+T】，调出自由变换控制框，变换图像到如图所示的状态，按【Enter】键确认操作，得到的效果如下图所示。

Step 29 添加文字。选择“文字工具”，在工具选项栏中设置字体大小、字体颜色和字体，输入图中文字，得到的效果如下图所示。

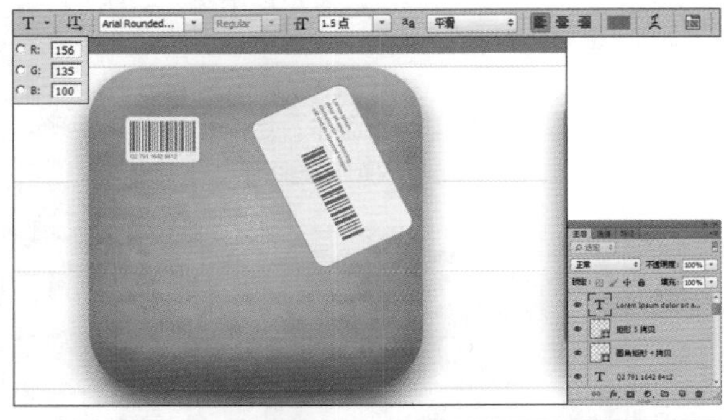

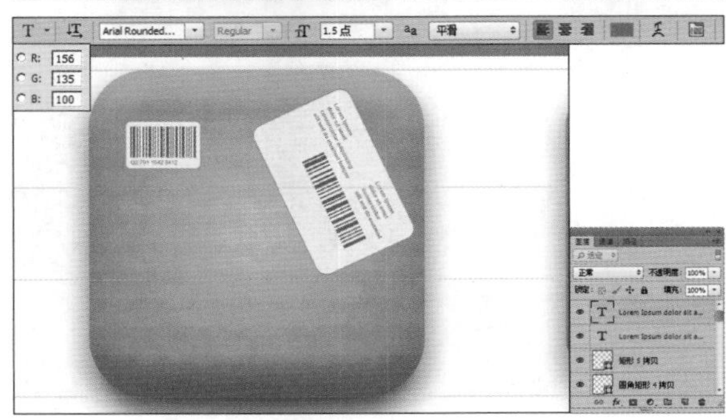

Step 30 输入数字文字。选择“文字工具”T，在工具选项栏中设置字体大小、字体颜色和字体，输入图中的数字文字，得到的效果如下图所示。

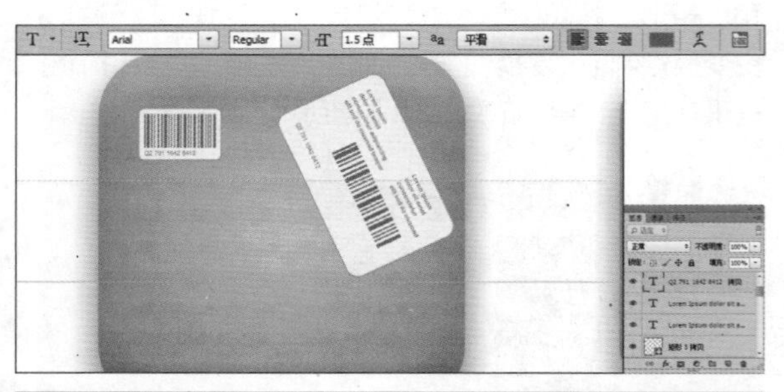

Step 31 绘制“十”字矩形并设置透明度。选择“矩形工具”，在工具选项栏中的“选择工具模式”中选择“形状”选项，单击“路径操作”按钮，在下拉菜单中选择“合并图层”命令，绘制“十”字矩形，并设置透明度，设置的参数如下图所示。

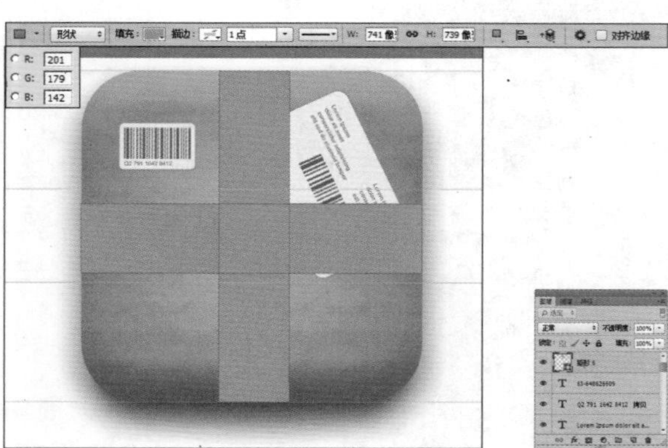

Step 32 绘制矩形，设置透明度。参照步骤 32，绘制出如图所示的“十”字矩形，并设置透明度，设置的参数如下图所示。

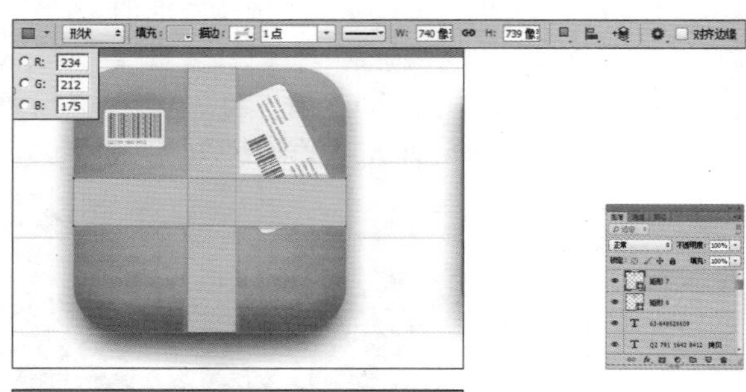

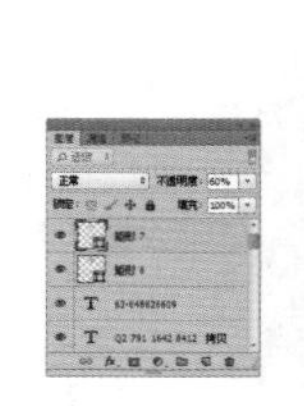

Step 33 最终效果。最后绘制出其他的图形，最终效果如下图所示。

6.2 有金属质感的按钮

金属质感的按钮设计主要涉及使用“圆角矩形工具”等工具，主要利用渐变效果和投影的效果体现立体感，在颜色上使用灰色系，更加显示出金属质感。

易难度★★★　　实用度★★★★

布局分析

在排列布局上，选择了九宫格的形式。有序而紧密的排列，在视觉上让人感觉简洁。

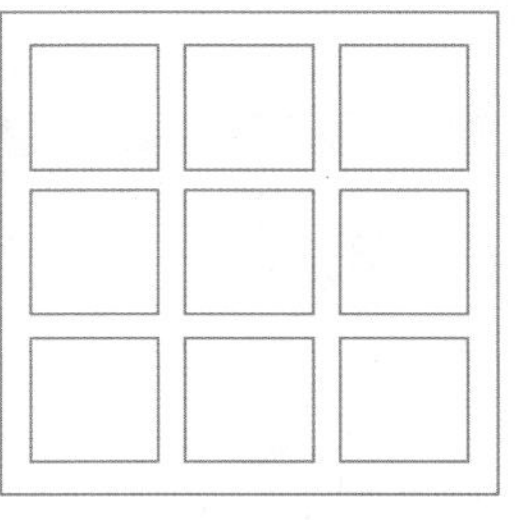

色彩分析

金属质感的 APP，首先会想到是银灰色的，那么本案例就以灰色为主题色。按照所需的软件，再相应地选择其他颜色，但是，色彩选择上不要有过多的鲜艳颜色。

技法分析

本案例中使用到了“圆角矩形工具”、“椭圆工具”、“矩形工具”和图层样式等，用得最多的就是图层样式效果了。

Step 01 新建文档。执行菜单“文件”/“新建”命令（或按【Ctrl+N】快捷键），设置弹出的“新建”命令对话框，单击“确定”按钮，即可创建一个新的空白文档。

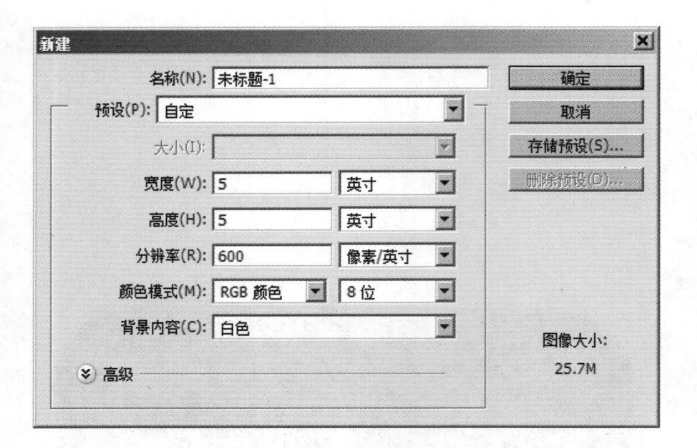

Step 02 绘制圆角矩形。设置前景色为黑色，选择“圆角矩形工具”，在工具选项栏中的“选择工具模式”中选择“形状”选项，在图中所示的位置上绘制黑色圆角矩形，设置的参数如下图所示。

Step 03 添加图层样式。选择“圆角矩形 1”图层，单击“添加图层样式”按钮，在弹出的菜单中选择“渐变叠加”命令，设置的参数效果如下图所示。

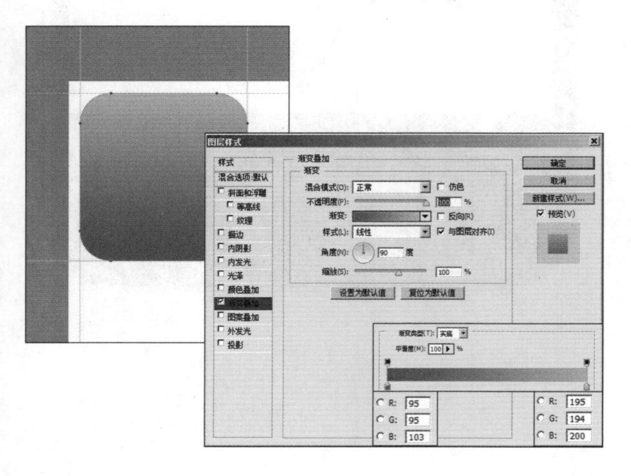

Step 04 绘制浅灰色圆角矩形。选择“圆角矩形工具”，在工具选项栏中的“选择工具模式”中选择“形状”选项，在图中所示的位置上绘制浅灰色圆角矩形，设置的参数如下图所示。

Step 05 绘制圆角矩形。设置前景色为黑色，选择“圆角矩形工具”，在工具选项栏中的“选择工具模式”中选择“形状”选项，在图中所示的位置上绘制圆角矩形，设置的参数如下图所示。

Step 06 为圆角矩形3添加渐变叠加。选择“圆角矩形3”图层，单击“添加图层样式”按钮，在弹出的菜单中选择“渐变叠加”命令，设置的参数效果如下图所示。

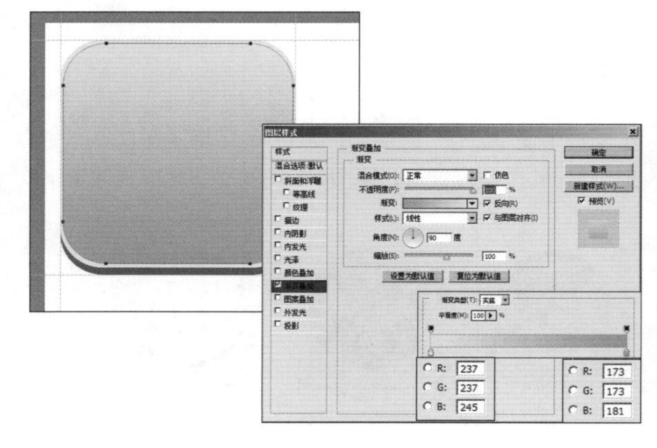

Step 07 绘制椭圆。选择“椭圆工具”，在工具选项栏中的“选择工具模式”中选择“形状”选项，在图中“圆角矩形3”的位置上绘制椭圆，设置的参数如下图所示。

Step 08 为椭圆添加渐变叠加。选择“椭圆1”图层，单击“添加图层样式”按钮，在弹出的菜单中选择“渐变叠加”命令，设置的参数效果如下图所示。

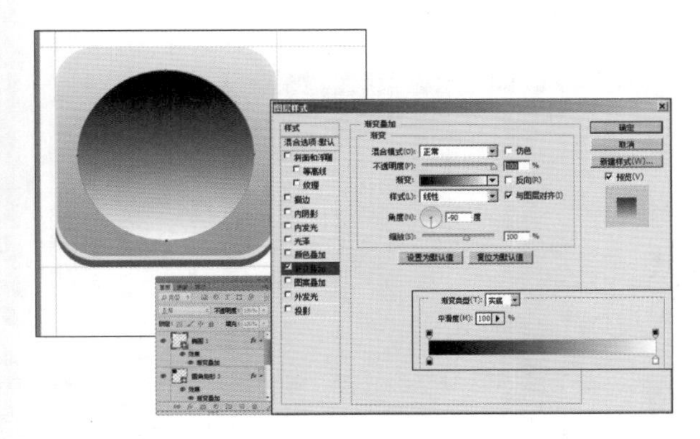

Step 09 绘制椭圆并添加渐变叠加。选择“椭圆工具”，在工具选项栏中的“选择工具模式”中选择“形状”选项，在图中“椭圆1”的位置上绘制椭圆。单击“添加图层样式”按钮，在弹出的菜单中选择“渐变叠加”命令，设置的参数效果如下图所示。

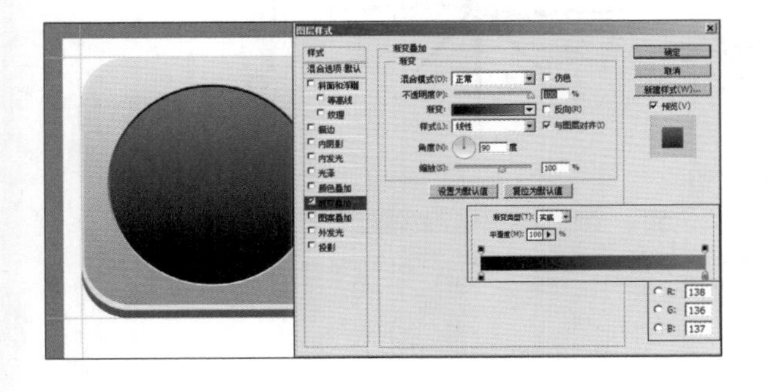

Step 10 再绘制椭圆并添加渐变叠加。选择“椭圆工具”，在工具选项栏中的“选择工具模式”中选择“形状”选项，在图中“椭圆1拷贝”的位置上绘制椭圆。单击“添加图层样式”按钮，在弹出的菜单中选择“渐变叠加”命令，设置的参数效果如下图所示。

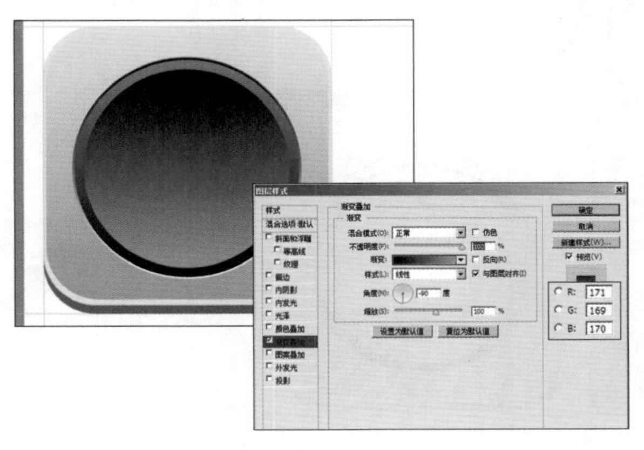

Step 11 绘制浅色椭圆并设置渐变色。选择“椭圆工具”，在工具选项栏中的“选择工具模式”中选择“形状”选项，在图中“椭圆2”的位置上绘制椭圆。单击“添加图层样式”按钮，在弹出的菜单中选择“渐变叠加”命令，设置的参数效果如下图所示。

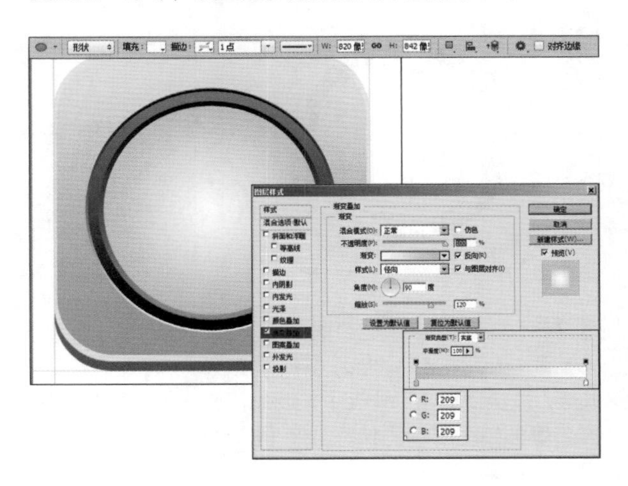

Step 12 打开素材图片并添加。打开随书光盘中的“形状1”图像文件，此时的图像效果和“图层”面板如图所示。使用“移动工具”将图像拖动到第1步新建的文件中得到“形状1”。按快捷键【Ctrl+T】，调出自由变换控制框，变换图像到如图所示的状态，按【Enter】键确认操作，得到的效果如下图所示。

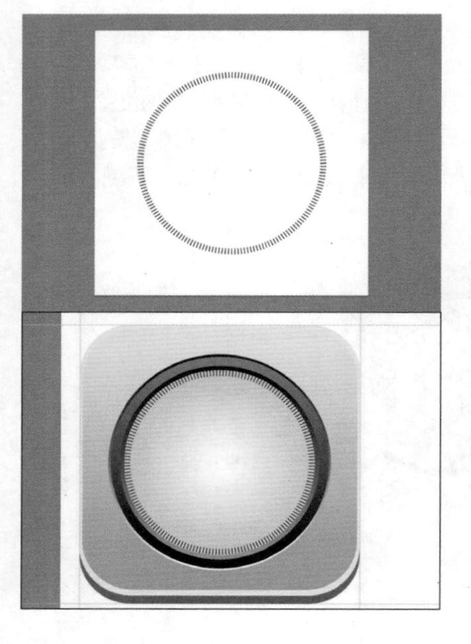

Step 13 绘制黑色边椭圆。选择“椭圆工具”，在工具选项栏中的“选择工具模式”中选择“形状”选项，在图中所示的位置上绘制黑边不填充颜色的椭圆，设置的参数如下图所示。

Step 14 复制椭圆并更改大小。选择“椭圆 3”图层，按快捷键【Ctrl+J】复制一个得到“椭圆 3 拷贝”图层，按快捷键【Ctrl+T】，调出自由变换控制框，变换图像到如图所示的状态，按【Enter】键确认操作，得到的效果如下图所示。

Step 15 绘制另两个椭圆。参照步骤 14，复制椭圆，并使用快捷键【Ctrl+T】变换椭圆大小，得到的效果如下图所示。

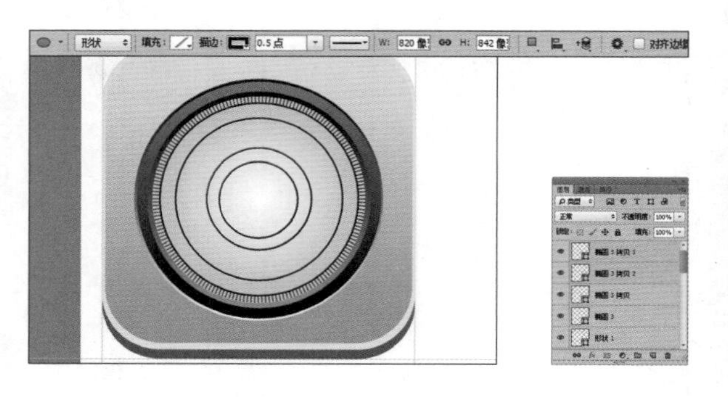

Step 16 打开素材图片并添加。打开随书光盘中的“形状 2”、“形状 3”图像文件，此时的图像效果和“图层”面板如图所示。使用“移动工具”，将图像拖动到第 1 步新建的文件中，得到“形状 2”、“形状 3”。按快捷键【Ctrl+T】，调出自由变换控制框，变换图像到如图所示的状态，按【Enter】键确认操作，得到的效果如下图所示。

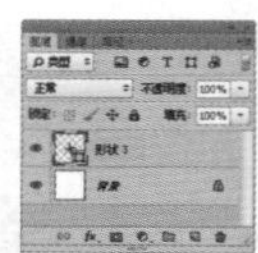

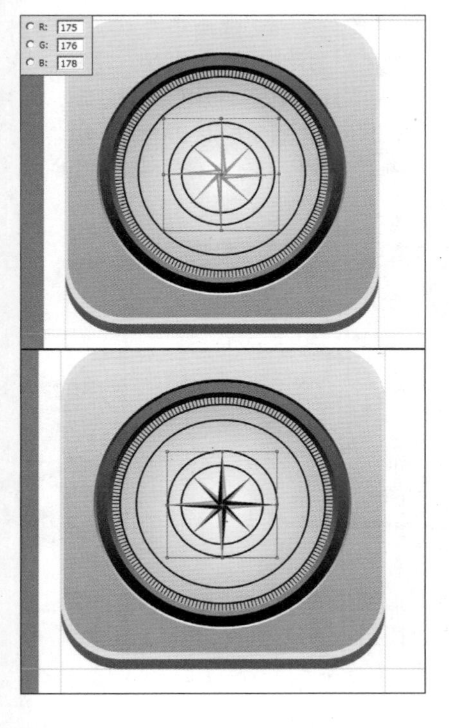

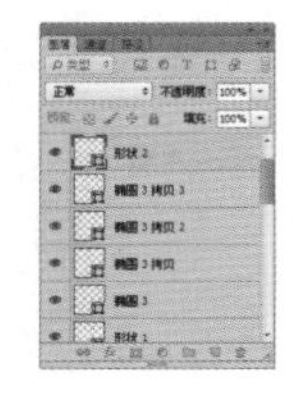

Step 17 打开素材图片并添加。打开随书光盘中的“形状4”、“形状5”图像文件，此时的图像效果和“图层”面板如图所示。使用“移动工具”，将图像拖动到第1步新建的文件中，得到“形状4”、“形状5”。按快捷键【Ctrl+T】，调出自由变换控制框，变换图像到如图所示的状态，按【Enter】键确认操作，得到的效果如下图所示。

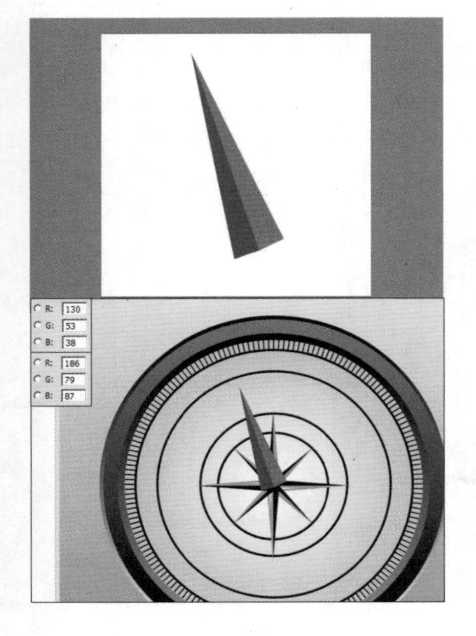

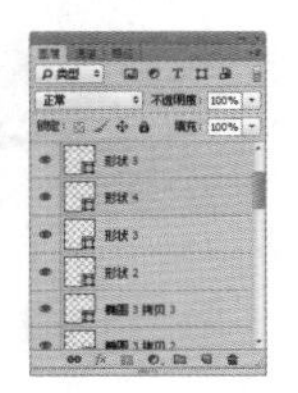

Step 18 复制形状4、5并更改填充色。选择“形状4”和“形状5”图层，将其拖动至“图层”面板下方的“新建图层”按钮上进行复制图层，得到“形状4拷贝”和“形状5拷贝”图层。按快捷键【Ctrl+T】，调出自由变换控制框，变换图像到如图所示的状态，按【Enter】键确认操作。设置前景色，并填充形状颜色，设置的参数和得到的效果如下图所示。

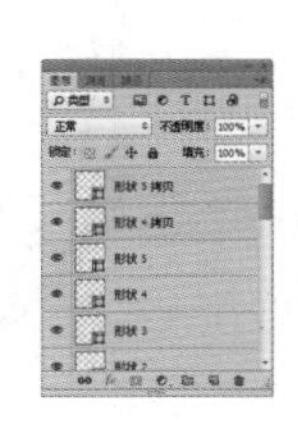

Step 19 绘制黑色椭圆。设置前景色为黑色，选择“椭圆工具”，在工具选项栏中的“选择工具模式”中选择“形状”选项，在图中所示的位置上绘制椭圆，设置的参数如下图所示。

Step 20 绘制白色椭圆并添加图层样式。设置前景色为白色，选择“椭圆工具”，在工具选项栏中的“选择工具模式”中选择“形状”选项，在图中所示的位置上绘制椭圆。单击“添加图层样式”按钮，在弹出的菜单中选择“渐变叠加”命令，设置的参数效果如下图所示。

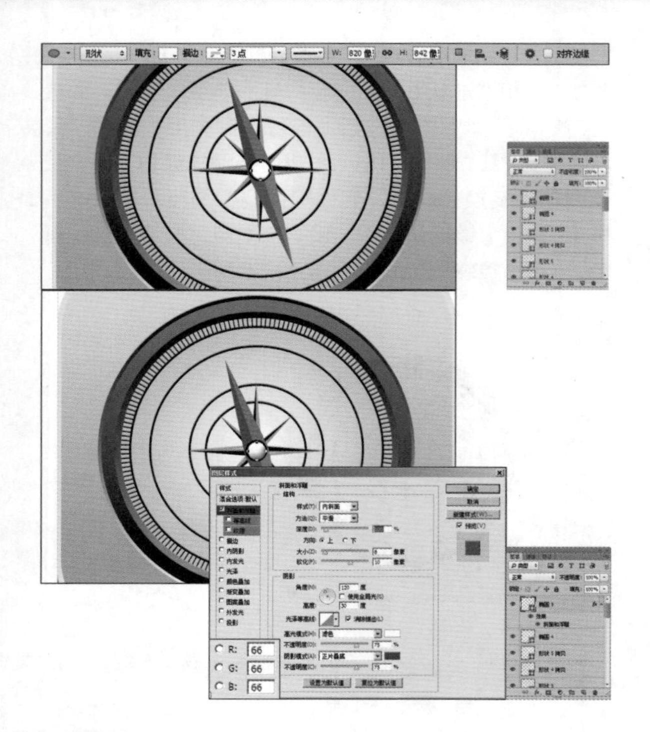

Step 21 添加文字。选择“文字工具”，在工具选项栏中设置字体大小、字体颜色和字体，输入图中文字，得到的效果如下图所示。

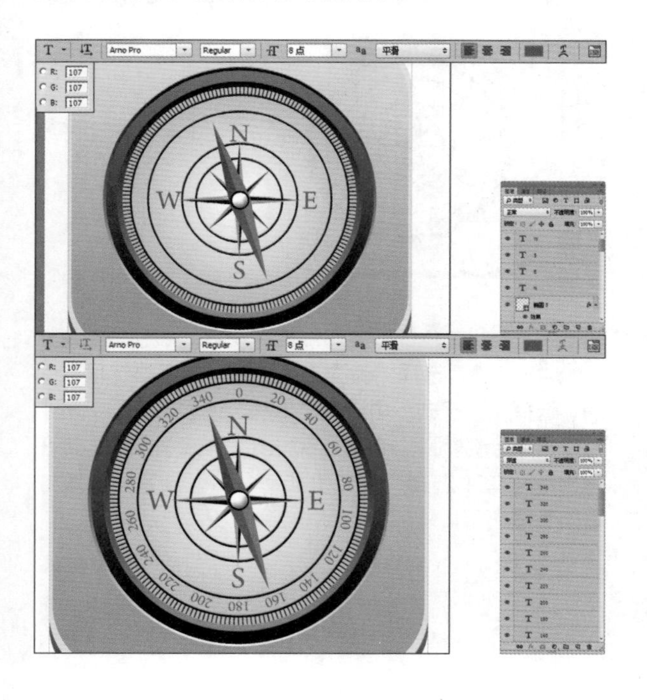

Step 22 复制图形图层。选择“圆角矩形 1”、“圆角矩形 2”和“圆角矩形 3”图层，将其拖动至“图层”面板下方的“新建图层”按钮上复制图层，得到“圆角矩形 1 拷贝”、“圆角矩形 2 拷贝”和“圆角矩形 3 拷贝”图层。使用“移动工具”将图像拖动到如下图所示的位置上。

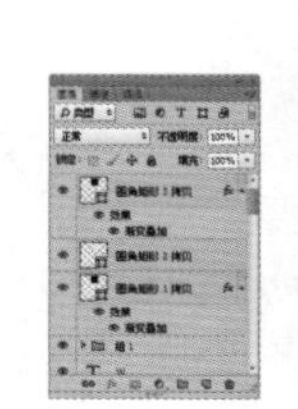

Step 23 绘制椭圆。设置前景色为黑色，选择“椭圆工具”，在工具选项栏中的“选择工具模式”中选择“形状”选项，在图中所示的位置上绘制椭圆，设置的参数如下图所示。

Step 24 为椭圆添加渐变。选择“椭圆 6”图层，单击“添加图层样式”按钮，在弹出的菜单中选择“渐变叠加”命令，设置的参数效果如下图所示。

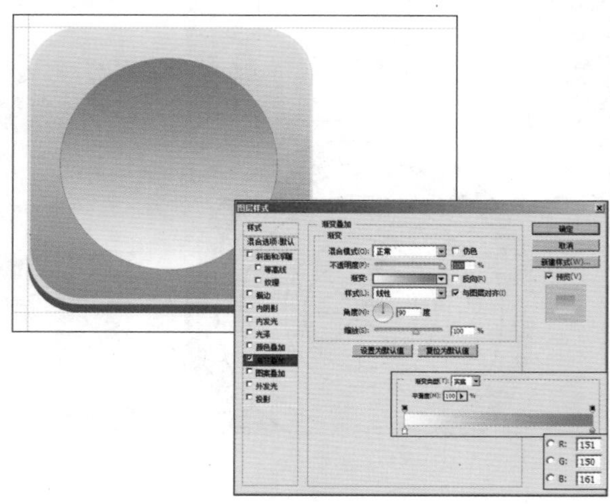

Step 25 绘制蓝色椭圆。选择“椭圆工具”，在工具选项栏中的“选择工具模式”中选择“形状”选项，在图中所示的位置上绘制蓝色椭圆，设置的参数如下图所示。

Step 26 打开素材文件并添加。打开随书光盘中的“形状 6”图像文件，此时的图像效果和“图层”面板如图所示。使用“移动工具”将图像拖动到第 1 步新建的文件中，得到“形状 6”。按快捷键【Ctrl+T】，调出自由变换控制框，变换图像到如图所示的状态，按【Enter】键确认操作。设置前景色，按快捷键【Alt+Delete】填充颜色，设置的参数和得到的效果如图所示。

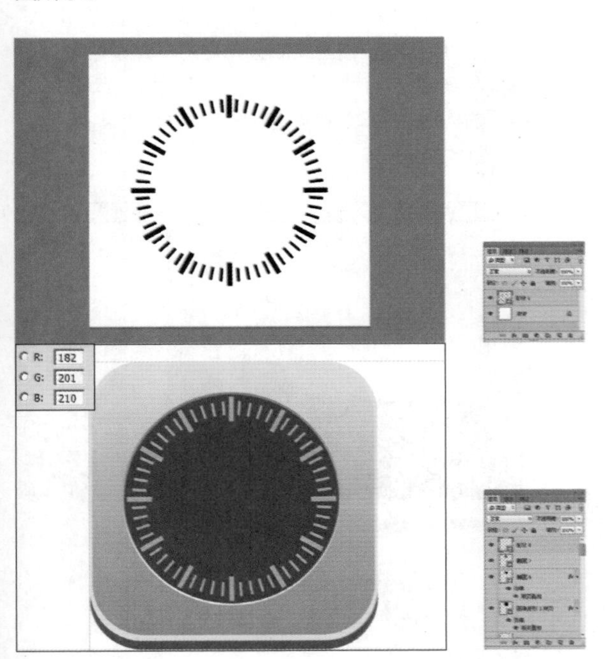

Step 27 绘制“分钟”。选择“圆角矩形工具”，在工具选项栏中的“选择工具模式”中选择“形状”选项，在图中所示的位置上绘制圆角矩形，设置的参数如下图所示。

Step 28 绘制“时针”和“秒针”。选择“圆角矩形工具”，在工具选项栏中的“选择工具模式”中选择“形状”选项，单击“路径操作选择”按钮，在下拉菜单中选择“合并图层”命令，在图中所示的位置上绘制“时针”和“秒钟”，设置的参数如下图所示。

Step 29 绘制椭圆添加斜面浮雕。设置前景色为白色，选择“椭圆工具”，在工具选项栏中的“选择工具模式”中选择“形状”选项，在图中所示的位置上绘制椭圆。单击“添加图层样式”按钮，在弹出的菜单中选择“斜面和浮雕”命令，设置的参数如下图所示。

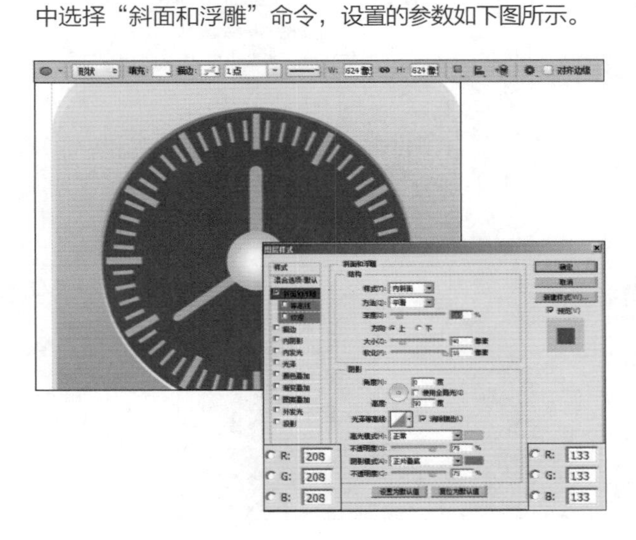

Step 30 绘制黑色椭圆。设置前景色为黑色，选择“椭圆工具”，在工具选项栏中的“选择工具模式”中选择“形状”选项，在图中所示的位置上绘制椭圆，设置的参数如下图所示。

Step 31 用钢笔工具绘制图形。设置前景色为白色，选择“钢笔工具”，在工具选项栏中的“选择工具模式”中选择“形状”选项，在图中所示的位置上绘制图形，设置的参数如下图所示。

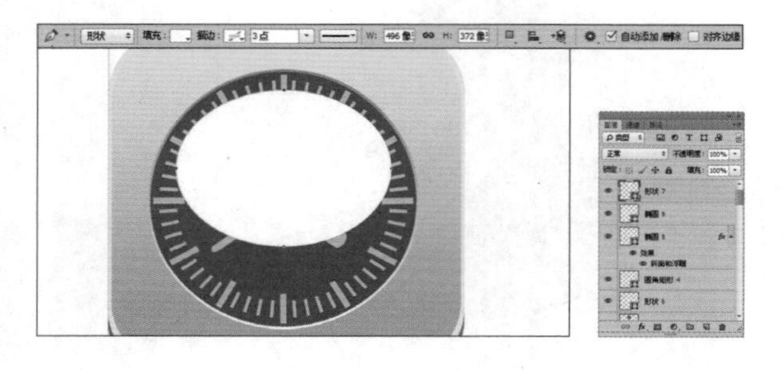

Step 32 添加渐变色。选择“形状 7”图层，单击“添加图层样式”按钮，在弹出的菜单中选择“渐变叠加”命令。设置“图层”面板中的透明度，设置的数值为“20%”，设置的参数效果如下图所示。

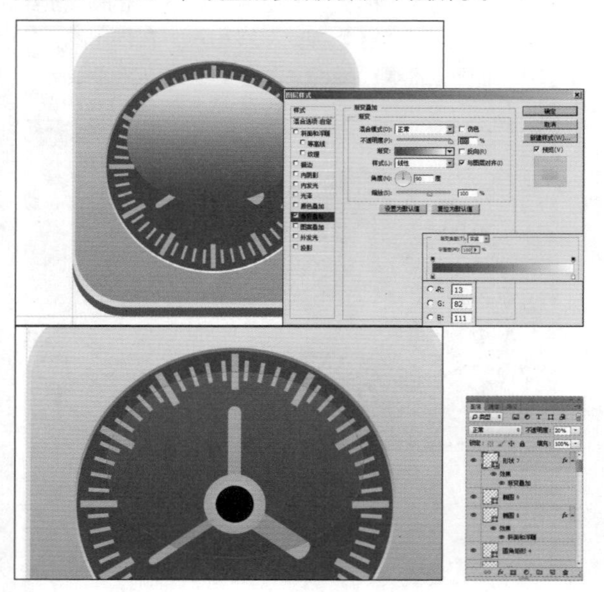

Step 33 绘制圆角矩形添加渐变色。选择“圆角矩形工具”，在工具选项栏中的“选择工具模式”中选择“形状”选项，在图中所示的位置上绘制圆角矩形。单击“添加图层样式”按钮，在弹出的菜单中选择“渐变叠加”命令，设置的参数如下图所示。

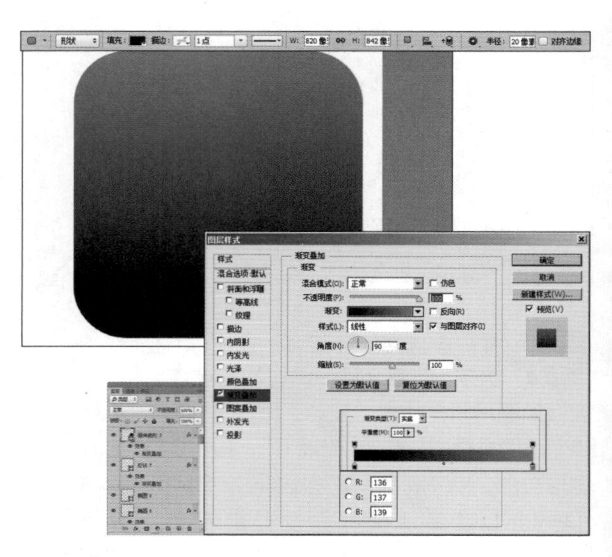

Step 34 绘制图形添加渐变色。选择“圆角矩形工具”，在工具选项栏中的“选择工具模式”中选择“形状”选项，在图中所示的位置上绘制圆角矩形，并设置左上角和右上角的像素值为“0”。单击“添加图层样式”按钮，在弹出的菜单中选择“渐变叠加”命令，设置的参数如下图所示。

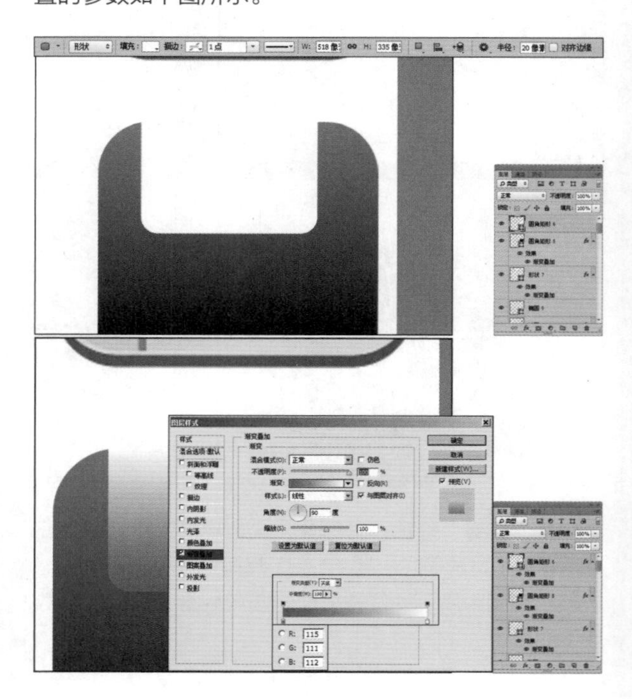

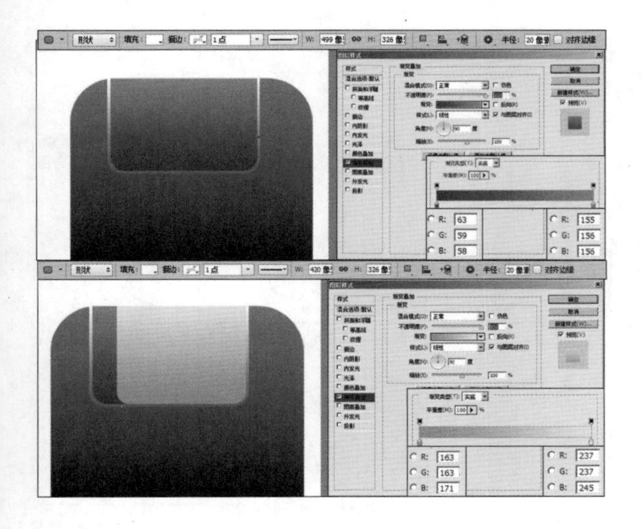

Step 35 绘制矩形。设置前景色为白色，选择“矩形工具”，在工具选项栏中的“选择工具模式”中选择“形状”选项，绘制图中的矩形。设置的参数如下图所示。

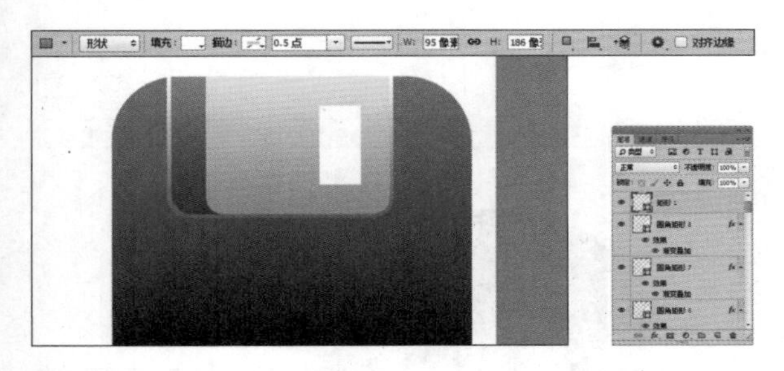

Step 36 为矩形添加渐变色和斜面浮雕。选择“矩形1”图层，单击“添加图层样式”按钮，在弹出的菜单中选择“渐变叠加”和“斜面和浮雕”命令，设置的参数如下图所示。

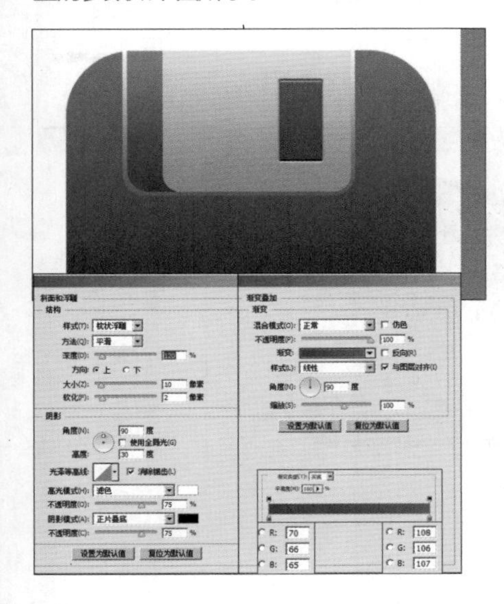

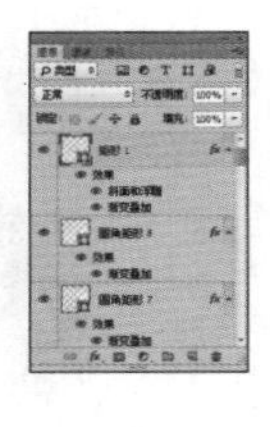

Step 37 绘制圆角矩形。选择“圆角矩形工具”，在工具选项栏中的“选择工具模式”中选择“形状”选项，在图中所示的位置上绘制圆角矩形，并设置左下角和右下角的像素值为“0”，设置的参数和效果如下图所示。

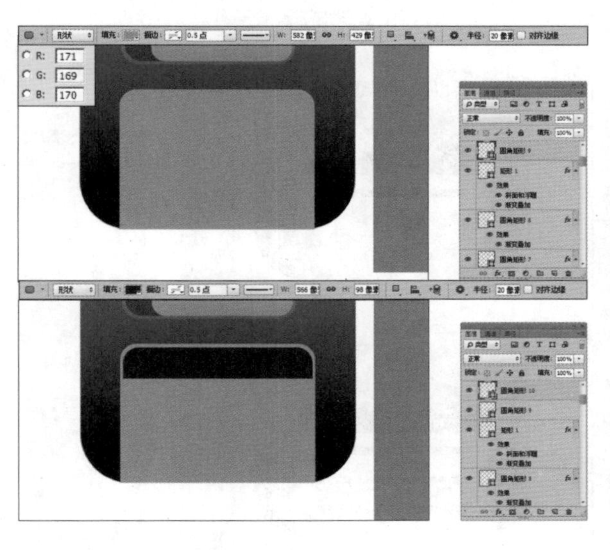

Step 38 绘制矩形添加渐变色。设置前景色为白色，选择“矩形工具”，在工具选项栏中的“选择工具模式”中选择“形状”选项，绘制图中矩形。单击“添加图层样式”按钮，在弹出的菜单中选择“渐变叠加”命令，设置的参数如下图所示。

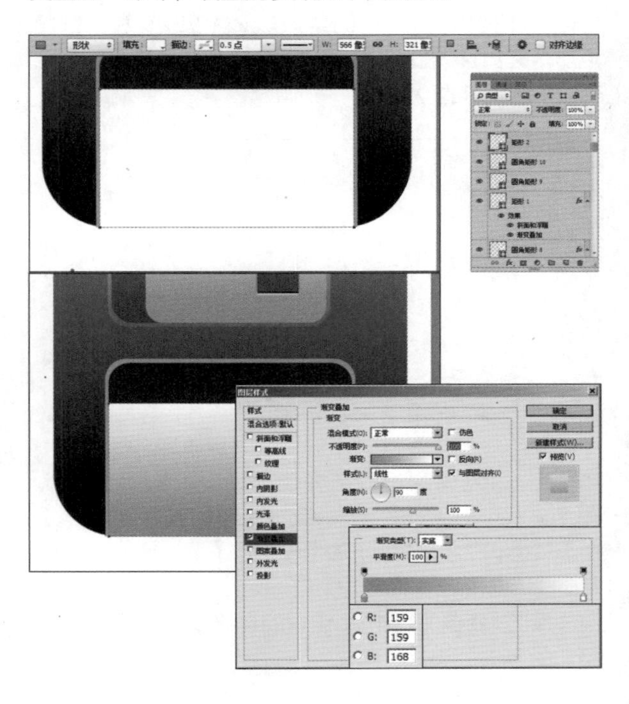

Step 39 绘制3个矩形。设置前景色为黑色，选择“矩形工具”，在工具选项栏中的“选择工具模式”中选择“形状”选项，单击“路径操作选择”按钮，在下拉菜单中选择“合并图层”命令，绘制图中3个黑色矩形，设置的参数和效果如下图所示。

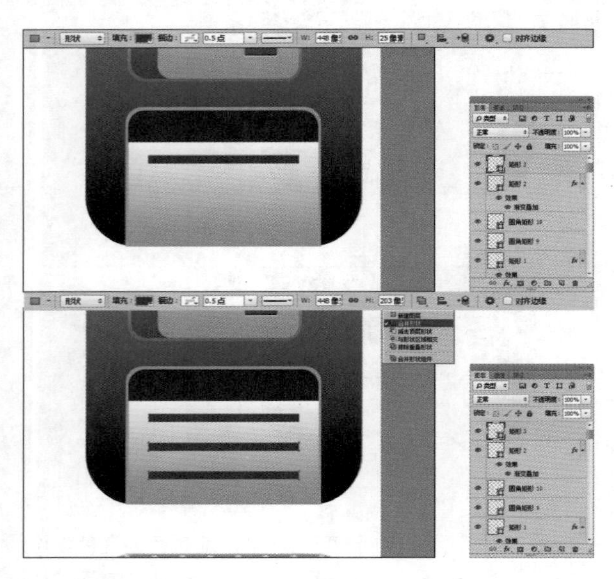

Step 40 复制图形图层。选择“圆角矩形1”、“圆角矩形2”和“圆角矩形3”图层，将其拖动至“图层”面板下方的“新建图层”按钮上进行复制图层，得到“圆角矩形1拷贝2”、“圆角矩形2拷贝2”和“圆角矩形3拷贝2”图层。使用“移动工具”将图像拖动到如下图所示的位置上。

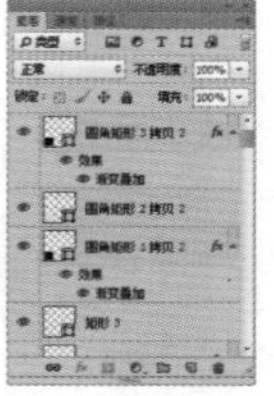

Step 41 绘制椭圆设置渐变色。设置前景色为白色，选择“椭圆工具”，在工具选项栏中的“选择工具模式”中选择“形状”选项，在图中的位置上绘制椭圆。单击“添加图层样式”按钮，在弹出的菜单中选择“渐变叠加”命令，设置的参数效果如下图所示。

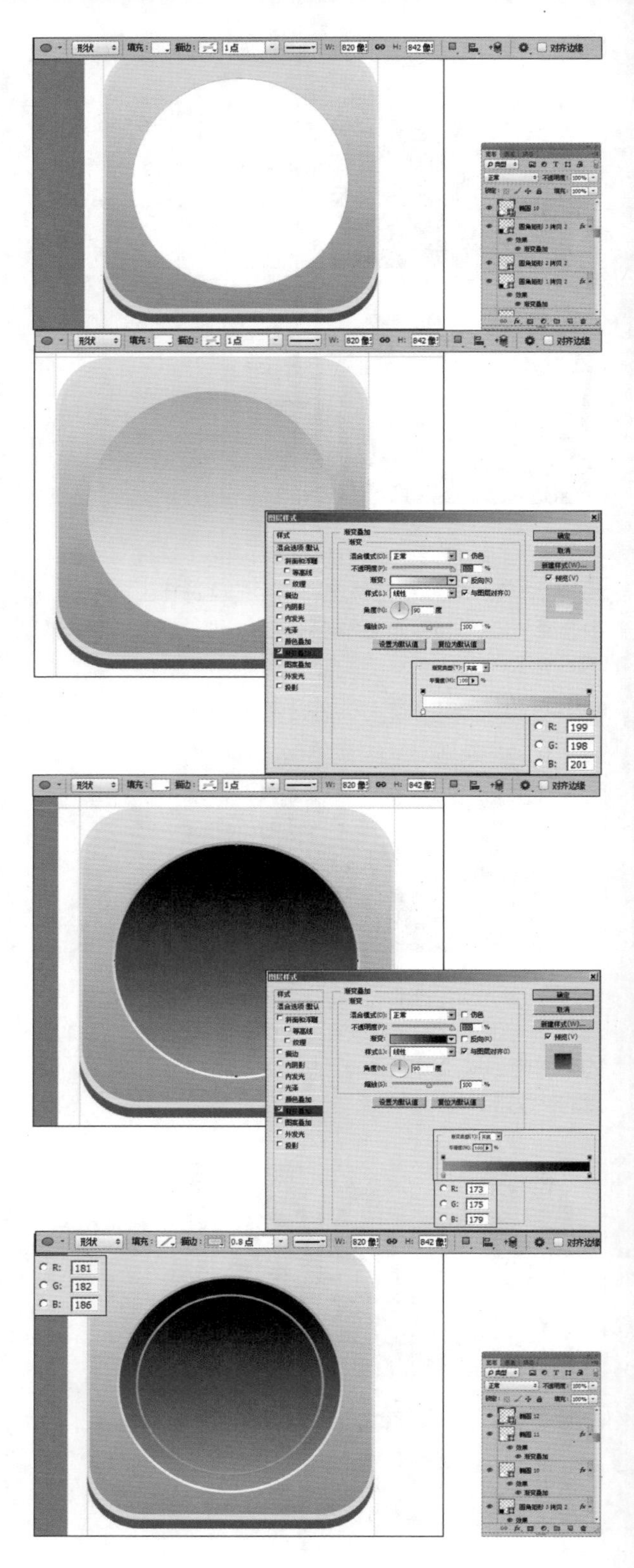

Step 42 打开素材文件并添加。打开随书光盘中的“形状 6”图像文件，此时的图像效果和“图层”面板如图所示。使用“移动工具”将图像拖动到第 1 步新建的文件中得到“形状 6”。按快捷键【Ctrl+T】，调出自由变换控制框，变换图像到如图所示的状态，按【Enter】键确认操作。设置前景色为白色，按快捷键【Alt+Delete】填充颜色，设置的参数和得到的效果如下图所示。

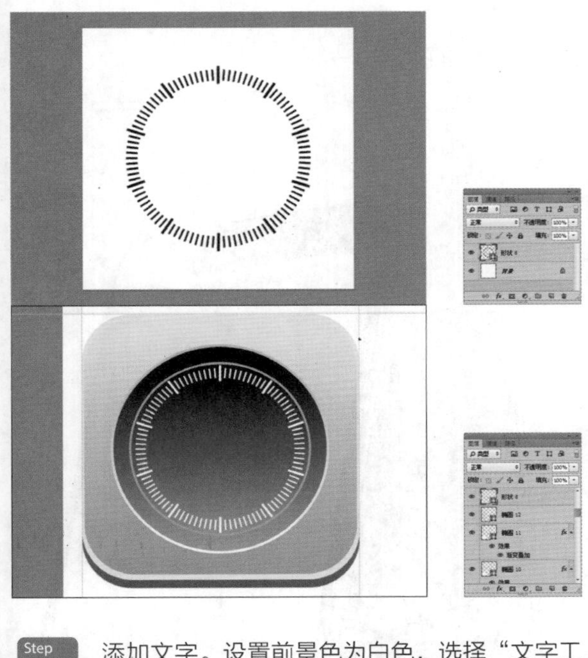

Step 43 添加文字。设置前景色为白色，选择“文字工具”，在工具选项栏中设置字体大小、字体颜色和字体，输入图中文字，设置的参数和得到的效果如下图所示。

Step 44 最终效果。绘制出其他的图形文件，最终的效果如下图所示。

6.3 纯平面效果

本案例使用到“矩形工具”、“圆角矩形工具”、“自定义图形工具”等工具绘制。

易难度★★★　　实用度★★★★

色彩分析

本例采用灰色为主色调，给人一种素雅的感觉。为了使界面不单调，选择了橙色和绿色作为点缀。

布局分析

本例采用突出主体的布局形式，上面的部分显示 APP 标题，中间最大的部分突出内容主体，最下方两个部分显示功能区。

技法分析

制作带有图标的 APP 界面可以使用 Photoshop 里自定义形状工具，这样可以节省很多设计制作时间。

Step 01 新建文档。执行菜单“文件”/“新建”命令（或按【Ctrl+N】快捷键），设置弹出的“新建”命令对话框，单击“确定”按钮，即可创建一个新的空白文档。

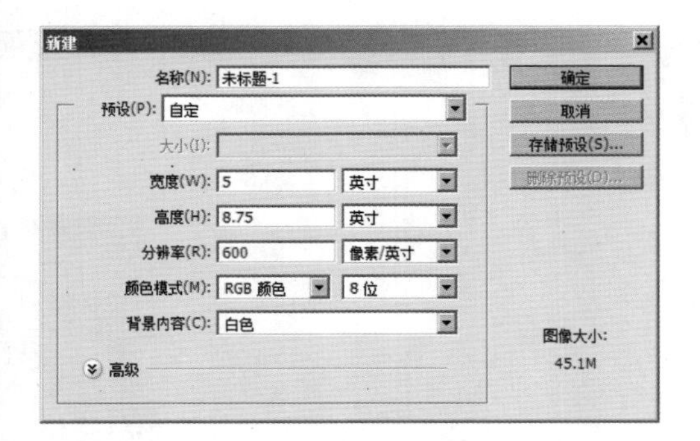

Step 02 设置背景色。设置前景色色值为（R:239，G:239，B:239），按快捷键【Alt+Delete】填充颜色，效果如下图所示。

Step 03 绘制矩形。选择“矩形工具”，在工具选项栏中的“选择工具模式”中选择“形状”选项，绘制图中矩形，设置的参数和效果如下图所示。

Step 04 添加自定义图形。选择“自定义图形工具”，在工具选项栏中的“选择工具模式”中选择“形状”选项，单击“打开形状拾色器”，在下拉菜单中选择“全球互联网”图形，在图中矩形位置上绘制图形。设置前景色，按快捷键【Alt+Delete】填充颜色，设置的参数如下图所示。

Step 05 输入“open”字。选择“文字工具”，在工具选项栏中设置字体大小、字体颜色和字体，输入图中“open”文字，设置的参数和得到的效果如下图所示。

Step 06 添加文字。设置前景色为黑色，选择“文字工具”，在工具选项栏中设置字体大小、字体颜色和字体，输入图中文字，设置的参数和得到的效果如下图所示。

Step 07 输入文中文字。选择“文字工具” T，在工具选项栏中设置字体大小、字体颜色和字体，输入图中文字，设置的参数和得到的效果如下图所示。

Step 08 绘制白色矩形。设置前景色为白色，选择“矩形工具”，在工具选项栏中的“选择工具模式”中选择“形状”选项，在背景图的中间位置上绘制矩形，设置的参数效果如下图所示。

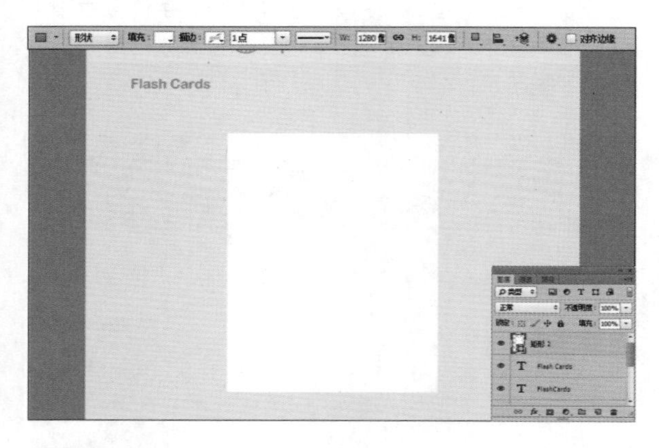

Step 09 添加投影。选择“矩形 1”图层，单击“添加图层样式”按钮 fx，在弹出的菜单中选择“投影”命令，设置的参数效果如下图所示。

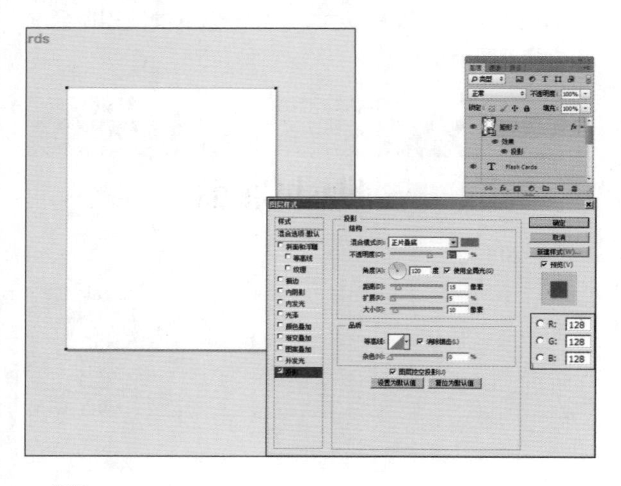

Step 10 绘制灰色边矩形。选择“矩形工具”，在工具选项栏中的“选择工具模式”中选择“形状”选项，在“矩形 1”中间位置上绘制灰色边矩形，设置的参数效果如下图所示。

Step 11 复制自定义图形。选择“形状 1”图形图层，按快捷键【Ctrl+J】复制得到“形状 1 拷贝”图层，使用“移动工具”将图像拖动到“矩形 2”中间。按快捷键【Ctrl+T】，调出自由变换控制框，变换图像到如下图所示的状态，按【Enter】键确认操作。

Step 12 添加文字。选择“文字工具” T，在工具选项栏中设置字体大小、字体颜色和字体，输入图中文字，设置的参数和得到的效果如下图所示。

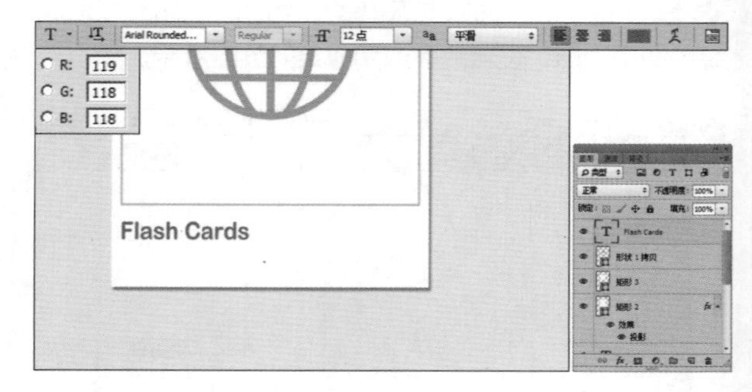

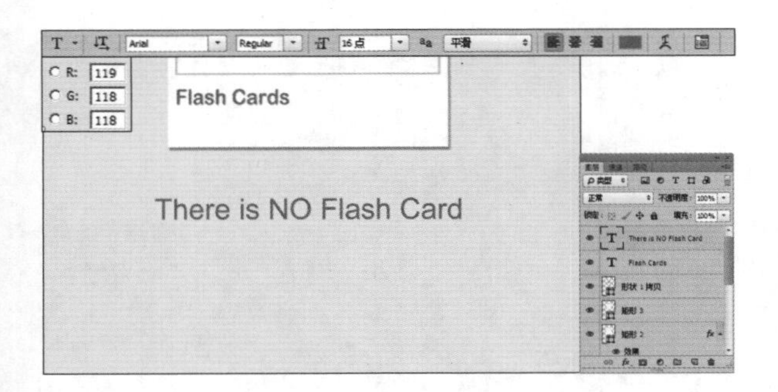

Step 13 绘制圆角矩形。选择“圆角矩形工具”，在工具选项栏中的“选择工具模式”中选择“形状”选项，在图中所示的位置上绘制圆角矩形，设置的参数效果如下图所示。

Step 14 输入文字。设置前景色为白色，选择“文字工具”，在工具选项栏中设置字体大小、字体颜色和字体，输入图中文字，设置的参数和得到的效果如下图所示。

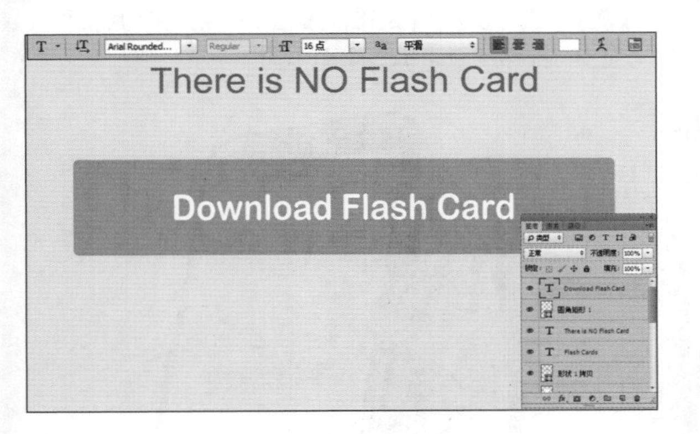

Step 15 添加文段文字。选择“文字工具”，在工具选项栏中设置字体大小、字体颜色和字体，输入图中文字，设置的参数和得到的效果如下图所示。

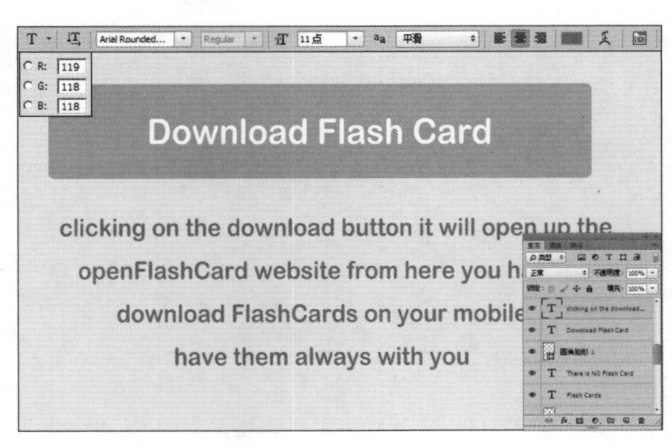

Step 16 绘制绿色矩形。选择“矩形工具”，在工具选项栏中的“选择工具模式”中选择“形状”选项，在背景图的中间位置上绘制绿色矩形，设置的参数效果如下图所示。

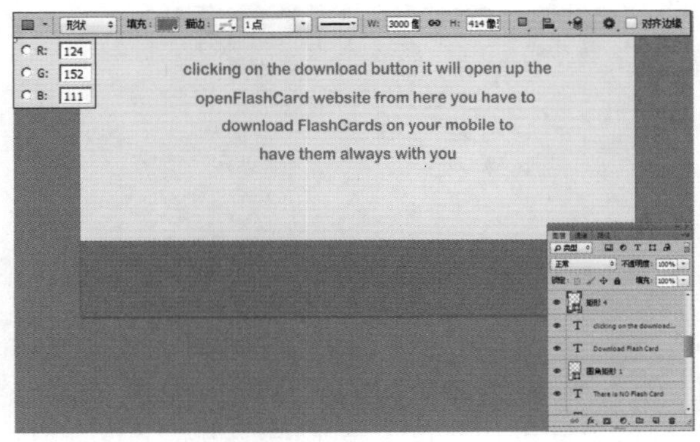

Step 17 绘制小矩形。选择“矩形工具”，在工具选项栏中的“选择工具模式”中选择“形状”选项，在背景图的中间位置上绘制浅绿色矩形，设置的参数效果如下图所示。

Step 18 绘制漏斗图形。选择“钢笔工具”，在工具选项栏中的“选择工具模式”中选择“形状”选项，在浅绿色矩形下方绘制出一个漏斗的样子，设置的参数效果如下图所示。

Step 19 输入文字。设置前景色为黑色，选择“文字工具”，在工具选项栏中设置字体大小、字体颜色和字体，输入图中文字，设置的参数和得到的效果如下图所示。

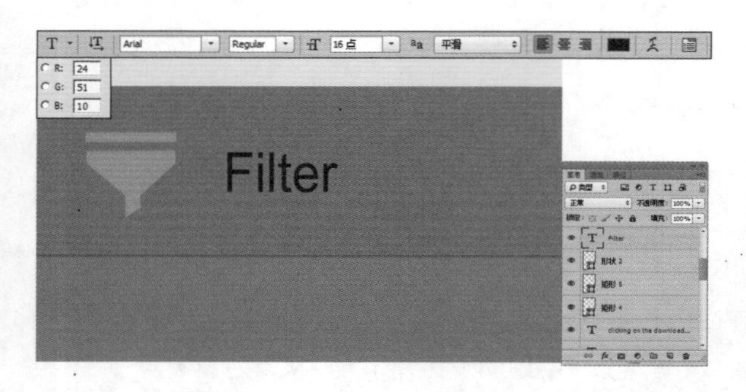

Step 20 绘制矩形边框。选择“矩形工具”，在工具选项栏中的“选择工具模式”中选择“形状”选项，在图中所示的位置上绘制矩形边框，设置的参数和效果如图所示。选择“直接选择工具”，在工具选项栏中的“选择工具模式”中选择“形状”选项，在图中矩形上拉动左上角和右上角，变换到如图所示的图形，得到的效果如下图所示。

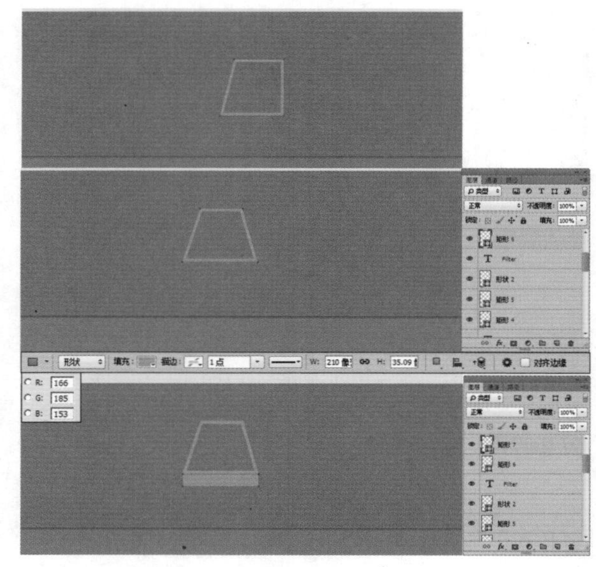

Step 21 添加箭头图形。选择“自定义图形工具”，在工具选项栏中的“选择工具模式”中选择“形状”选项，单击“打开形状拾色器”选项，在下拉菜单中选择“箭头”图形，在图中矩形位置上绘制箭头图形。设置前景色，按快捷键【Alt+Delete】填充颜色，设置的参数如下图所示。

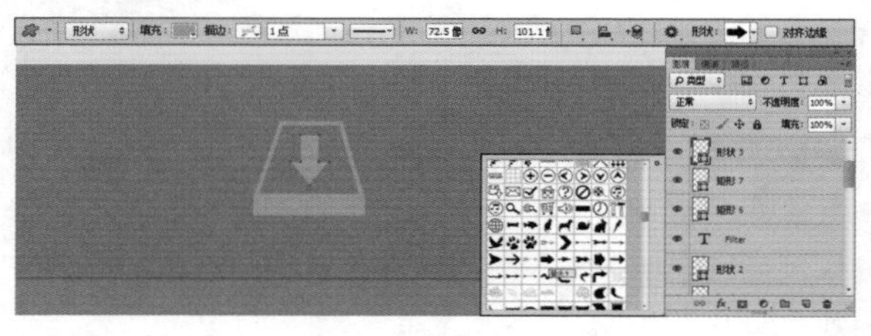

Step 22 最终效果。将绘制好的图形另存为图片文件，并移动至手机效果图中。

6.4 色块效果

使用“矩形工具”绘制色块效果，在颜色上使用彩虹色交替的颜色，这样是为了好区分。

易难度★★★　　实用度★★★★

色彩分析

巧妙运用彩虹色绘制块面效果，跳跃性的颜色，有种青春洋溢、活泼的感觉。

布局分析

选择横向排列的同时，留点空间再加上纵向排列交错。

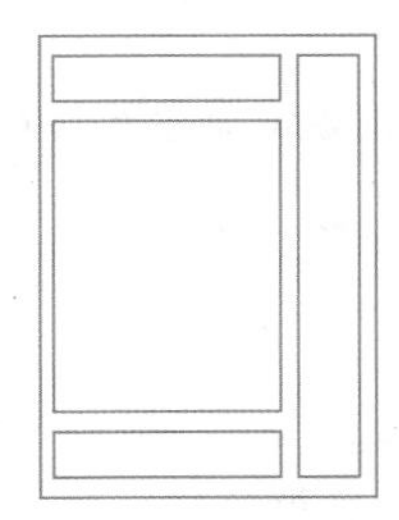

技法分析

整体来说，使用最多的就是“矩形工具”了。对于绘制手机界面来说，矩形、圆角矩形和椭圆是最常见的，因此本案例使用到的最多的就是“矩形工具”。

Step 01 新建文档。执行菜单“文件”/“新建”命令（或按【Ctrl+N】快捷键），设置弹出的“新建”命令对话框，单击“确定”按钮，即可创建一个新的空白文档。

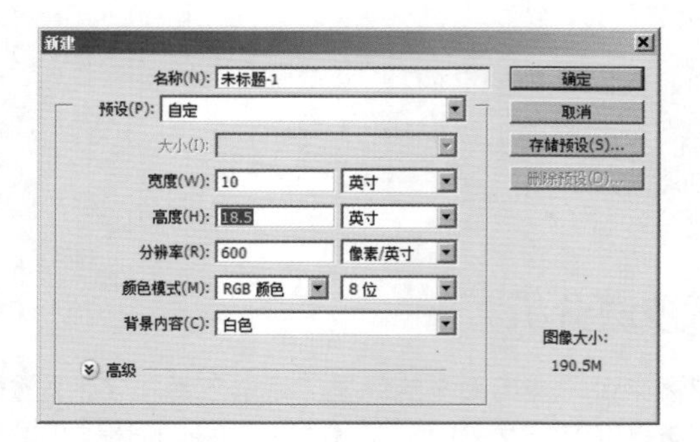

Step 02 绘制灰色矩形。选择“矩形工具”，在工具选项栏中的“选择工具模式”中选择“形状”选项，在图中所示的位置上绘制灰色矩形，设置的参数如下图所示。

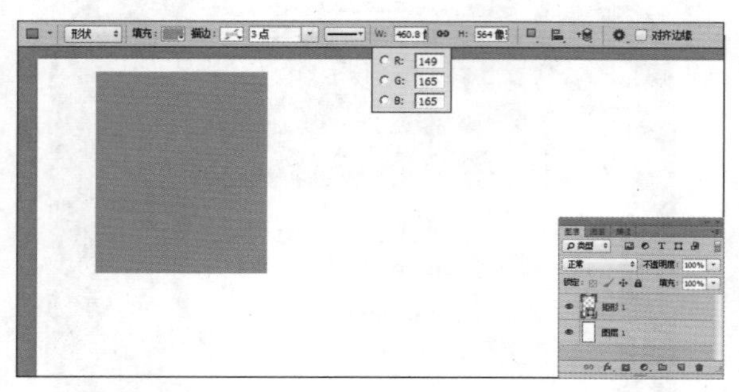

Step 03 输入文字。设置前景色为白色，选择“文字工具”，在工具选项栏中设置字体大小、字体颜色和字体，输入图中“3”文字，得到的效果如下图所示。

Step 04 绘制黑色矩形。设置前景色为黑色，选择“矩形工具”，在工具选项栏中的“选择工具模式”中选择“形状”选项，在图中所示的位置上绘制黑灰色矩形，设置的参数如下图所示。

Step 05 设置透明度。选择“矩形 2”图层，设置“图层”面板中“透明度”的数值，设置的数值为“40%”，得到的效果如下图所示。

Step 06 绘制矩形。选择“矩形工具”，在工具选项栏中的“选择工具模式”中选择“形状”选项，在图中所示的位置上绘制蓝灰色矩形，设置的参数如下图所示。

Step 07 输入数字“8”。设置前景色为白色，选择“文字工具”，在工具选项栏中设置字体大小、字体颜色和字体，输入图中“8”文字，得到的效果如下图所示。

Step 08 复制“矩形 2”。选择“矩形 2”图层，按快捷键【Ctrl+J】复制得到“矩形 2 拷贝”图层，使用“移动工具”将图层移动到如下图所示的位置上。

Step 09 绘制浅灰色矩形。选择“矩形工具”，在工具选项栏中的“选择工具模式”中选择“形状”选项，在图中所示的位置上绘制浅灰色矩形，设置的参数如下图所示。

Step 10 打开素材文件并添加。打开随书光盘中的“矢量智能图像 1”图像文件，此时的图像效果和“图层”面板如图所示。使用“移动工具”将图像拖动到第 1 步新建的文件中得到“矢量智能图像 1”，按快捷键【Ctrl+T】，调出自由变换控制框，变换图像到如图所示的状态，按【Enter】键确认操作，得到的效果如下图所示。

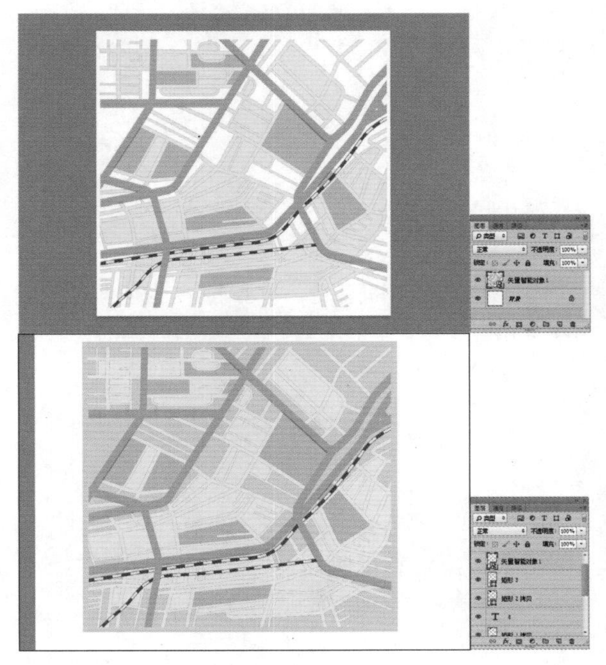

Step 11 绘制浅灰色矩形。选择“矩形工具”，在工具选项栏中的“选择工具模式”中选择“形状”选项，在图中所示的位置上绘制浅灰色矩形，设置的参数如下图所示。

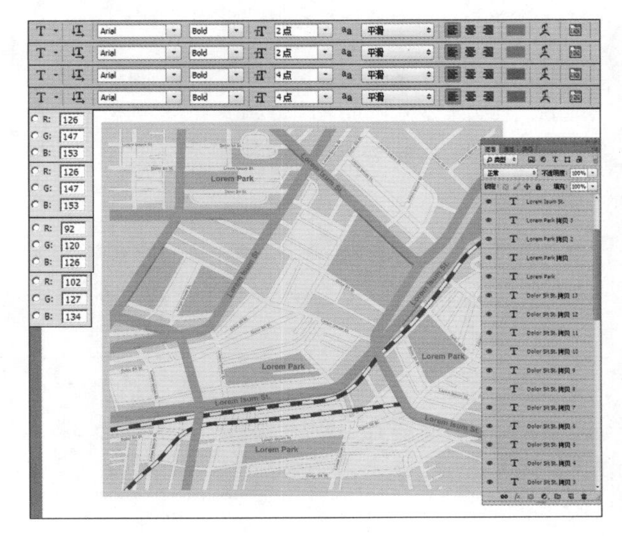

Step 12 用钢笔绘制圣诞树。选择“钢笔工具”，在工具选项栏中的“选择工具模式”中选择“形状”选项，在图中所示的位置上绘制圣诞树，设置的参数如下图所示。

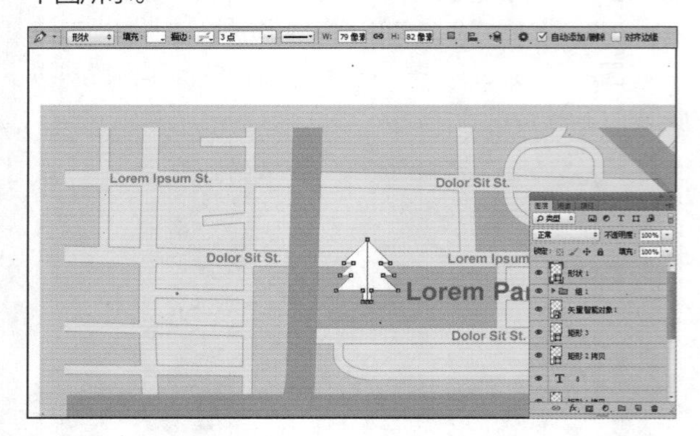

Step 13 添加圣诞树渐变色。单击“添加图层样式”按钮，在弹出的菜单中选择“渐变叠加”命令，设置的参数效果如下图所示。

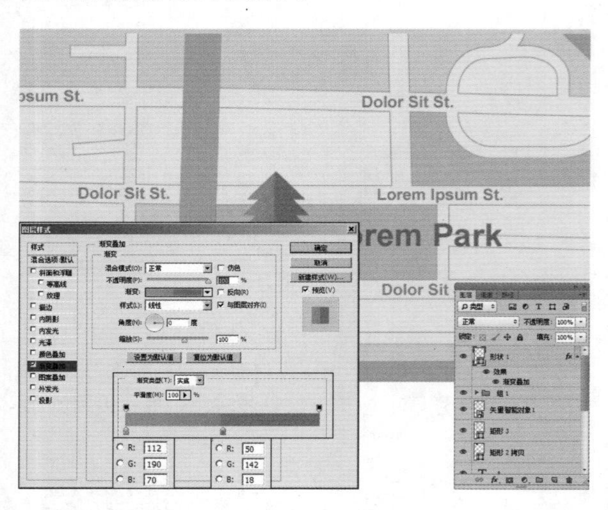

Step 14 复制多个圣诞树。选择“形状 1”图层，多按几次快捷键【Ctrl+J】复制多个“圣诞树”，使用“移动工具”，分别将“圣诞树”移动到如下图所示的不同位置上。

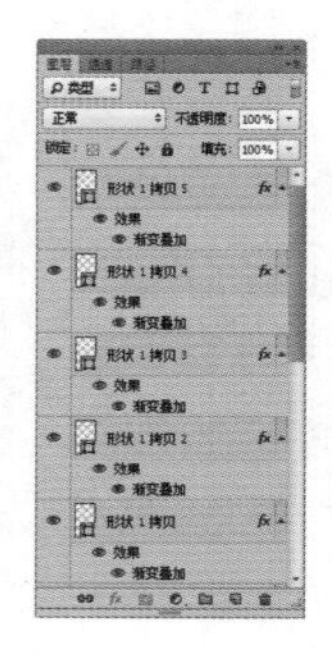

Step 15 绘制多边形。选择“矩形工具”和“多边形工具”，在工具选项栏中的“选择工具模式”中选择“形状”选项，单击选择“路径操作”选项，在下拉菜单中选择“合并形状”命令，在图中所示的位置上绘制蓝色多边形，设置的参数如下图所示。

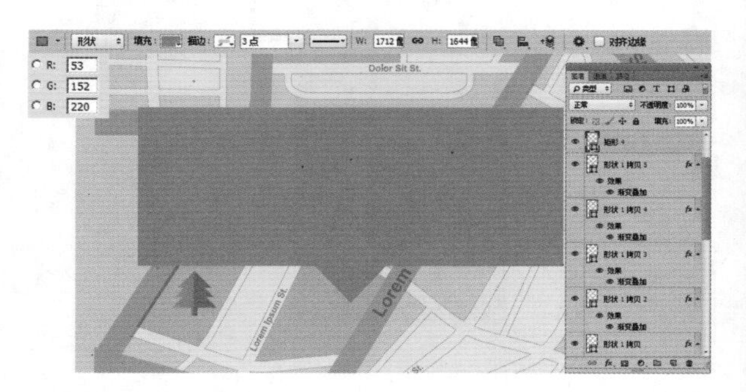

Step 16 输入文字。设置前景色为白色，选择“文字工具”，在工具选项栏中设置字体大小、字体颜色和字体，输入图中文字，得到的效果如下图所示。

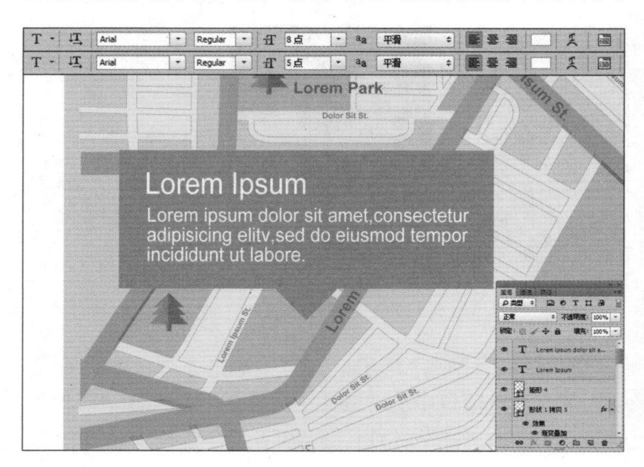

Step 17 绘制深灰色矩形。选择“矩形工具”，在工具选项栏中的“选择工具模式”中选择“形状”选项，在图中所示的位置上绘制深灰色矩形，设置的参数如下图所示。

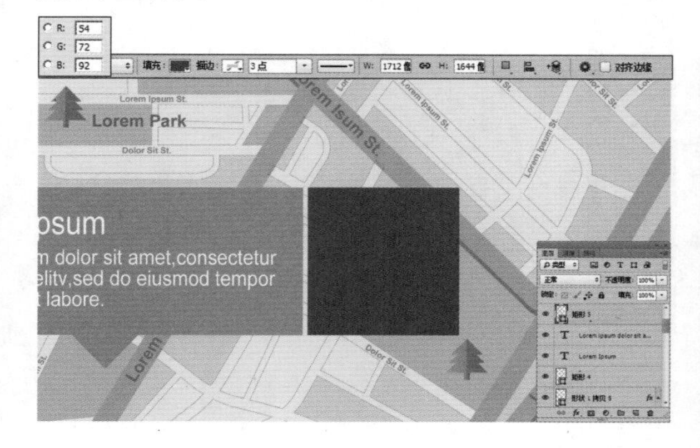

Step 18 添加自定义形状。选择“自定义形状工具”，在工具选项栏中的“选择工具模式”中选择“形状”选项，单击打开“自定形状”拾色器，在下拉菜单中选择“箭头 2”选项，在图中所示的位置上绘制，设置参数如下图所示。

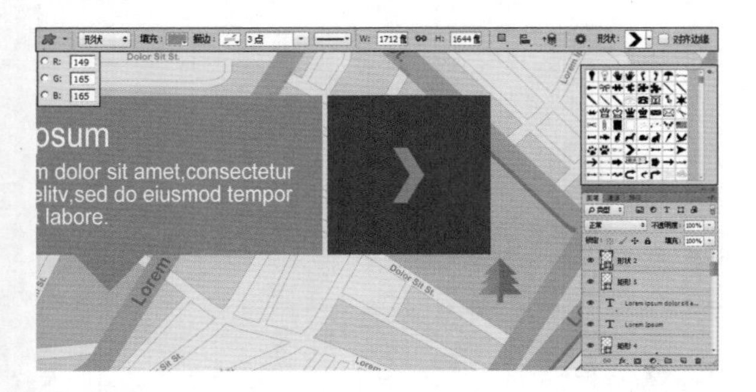

Step 19 绘制渐变色椭圆。选择“椭圆工具”，在工具选项栏中的“选择工具模式”中选择“形状”选项，在图中所示的位置上绘制椭圆。单击“添加图层样式”按钮，在弹出的菜单中选择“渐变叠加”命令，设置的参数效果如下图所示。

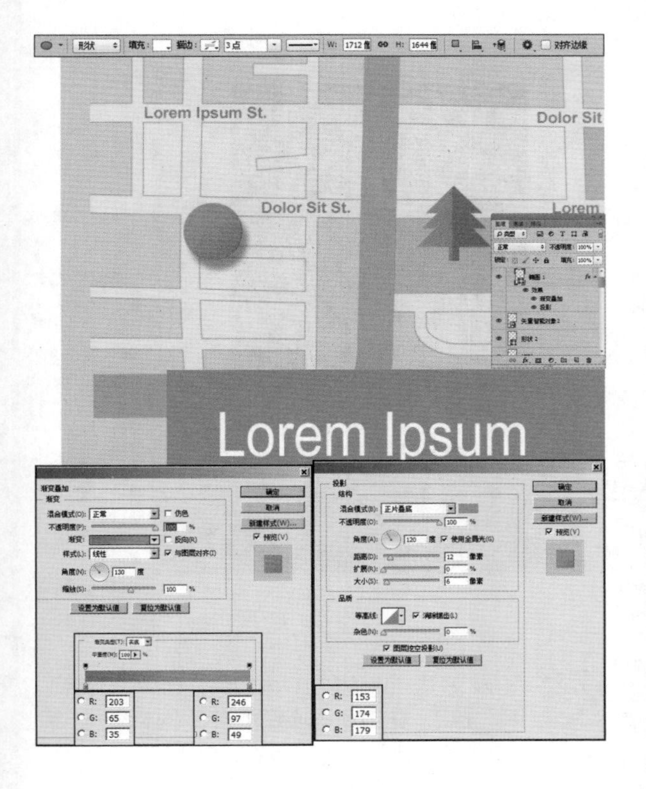

Step 20 绘制白色椭圆。设置前景色为白色，选择“椭圆工具”，在工具选项栏中的“选择工具模式”中选择“形状”选项，在图中渐变椭圆的位置上绘制如图所示椭圆。

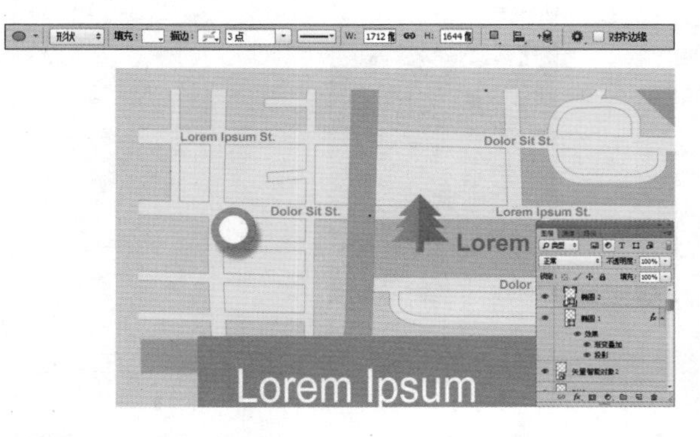

Step 21 添加文字。选择“文字工具”，在工具选项栏中设置字体大小、字体颜色和字体，输入图中“D9”文字，得到的效果如下图所示。

Step 22 复制图形。选择绘制好的椭圆图形和文字图层，将它们拖入到“图层”面板上的“新建图层”按钮上复制，并使用“移动工具”，分别将“圣诞树”移动到如下图所示的不同位置上。

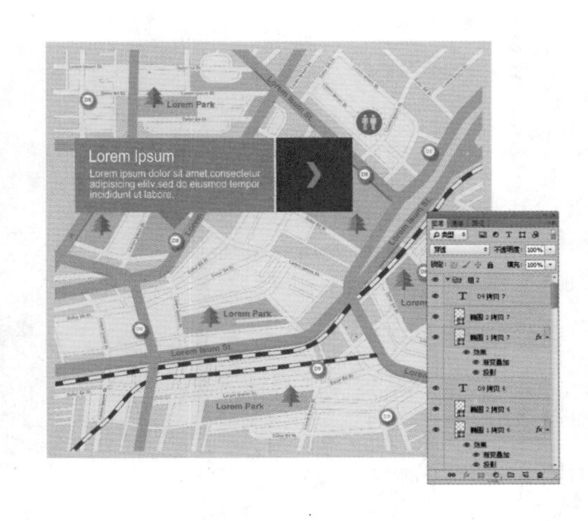

Step 23 绘制矩形。选择“矩形工具”，在工具选项栏中的“选择工具模式”中选择“形状”选项，在图中所示的位置上绘制深灰色矩形，设置的参数如下图所示。

Step 24 绘制矩形。选择“矩形工具”，在工具选项栏中的“选择工具模式”中选择“形状”选项，在图中所示的位置上绘制深灰色矩形，设置的参数如下图所示。

Step 25 打开素材文件并添加。打开随书光盘中的“矢量智能图像 3”图像文件，此时的图像效果和“图层”面板如图所示。使用“移动工具”将图像拖动到第 1 步新建的文件中，得到“矢量智能图像 3”，按快捷键【Ctrl+T】，调出自由变换控制框，变换图像到如图所示的状态，按【Enter】键确认操作，得到的效果如下图所示。

Step 26 绘制白色矩形。设置前景色为白色，选择“矩形工具”，在工具选项栏中的“选择工具模式”中选择“形状”选项，在图中所示的位置上绘制白色矩形遮挡半边，设置的参数如下图所示。

Step 27 打开素材文件并添加。打开随书光盘中的“矢量智能图像 4”图像文件，此时的图像效果和“图层”面板如图所示。使用“移动工具”将图像拖动到第 1 步新建的文件中，得到“矢量智能图像 4”，按快捷键【Ctrl+T】，调出自由变换控制框，变换图像到如图所示的状态，按【Enter】键确认操作，得到的效果如下图所示。

Step 28 输入文字。设置前景色为白色，选择“文字工具”，在工具选项栏中设置字体大小、字体颜色和字体，输入图中文字，得到的效果如下图所示。

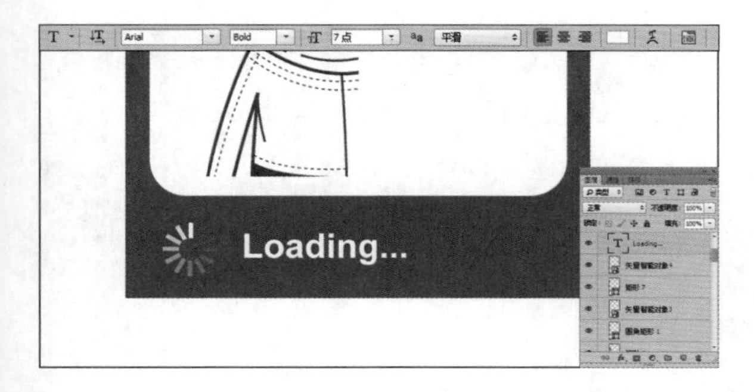

Step 29 绘制矩形。选择“矩形工具”，在工具选项栏中的“选择工具模式”中选择“形状”选项，在图中所示的位置上绘制矩形，设置的参数如下图所示。

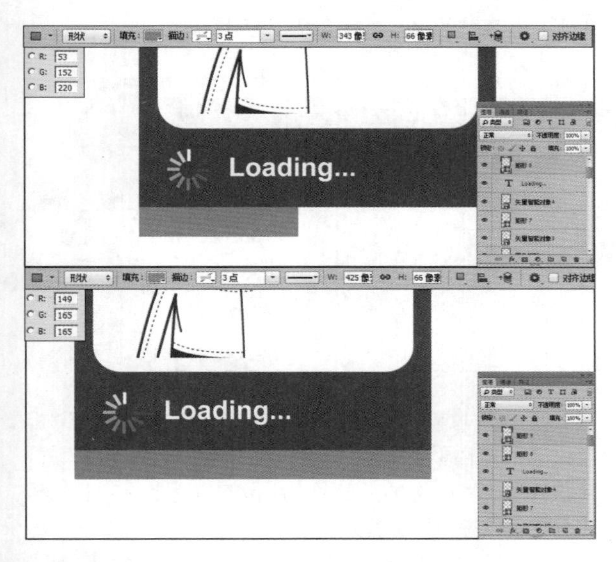

Step 30 绘制另一边图形。参照前几个步骤（绘制矩形、圆角矩形和添加素材文件等），绘制出另一边图形，效果如下图所示。

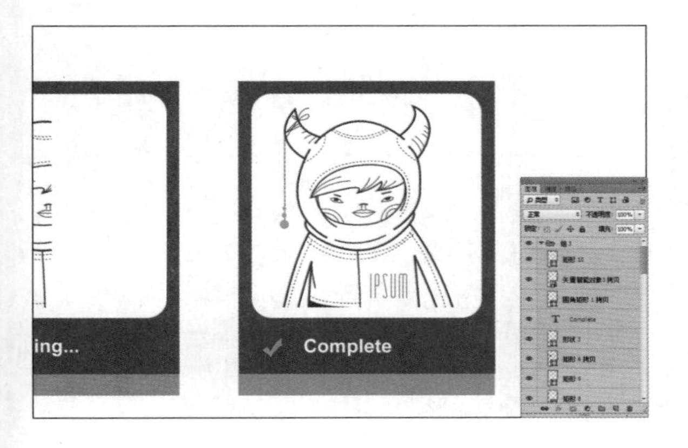

Step 31 绘制矩形。选择“矩形工具”，在工具选项栏中的“选择工具模式”中选择“形状”选项，在图中所示的位置上绘制矩形，设置的参数如下图所示。

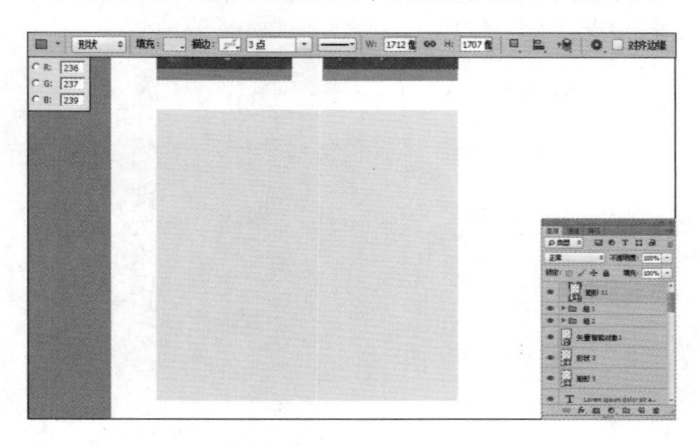

Step 32 用“钢笔工具”绘制图形。选择“钢笔工具”，在工具选项栏中的“选择工具模式”中选择“形状”选项，在图中所示的位置上绘制多边形，设置的参数如下图所示。

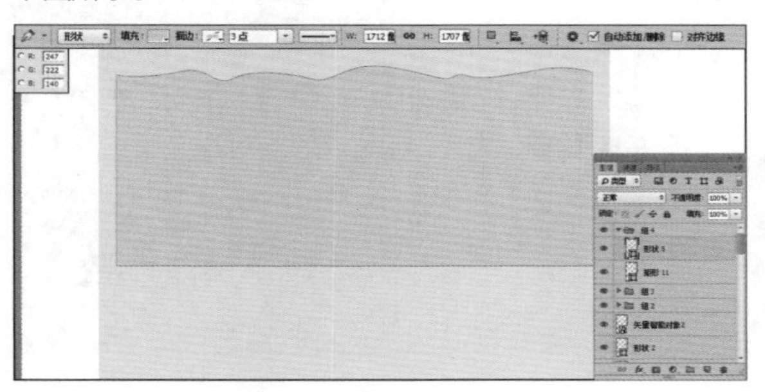

Step 33 用钢笔绘制图形并添加渐变色。选择“钢笔工具”，在工具选项栏中的“选择工具模式”中选择“形状”选项，在图中所示的位置上绘制多边形。单击“添加图层样式”按钮，在弹出的菜单中选择“渐变叠加”命令，设置的参数效果如下图所示。

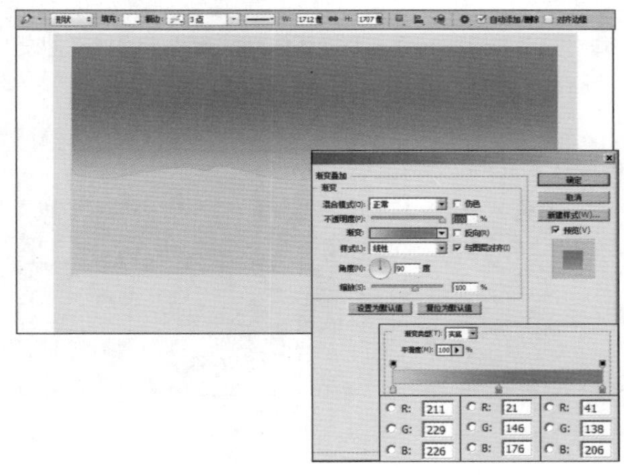

Step 34 绘制椭圆。选择“椭圆工具”，在工具选项栏中的“选择工具模式”中选择“形状”选项，在图中所示的位置上绘制椭圆，设置白色边，不填充颜色，得到的效果如下图所示。

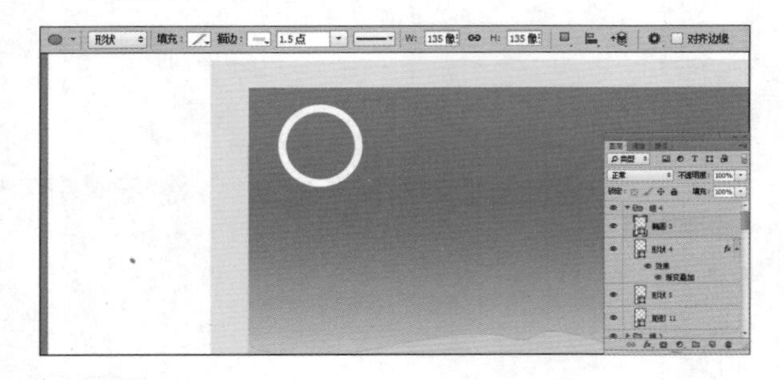

Step 35 绘制椭圆。选择“钢笔工具”，在工具选项栏中的“选择工具模式”中选择“形状”选项，在图中所示的位置上绘制多边形，设置的参数如下图所示。

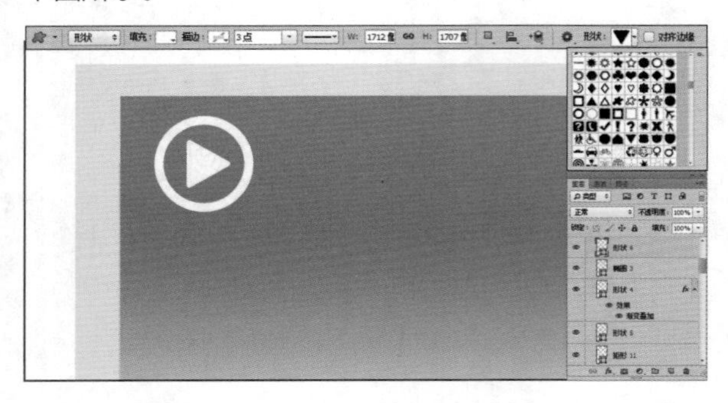

Step 36 添加文字，打开素材文件并添加。设置前景色为白色，选择“文字工具”，在工具选项栏中设置字体大小、字体颜色和字体，输入图中文字，得到的效果如图所示。打开随书光盘中的“矢量智能图像”图像文件，此时的图像效果和“图层”面板如图所示。使用“移动工具”将图像拖动到第 1 步新建的文件中，得到“矢量智能图像”，按快捷键【Ctrl+T】，调出自由变换控制框，变换图像到如图所示的状态，按【Enter】键确认操作，得到的效果如下图所示。

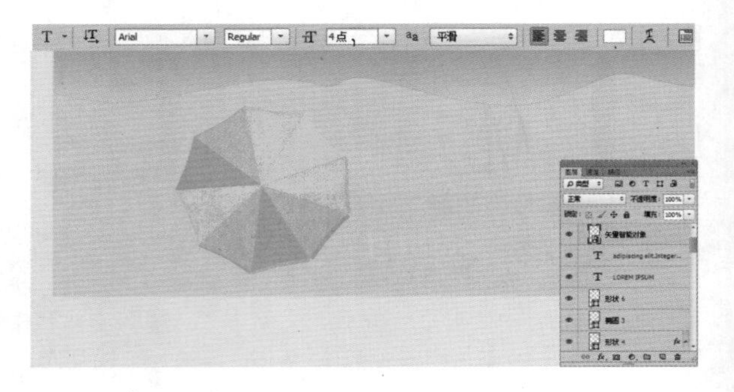

Step 37 绘制六角形并设置透明度。选择“多边形工具”，在工具选项栏中的“选择工具模式”中选择“形状”选项，在图中所示的位置上绘制六角多边形，并在“图层”面板上设置透明度。

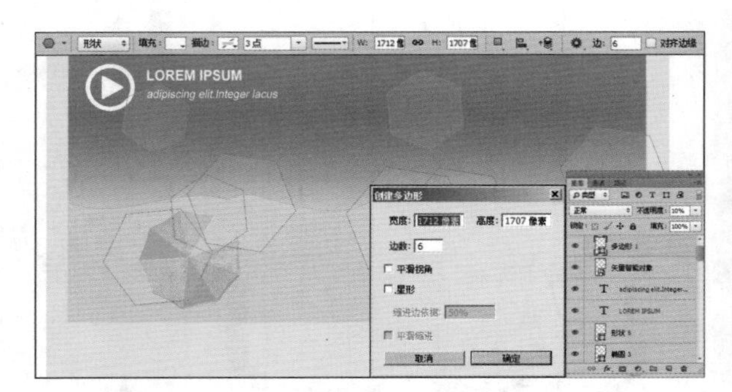

Step 38 绘制矩形分界线。设置前景色为白色，选择“矩形工具”，在工具选项栏中的“选择工具模式”中选择“形状”选项，在图中所示的位置上绘制白色矩形分界线，设置的参数如下图所示。

Step 39 绘制白色矩形。设置前景色为白色，选择“矩形工具”，在工具选项栏中的“选择工具模式”中选择“形状”选项，在图中所示的位置上绘制白色矩形。选择“圆角矩形工具”，在工具选项栏中的“选择工具模式”中选择“形状”选项，在图中所示的白色矩形位置上绘制圆角矩形，设置的参数如下图所示。

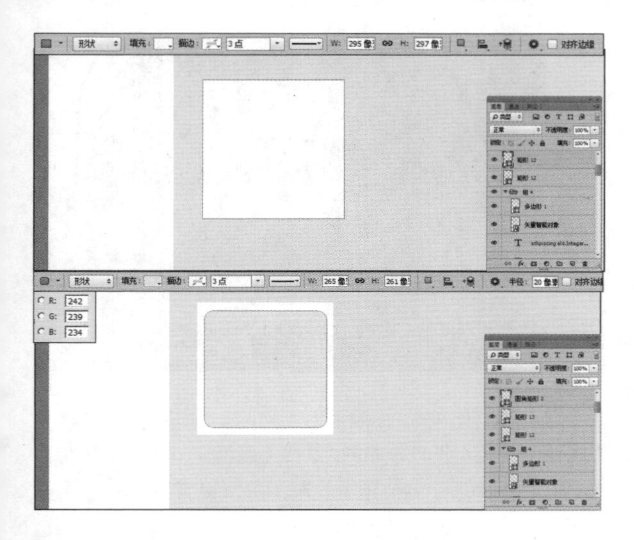

Step 40 打开素材文件并添加。打开随书光盘中的“矢量智能图像”图像文件，此时的图像效果和“图层”面板如图所示。使用“移动工具”将图像拖动到第 1 步新建的文件中，得到“矢量智能图像”，按快捷键【Ctrl+T】，调出自由变换控制框，变换图像到如图所示的状态，按【Enter】键确认操作，得到的效果如下图所示。

Step 41 绘制剩下 4 个图形。参照步骤 38 和步骤 39 绘制出剩下 4 个图形文件，得到的效果如下图所示。

Step 42 绘制矩形分界线。设置前景色为白色，选择“矩形工具”，在工具选项栏中的“选择工具模式”中选择“形状”选项，在图中所示的位置上绘制白色矩形分界线，设置的参数如下图所示。

Step 43 绘制圆角矩形。选择“圆角矩形工具”，在工具选项栏中的“选择工具模式”中选择“形状”选项，在图中所示的位置上绘制圆角矩形，设置的参数如下图所示。

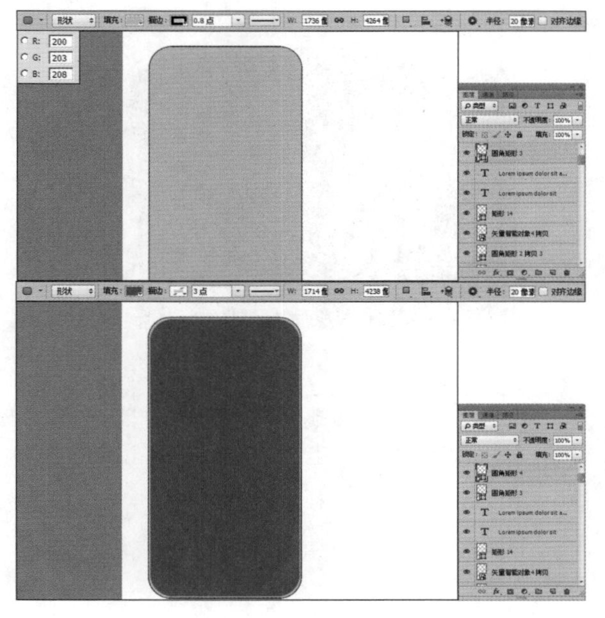

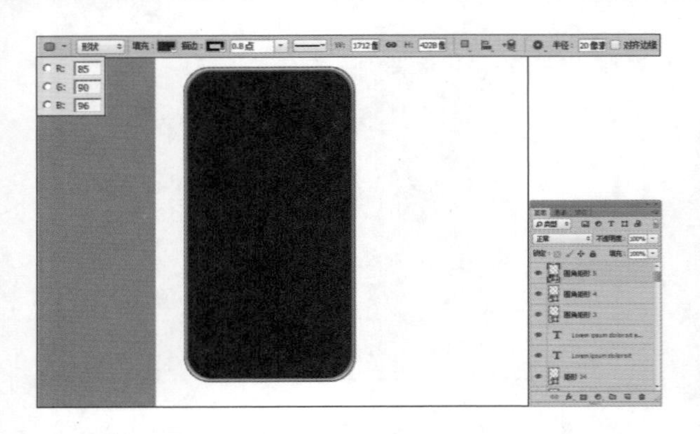

Step 44 绘制矩形。选择“矩形工具”，在工具选项栏中的“选择工具模式”中选择“形状”选项，在图中所示的位置上绘制深灰色矩形，设置的参数如下图所示。

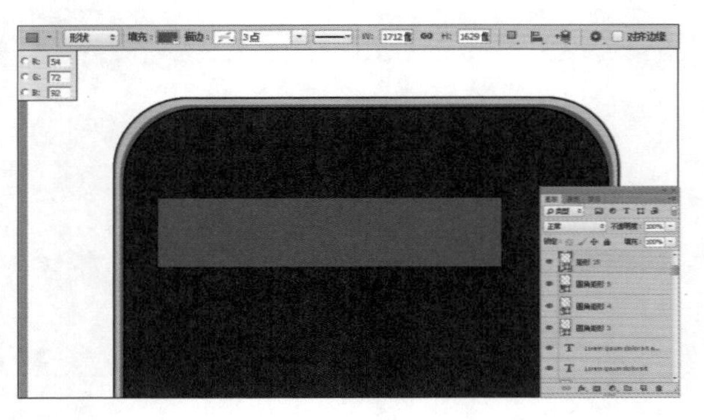

Step 45 输入文字。设置前景色为白色，选择“文字工具”，在工具选项栏中设置字体大小、字体颜色和字体，输入图中文字，得到的效果如下图所示。

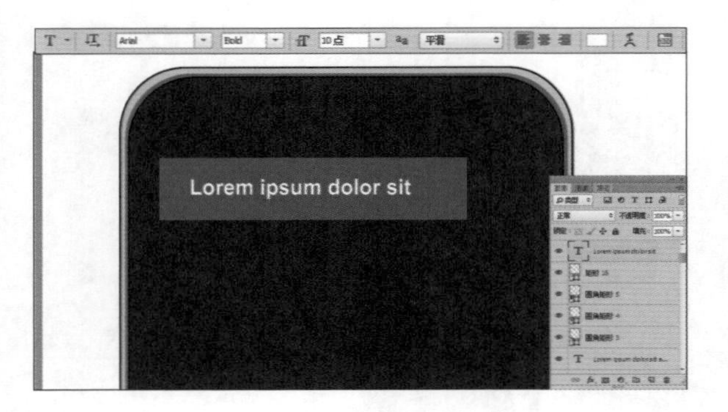

Step 46 绘制红色矩形。选择“矩形工具”，在工具选项栏中的“选择工具模式”中选择“形状”选项，在图中所示的位置上绘制红色矩形，设置的参数如下图所示。

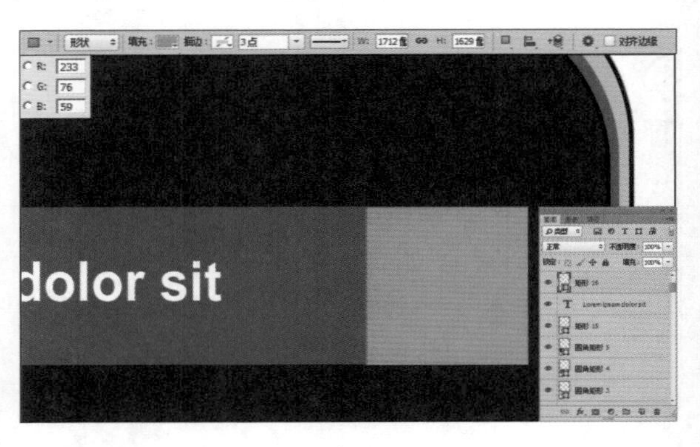

Step 47 绘制矩形添加素材文件。选择“矩形工具”，在工具选项栏中的“选择工具模式”中选择“形状”选项，在图中所示的位置上绘制矩形，设置的参数如下图所示。在绘制好的矩形上添加素材文件，如下图所示。

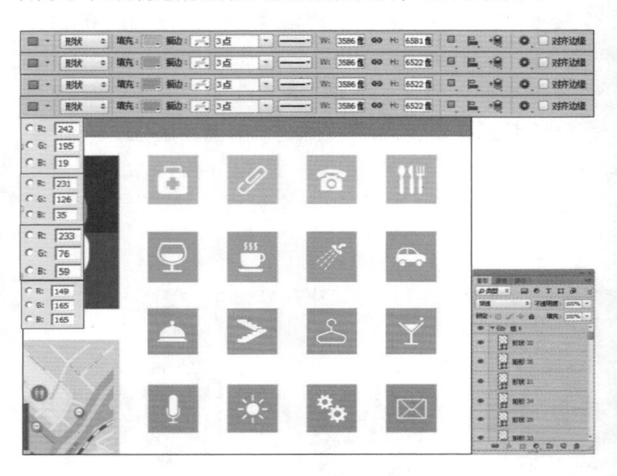

Step 48 绘制图形。参照前面绘制矩形和添加素材文件的步骤，绘制出如下图所示的图形文件。

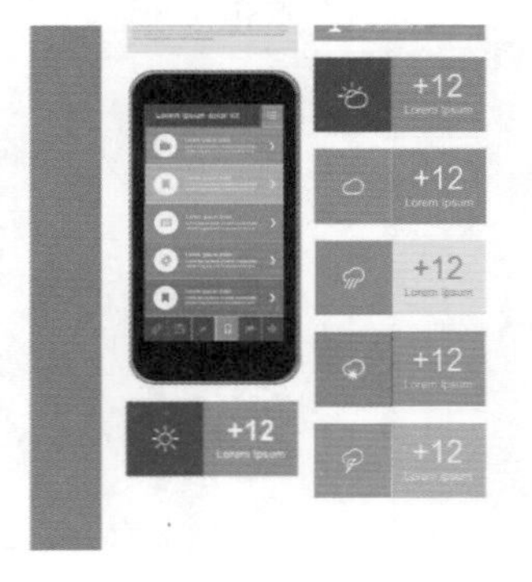

Step 49

余下图形文件效果图。使用“矩形工具”、“自定义图形工具”和“文字工具”绘制出余下的文件，效果如下图所示。

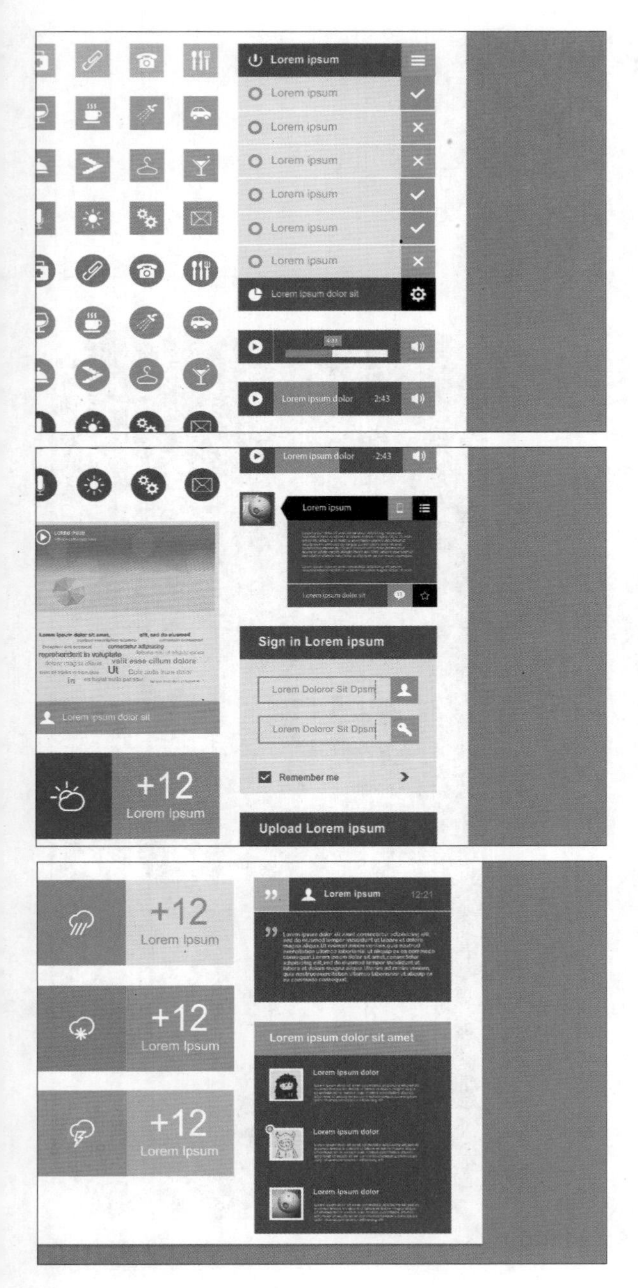

Step 50

最终效果。最终效果如下图所示。

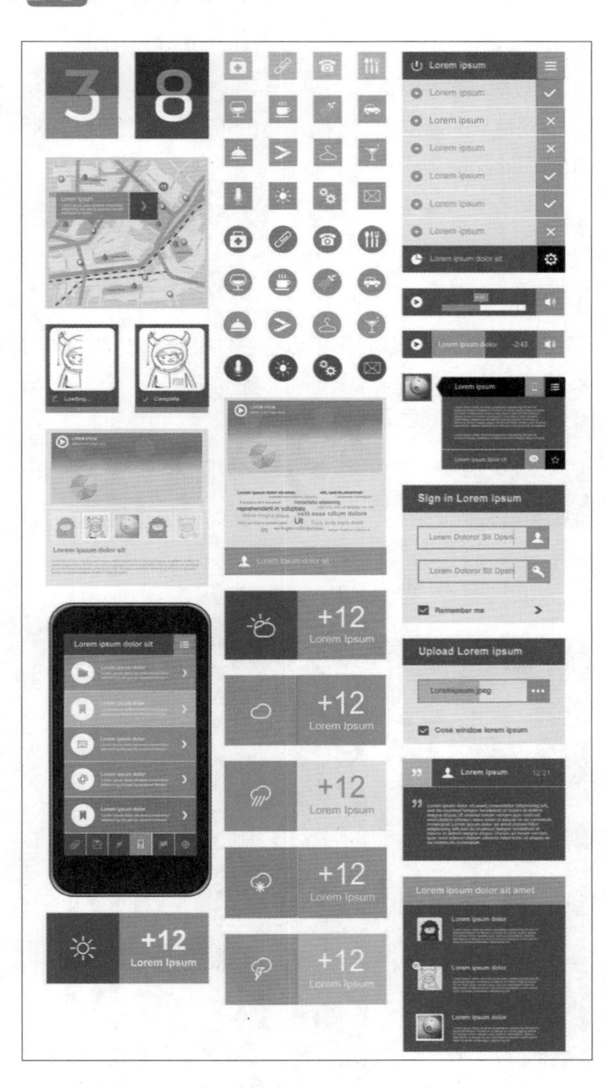

6.5 纹理效果按钮设计

本案例按钮的设计重点在于颜色的可爱性和图形的简易性。主要使用了“圆角矩形工具”、“椭圆工具”和“自定义图形工具”。

易难度★★★　　实用度★★★★

布局分析

按钮的布局依旧是以九宫格为主，整齐的排列让使用者在打开界面的时候，不会因为杂乱无章而感到烦躁。

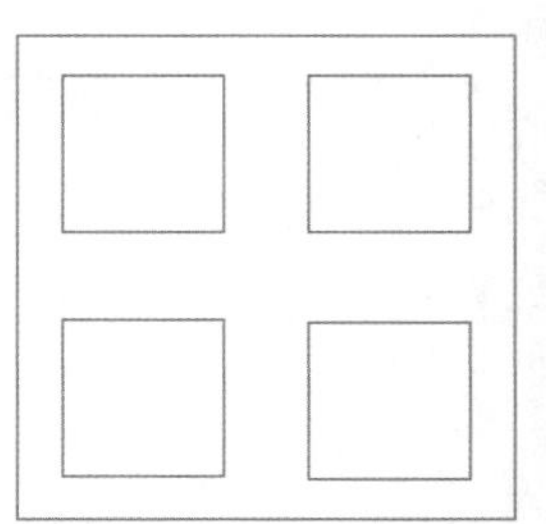

色彩分析

可爱卡通纹理效果按钮设计，在选择颜色上多偏向可爱的粉红粉绿色系，因此本案例所使用的颜色多倾向于清新的可爱暖色系。

技法分析

设计按钮底部的圆角矩形时，有运用到虚线描边效果。先绘制圆角矩形，不填充颜色，再设置描边的颜色，选择线条样式为虚线即可。

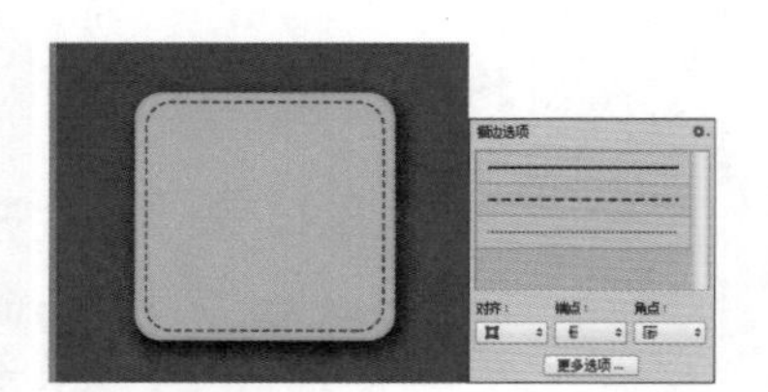

Step 01 新建文档。执行菜单“文件”/“新建”命令（或按【Ctrl+N】快捷键），设置弹出的“新建”命令对话框，单击“确定”按钮，即可创建一个新的空白文档。

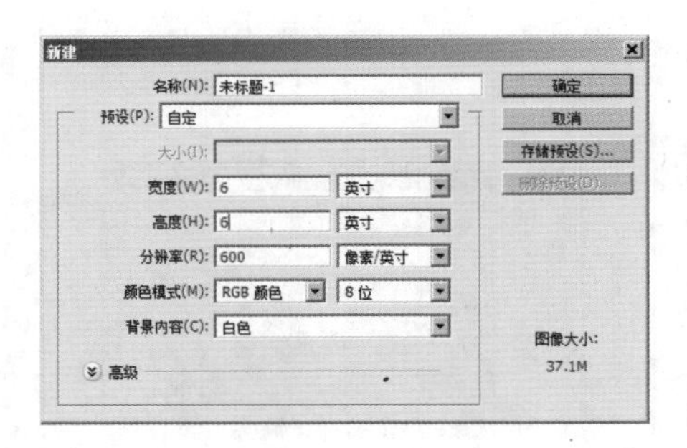

Step 02 设置前景色。设置前景色色值（R:89，G:68，B:63），按快捷键【Alt+Delete】填充，设置的参数和效果如下图所示。

Step 03 绘制粉色圆角矩形。选择“圆角矩形工具”，在工具选项栏中的“选择工具模式”中选择“形状”选项，在图中所示的位置上绘制粉色圆角矩形，设置的参数如下图所示。

Step 04 为圆角矩形添加阴影。选择“圆角矩形 1”图层，单击“添加图层样式”按钮，在弹出的菜单中选择“投影”命令，设置的参数效果如下图所示。

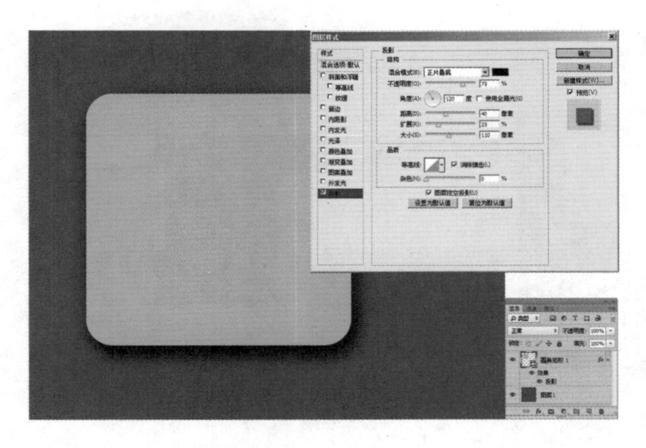

Step 05 绘制圆角矩形。选择“圆角矩形工具”，在工具选项栏中的“选择工具模式”中选择“形状”选项，在图中“圆角矩形 1”位置上绘制浅粉色圆角矩形，设置的参数如下图所示。

Step 06 绘制虚线边框。设置前景色为黑色，选择“圆角矩形工具”，在工具选项栏中的“选择工具模式”中选择“形状”选项，单击“形状描边类型”按钮，在下拉菜单中选择虚线图形，在图中“圆角矩形 2”位置上绘制圆角矩形虚线边框，设置的参数如下图所示。

Step 07 绘制有虚线描边的圆角矩形。选择“圆角矩形工具”，在工具选项栏中的“选择工具模式”中选择“形状”选项，在图中位置上绘制浅色圆角矩形，设置该圆角矩形的左上角和右上角的像素值为 0，设置描边形状为虚线，设置的参数如下图所示。

Step 08 复制圆角矩形并更改填充色。选择“圆角矩形 3”图层，按快捷键【Ctrl+J】复制得到“圆角矩形 3 拷贝”图层，设置前景色，按快捷键【Alt+Delete】填充。按快捷键【Ctrl+T】调出自由变换控制框，变换图像到如图所示的状态，按【Enter】键确认操作，得到的效果如下图所示。

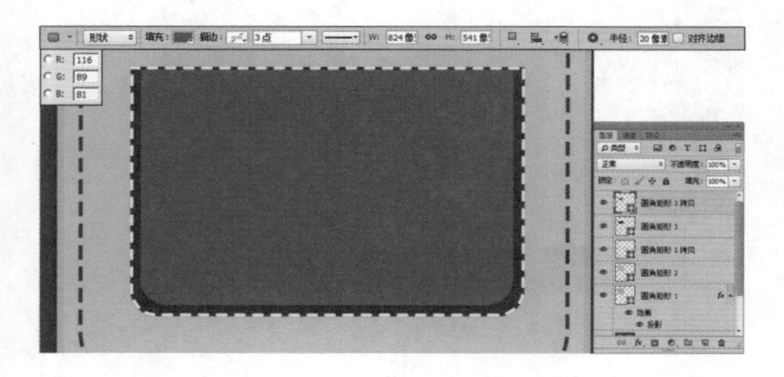

Step 09 绘制有虚线矩形。设置前景色为黑色，选择“矩形工具”，在工具选项栏中的“选择工具模式”中选择“形状”选项，单击“形状描边类型”按纽，在下拉菜单中选择虚线图形，在图中所示的位置上绘制黑色矩形，并设置虚线参数，设置的参数如下图所示。

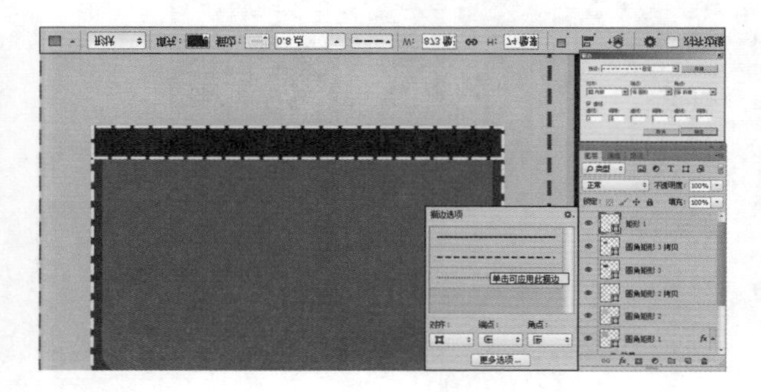

Step 10 绘制黄色矩形。选择“矩形工具”，在工具选项栏中的“选择工具模式”中选择“形状”选项，在图中所示的位置上绘制黄色矩形，设置的参数如下图所示。

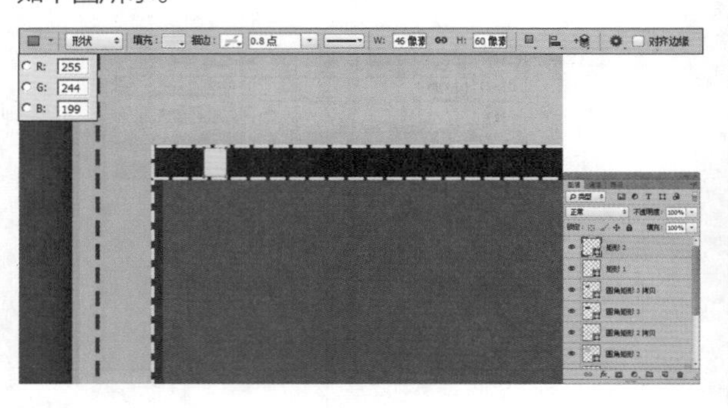

Step 11 使用变换工具。按快捷键【Ctrl+T】调出自由变换控制框，选择“斜切”命令，变换图像到如图所示的状态，按【Enter】键确认操作，得到的效果如下图所示。

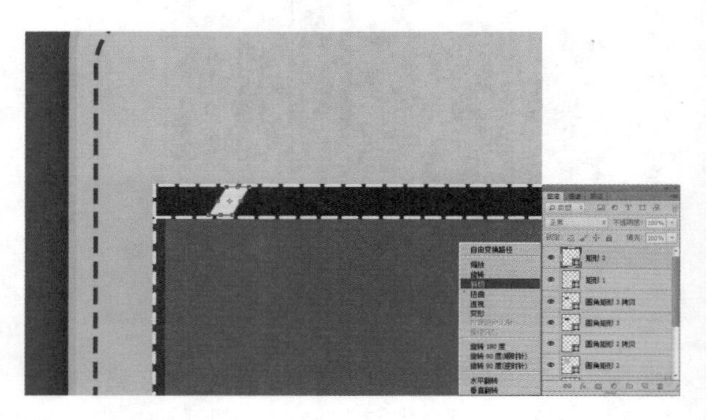

Step 12 复制变换图形。选择“直接选择工具”，在菜单栏中单击“路径操作”按钮，在下拉菜单中选择“合并图层”命令，按住【Alt+Shift】键移动形状多次，得到如下图所示的效果。

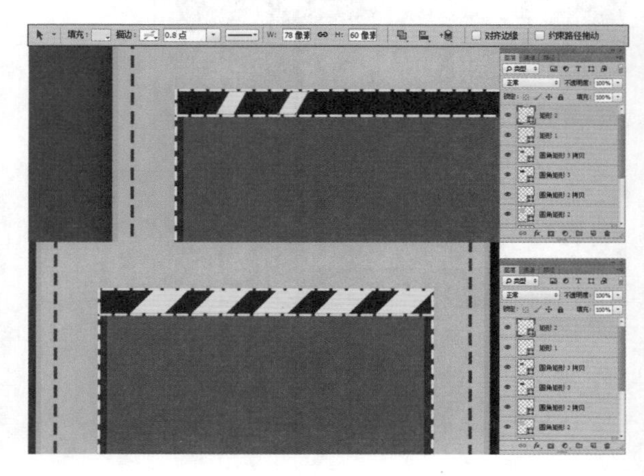

Step 13 绘制椭圆。选择“椭圆工具”，在工具选项栏中的“选择工具模式”中选择“形状”选项，在图中所示的位置上绘制黄色椭圆，并设置黑色描边，设置的参数如下图所示。

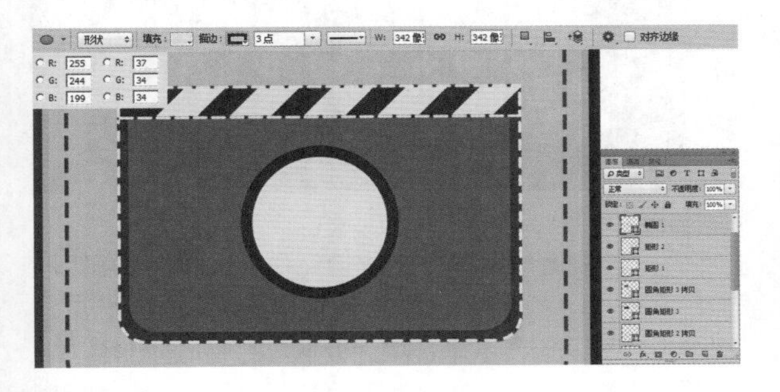

Step 14 绘制三角形。设置前景色为黑色，选择“多边形工具”，在工具选项栏中的“选择工具模式”中选择“形状”选项，在图中所示的椭圆中心位置上绘制三角形，设置的参数如下图所示。

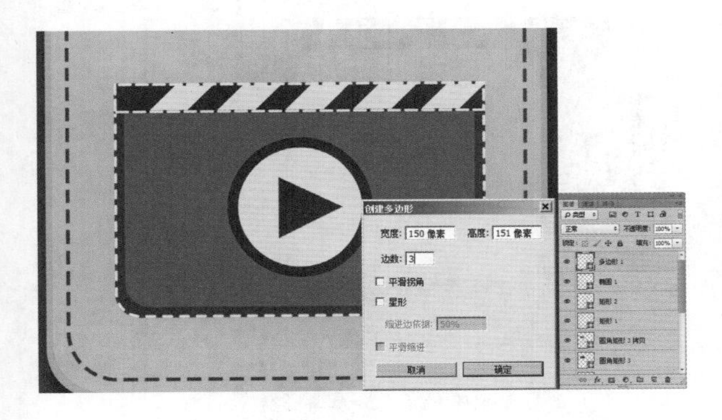

Step 15 复制图形。选择“矩形 1”图层和“矩形 2”图层，将其拖动至“图层”面板下方“新建图层”按钮上进行复制，得到“矩形 1 拷贝”和“矩形 2 拷贝”图层。按快捷键【Ctrl+T】调出自由变换控制框，选择“旋转”命令变换图像到如图所示的状态，按【Enter】键确认操作，得到的效果如下图所示。

Step 16 移动图层。在“图层”面板中选择“矩形 1 拷贝”和“矩形 2 拷贝”图层，将这两个图层移动到“圆角矩形 3 拷贝”图层上，得到的效果如下图所示。

Step 17 添加投影。选择“矩形 1 拷贝”图层，单击“添加图层样式”按钮，在弹出的菜单中选择“投影”命令，设置的参数效果如下图所示。

Step 18 复制圆角矩形并更改填充色。选择“圆角矩形 1”图层，按快捷键【Ctrl+J】复制得到“圆角矩形 1 拷贝”图层，设置前景色色值，按快捷键【Alt+Delete】填充，设置的参数如下图所示。

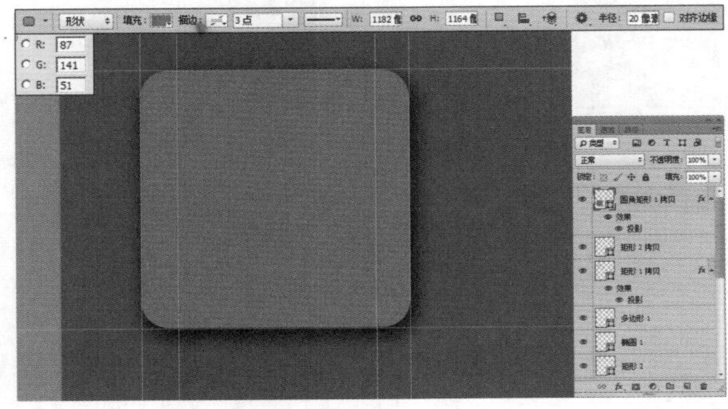

Step 19 复制圆角矩形并更改填充色。选择“圆角矩形 2”图层，按快捷键【Ctrl+J】复制得到“圆角矩形 2 拷贝”图层，设置前景色色值，按快捷键【Alt+Delete】填充，设置的参数如下图所示。

Step 20 复制虚线边框。选择“圆角矩形 3”图层，按快捷键【Ctrl+J】复制得到“圆角矩形 3 拷贝”图层，使用“移动工具”将其移动到“圆角矩形 2 拷贝”图层上方，得到的效果如下图所示。

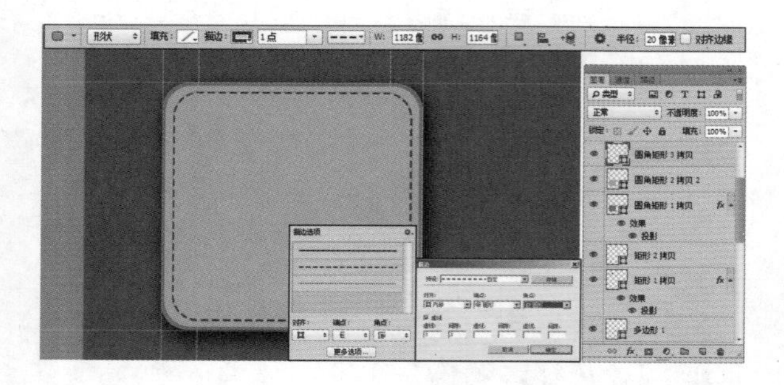

Step 21 添加爱心图形。选择“自定义形状工具”，在工具选项栏中的“选择工具模式”中选择“形状”选项，单击打开“自定形状”拾色器，在下拉菜单中选择“红心形卡”命令，在图中所示的位置上绘制，并设置虚线描边参数，设置的参数如下图所示。

Step 22 复制爱心图形并更改填充色。选择“形状 1”图层，按快捷键【Ctrl+J】复制得到“形状 1 拷贝”图层。设置前景色，按快捷键【Alt+Delete】填充颜色。按快捷键【Ctrl+T】调出自由变换控制框，变换图像到如图所示的状态，按【Enter】键确认操作，得到的效果如下图所示。

Step 23 复制圆角矩形并更改填充色。选择“圆角矩形 1”、“圆角矩形 2”和“圆角矩形 3”图层，将这 3 个图层拖动至“图层”面板下方的“新建图层”按钮上复制，得到“圆角矩形 1 拷贝 2”、“圆角矩形 2 拷贝 3”和“圆角矩形 3 拷贝 2”图层。设置前景色色值，按快捷键【Alt+Delete】填充，设置的参数如下图所示。

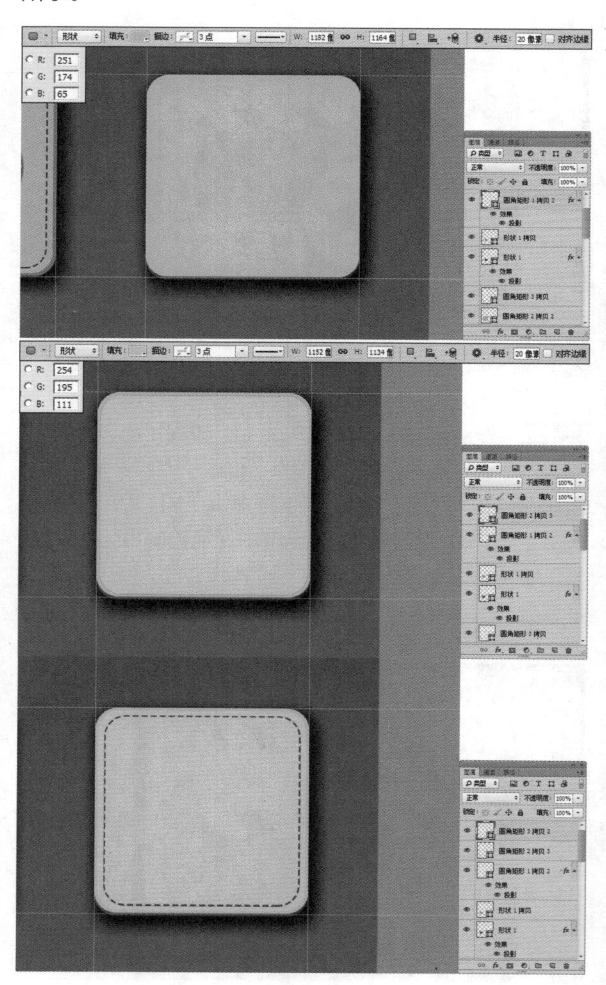

Step 24 绘制椭圆。选择“椭圆工具”，在工具选项栏中的“选择工具模式”中选择“形状”选项，在图中所示的位置上绘制黄色椭圆，设置的参数如下图所示。

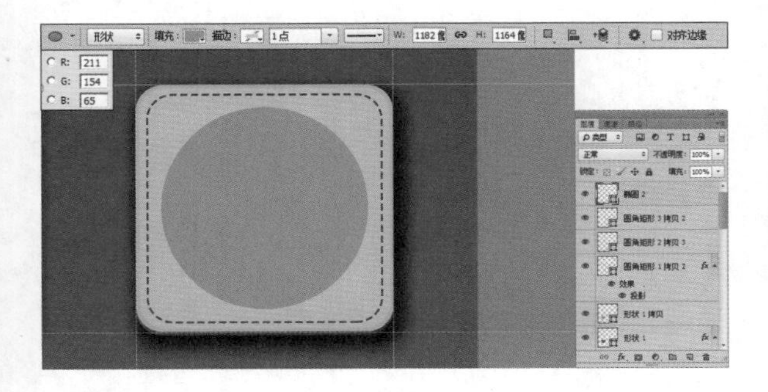

Step 25 设置透明度。选择“椭圆 2”图层，设置“图层”面板上“透明度”数值为“40%”，得到的效果如下图所示。

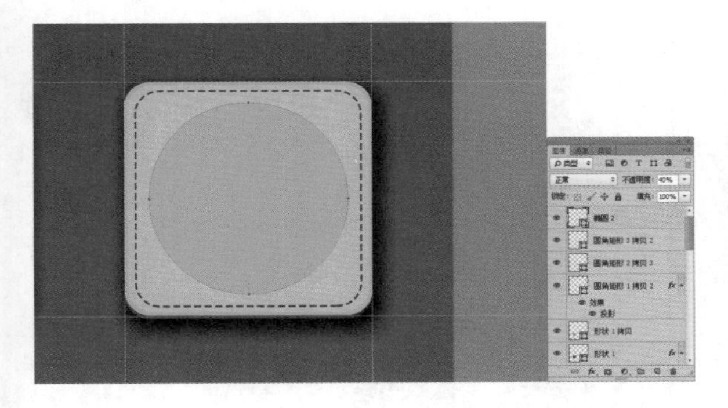

Step 26 绘制深色椭圆。选择“椭圆工具”，在工具选项栏中的“选择工具模式”中选择“形状”选项，在图中所示的位置上绘制深色椭圆，设置的参数如下图所示。

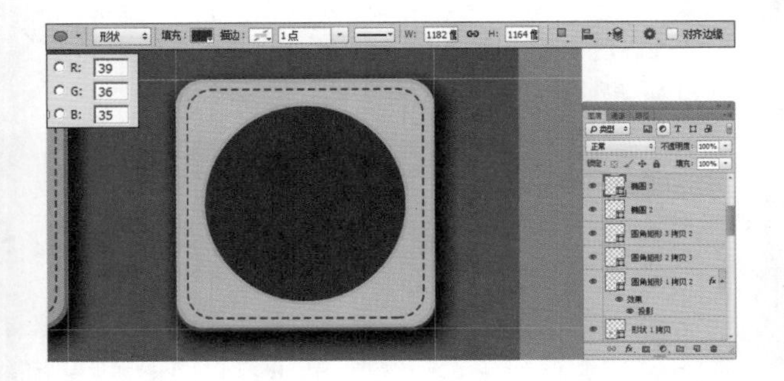

Step 27 绘制椭圆虚线。选择“椭圆工具”，在工具选项栏中的“选择工具模式”中选择“形状”选项，单击“形状描边类型”按钮，在下拉菜单中选择虚线图形，在图中“椭圆 3”的位置上绘制椭圆虚线边框，设置的参数如下图所示。

Step 28 绘制椭圆。选择“椭圆工具”，在工具选项栏中的“选择工具模式”中选择“形状”选项，在图中所示的位置上绘制深色椭圆，设置的参数如下图所示。

Step 29 绘制椭圆。选择“椭圆工具”，在工具选项栏中的“选择工具模式”中选择“形状”选项，在图中所示的位置上绘制深色椭圆，设置的参数如下图所示。

Step 30 绘制椭圆。选择“椭圆工具”，在工具选项栏中的“选择工具模式”中选择“形状”选项，在图中所示的位置上绘制深色椭圆，设置的参数如下图所示。

Step 31 复制圆角矩形并更改填充色。选择选择“圆角矩形 1”、“圆角矩形 2”和“圆角矩形 3”图层，将这 3 个图层拖动至“图层”面板下方的“新建图层”按钮上复制，得到“圆角矩形 1 拷贝 3”、“圆角矩形 2 拷贝 4”和“圆角矩形 3 拷贝 3”图层。设置前景色色值，按快捷键【Alt+Delete】填充，设置的参数如下图所示。

Step 32 用钢笔绘制相机外形。选择“钢笔工具”，在工具选项栏中的“选择工具模式”中选择“形状”选项，在图中所示的位置上绘制钢笔外形，设置的参数如下图所示。

Step 33 复制相机外形并设置虚线描边。选择“形状 2”图层，按快捷键【Ctrl+J】复制得到“形状 2 拷贝”图层，设置虚线描边，设置的参数如下图所示。

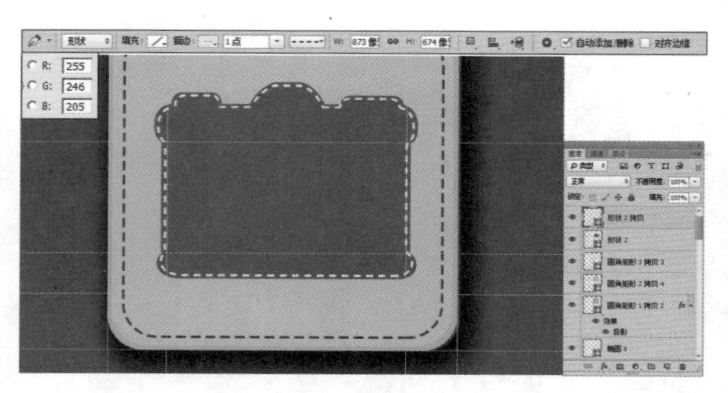

Step 34 绘制圆角矩形。选择“圆角矩形工具”，在工具选项栏中的“选择工具模式”中选择“形状”选项，在图中所示的位置上绘制圆角矩形，设置的参数如下图所示。

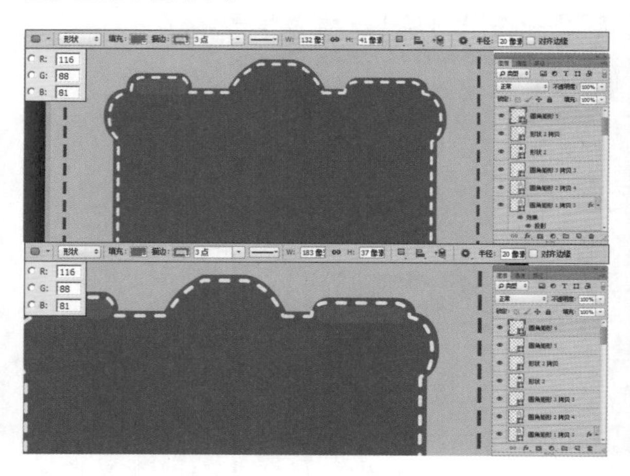

Step 35 复制图形。选择“形状 2”图层，按快捷键【Ctrl+J】复制得到“形状 2 拷贝 2”图层，设置前景色，按快捷键【Alt+Delete】填充，设置的参数如下图所示。

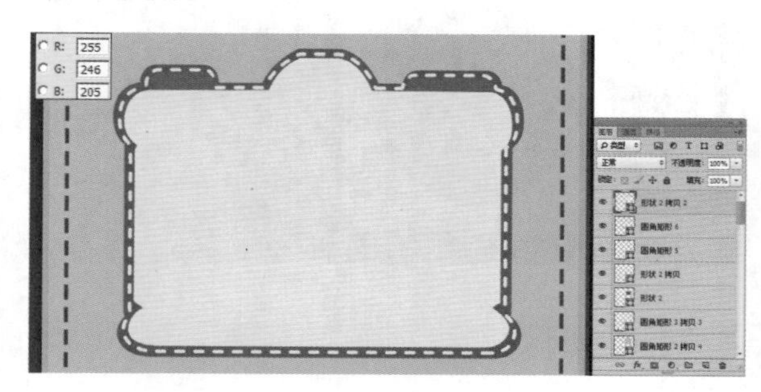

Step 36 绘制矩形。选择“矩形工具”，在工具选项栏中的“选择工具模式”中选择“形状”选项，在图中所示的位置上绘制矩形，并设置描边，设置的参数如下图所示。

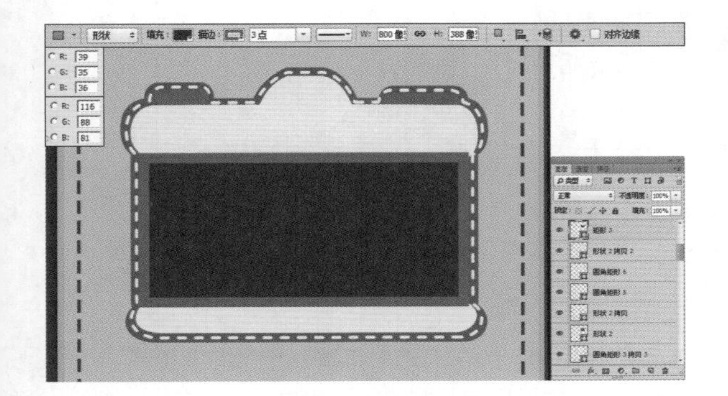

Step 37 绘制圆角矩形。选择“圆角矩形工具”，在工具选项栏中的“选择工具模式”中选择“形状”选项，在图中所示的位置上绘制圆角矩形，设置的参数如下图所示。

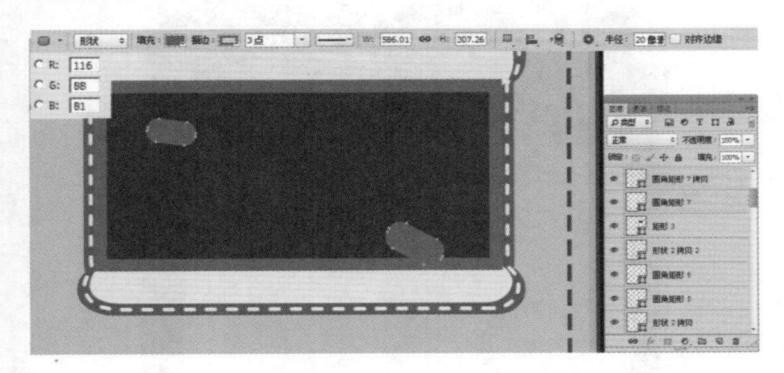

Step 38 绘制椭圆。选择“椭圆工具”，在工具选项栏中的“选择工具模式”中选择“形状”选项，在图中所示的位置上绘制椭圆，设置的参数如下图所示。

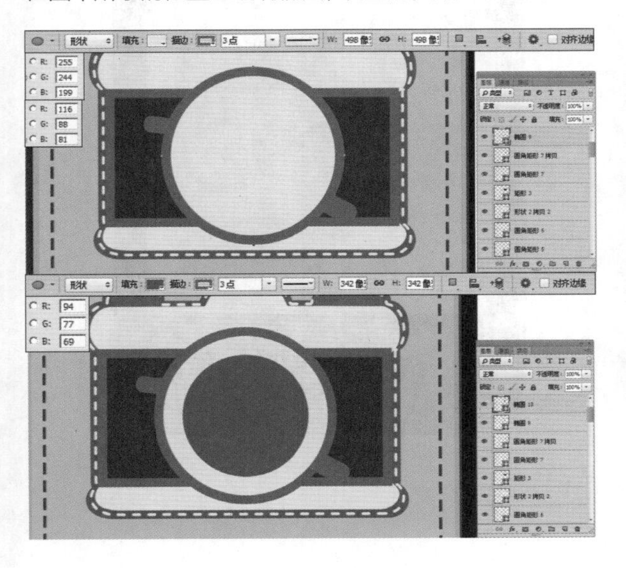

Step 39 绘制闪光信号灯。选择“椭圆工具”，在工具选项栏中的“选择工具模式”中选择“形状”选项，在图中所示的位置上绘制闪光信号灯，设置的参数如图所示。

Step 40 最终效果。最终效果如下图所示。

6.6 清新效果界面

所谓清新效果，就是在色彩上以及绘制图形上，以简洁、清爽为主。常用于生活类型 APP。

易难度★★★　　实用度★★★★

色彩分析

清新效果突出的色彩在于用色无须太鲜艳，不要有过多的杂色。

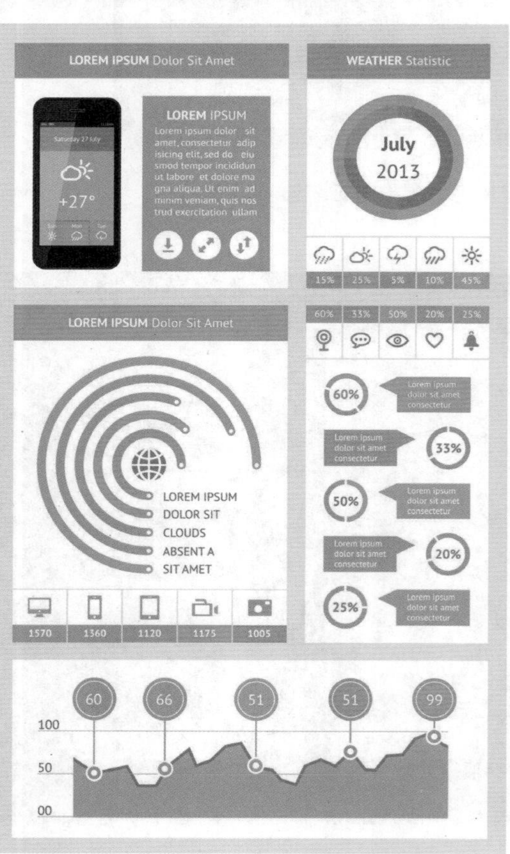

布局分析

布局分列依旧以上中下分开，取一个为主导面，剩下两个为控制栏界面。

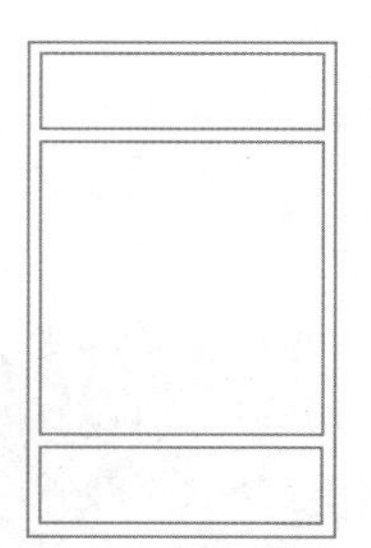

技法分析

本案例使用最多的是“矩形工具”和“椭圆工具”。“矩形工具”是用来绘制大界面和文字底部的，“椭圆工具”是用来绘制图形的，尤其是数据分析表这一部分需用到圆形图形。

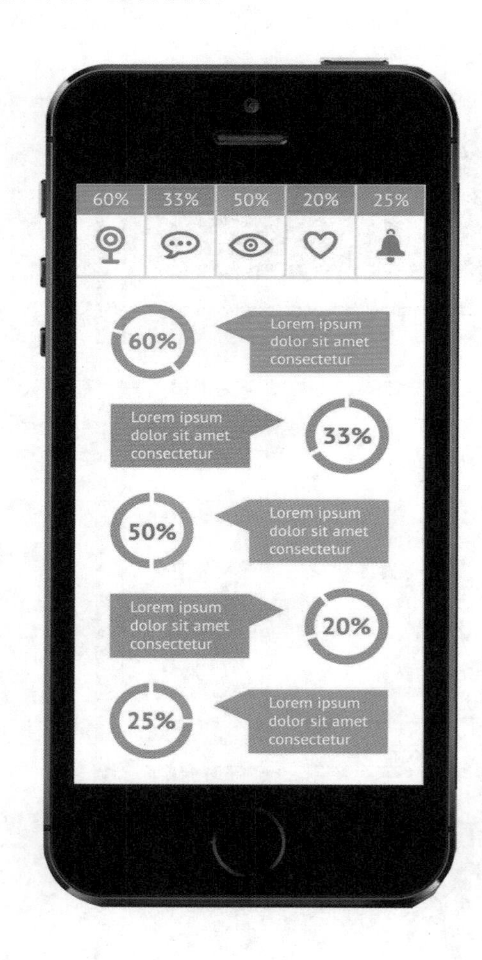

Step 01 新建文档。执行菜单“文件”/“新建”命令（或按【Ctrl+N】快捷键），设置弹出的“新建”命令对话框，单击“确定”按钮，即可创建一个新的空白文档。

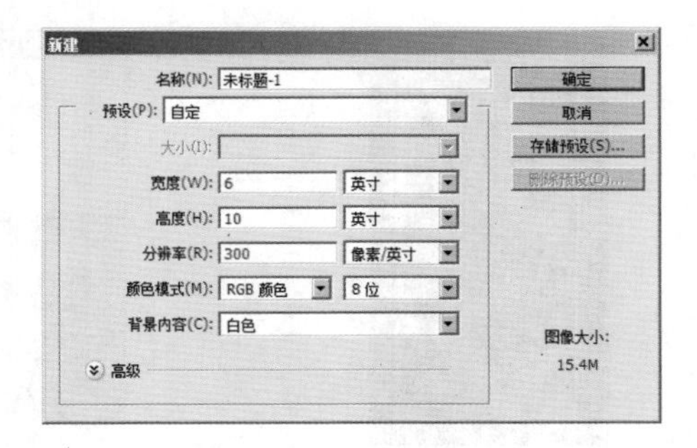

Step 02 设置前景色。设置前景色色值（R:230，G:231，B:233），按快捷键【Alt+Delete】填充，设置的参数效果如下图所示。

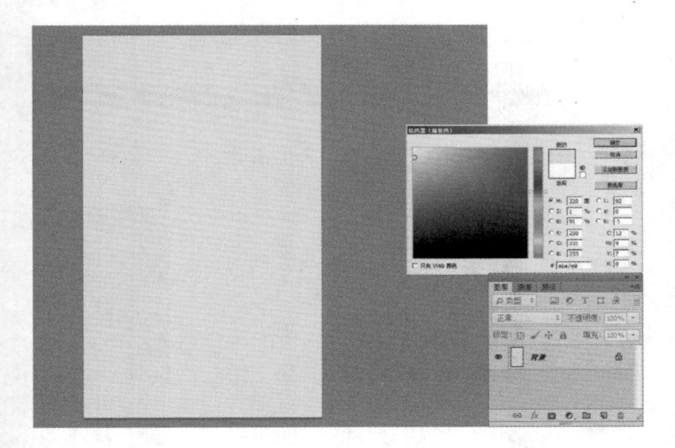

Step 03 绘制橙色矩形。选择“矩形工具”，在工具选项栏中的“选择工具模式”中选择“形状”选项，在图中所示的位置上绘制矩形，设置的参数如下图所示。

Step 04 绘制白色矩形。设置前景色为白色，选择“矩形工具”，在工具选项栏中的“选择工具模式”中选择“形状”选项，在图中所示的位置上绘制白色矩形，设置的参数如下图所示。

Step 05 输入文字。设置前景色为白色，选择“文字工具”，在工具选项栏中设置字体大小、字体颜色和字体，输入图中文字，得到的效果如下图所示。

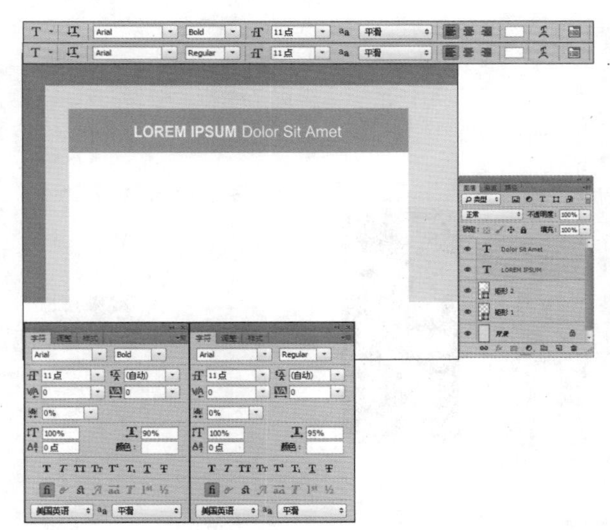

Step 06 绘制两个圆角矩形。设置前景色为黑色，选择“圆角矩形工具”，在工具选项栏中的“选择工具模式”中选择“形状”选项，在图中所示的位置上绘制黑色圆角矩形。再设置选择“圆角矩形工具”，在工具选项栏中的“选择工具模式”中选择“形状”选项，在黑色圆角矩形上绘制灰色圆角矩形，设置的参数如下图所示。

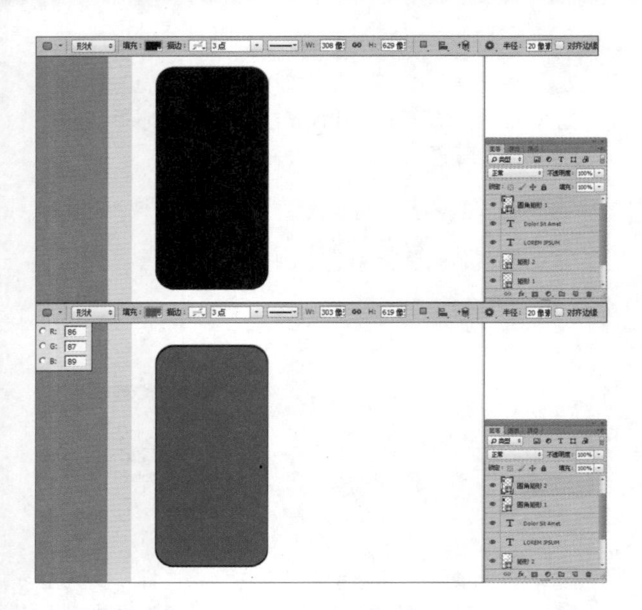

Step 07 复制圆角矩形并设置描边。选择“圆角矩形 1”图层，按快捷键【Ctrl+J】复制得到“圆角矩形 1 拷贝”图层，再设置描边颜色，填充色为黑色。按快捷键【Ctrl+T】调出自由变换控制框，变换图像到如图所示的状态，按【Enter】键确认操作，得到的效果如下图所示。

Step 08 绘制听筒圆角矩形。设置前景色为黑色，选择“圆角矩形工具”，在工具选项栏中的“选择工具模式”中选择“形状”选项，在图中所示的位置上绘制黑色圆角矩形，并设置灰色描边，设置的参数如下图所示。

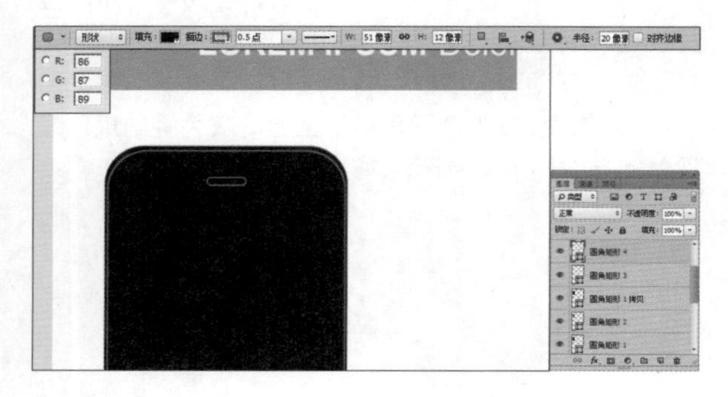

Step 09 绘制圆角矩形描边。设置前景色为黑色，选择“圆角矩形工具”，在工具选项栏中的“选择工具模式”中选择“形状”选项，在图中所示的位置上绘制黑色圆角矩形，并设置灰色描边，设置的参数如下图所示。

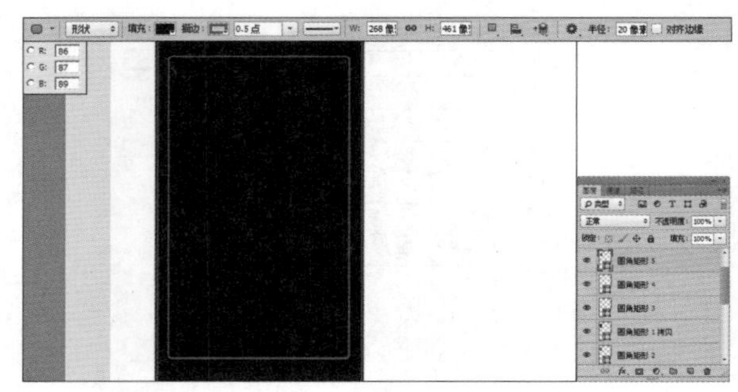

Step 10 绘制圆角矩形。选择“圆角矩形工具”，在工具选项栏中的“选择工具模式”中选择“形状”选项，在图中所示的位置上绘制灰色圆角矩形，并设置左下角和右下角的像素值为 0，设置的参数如下图所示。

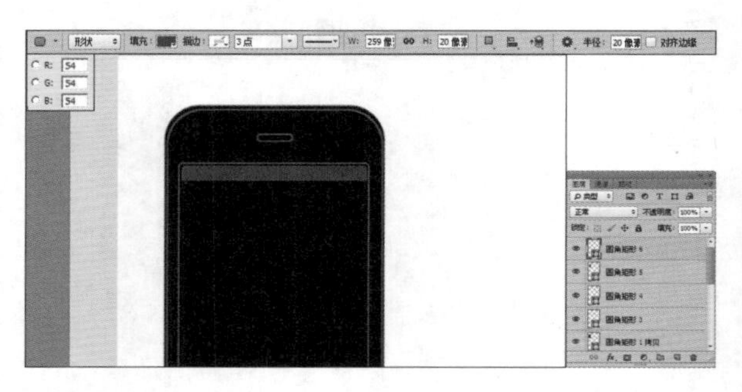

Step 11 绘制信号图形。选择“矩形工具”，在工具选项栏中的“选择工具模式”中选择“形状”选项，单击“路径操作”按钮，在下拉菜单中选择“合并图层”命令，在图中所示的位置上绘制多个矩形组成的信号图形，设置的参数如下图所示。

Step 12 绘制电池图形。设置前景色为白色，选择“圆角矩形工具”和“矩形工具”，在工具选项栏中的“选择工具模式”中选择“形状”选项，单击“路径操作”按钮，在下拉菜单中选择“合并图层”命令，在图中所示的位置上绘制电池图形，设置的参数如下图所示。

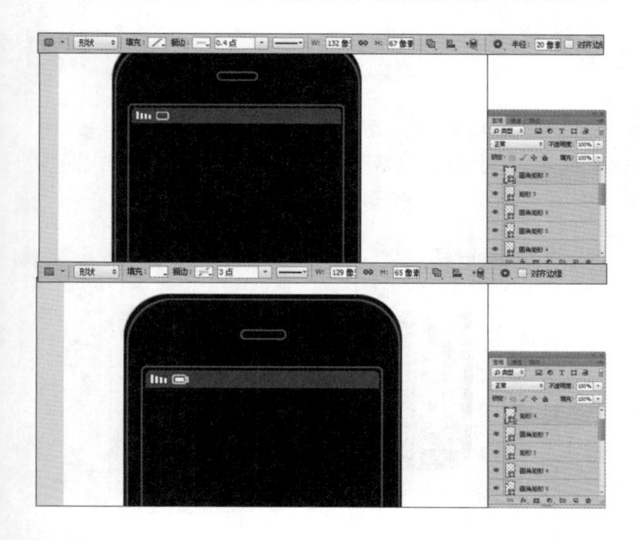

Step 13 添加时间文字。设置前景色为白色，选择“文字工具”，在工具选项栏中设置字体大小、字体颜色和字体，输入图中文字，得到的效果如下图所示。

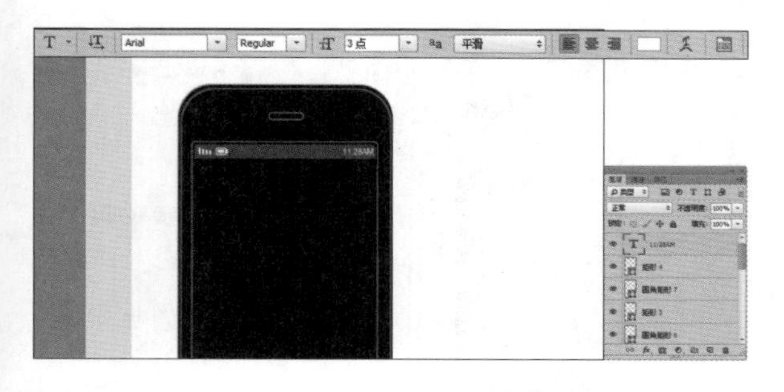

Step 14 绘制深绿色矩形。选择“矩形工具”，在工具选项栏中的“选择工具模式”中选择“形状”选项，在图中所示的位置上绘制绿色矩形，设置的参数如下图所示。

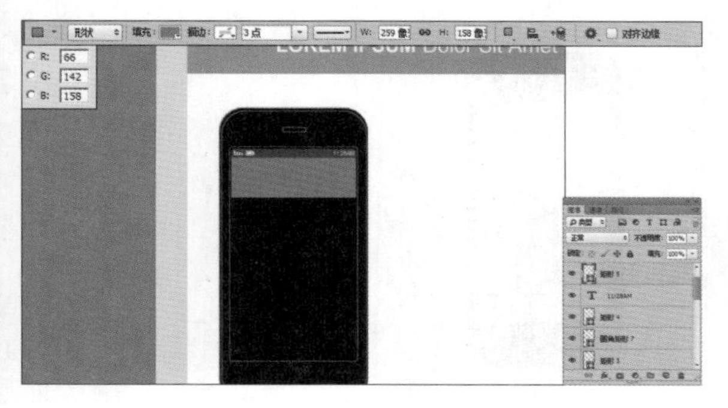

Step 15 输入文字。设置前景色为白色，选择“文字工具”，在工具选项栏中设置字体大小、字体颜色和字体，输入图中文字，得到的效果如下图所示。

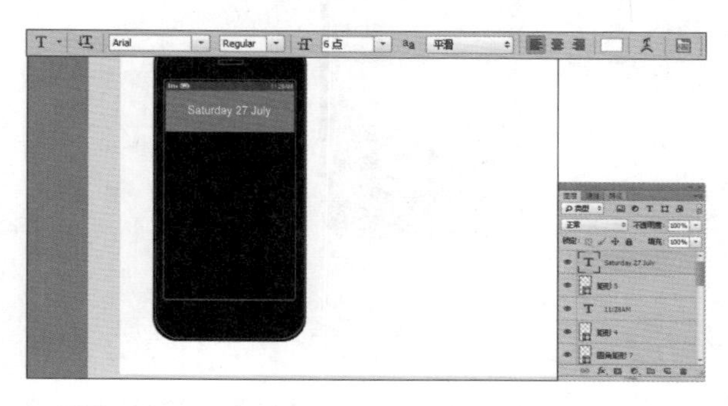

Step 16 绘制浅绿色矩形。选择“矩形工具”，在工具选项栏中的“选择工具模式”中选择“形状”选项，在图中所示的位置上绘制浅绿色矩形，设置的参数如下图所示。

Step 17 打开素材文件并添加。打开随书光盘中的“形状1”图像文件，此时的图像效果和“图层”面板如图所示。使用“移动工具”将图像拖动到第1步新建的文件中，得到“形状1”，按快捷键【Ctrl+T】，调出自由变换控制框，变换图像到如图所示的状态，按【Enter】键确认操作。设置前景色为白色，选择“文字工具”，在工具选项栏中设置字体大小、字体颜色和字体，输入图中文字，得到的效果如下图所示。

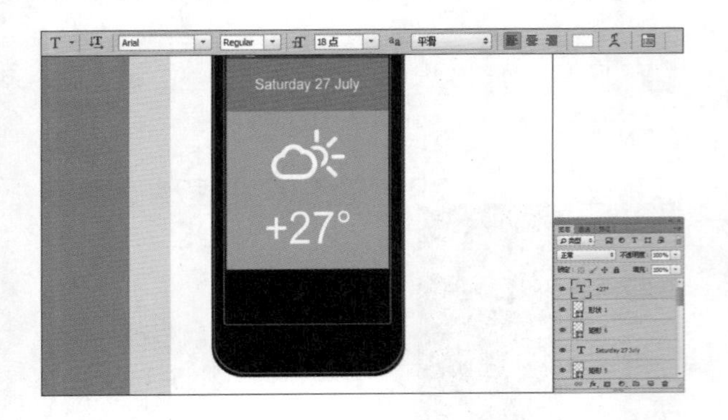

Step 18 绘制玫红色矩形。选择“矩形工具”，在工具选项栏中的“选择工具模式”中选择“形状”选项，在图中所示的位置上绘制玫红色矩形，设置的参数如下图所示。

Step 19 输入文字。设置前景色为白色，选择“文字工具”，在工具选项栏中设置字体大小、字体颜色和字体，输入图中“Sun”文字，得到的效果如下图所示。

Step 20 添加图形文件。打开随书光盘中的“形状 2”图像文件，使用“移动工具”将图像拖动到第 1 步新建的文件中，得到“形状 2”，按快捷键【Ctrl+T】，调出自由变换控制框，变换图像到如下图所示的状态，按【Enter】键确认操作。

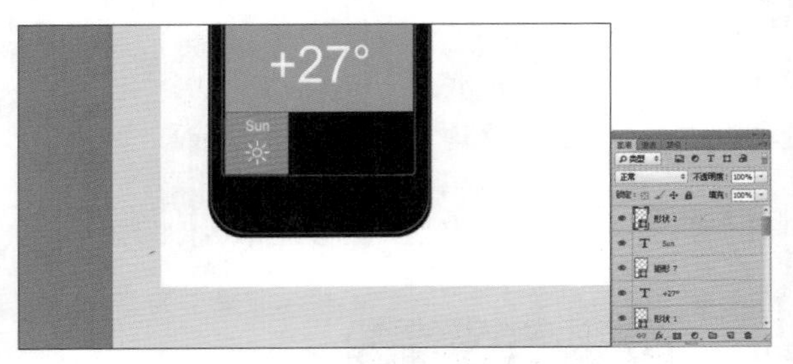

Step 21 绘制出剩余两个图形。参照步骤 18、步骤 19 和步骤 20，绘制出其他的两个图形文件，设置的参数和效果如下图所示。

Step 22 用钢笔绘制多边形。设置前景色为白色，选择“钢笔工具”，在工具选项栏中的“选择工具模式”中选择“形状”选项，绘制出如图所示的形状，设置的参数如下图所示。

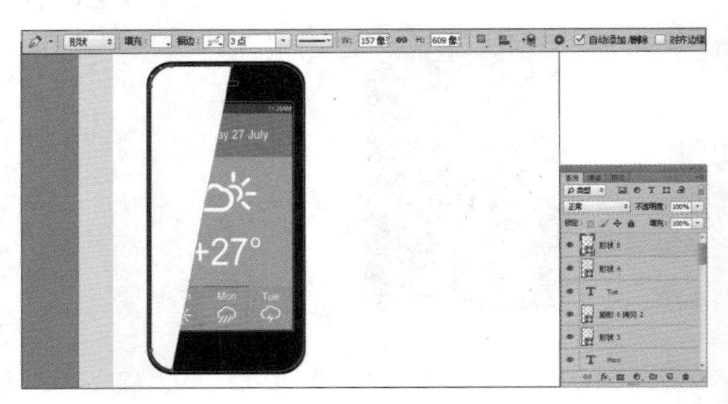

Step 23 设置透明度。选择“形状 5”，在“图层”面板里选择“透明度”，设置透明度的数值为“20%”，得到的效果如下图所示。

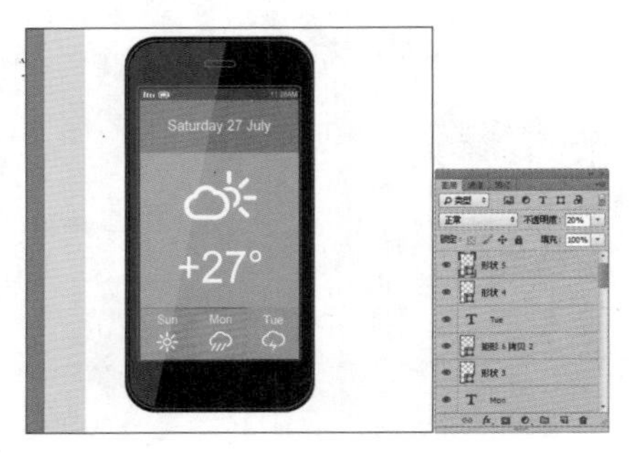

Step 24 绘制绿色矩形。选择“矩形工具”，在工具选项栏中的“选择工具模式”中选择“形状”选项，在图中所示的位置上绘制绿色矩形，设置的参数如下图所示。

Step 25 输入文字。设置前景色为白色，选择“文字工具”，在工具选项栏中设置字体大小、字体颜色和字体，输入图中文字，得到的效果如下图所示。

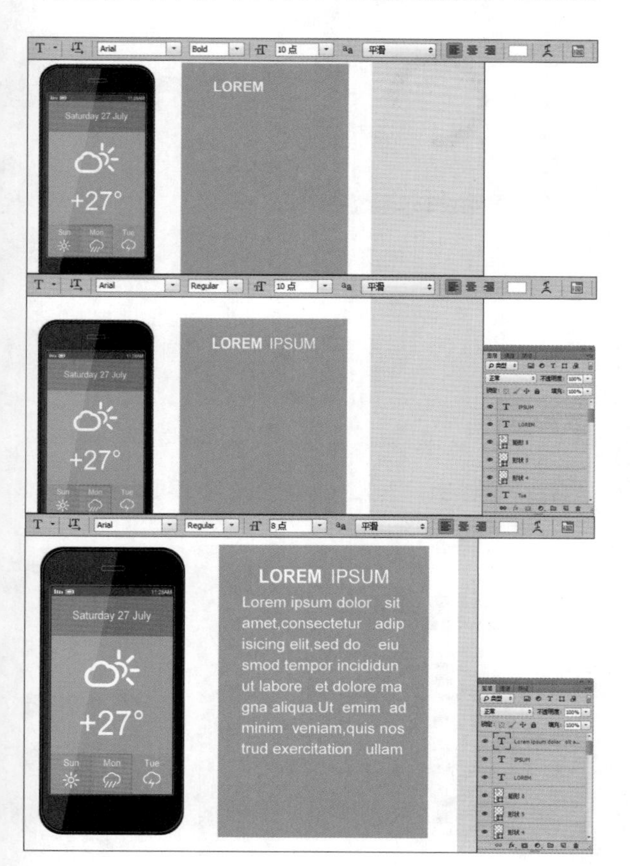

Step 26 绘制白色椭圆。设置前景色为白色，选择“椭圆工具”，在工具选项栏中的“选择工具模式”中选择“形状”选项，在图中所示的位置上绘制椭圆，设置的参数如下图所示。

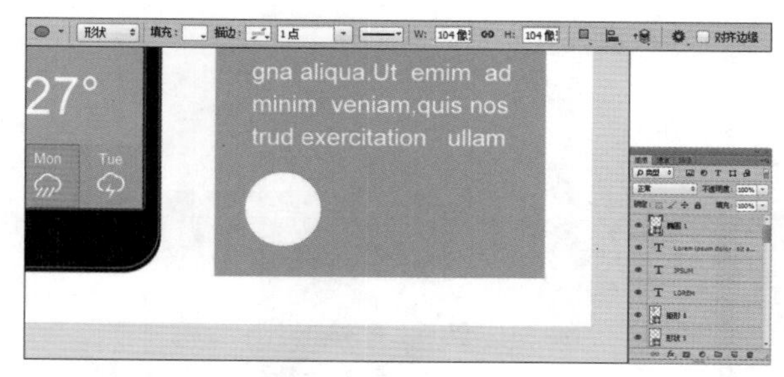

Step 27 绘制另外两个白色椭圆。选择“椭圆工具”，在工具选项栏中的“选择工具模式”中选择“形状”选项，单击“路径操作”按钮，在下拉菜单中选择“合并图层”命令，在图中所示的位置上绘制椭圆，设置的参数如下图所示。

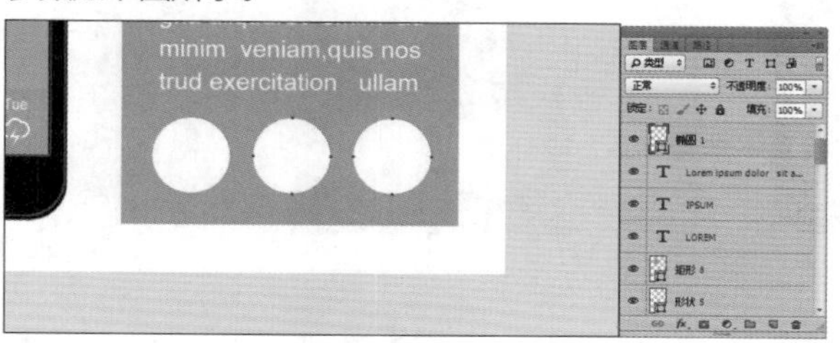

Step 28 添加箭头图形。选择“自定义形状工具”，在工具选项栏中的“选择工具模式”中选择“形状”选项，单击打开“自定形状”拾色器，在下拉菜单中选择“箭头9”，在图中所示的位置上绘制，并设置虚线描边，设置的参数如下图所示。

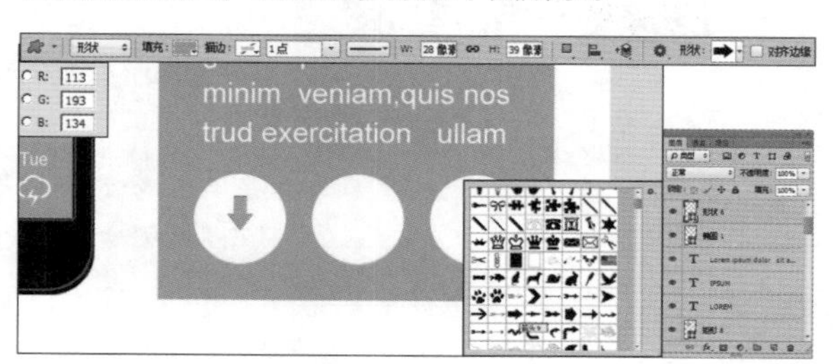

Step 29 绘制矩形。选择“形状6”图层，选择“矩形工具”，在工具选项栏中的“选择工具模式”中选择“形状”选项，单击“路径操作”按钮，在下拉菜单中选择“合并图层”命令，在图中所示的位置上绘制绿色矩形，设置的参数如下图所示。

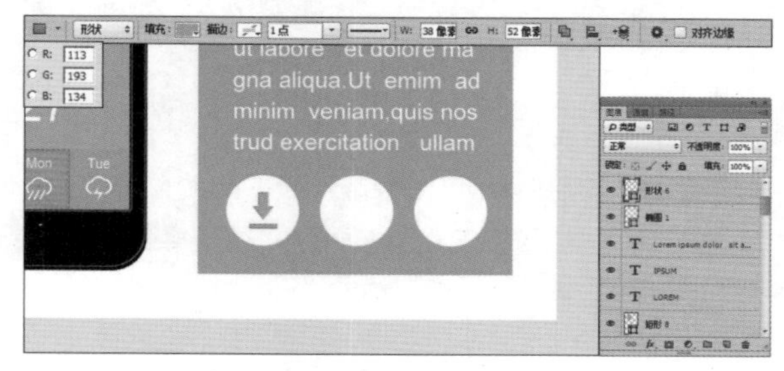

Step 30 绘制其他两个箭头图形。参照步骤 27 和步骤 28 绘制出如下图所示的箭头图形，设置的参数如下图所示。

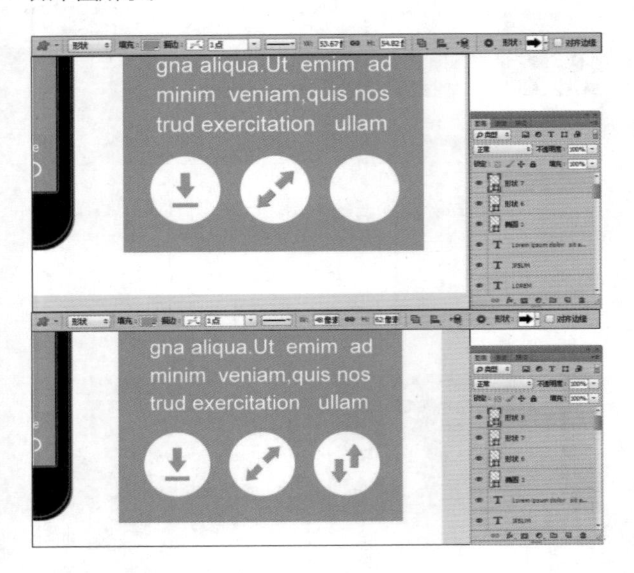

Step 31 绘制红色矩形。选择“矩形工具”，在工具选项栏中的“选择工具模式”中选择“形状”选项，在图中所示的位置上绘制红色矩形，设置的参数如下图所示。

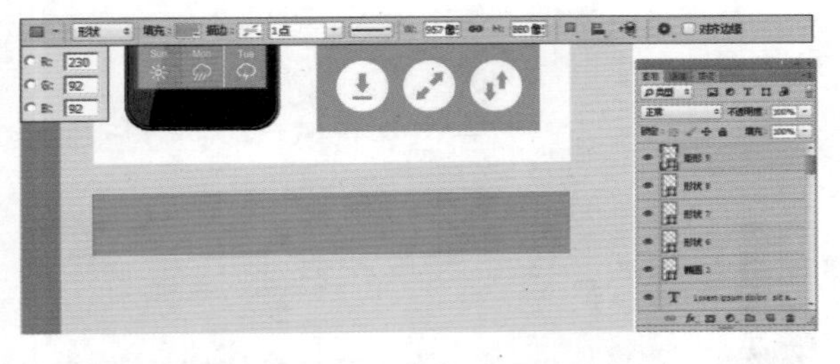

Step 32 复制文字图层。选择图中所示的两个文字图层，并将其拖动至“图层”面板下方的“新建图层”按钮上进行复制，使用“移动工具”将复制好的文字图层移动到红色矩形上。

Step 33 绘制白色矩形。设置前景色为白色，选择“矩形工具”，在工具选项栏中的“选择工具模式”中选择“形状”选项，在图中所示的位置上绘制白色矩形，设置的参数如下图所示。

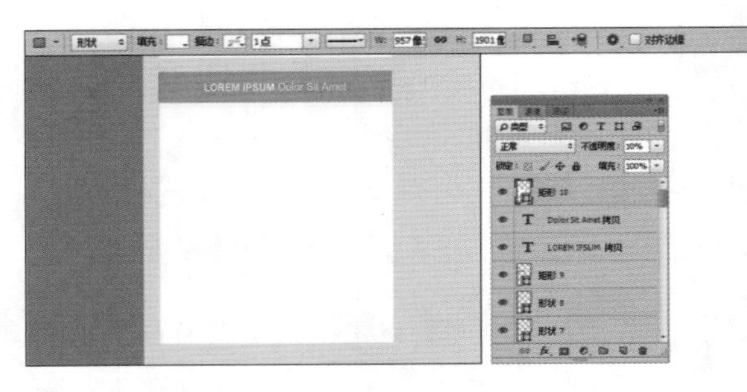

Step 34 打开素材文件并添加。打开随书光盘中的“形状 9”图像文件，此时的图像效果和“图层”面板如图所示。使用“移动工具”将图像拖动到第 1 步新建的文件中，得到“形状 9”。设置前景色，按快捷键【Alt+Delete】填充颜色。按快捷键【Ctrl+T】，调出自由变换控制框，变换图像到如图所示的状态，按【Enter】键确认操作，得到的效果如下图所示。

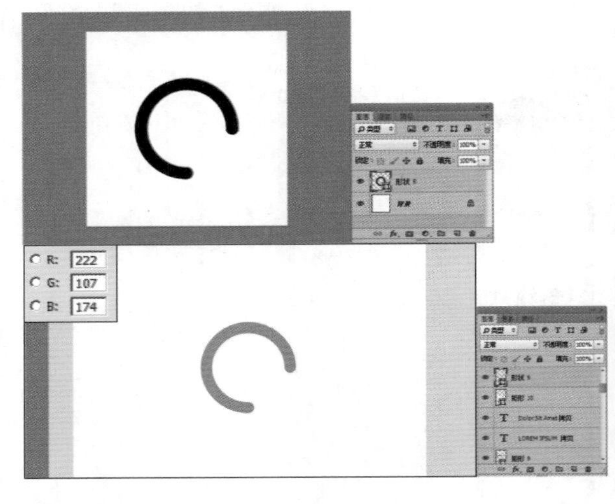

Step 35 绘制白色矩形。参照步骤 34，添加其他的素材文件并填充颜色，设置的参数效果如下图所示。

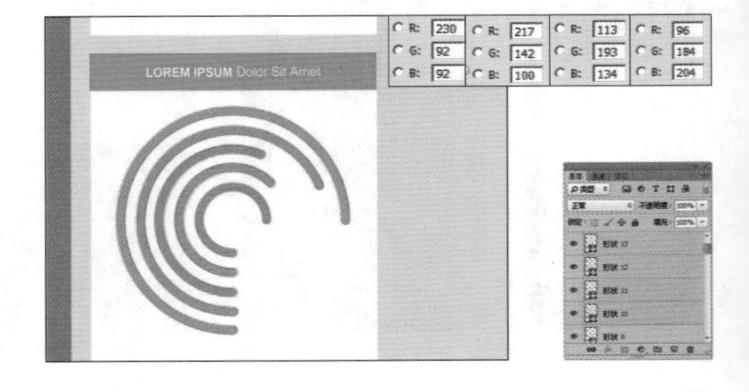

Step 36 打开素材文件并添加。打开随书光盘中的“形状 14”图像文件，此时的图像效果和“图层”面板如图所示。使用“移动工具”将图像拖动到第 1 步新建的文件中，得到“形状 14”。设置前景色，按快捷键【Alt+Delete】填充颜色。按快捷键【Ctrl+T】，调出自由变换控制框，变换图像到如图所示的状态，按【Enter】键确认操作，得到的效果如下图所示。

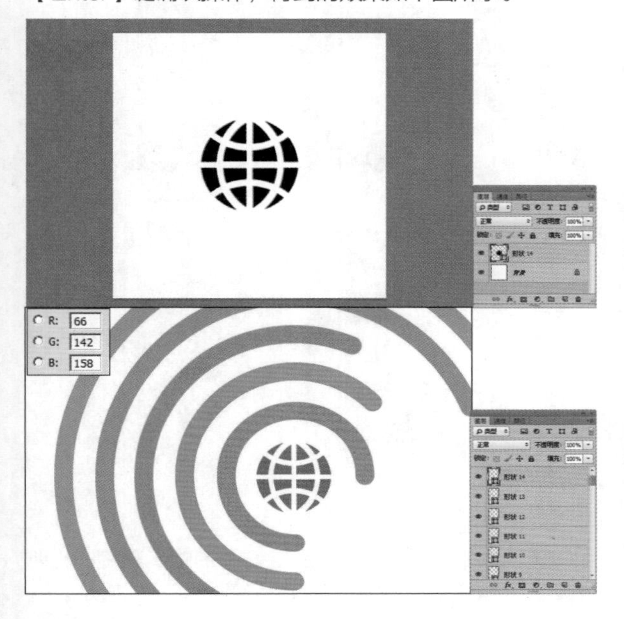

Step 37 输入文字。选择“文字工具”，在工具选项栏中设置字体大小、字体颜色和字体，输入图中文字，得到的效果如下图所示。

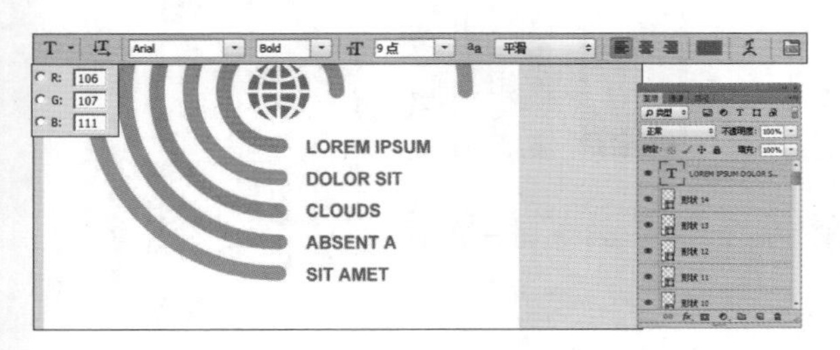

Step 38 绘制蓝色矩形。选择“矩形工具”，在工具选项栏中的“选择工具模式”中选择“形状”选项，在图中所示的位置上绘制蓝色矩形，设置的参数如下图所示。

Step 39 打开素材文件并添加。打开随书光盘中的“形状 15”图像文件，此时的图像效果和“图层”面板如图所示。使用“移动工具”将图像拖动到第 1 步新建的文件中，得到“形状 15”。设置前景色，按快捷键【Alt+Delete】填充颜色。按快捷键【Ctrl+T】，调出自由变换控制框，变换图像到如图所示的状态，按【Enter】键确认操作，得到的效果如下图所示。

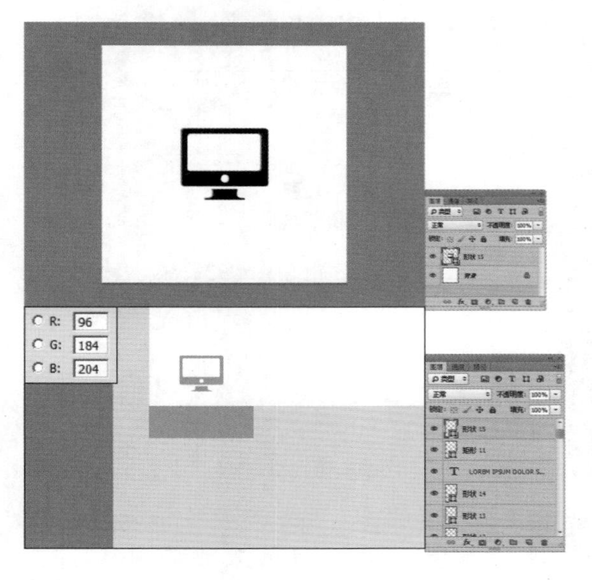

Step 40 添加文字。设置前景色为白色，选择“文字工具”，在工具选项栏中设置字体大小、字体颜色和字体，输入图中文字，得到的效果如下图所示。

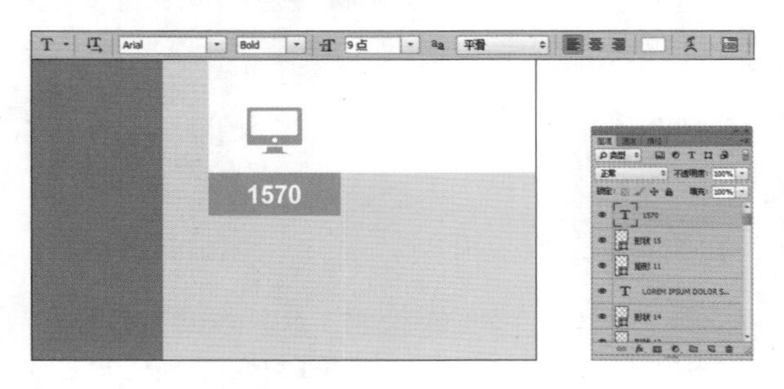

Step 41 绘制出其余 4 个图形。参照步骤 39 和步骤 40 绘制出其他 4 个图形，设置的参数效果如下图所示。

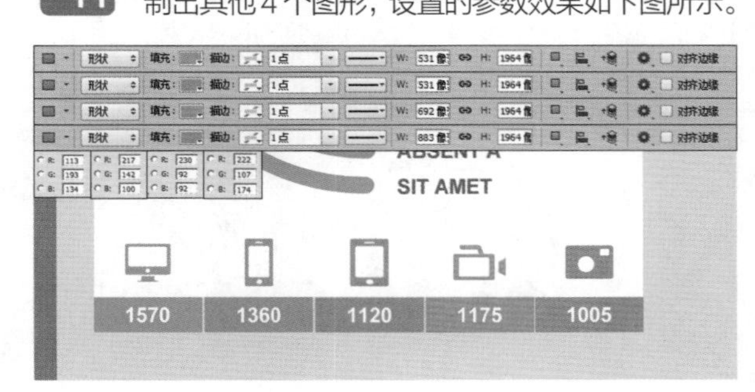

Step 42 绘制灰色矩形分界线。选择“矩形工具”，在工具选项栏中的“选择工具模式”中选择“形状”选项，在图中所示的位置上灰色矩形，设置的参数如下图所示。

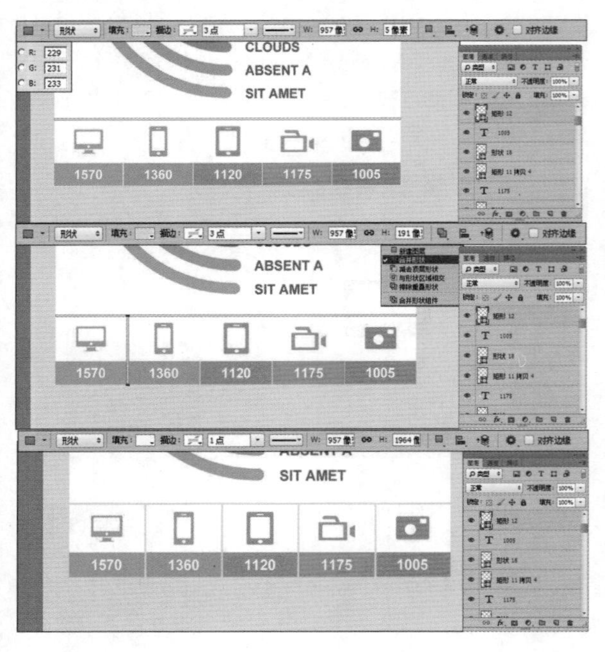

Step 43 绘制矩形添加文字。选择“矩形工具”，在工具选项栏中的“选择工具模式”中选择“形状”选项，在图中所示的位置上绘制灰色矩形，设置的参数如下图所示。

Step 44 用“钢笔工具”绘制图形。选择“钢笔工具”，在工具选项栏中的“选择工具模式”中选择“形状”选项，在图中所示的位置上绘制图形，设置的参数如下图所示。

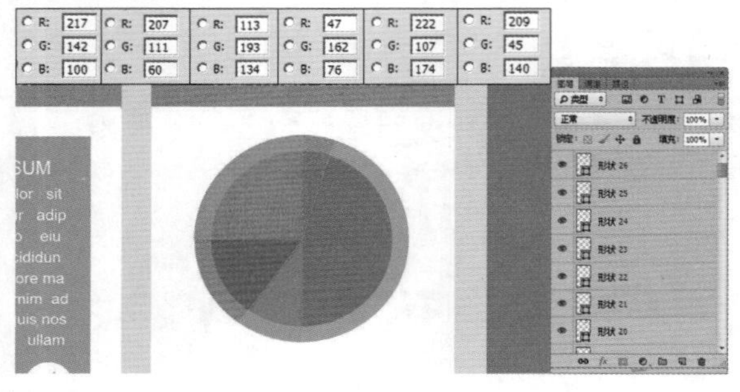

Step 45 绘制椭圆并添加文字。选择“椭圆工具”，在工具选项栏中的“选择工具模式”中选择“形状”选项，在图中所示的位置上绘制灰色矩形。选择“文字工具”，在工具选项栏中设置字体大小、字体颜色和字体，输入图中文字，得到的效果如下图所示。

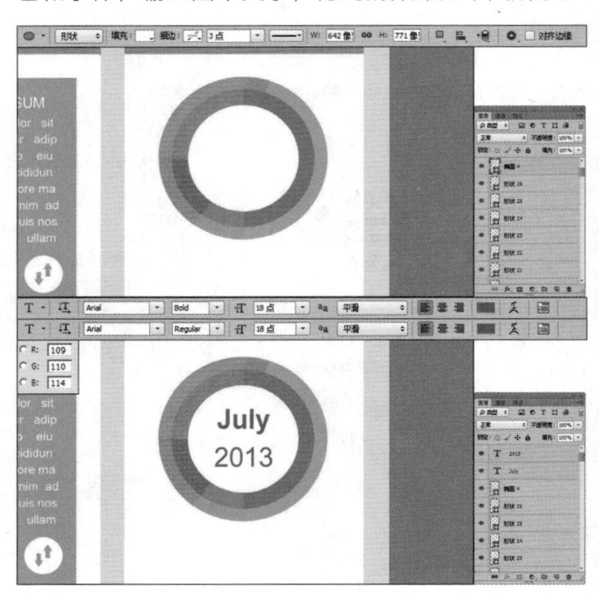

Step 46 最终效果。参照前面绘制图形的步骤绘制出剩下的图形，最后绘制出的效果如下图所示。

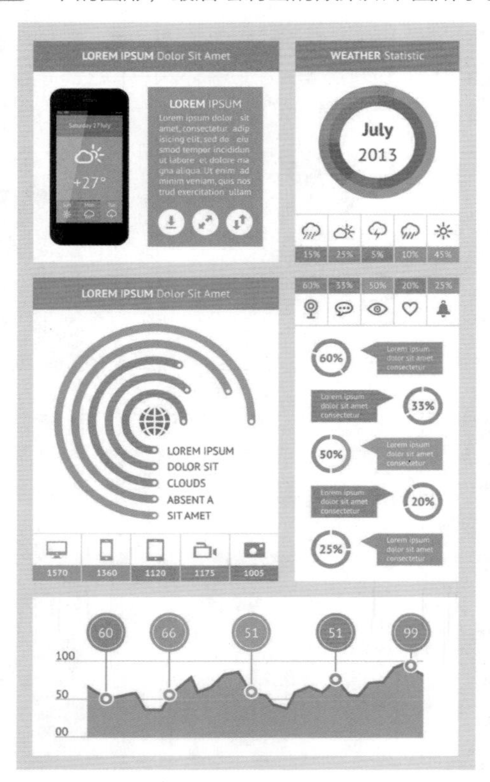

第 7 章

设计手机整体界面

本章节主要是应用前面所讲的基础知识进行更深入的实例制作，其中包括了一般的图标制作效果和扁平设计风格的图标效果制作，通过这些实例的讲解，让读者在巩固知识点的同时，学会一些新的配色方法和设计方法。

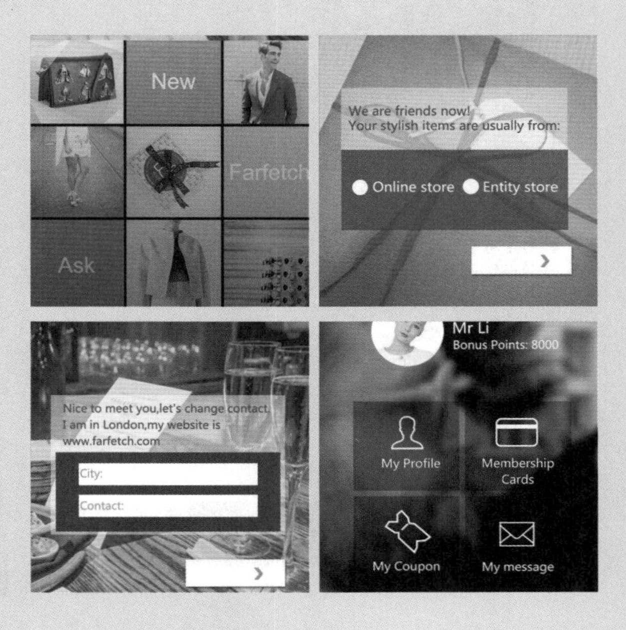

7.1 常用选项框界面

采用图形设计的 APP 一般归纳为两种形式，一是自然图形标志；二是几何图形标志，图形制作在手机 APP 设计中是最常见的一种形式。

常用选项框的绘制使用到“矩形工具”、“文字工具”和“自定义图形工具”。在绘制的颜色上大多使用的是相近色，让使用者更舒服地使用。

易难度★★　　实用度★★★★

布局分析

选项框界面的布局以横向排列为主，左边是任务名称，右边是每个任务点开进入的界面。

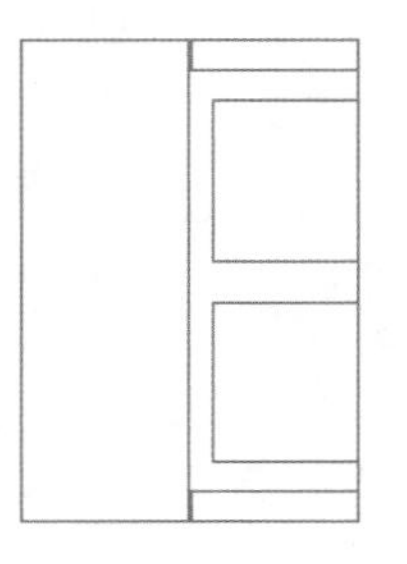

色彩分析

在颜色上以一种主色延伸出另外几个颜色，当然还是以主色为主，本案例所选择的是橄榄绿为主体色。

技法分析

本案例在制作上还是挺简单的，绘制矩形块面、添加图形素材等设计出选项框界面，没有什么特别的技法。

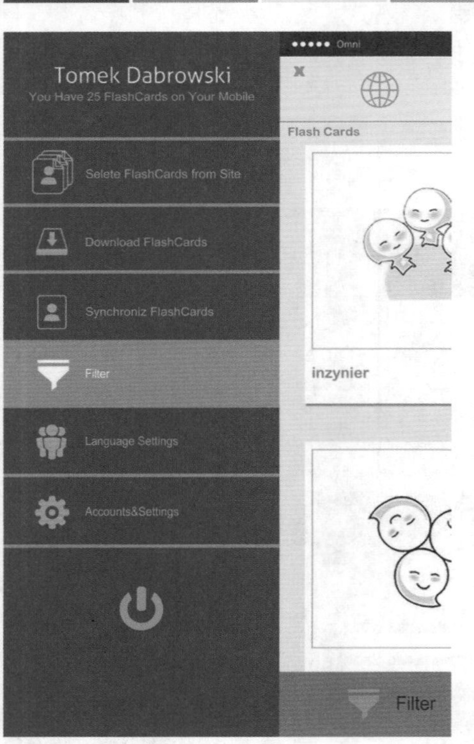

Step 01 新建文档。执行菜单“文件”/“新建”命令（或按【Ctrl+N】快捷键），设置弹出的“新建”命令对话框，单击“确定”按钮，即可创建一个新的空白文档。

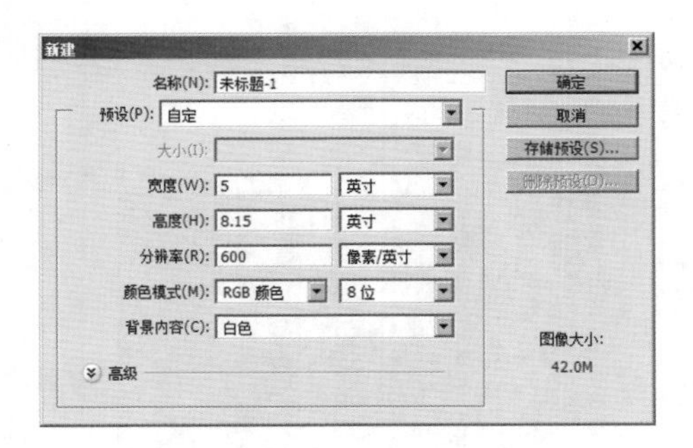

Step 02 设置背景色。设置前景色色值为(R:239,G:239,B:239)，按快捷键【Alt+Delete】填充颜色，效果如下图所示。

Step 03 绘制矩形。选择“矩形工具”，在工具选项栏中的“选择工具模式”中选择“形状”选项，绘制图中矩形，设置的参数效果如下图所示。

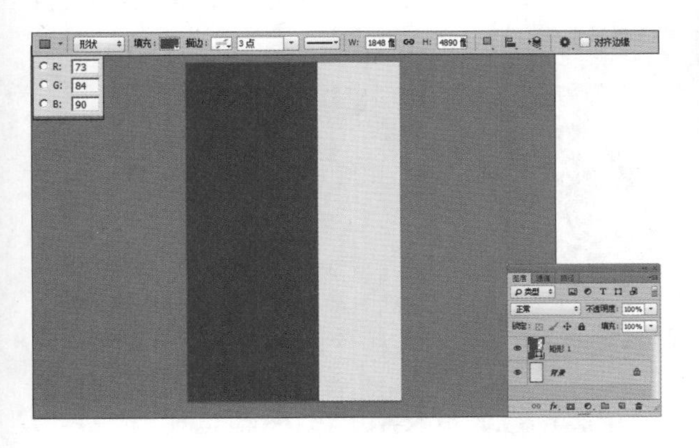

Step 04 输入文字。选择“文字工具”T，在工具选项栏中设置字体大小、字体颜色和字体，输入图中文字，设置的参数和得到的效果如下图所示。

Step 05 打开文件素材并添加。打开随书光盘中的“形状 6”图像文件，此时的图像效果和“图层”面板如图所示。使用“移动工具”将图像拖动到第 1 步新建的文件中，得到“形状 6”。按快捷键【Ctrl+T】，调出自由变换控制框，变换图像到如图所示的状态，按【Enter】键确认操作。设置前景色为白色，按快捷键【Alt+Delete】填充颜色，设置的参数和得到的效果如下图所示。

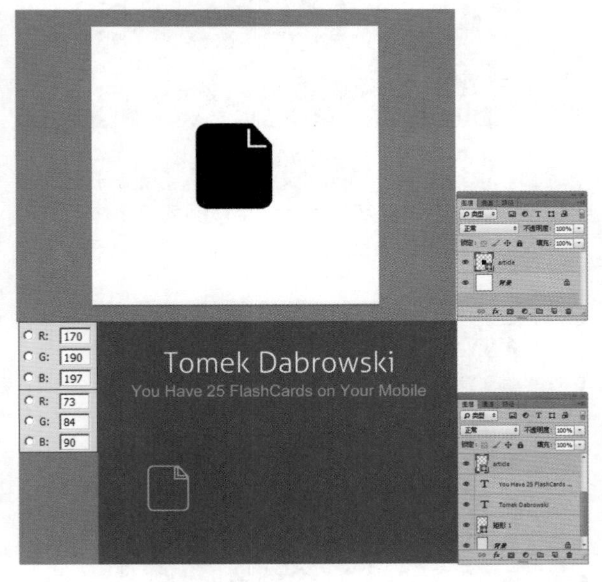

Step 06 复制图形文件。选择“article”图形图层，按快捷键【Ctrl+J】I 两次复制得到“article 拷贝”、“article 拷贝 2”图层，使用“移动工具”将图像拖动到“article”后面。

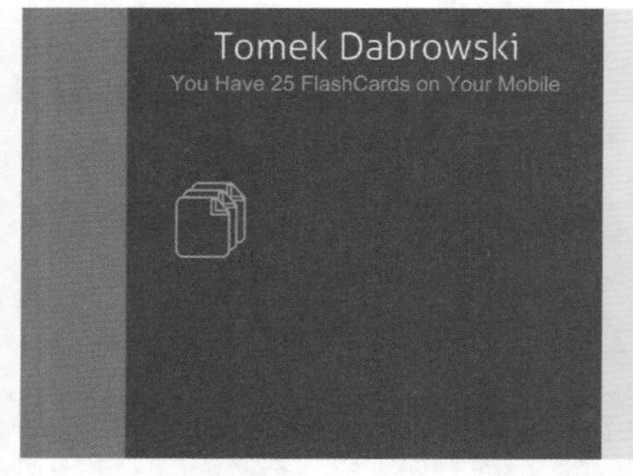

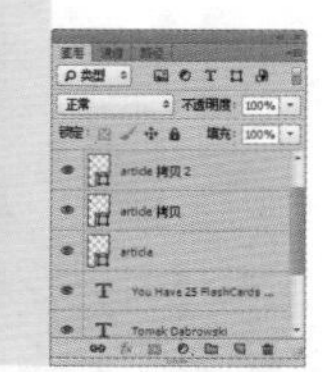

Step 07 添加图形文件。选择“自定义图形工具”，在工具选项栏中的“选择工具模式”中选择“形状”选项，单击“打开形状拾色器”按钮，在下拉菜单中选择“male”图形，在图中“article”图形位置上绘制。设置前景色，按快捷键【Alt+Delete】填充颜色，设置的参数如下图所示。

Step 08 输入文字。选择“文字工具”，在工具选项栏中设置字体大小、字体颜色和字体，输入图中文字，设置的参数和得到的效果如下图所示。

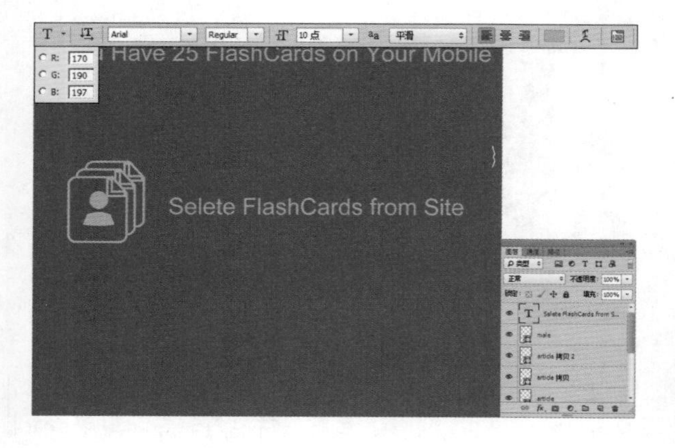

Step 09 绘制梯形形状。选择“矩形工具”，在工具选项栏中的“选择工具模式”中选择“形状”选项，在图中所示的位置上绘制矩形边框，设置的参数和效果如图所示。选择“直接选择工具”，在工具选项栏中的“选择工具模式”中选择“形状”选项，在图中的矩形上拉动左上角和右上角，变换到如图所示的图形，得到的效果如下图所示。

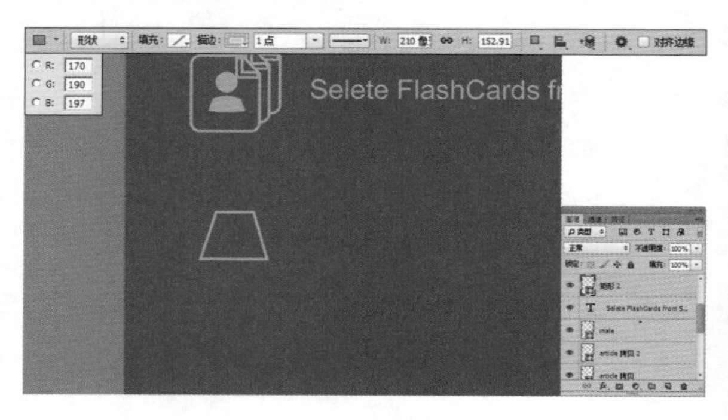

Step 10 绘制矩形。选择“矩形工具”，在工具选项栏中的“选择工具模式”中选择“形状”选项，绘制图中矩形，设置的参数效果如下图所示。

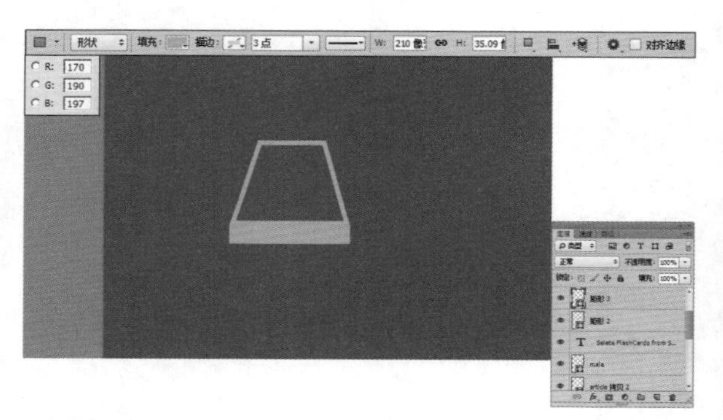

Step 11 添加箭头图形。选择“自定义图形工具”，在工具选项栏中的“选择工具模式”中选择“形状”选项，单击“打开形状拾色器”按钮，在下拉菜单中选择“箭头”图形，在图中矩形位置上绘制浅色图形。设置前景色，按快捷键【Alt+Delete】填充颜色，设置的参数如下图所示。

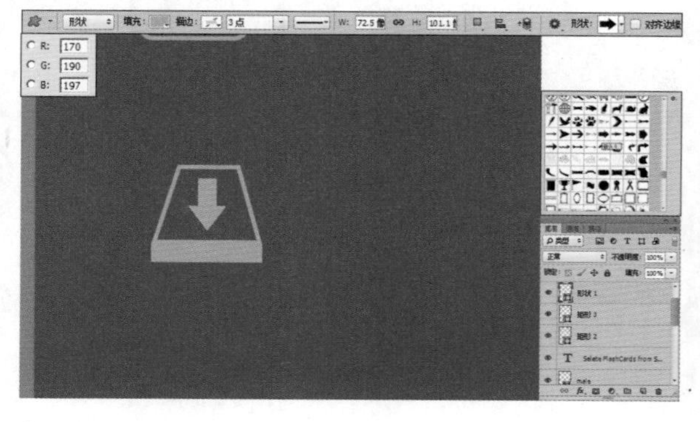

Step 12 添加文字。选择“文字工具”T，在工具选项栏中设置字体大小、字体颜色和字体，输入图中文字，设置的参数和得到的效果如下图所示。

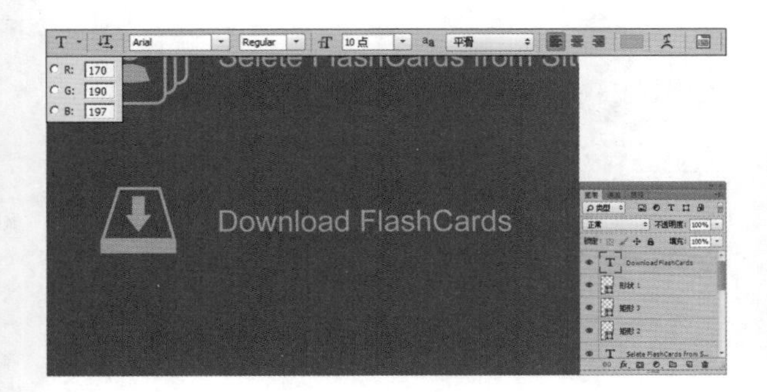

Step 13 绘制圆角矩形边框。选择“圆角矩形工具”，在工具选项栏中的“选择工具模式”中选择“形状”选项，在图中所示的位置上绘制圆角矩形边框，设置不填充颜色，设置的参数和得到的效果如下图所示。

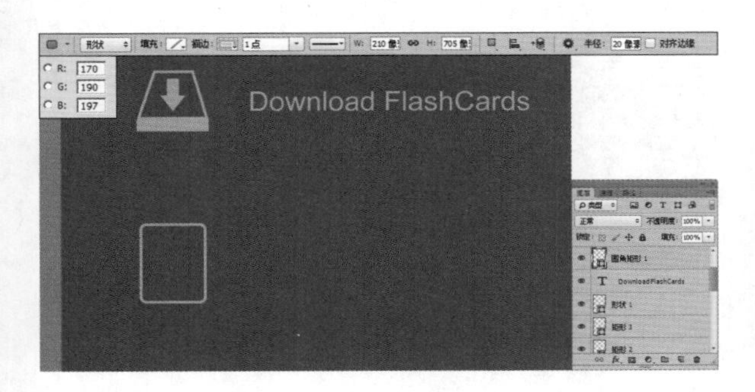

Step 14 复制“male”图形。选择“male”图形图层，按快捷键【Ctrl+J】复制得到“male 拷贝”图层，使用“移动工具”将图像拖动到“圆角矩形 1”的中间。按快捷键【Ctrl+T】，调出自由变换控制框，变换图像到如图所示的状态，按【Enter】键确认操作。

Step 15 添加文字。选择“文字工具”T，在工具选项栏中设置字体大小、字体颜色和字体，输入图中文字，设置的参数和得到的效果如下图所示。

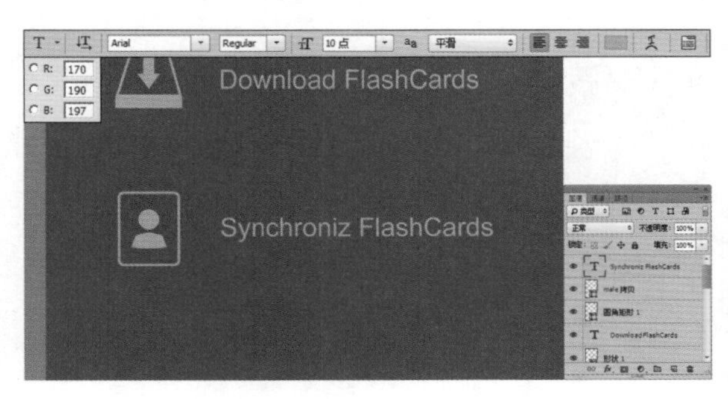

Step 16 绘制绿色矩形。选择“矩形工具”，在工具选项栏中的“选择工具模式”中选择“形状”选项，绘制图中矩形，设置的参数和得到的效果如下图所示。

Step 17 绘制白色矩形。设置前景色为白色，选择“矩形工具”，在工具选项栏中的“选择工具模式”中选择“形状”选项，绘制图中白色矩形，设置的参数和得到的效果如下图所示。

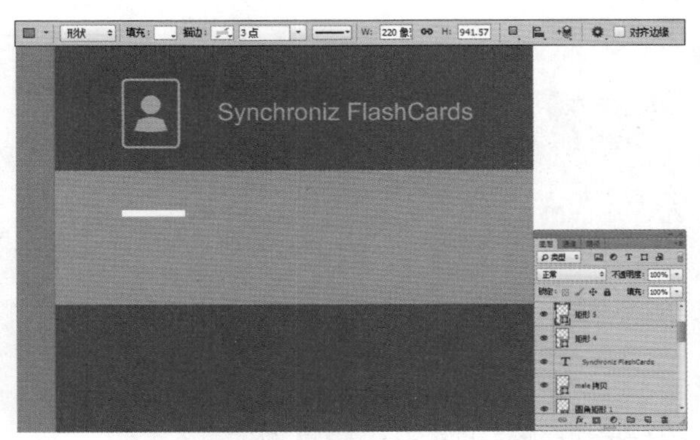

Step 18 用“钢笔工具”绘制漏斗图形。设置前景色为白色，选择“钢笔工具”，在工具选项栏中的“选择工具模式”中选择“形状”选项，在白色矩形下方绘制出一个漏斗的样子，设置的参数和得到效果的如下图所示。

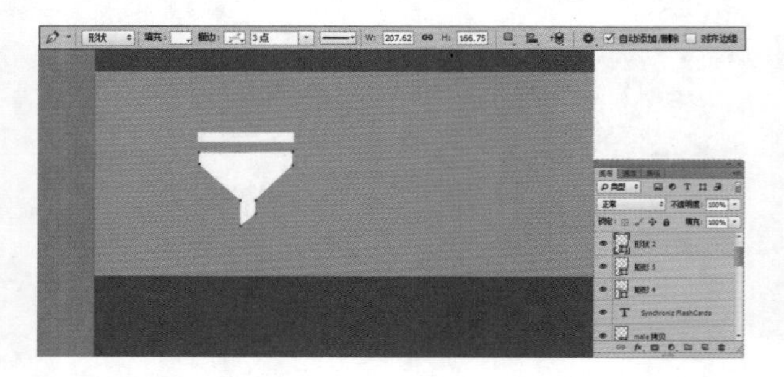

Step 19 输入文字。设置前景色为白色，选择“文字工具”，在工具选项栏中设置字体大小、字体颜色和字体，输入图中文字，设置的参数和得到的效果如下图所示。

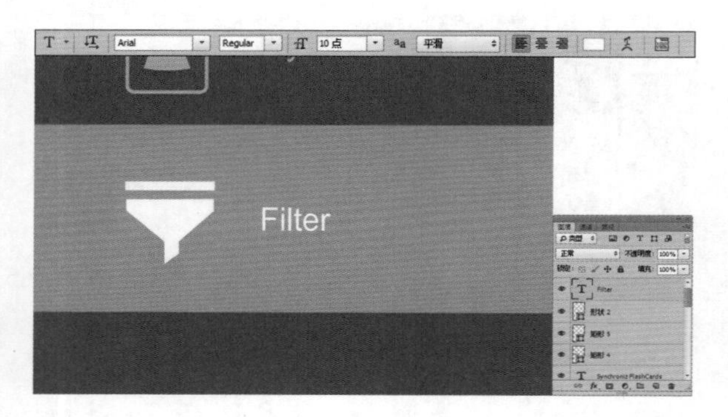

Step 20 绘制其他图形并添加文字。参照前面绘制图形文件的步骤绘制出其他图形，并选择“文字工具”，在工具选项栏中设置字体大小、字体颜色和字体，输入图中文字，设置的参数和得到的效果如下图所示。

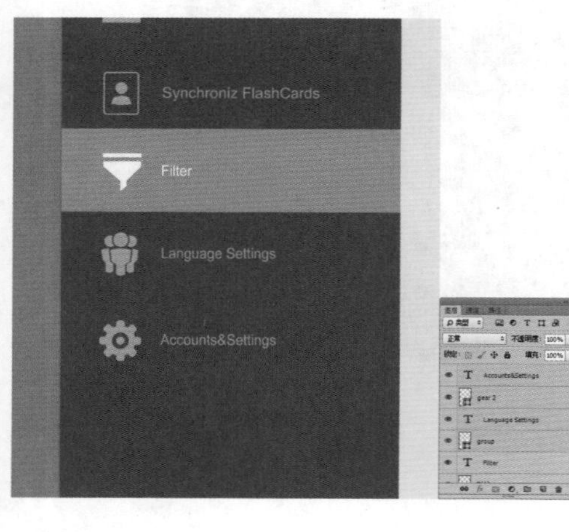

Step 21 绘制矩形。设置前景色为白色，选择“矩形工具”，在工具选项栏中的“选择工具模式”中选择“形状”选项，绘制图中白色矩形，设置的参数和得到的效果如下图所示。

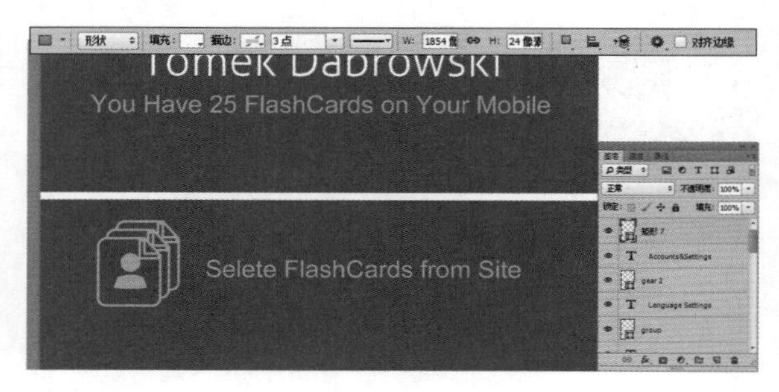

Step 22 绘制多个矩形。设置前景色为白色，选择“矩形工具”，在工具选项栏中的“选择工具模式”中选择“形状”选项，单击“路径操作选择”按钮，在下拉菜单中选择“合并图层”命令，绘制图中多个白色矩形，设置的参数和得到的效果如下图所示。

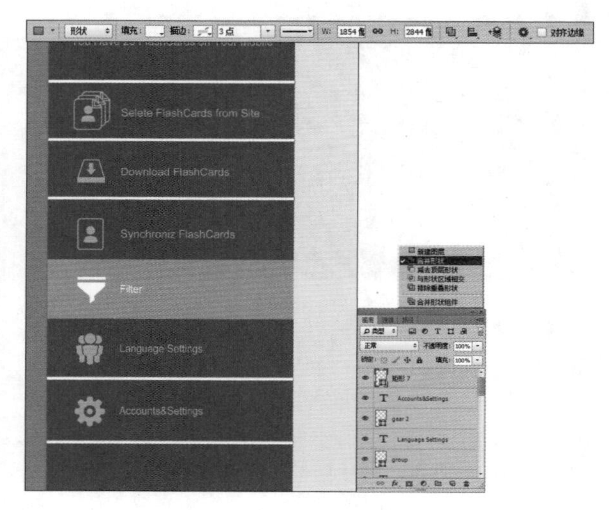

Step 23 打开素材文件并添加。打开随书光盘中的“power”图像文件，此时的图像效果和“图层”面板如图所示。使用“移动工具”将图像拖动到第 1 步新建的文件中，得到“power”。按快捷键【Ctrl+T】，调出自由变换控制框，变换图像到如图所示的状态，按【Enter】键确认操作。设置前景色，按快捷键【Alt+Delete】填充颜色，设置的参数和得到的效果如下图所示。

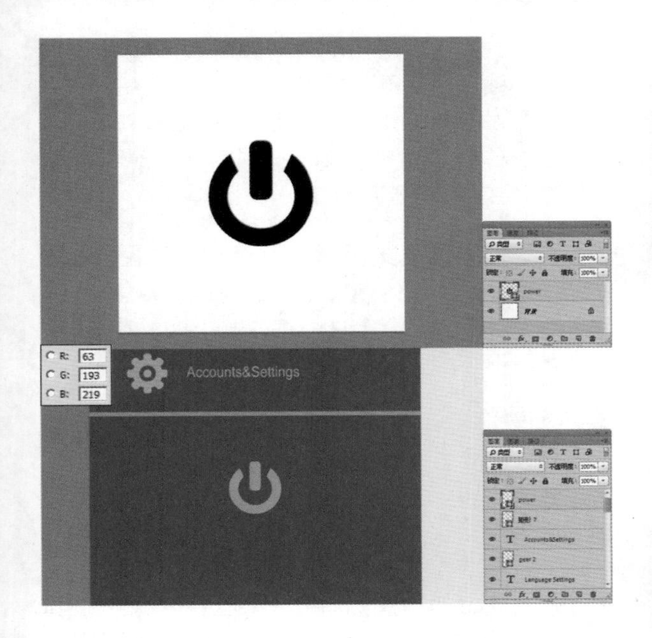

Step 24 绘制深色矩形。选择“矩形工具”，在工具选项栏中的“选择工具模式”中选择“形状”选项，绘制图中白色矩形，设置的参数和得到的效果如下图所示。

Step 25 绘制信号图形。选择“椭圆工具”，在工具选项栏中的“选择工具模式”中选择“形状”选项，单击“路径操作选择”按钮，在下拉菜单中选择“合并图层”命令，在深色矩形中绘制信号椭圆图形，设置的参数和得到的效果如下图所示。

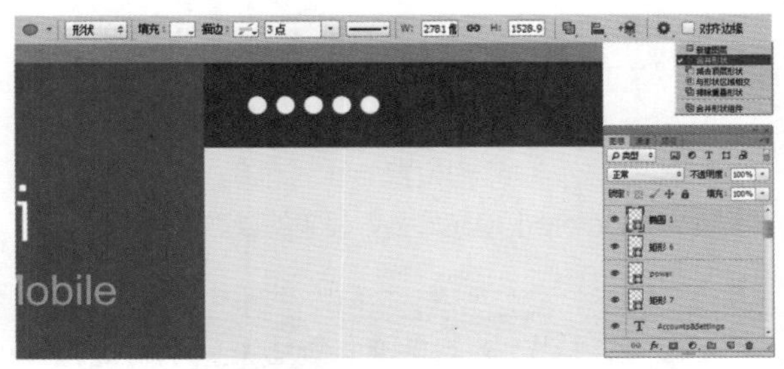

Step 26 添加文字。设置前景色为白色，选择“文字工具”，在工具选项栏中设置字体大小、字体颜色和字体，输入图中文字，设置的参数和得到的效果如下图所示。

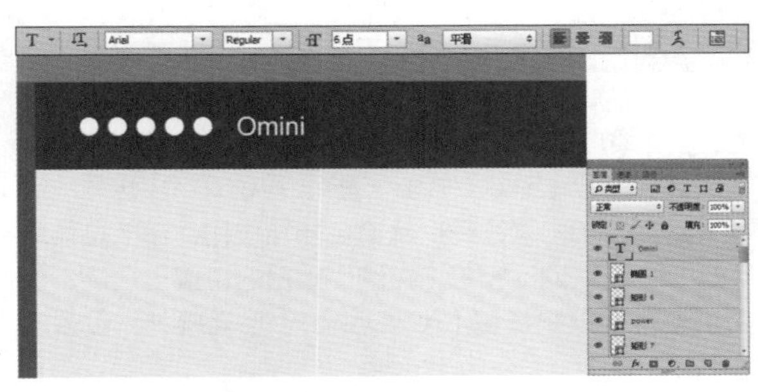

Step 27 绘制矩形并添加投影。选择“矩形工具”，在工具选项栏中的“选择工具模式”中选择“形状”选项，绘制图中矩形。单击“添加图层样式”按钮，在弹出的菜单中选择“投影”命令，设置的参数效果如下图所示。

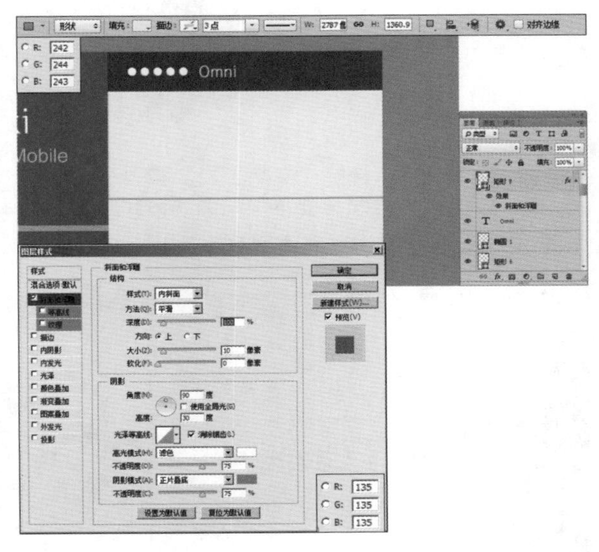

Step 28 添加“X”图形。选择“自定义图形工具”，在工具选项栏中的“选择工具模式”中选择“形状”选项，单击“打开形状拾色器”按钮，在下拉菜单中选择“X”图形，在图中矩形位置上绘制。设置前景色，按快捷键【Alt+Delete】填充颜色，设置的参数如下图所示。

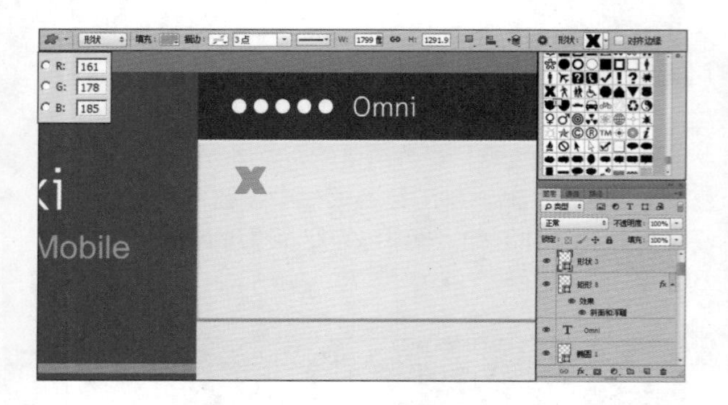

Step 29 添加互联网图形。选择“自定义图形工具”，在工具选项栏中的“选择工具模式”中选择“形状”选项，单击“打开形状拾色器”按钮，在下拉菜单中选择“互联网”图形，在图中矩形的位置上绘制。设置前景色，按快捷键【Alt+Delete】填充颜色，设置的参数如下图所示。

Step 30 输入文字。选择“文字工具”，在工具选项栏中设置字体大小、字体颜色和字体，输入图中文字，设置的参数和得到的效果如下图所示。

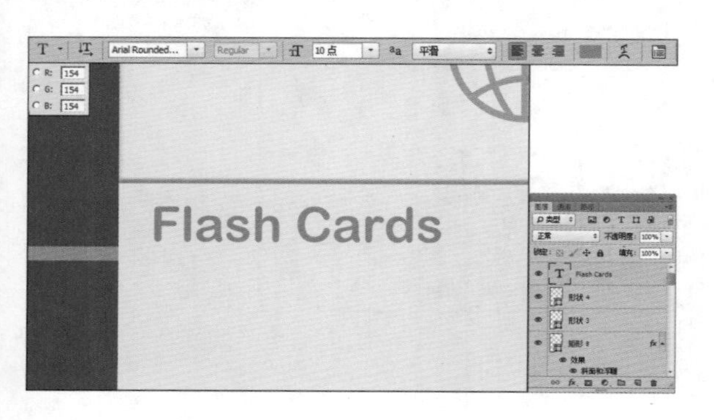

Step 31 绘制矩形并添加投影。设置前景色为白色，选择“矩形工具”，在工具选项栏中的“选择工具模式”中选择“形状”选项，绘制图中矩形。单击“添加图层样式”按钮，在弹出的菜单中选择“投影”命令，设置的参数效果如下图所示。

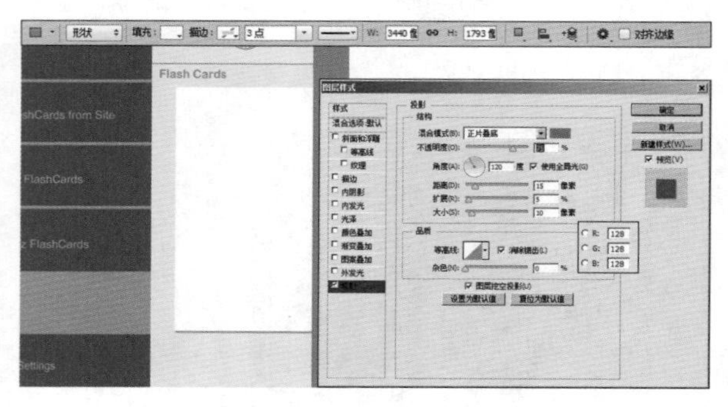

Step 32 绘制矩形边框。选择“矩形工具”，在工具选项栏中的“选择工具模式”中选择“形状”选项，在“矩形 9”中绘制图中的矩形边框，设置的参数如下图所示。

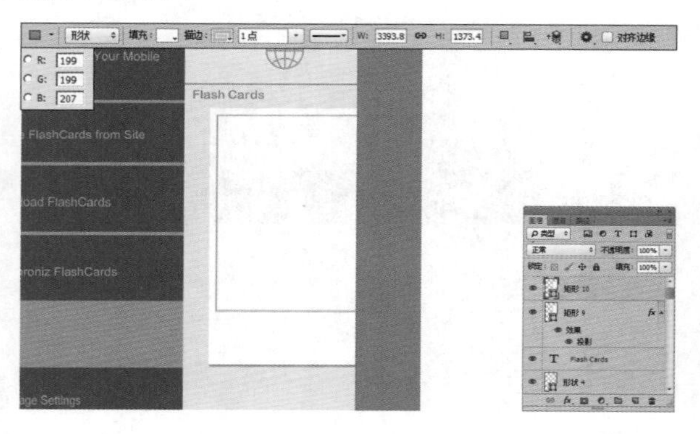

Step 33 打开素材并添加文字。打开随书光盘中的“power”图像文件，此时的图像效果和“图层”面板如图所示。使用“移动工具”将图像拖动到第1步新建的文件中，得到“power”。按快捷键【Ctrl+T】，调出自由变换控制框，变换图像到如图所示的状态，按【Enter】键确认操作。选择“文字工具”，在工具选项栏中设置字体大小、字体颜色和字体，输入图中文字，设置的参数和得到的效果如下图所示。

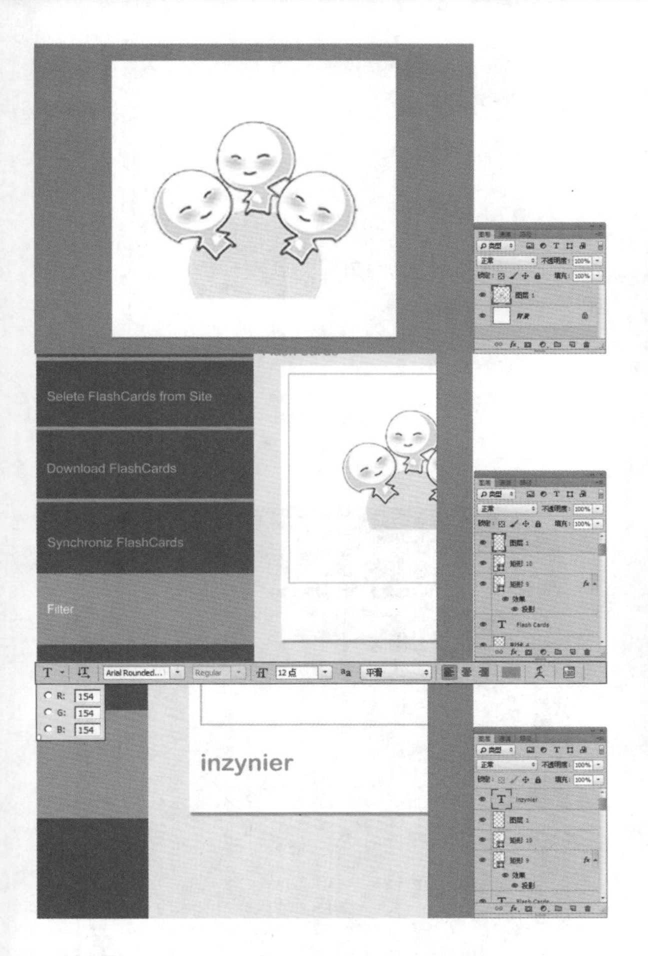

Step 34 绘制矩形并添加图形文件。参照步骤 31、步骤 32 和步骤 33，绘制出图中所示的图形文件，效果如下图所示。

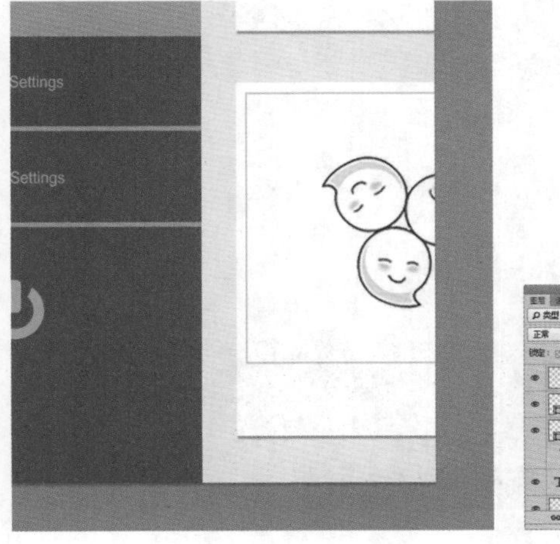

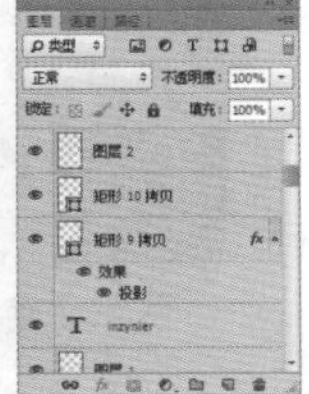

Step 35 绘制绿色矩形和漏斗图形。选择“矩形工具”，在工具选项栏中的“选择工具模式”中选择“形状”选项，在图中绘制矩形，设置的参数如下图所示。

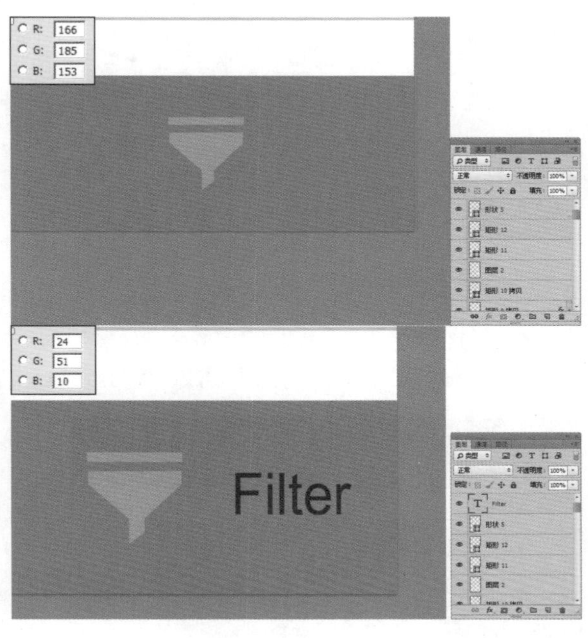

Step 36 最终效果。将绘制好的图形另存为图片文件，并移动至手机效果图中。

7.2 主屏显示

主屏显示的设计多倾向于音乐播放器界面和视频播放器界面，在设计上只有简单的控制按钮出现在界面中。

易难度★★　　实用度★★★★

布局分析

布局上，所有的主体按钮均在界面中间。

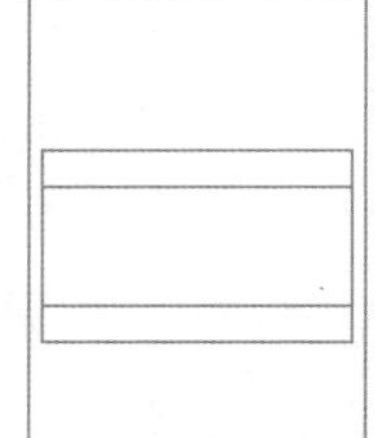

色彩分析

以大面积的红色为主体色，在界面的中间绘制一个灰色矩形框，里面有 APP 所需要按钮控制。

技法分析

本案例在制作上没什么难度，所使用到的绘制工具是：“矩形工具”、“自定义图形工具”等。

Step 01 新建文档。执行菜单“文件”/“新建”命令(或按【Ctrl+N】快捷键),设置弹出的“新建”命令对话框,单击“确定”按钮,即可创建一个新的空白文档。

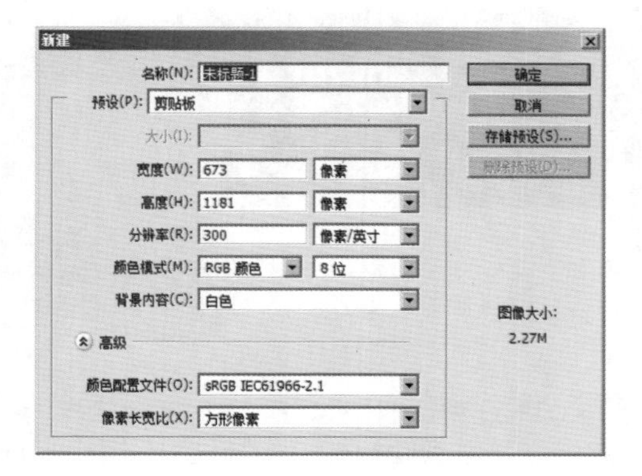

Step 02 设置背景色。背景色默认为白色,效果如图所示。

Step 03 绘制红色矩形。选择“矩形工具”,在工具选项栏中选择工具模式为“形状”,绘制红色矩形框,设置的参数和得到的效果如下图所示。

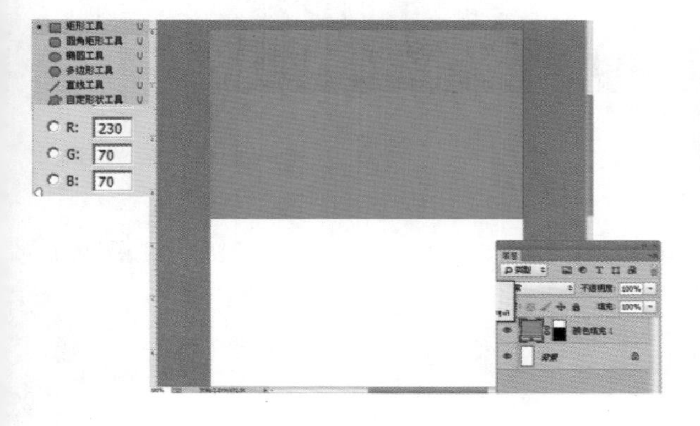

Step 04 绘制深红矩形。选择“矩形工具”,在工具选项栏中选择工具模式为“形状”,绘制深红矩形,设置的参数和得到的效果如下图所示。

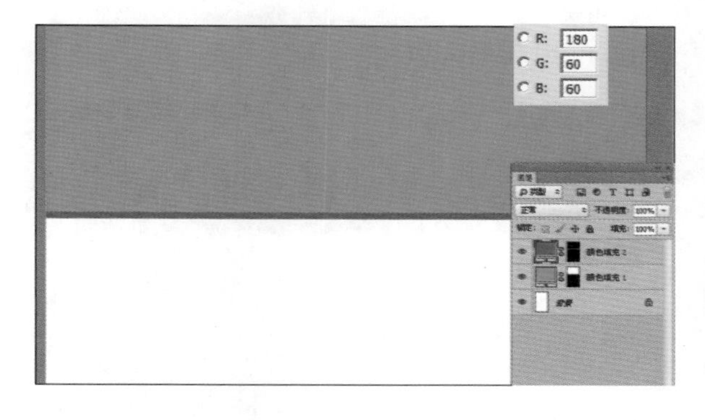

Step 05 设置圆角矩形红。选择“圆角矩形工具”,在工具选项栏中选择工具模式为“形状”,绘制圆角矩形,设置的参数和得到的效果如下图所示。

Step 06 设置渐变。单击“创建新的填充或调整图层”按钮,在弹出的菜单中选择“渐变”命令,设置弹出的对话框如图所示。在对话框中的编辑渐变颜色选择框中单击,可以弹出“渐变编辑器”对话框,在对话框中可以编辑渐变的颜色,设置渐变的颜色值。

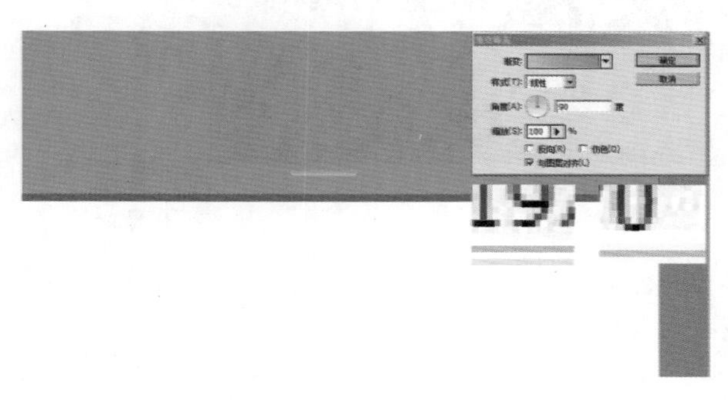

Step 07 复制圆角矩形。选择“渐变填充 1”图层，按快捷键【Ctrl+J】复制一个，使用“移动工具”将图像拖动到如图所示的位置。按快捷键【Ctrl+T】，调出自由变换控制框，变换图像到如下图所示的状态，按【Enter】键确认操作。

Step 08 绘制深色矩形。选择“矩形工具”，在工具选项栏中选择工具模式为“形状”，绘制矩形，设置的参数和得到的效果如下图所示。

Step 09 绘制黑色矩形。设置前景色为黑色，选择“矩形工具”，在工具选项栏中选择工具模式为“形状”，绘制黑色矩形，设置的参数和得到的效果如下图所示。

Step 10 复制深色矩形。选择“形状 1”图层，按快捷键【Ctrl+J】复制一个，使用“移动工具”将图像拖动到如下图所示的位置。

Step 11 添加五角星图形。选择“自定义形状工具”，在工具选项栏中选择工具模式为“形状”，选择“五角星”，使用“移动工具”将图像拖动到文件中，再设置“编辑－描边”，效果如下图所示。

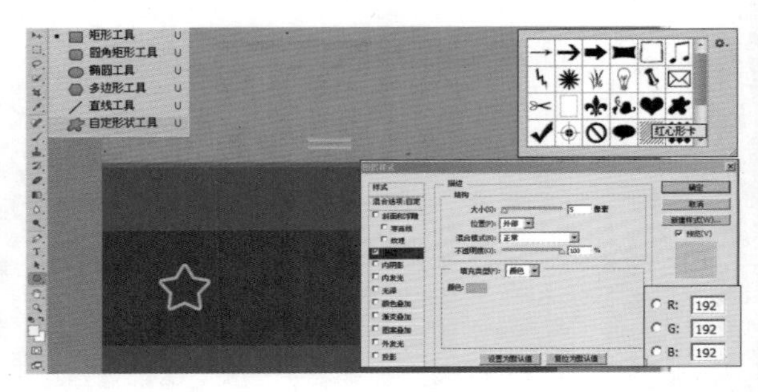

Step 12 绘制圆角粗线。选择“圆角矩形工具”，在工具选项栏中选择工具模式为“形状”，绘制圆角粗线，设置的参数和得到的效果如下图所示。

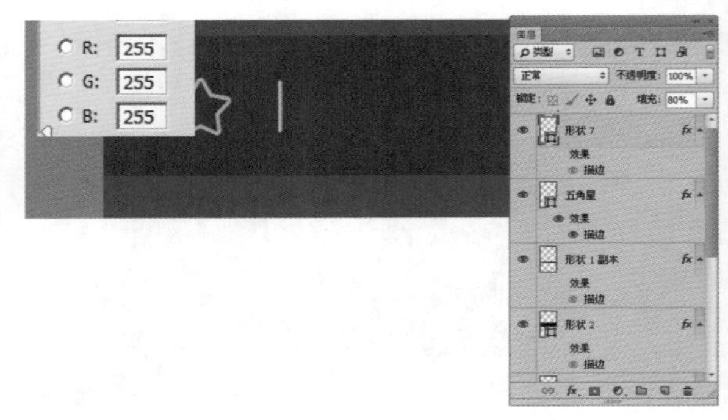

Step 13 复制圆角粗线。选择“形状 7”图层，按快捷键【Ctrl+J】复制一个，使用“移动工具”将图像拖动到如图所示的位置。按快捷键【Ctrl+T】，调出自由变换控制框，变换图像到如下图所示的状态，按【Enter】键确认操作。

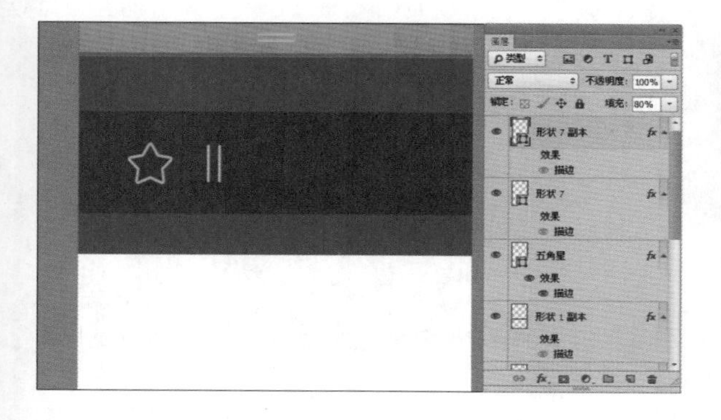

Step 14 再复制圆角粗线。参考“步骤 13”，继续复制图层，得到如下图所示的结果。

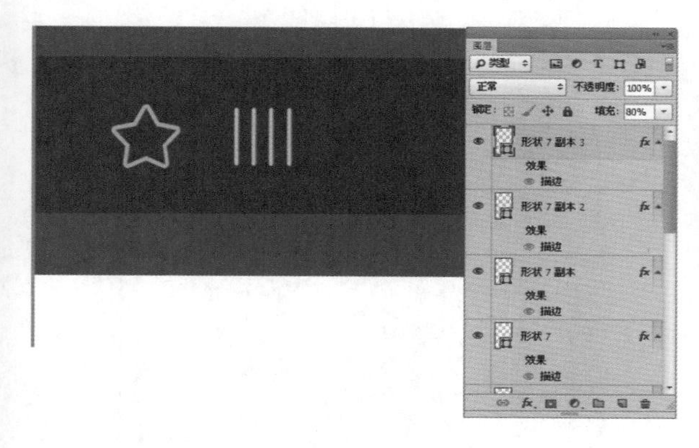

Step 15 绘制红色矩形。选择“矩形工具”，在工具选项栏中选择工具模式为“形状”，绘制红色矩形框，设置的参数和得到的效果如下图所示。

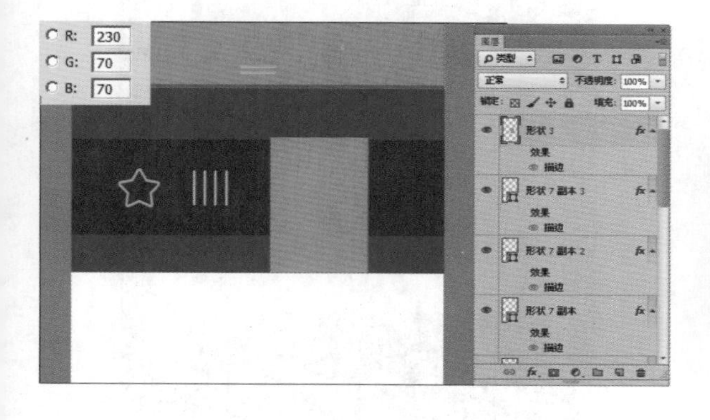

Step 16 再绘制深红矩形。选择“矩形工具”，在工具选项栏中选择工具模式为“形状”，绘制红色矩形框，设置的参数和得到的效果如下图所示。

Step 17 添加爱心图形。选择“自定义形状工具”，在工具选项栏中选择工具模式为“形状”，选择“爱心”，使用“移动工具”将图像拖动到文件中，再设置描边选项，效果如下图所示。

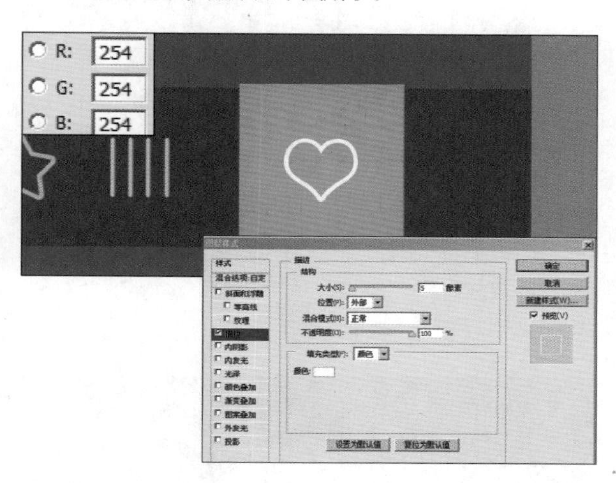

Step 18 绘制灰色大圆形。选择“椭圆工具”，在工具选项栏中选择工具模式为“形状”，绘制灰色圆形。

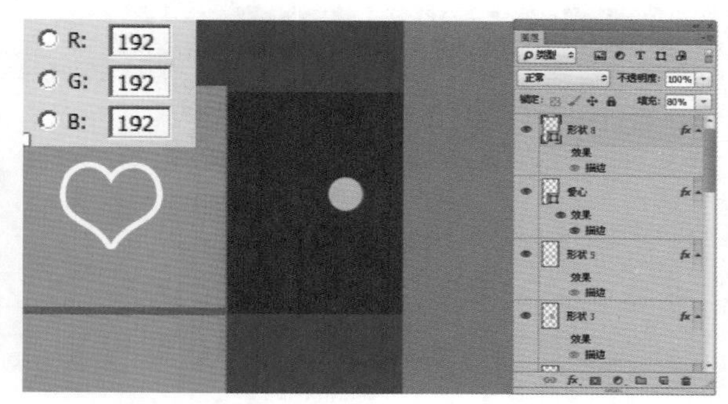

Step 19 绘制灰色小圆形。选择“椭圆工具” ，在工具选项栏中选择工具模式为“形状”，绘制灰色圆形。

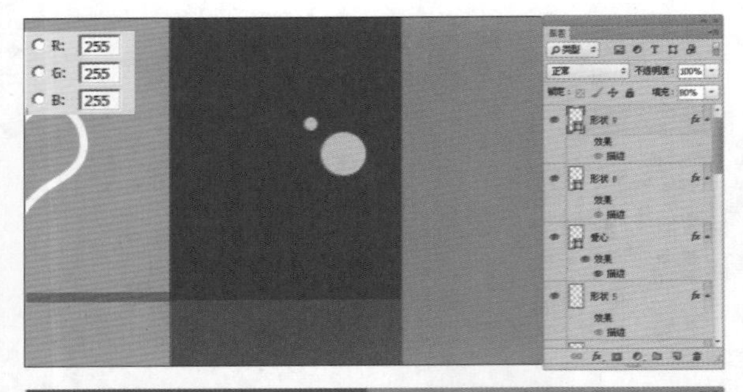

Step 20 绘制水滴图形。设置前景色为白色，选择“钢笔工具” ，在工具选项栏中选择工具模式为“形状”，在红色矩形绘制一个水滴形状，得到图层“图层 1”，如下图所示。

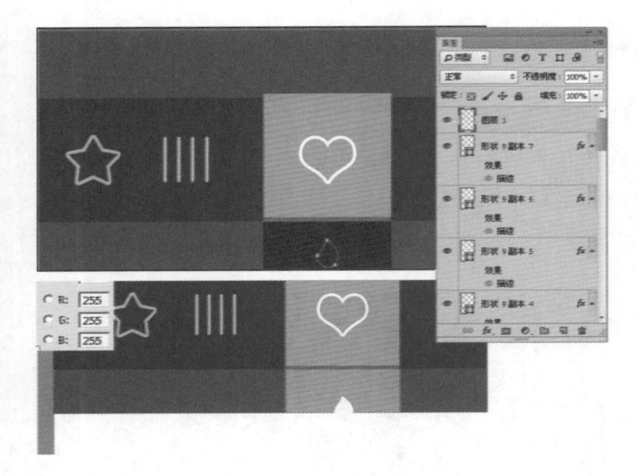

Step 21 复制图形。选择“颜色填充 1 至渐变填充 1 副本”4 个图层，复制得到 4 个拷贝图层。选中 4 个图层，按快捷键【Ctrl+T】，调出自由变换，右击，垂直翻转，使用“移动工具” 将图像拖动到水滴图形的下方如下图所示的位置。

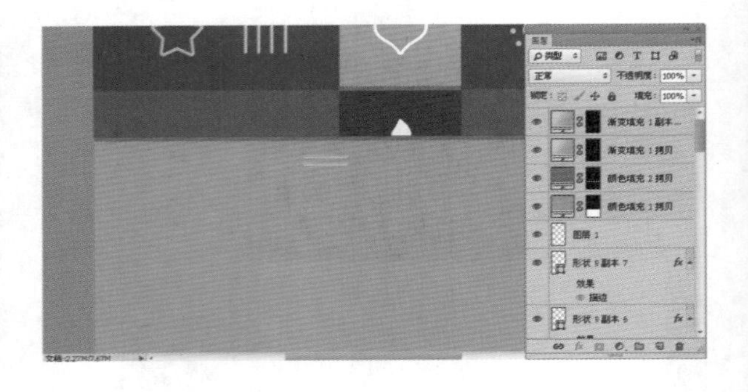

Step 22 最终效果。将绘制好的图形文件另存为图片文件，并导入到手机效果图中，得到的效果如下图所示。

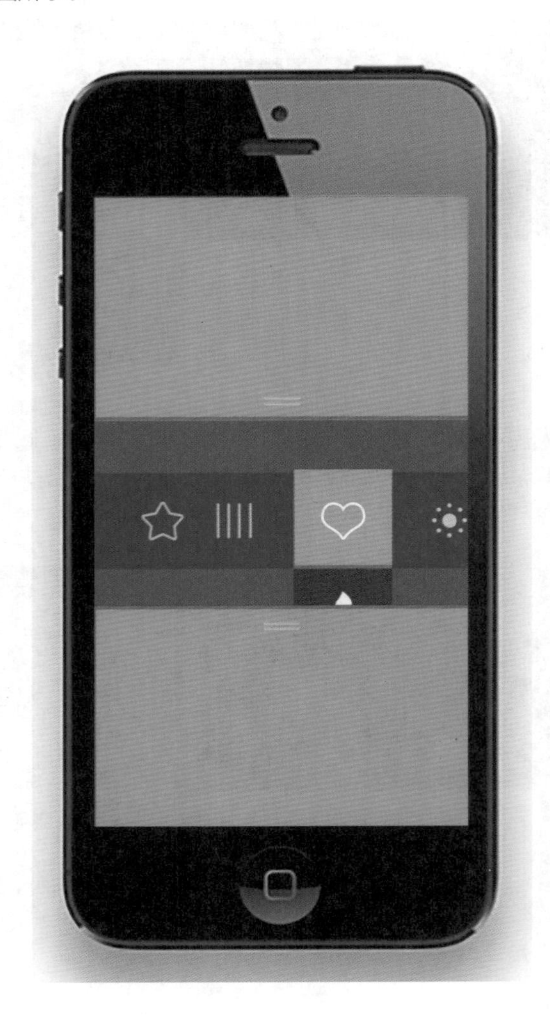

7.3 音乐播放器主屏

本案例使用了“矩形工具”、“圆角矩形工具”、“自定义性工具”等绘制出音乐播放器画面的整体效果。

易难度★★★　　实用度★★★★

布局分析

音乐播放器界面的布局分为上中下 3 部分，中间为主体部分，因此空间要比上下大一些。

色彩分析

本案例所选择的颜色为对比色。两种颜色，浅色为暖色系，深色为冷色系的黑色。

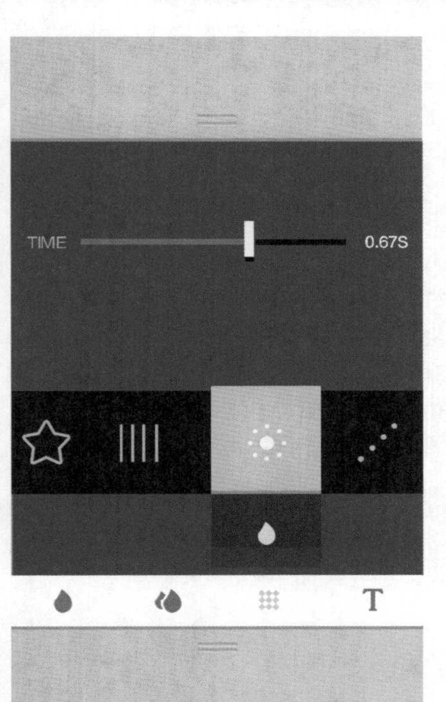

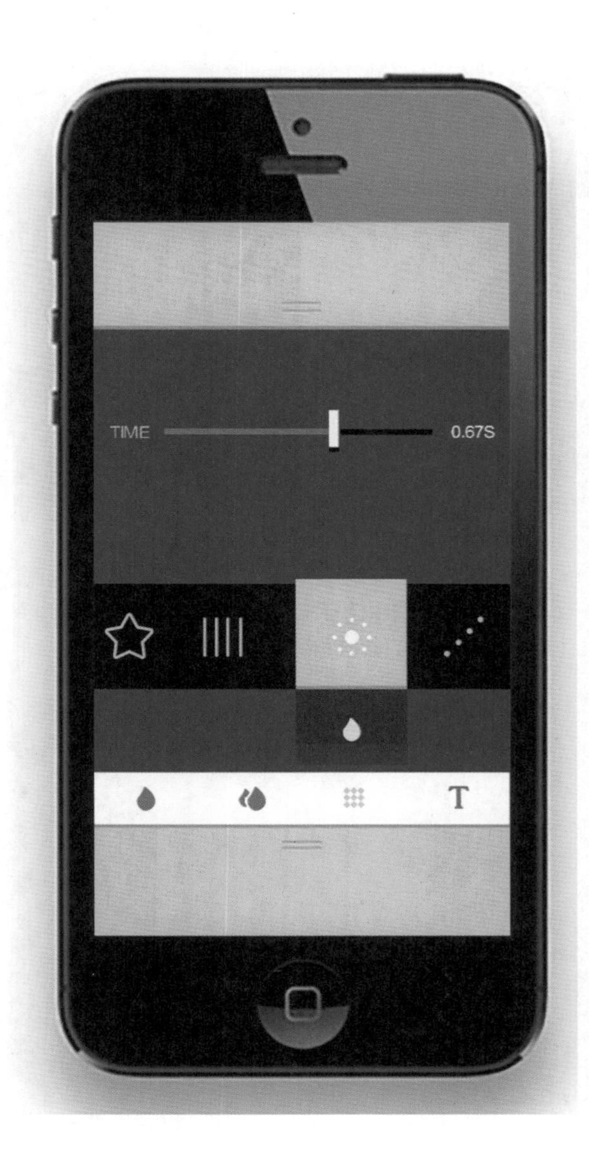

技法分析

本案例在制作上没什么难度，所使用到的绘制工具是：“矩形工具”、“自定义图形工具”等。

Step 01 新建文档。执行菜单“文件”/“新建”命令（或按【Ctrl+N】快捷键），设置弹出的“新建”命令对话框，单击“确定”按钮，即可创建一个新的空白文档。

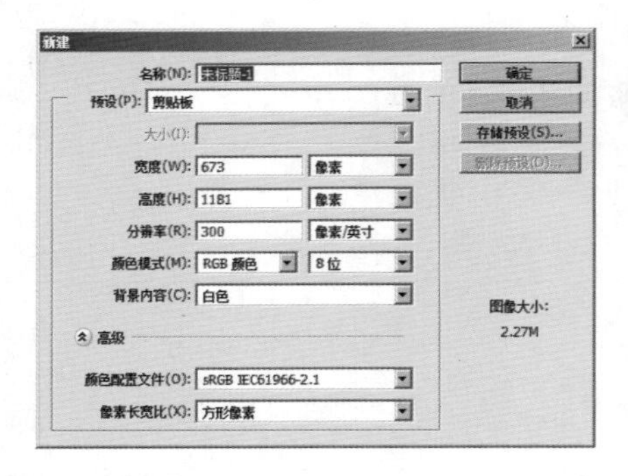

Step 02 设置背景色。背景色默认为白色，效果如下图所示。

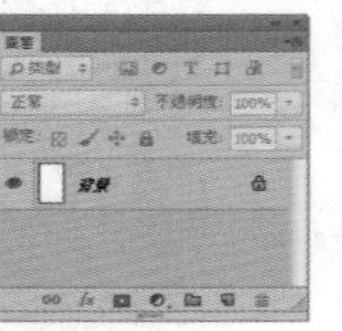

Step 03 绘制黄色矩形。选择“矩形工具”，在工具选项栏中选择工具模式为“形状”，绘制黄色矩形框，设置的参数和得到的效果如下图所示。

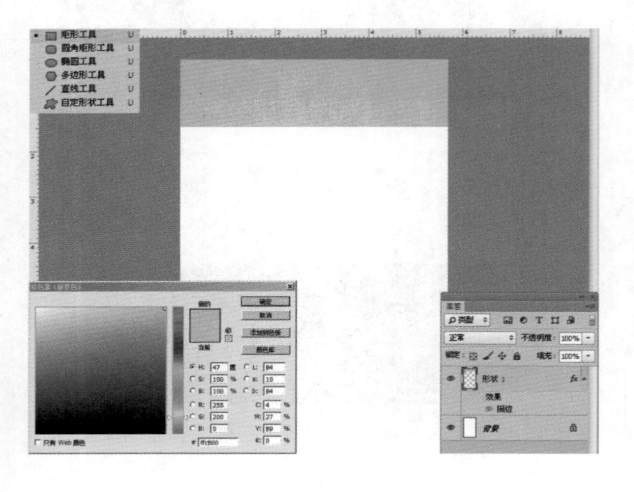

Step 04 绘制深黄矩形。选择“矩形工具”，在工具选项栏中选择工具模式为“形状”，绘制深黄矩形，设置的参数和得到的效果如下图所示。

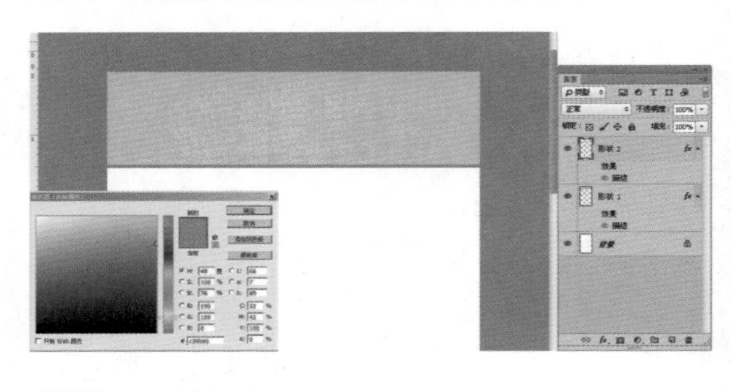

Step 05 绘制黄色圆角矩形。选择“圆角矩形工具”，在工具选项栏中选择工具模式为“形状”，绘制圆角矩形，设置的参数和得到的效果如下图所示。

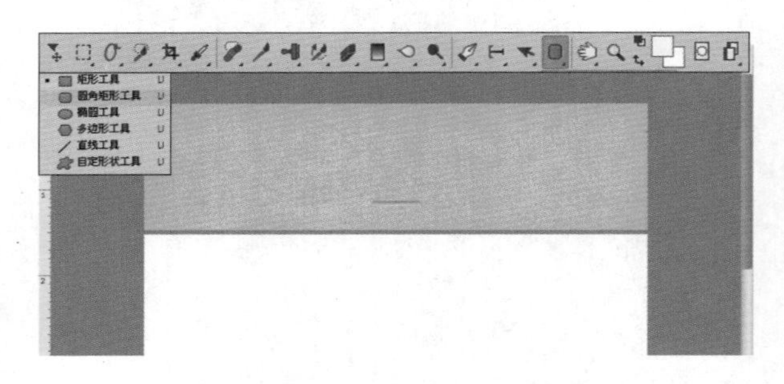

Step 06 设置渐变。单击“创建新的填充或调整图层”按钮，在弹出的菜单中选择“渐变”命令，设置弹出的对话框如图所示。在对话框中的编辑渐变颜色选择框中单击，可以弹出“渐变编辑器”对话框，在对话框中可以编辑渐变的颜色，设置渐变的颜色值。

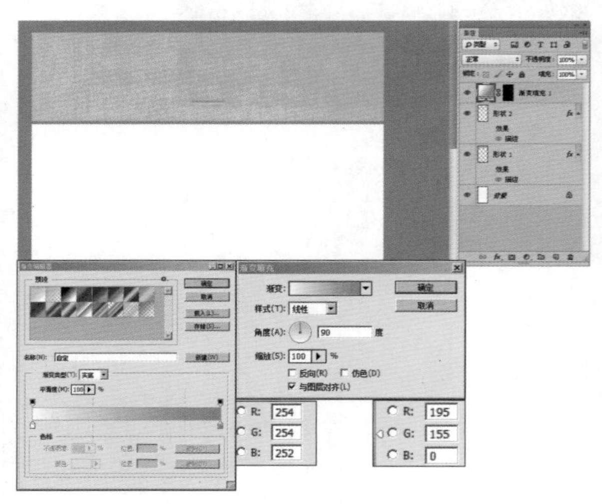

Step 07 复制圆角矩形。选择“渐变填充 1”图层，按快捷键【Ctrl+J】复制一个，使用“移动工具”将图像拖动到如图所示的位置。按快捷键【Ctrl+T】，调出自由变换控制框，变换图像到如下图所示的状态，按【Enter】键确认操作。

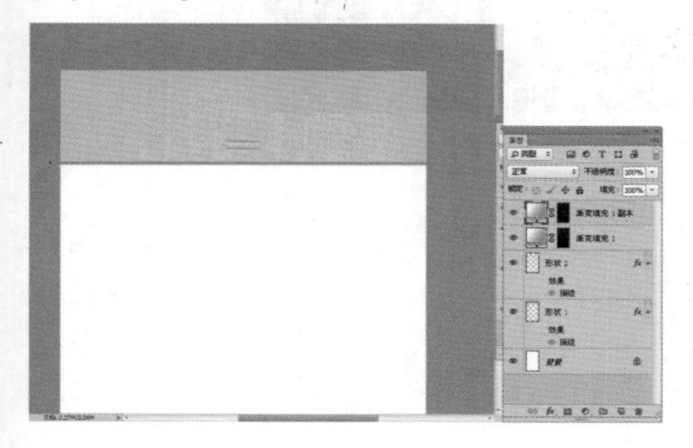

Step 08 复制图层。选择“颜色填充 1”至“渐变填充 1 副本”4 个图层，复制得到 4 个拷贝图层。选中 4 个图层，按快捷键【Ctrl+T】，调出自由变换，右击，垂直翻转，使用“移动工具”将图像拖动到如下图所示的位置。

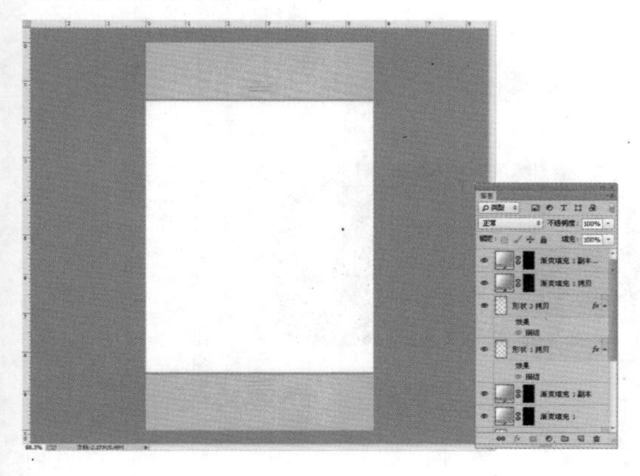

Step 09 绘制黑色矩形 1。选择“矩形工具”，在工具选项栏中选择工具模式为“形状”，绘制黑色矩形，设置的参数和得到的效果如下图所示。

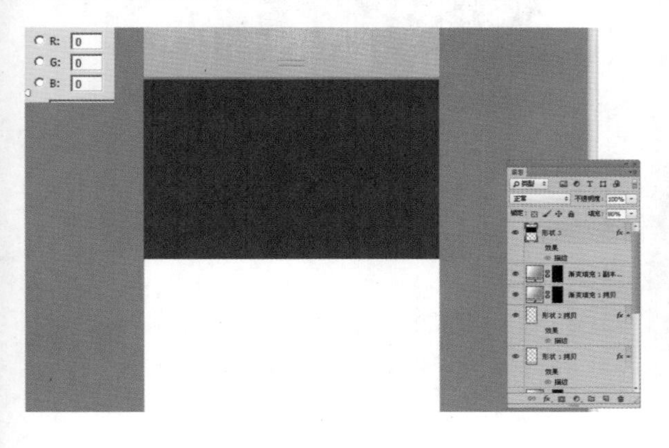

Step 10 输入文字。设置前景色数值，使用“横排文字工具”，设置适当的字体和字号，在图中所示的位置上输入“TIME”文字，得到相应的文字图层。

Step 11 绘制灰色矩形。选择“矩形工具”，在工具选项栏中选择工具模式为“形状”，绘制灰色矩形，设置的参数和得到的效果如下图所示。

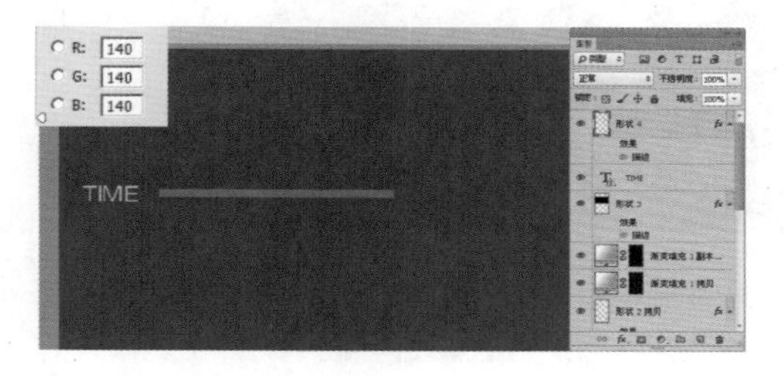

Step 12 绘制黑色矩形。选择“矩形工具”，在工具选项栏中选择工具模式为“形状”，绘制黑色矩形，设置的参数和得到的效果如下图所示。

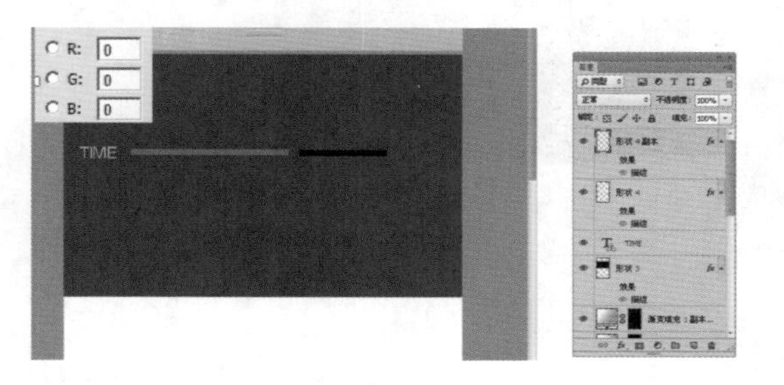

Step 13 绘制白色矩形。选择“矩形工具”，在工具选项栏中选择工具模式为“形状”，绘制白色矩形，设置的参数和得到的效果如下图所示。

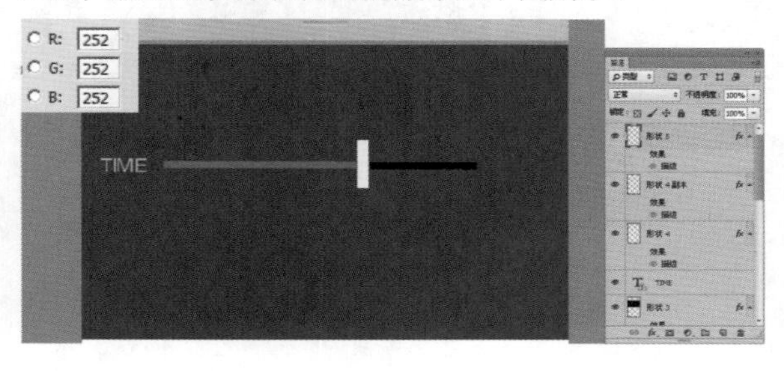

Step 14 绘制黑色矩形。选择“矩形工具”，在工具选项栏中选择工具模式为“形状”，绘制黑色矩形，设置的参数和得到的效果如下图所示。

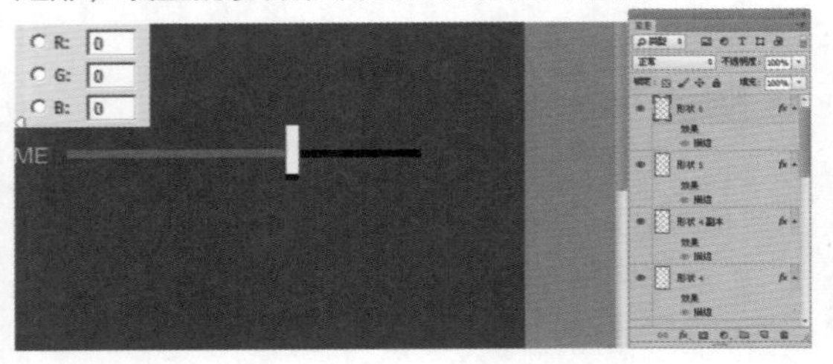

Step 15 输入文字。设置前景色为白色，使用“横排文字工具”，设置适当字体和字号，在图中所示的位置上输入“0.67s”文字，得到相应的文字图层。

Step 16 绘制黑色矩形。设置前景色为黑色，选择“矩形工具”，在工具选项栏中选择工具模式为“形状”，绘制黑色矩形，设置的参数和得到的效果如下图所示。

Step 17 添加五角星图形。选择“自定义形状工具”，在工具选项栏中选择工具模式为“形状”，选择“五角星”，使用“移动工具”将图像拖动到文件中，再设置“编辑－描边”，效果如下图所示。

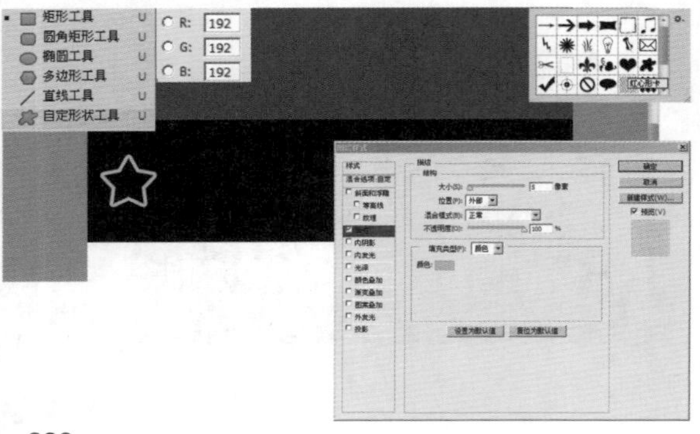

Step 18 绘制圆角矩形。选择“圆角矩形工具”，在工具选项栏中选择工具模式为“形状”，绘制圆角矩形，设置的参数和得到的效果如下图所示。

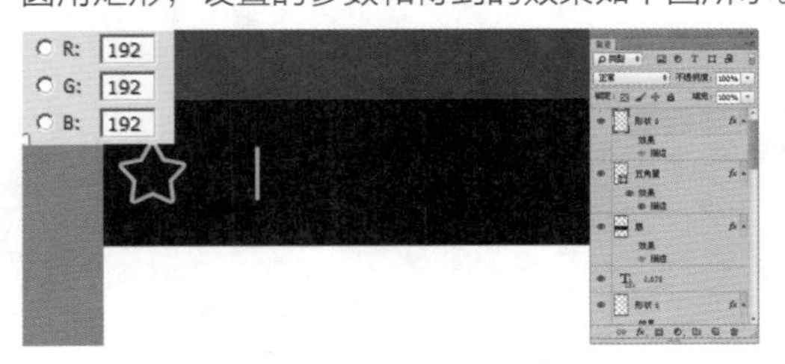

Step 19 复制圆角矩形 1。选择“形状 8”图层，按快捷键【Ctrl+J】复制一个，使用“移动工具”将图像拖动到如图所示的位置。按快捷键【Ctrl+T】，调出自由变换控制框，变换图像到如下图所示的状态，按【Enter】键确认操作。

Step 20 复制圆角矩形 2。参考“步骤 19”，继续复制图层，得到如下图所示的结果。

Step 21 绘制黄色矩形。选择“矩形工具”，在工具选项栏中选择工具模式为“形状”，绘制黄色矩形框，设置的参数和得到的效果如下图所示。

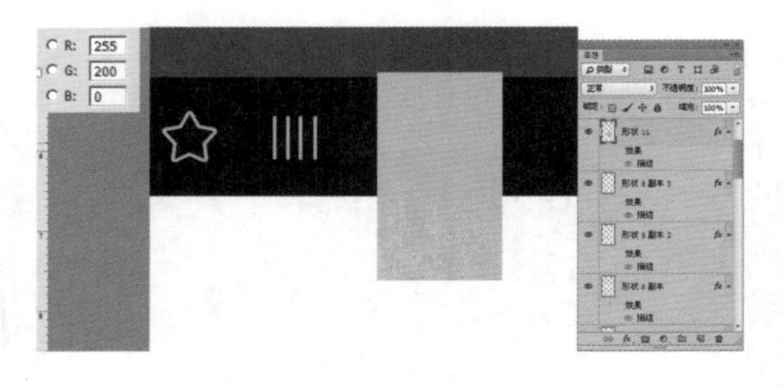

Step 22 绘制深黄矩形。选择“矩形工具”，在工具选项栏中选择工具模式为“形状”，绘制黄色矩形框，设置的参数和得到的效果如下图所示。

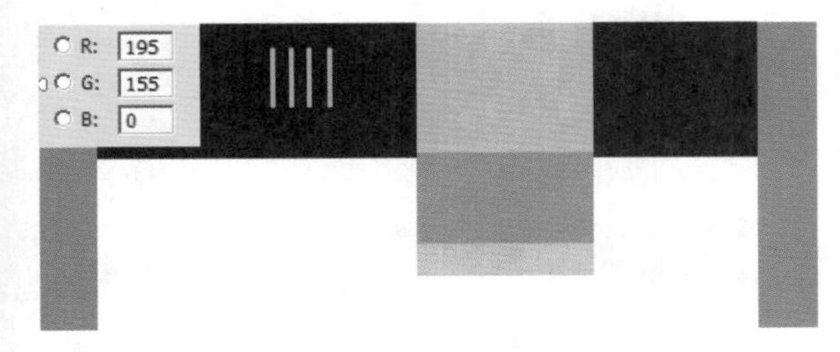

Step 23 绘制白色大圆形。选择“椭圆工具”，在工具选项栏中选择工具模式为“形状”，绘制白色圆形。

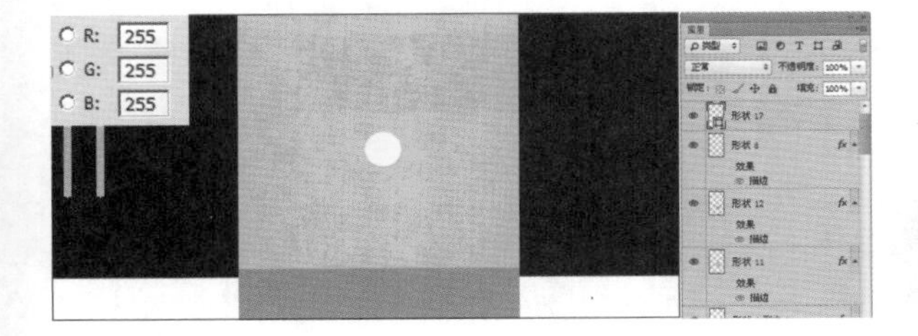

Step 24 绘制白色小圆形。选择“椭圆工具”，在工具选项栏中选择工具模式为“形状”，绘制白色圆形。

Step 25 复制白色小圆形。选择“形状 18”，按快捷键【Ctrl+J】复制得到“形状 18 副本”图层，使用“移动工具”将图像拖动到如下图所示的位置。

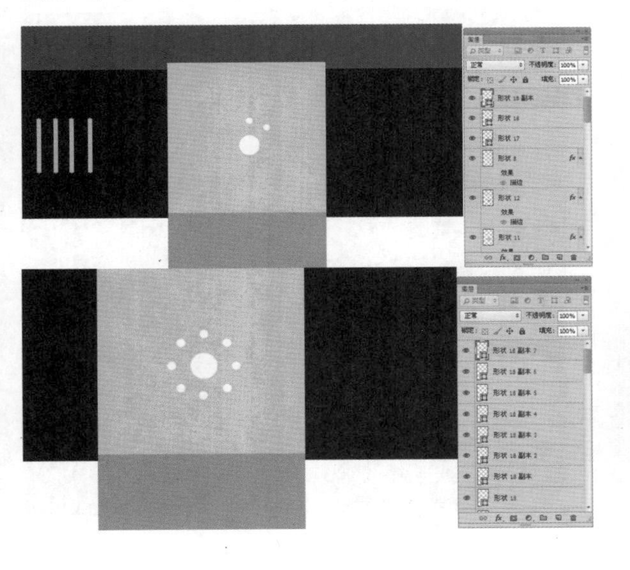

Step 26 绘制白色圆形。选择“椭圆工具”，在工具选项栏中选择工具模式为“形状”，绘制白色圆形。

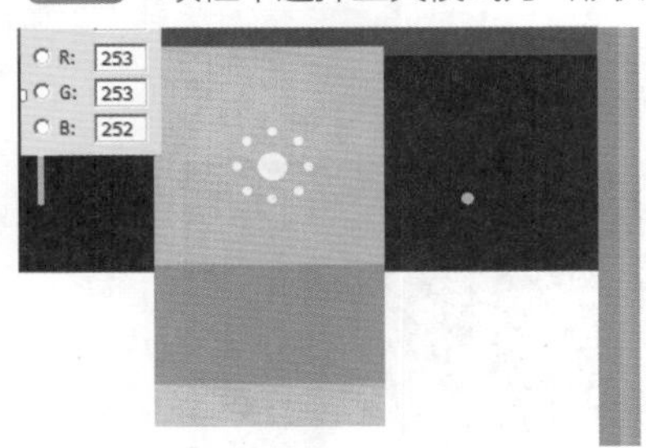

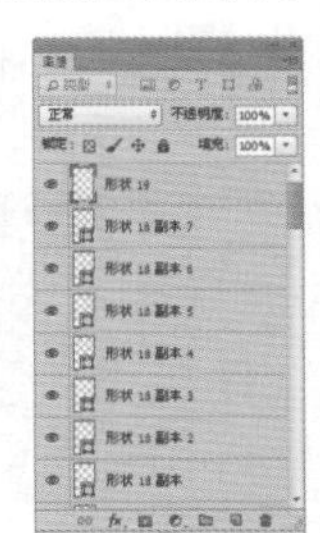

Step 27 复制白色圆形。选择“形状 19”，按快捷键【Ctrl+J】复制得到“形状 19 副本”图层，使用“移动工具”将图像拖动到如下图所示的位置。

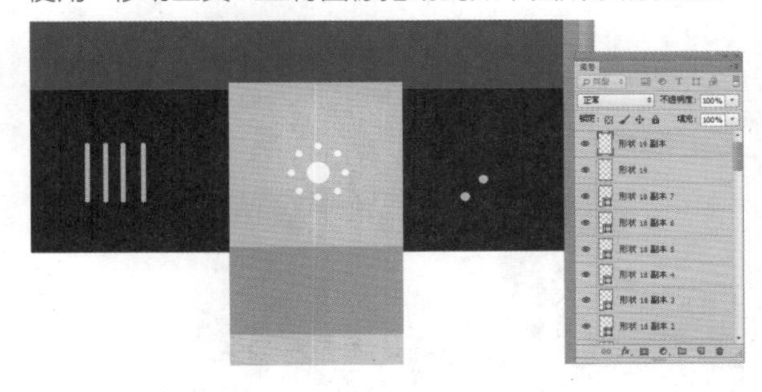

Step 28 复制白色圆形 2。参考“步骤 28”，继续复制图层，得到如下图所示的结果。

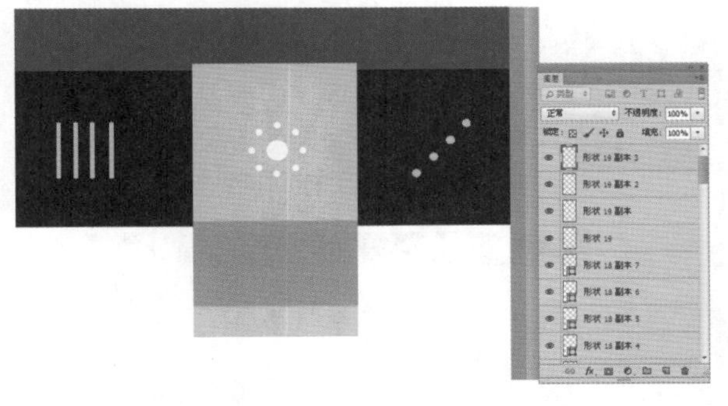

Step 29 绘制黑色矩形。选择“矩形工具”，在工具选项栏中选择工具模式为“形状”，绘制黑色矩形，设置的参数和得到的效果如下图所示。

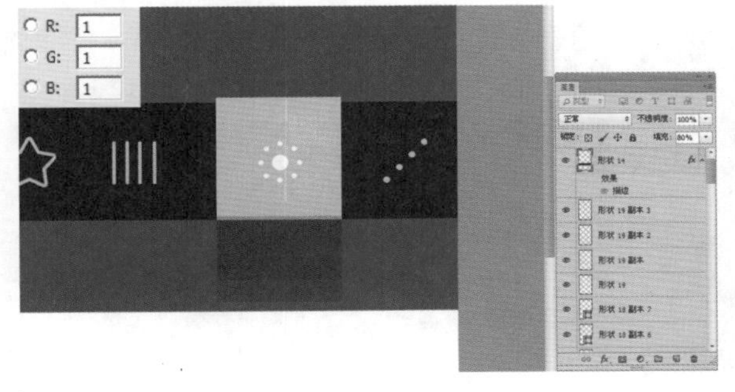

Step 30 绘制水滴图形。设置前景色为白色，选择“钢笔工具”，在工具选项栏中选择工具模式为“形状”，在红色矩形绘制一个水滴形状，得到图层“图层 1”，如下图所示。

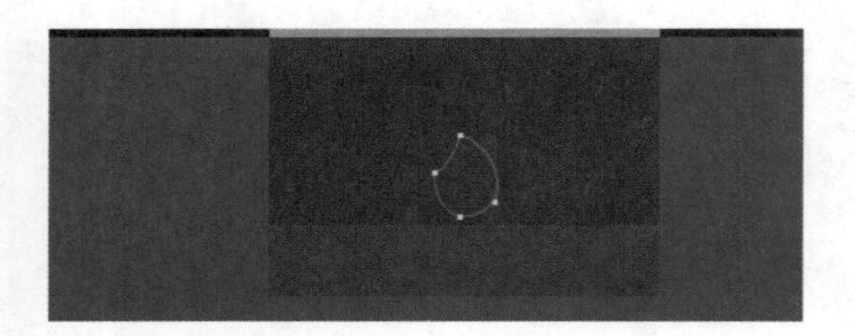

Step 31 钢笔绘制图形。设置前景色的颜色，选择“钢笔工具”，在工具选项栏中单击“形状图层”按钮，在图像中绘制如图所示的形状，使用“移动工具”将图像拖动到如下图所示的位置，得到“图层 1”。

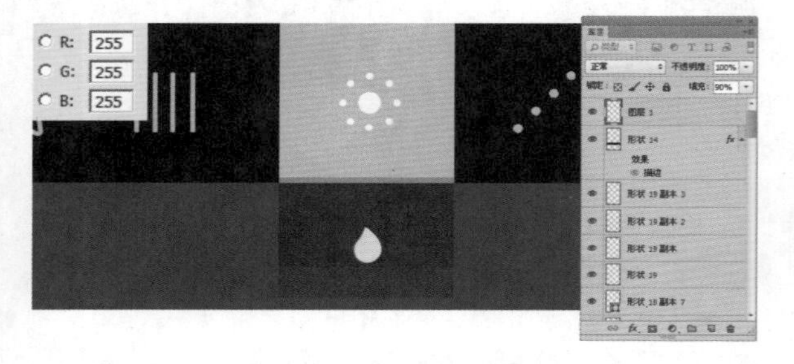

Step 32 绘制白色矩形。选择“矩形工具”，在工具选项栏中选择工具模式为“形状”，绘制白色矩形，使用“移动工具”将图像拖动到如图所示的位置，设置的参数和得到的效果如下图所示。

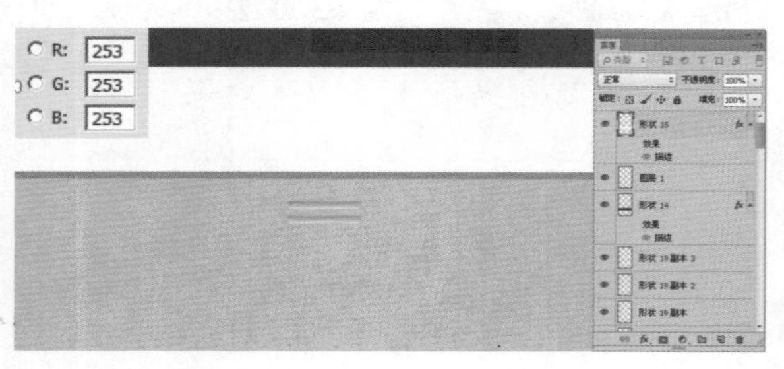

Step 33 绘制水滴图形。参考“步骤 31 和 32”，填充颜色得到如下图所示的结果。

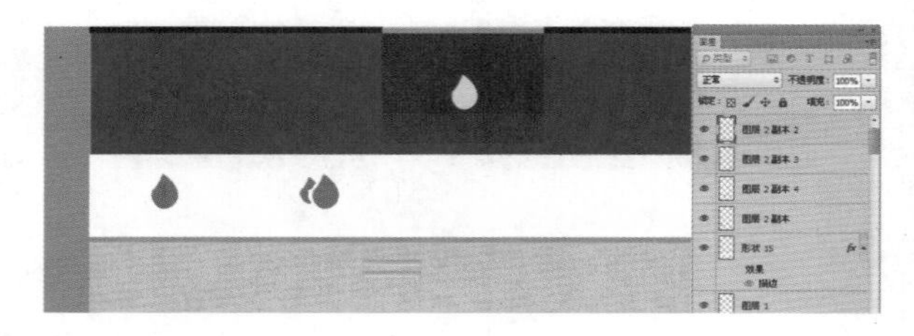

Step 34 添加网状图形。设置前景色数值，选择“自定义形状工具”，在工具选项栏中选择工具模式为“形状”，选择“网状”，使用“移动工具”将图像拖动到文件中，效果如下图所示。

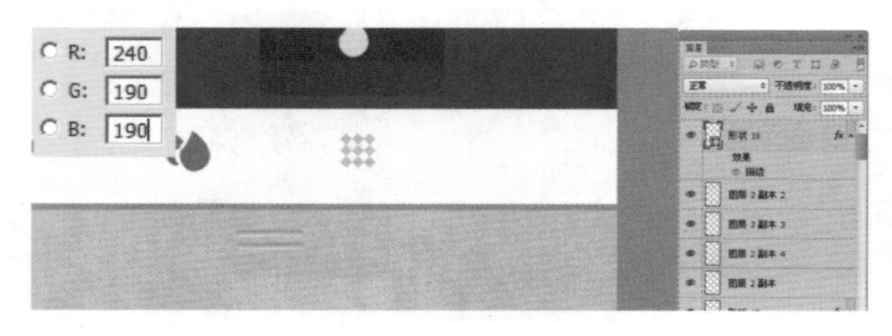

Step 35 输入文字。设置前景色数值，使用“横排文字工具”，设置适当的字体和字号，在图中所示的位置上输入“T”文字，得到相应的文字图层。

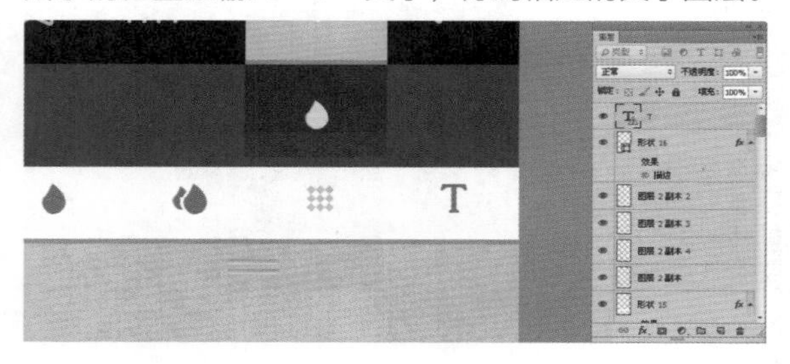

Step 36 最终效果。将绘制好的图形文件另存为图片，导入到手机效果图中，最终效果如下图所示。

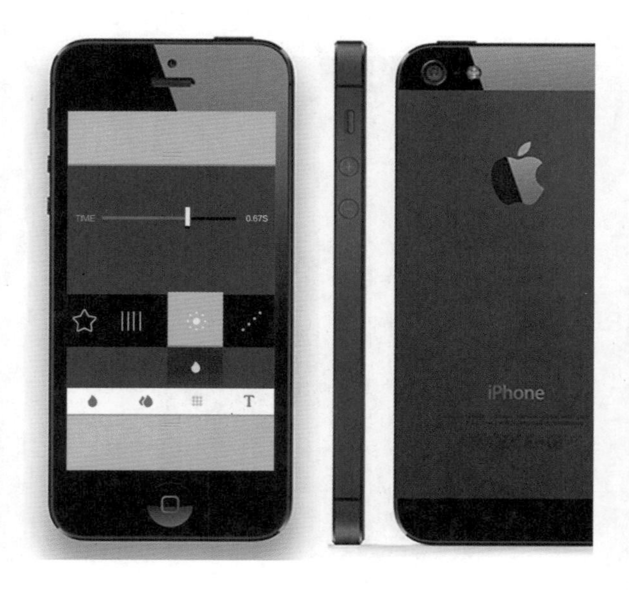

7.4 特效相机界面

特效相机界面多用于相机启动后出现的界面。颜色多为黑色，在按钮控制上可以选择其他颜色。

易难度★★　　实用度★★★

布局分析

此界面分为上下两块，上面部分为主体，所以占地面积大一些，下面是控制栏。

色彩分析

相机效果的界面以黑色为底色，特效的制作颜色上可以选择七彩斑斓的颜色，突出主体。

Step 01 新建文档。执行菜单“文件”/“新建”命令（或按【Ctrl+N】快捷键），设置弹出的“新建”命令对话框，单击“确定”按钮，即可创建一个新的空白文档。

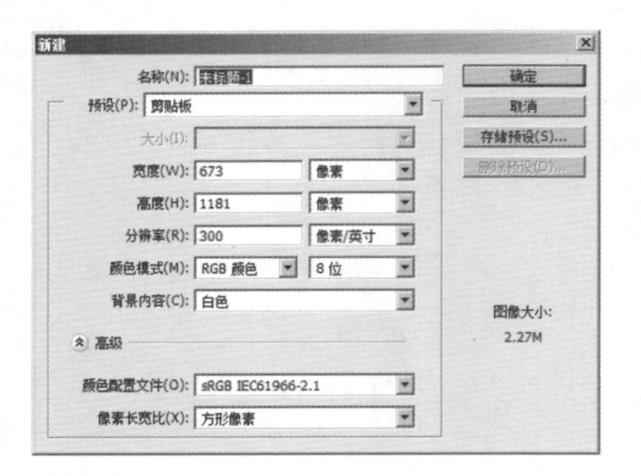

Step 02 绘制黑色矩形。选择“矩形工具”，在工具选项栏中选择工具模式为“形状”，绘制黑色矩形框，设置的参数和得到的效果如下图所示。

Step 03 绘制圆形。选择“椭圆工具”，在工具选项栏中选择工具模式为“形状”，设置的参数和得到的效果如下图所示。

Step 04 绘制圆角矩形。选择“圆角矩形工具”，在工具选项栏中选择工具模式为“形状”，绘制圆角矩形，设置的参数和得到的效果如下图所示。

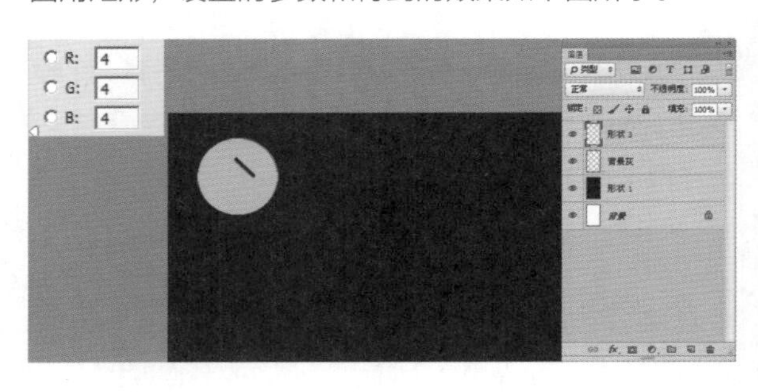

Step 05 添加手电筒图形。选择“自定义形状工具”，在工具选项栏中选择工具模式为“形状”，选择“手电筒”，使用“移动工具”将图像拖动到文件中，效果如下图所示。

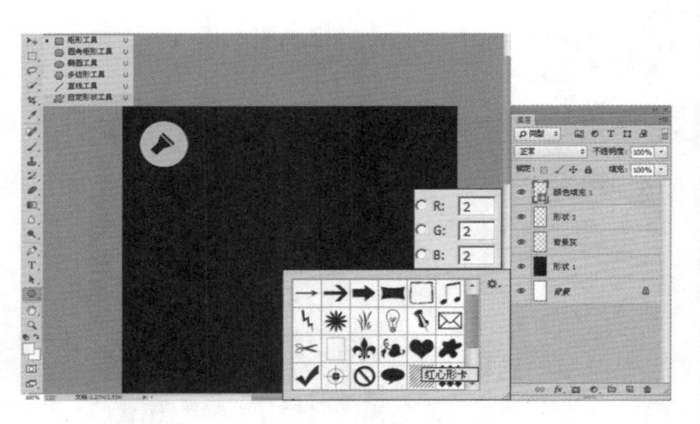

Step 06 绘制圆角矩形。选择“圆角矩形工具”，在工具选项栏中选择工具模式为“形状”，绘制圆角矩形，设置的参数和得到的效果如下图所示。

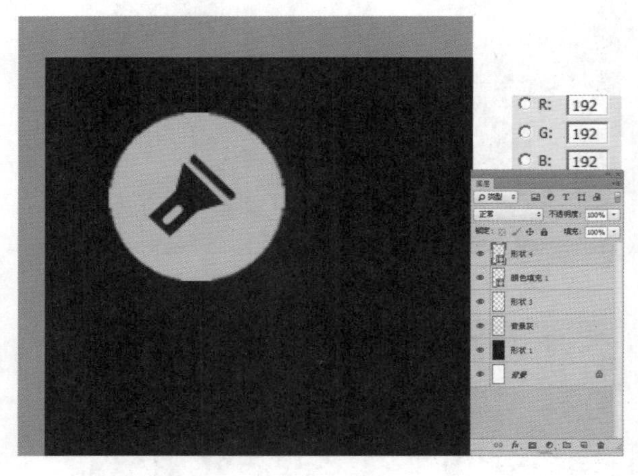

Step 07 绘制英文字形。选择“钢笔工具”，在工具选项栏中选择工具模式为“形状”，得到图层“图层 4”，如下图所示。

Step 08 填充渐变颜色。设置前景色的颜色，选择“钢笔工具”，在工具选项栏中单击“形状图层”按钮，在图像中绘制如图所示的形状，使用“移动工具”将图像拖动到如下图所示的位置，得到“图层 4”。

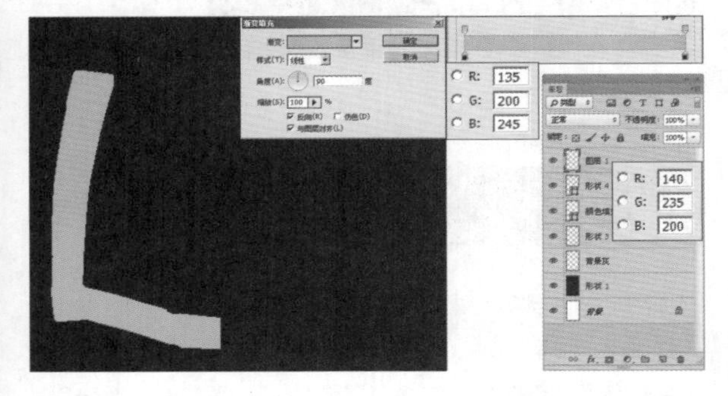

Step 09 绘制矩形。参考步骤 8，用“钢笔工具”绘制图形，填充白色，得到如下图所示的结果。

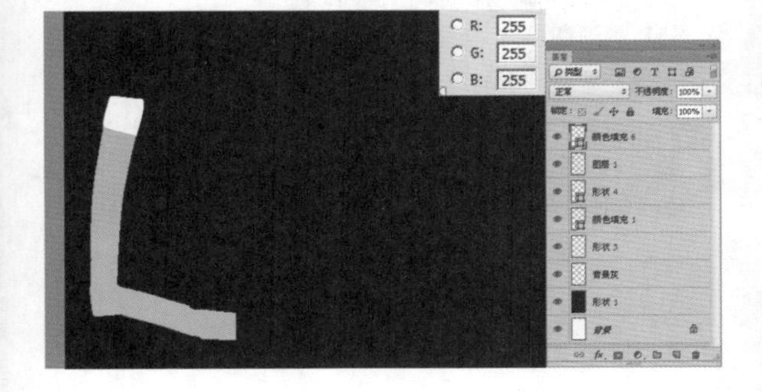

Step 10 绘制矩形。参考步骤 8 和步骤 9，用“钢笔工具”绘制图形，填充白色，得到如下图所示的结果。

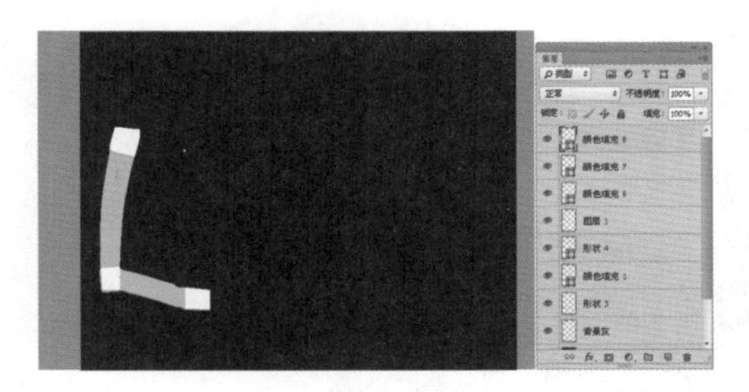

Step 11 绘制英文字型。参考步骤 8 和步骤 9，用“钢笔工具”绘制图形，得到如下图所示的结果。

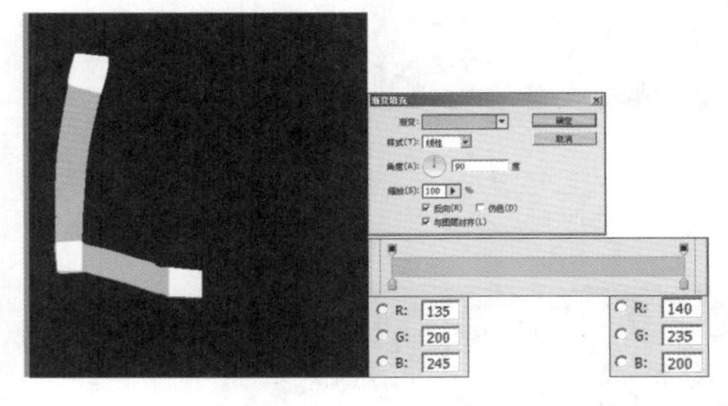

Step 12 绘制阴影。参考步骤 8 和步骤 9，用“钢笔工具”绘制图形，填充白色，得到如下图所示的结果。

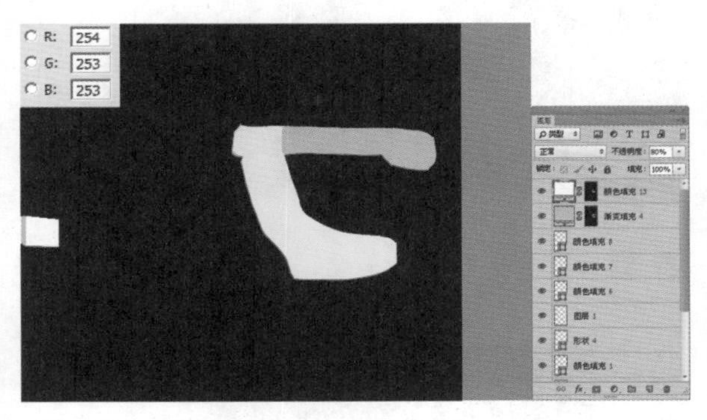

Step 13 绘制英文字型。参考步骤 8 和步骤 9，用“钢笔工具”绘制图形，得到如下图所示的结果。

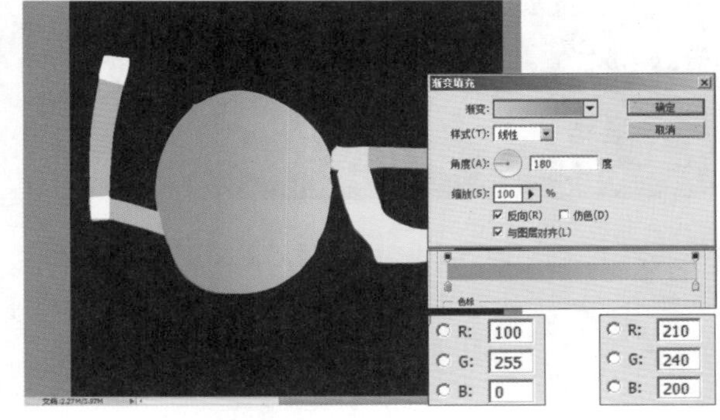

Step 14 绘制阴影。参考步骤 8，选择图层“渐变填充 2”，在工具选项栏中单击“形状图层”按钮 形状，再单击“减去顶层形状”按钮，在圆圈上绘制圆圈，效果如下图所示。

Step 15 绘制英文字型。参考步骤 8 和步骤 9，用“钢笔工具”绘制图形，得到如下图所示的结果。

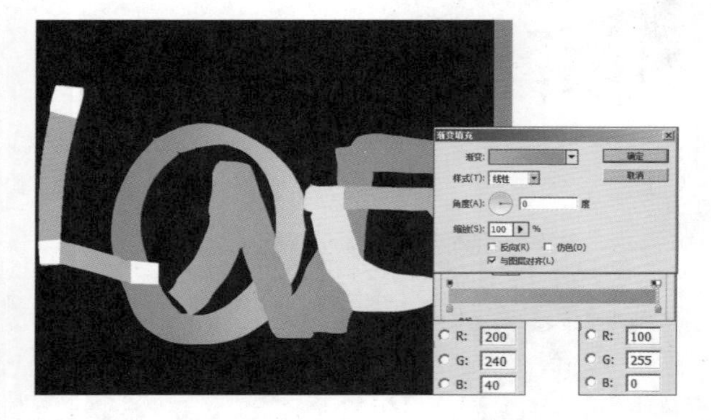

Step 16 绘制阴影。参考步骤 8 和步骤 9，用“钢笔工具”绘制图形，填充白色，得到如下图所示的结果。

Step 17 绘制白色矩形。选择“矩形工具” ，在工具选项栏中选择工具模式为“形状”，绘制白色矩形，设置的参数和得到的效果如下图所示。

Step 18 输入数字。设置前景色数值，使用“横排文字工具” T，设置适当的字体和字号，在图中所示的位置上输入“2”数字，得到相应的文字图层。

Step 19 输入数字。参考步骤 18，输入数字，得到如图所示的结果。

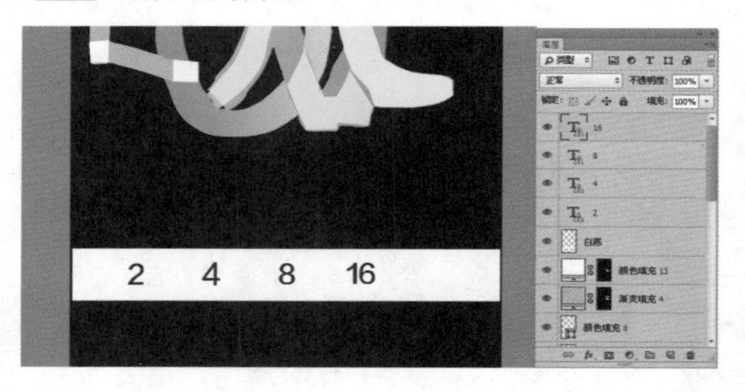

Step 20 输入字母。设置前景色数值，使用“横排文字工具” T，设置适当的字体和字号，在图中所示的位置上输入“B”字母，得到相应的文字图层。

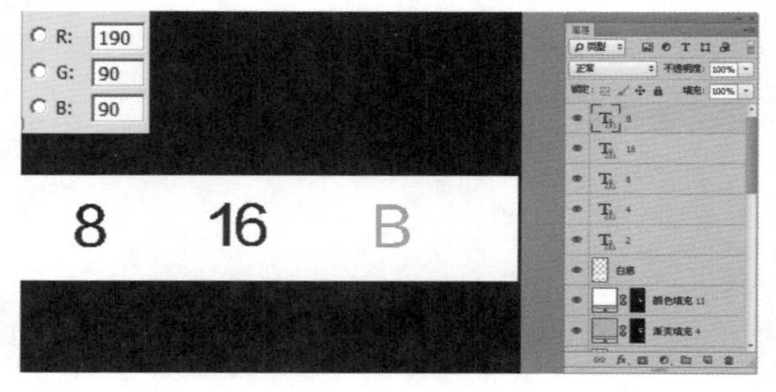

Step 21 绘制矩形。选择“矩形工具”，在工具选项栏中选择工具模式为“形状”，绘制矩形，设置的参数和得到的效果如下图所示。

Step 22 复制矩形。选择“颜色填充 3”图层，按快捷键【Ctrl+J】复制一个，使用“移动工具”将图像拖动到如图所示的位置。按快捷键【Ctrl+T】，调出自由变换控制框，变换图像到如下图所示的状态，按【Enter】键确认操作。

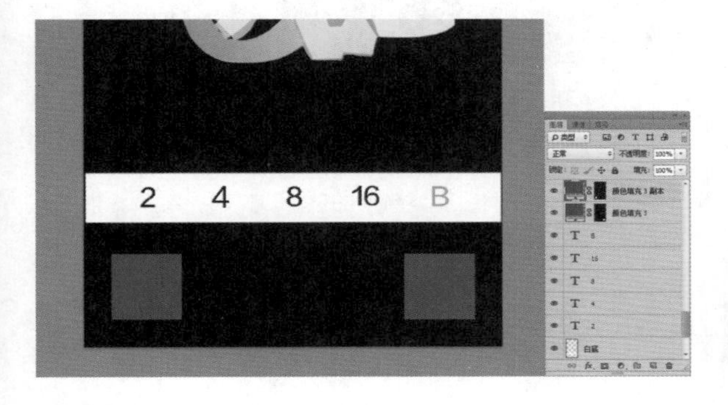

Step 23 绘制矩形。选择“矩形工具”，在工具选项栏中选择工具模式为“形状”，绘制矩形，设置的参数和得到的效果如下图所示。

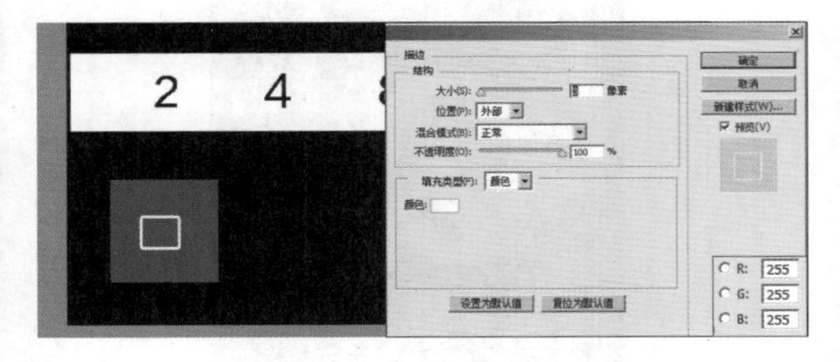

Step 24 绘制矩形。选择“矩形工具”，在工具选项栏中选择工具模式为“形状”，绘制矩形，设置的参数和得到的效果如下图所示。

Step 25 绘制阴影。参考步骤 8，选择图层“形状 10”，在工具选项栏中单击“形状图层”按钮，再单击“减去顶层形状”按钮，在圆圈上绘制圆圈，效果如下图所示。

Step 26 复制矩形。选择“外框”图层，按快捷键【Ctrl+J】复制一个，使用“移动工具”将图像拖动到如图所示的位置。按快捷键【Ctrl+T】，调出自由变换控制框，变换图像到如下图所示的状态，按【Enter】键确认操作。

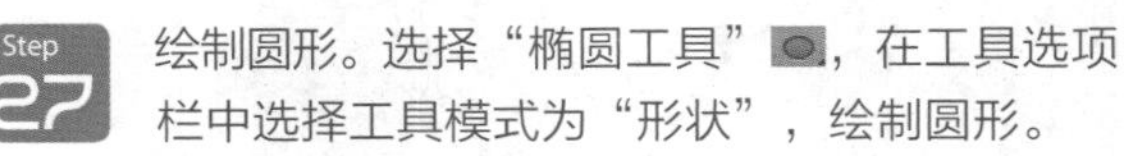

Step 27 绘制圆形。选择“椭圆工具”，在工具选项栏中选择工具模式为“形状”，绘制圆形。

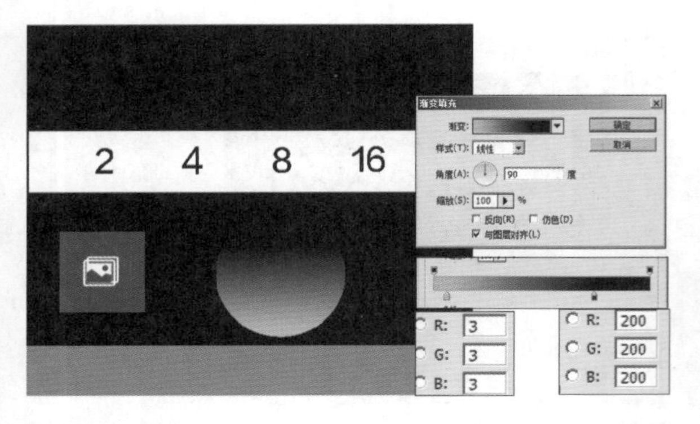

Step 28 绘制圆形。选择“椭圆工具”，在工具选项栏中选择工具模式为“形状”，绘制圆形。

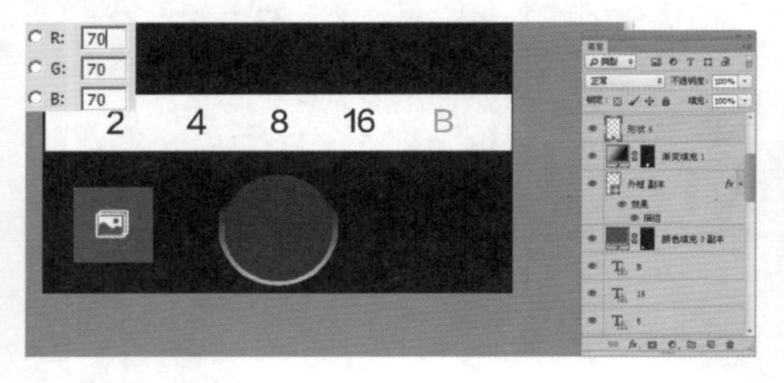

Step 29 绘制矩形。选择“矩形工具”，在工具选项栏中选择工具模式为“形状”，绘制矩形，设置的参数和得到的效果如下图所示。

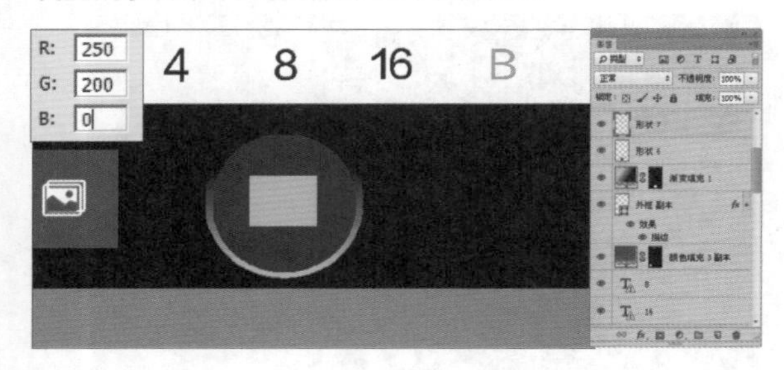

Step 30 绘制矩形。选择“矩形工具”，在工具选项栏中选择工具模式为“形状”，绘制矩形，设置的参数和得到的效果如下图所示。

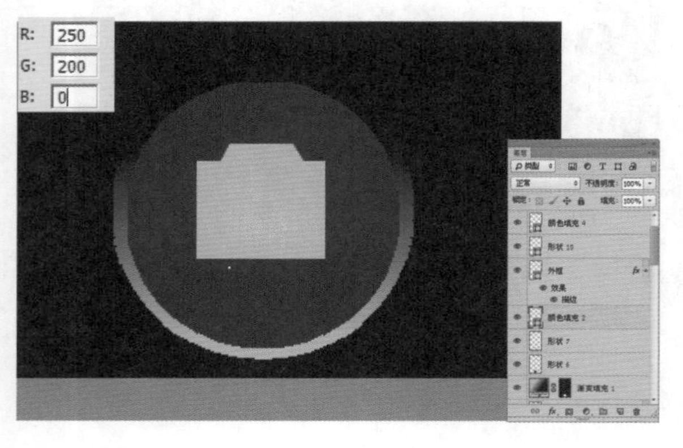

Step 31 绘制圆形。选择“椭圆工具”，在工具选项栏中选择工具模式为“形状”，绘制圆形，选择“编辑－描边”选项，效果如下图所示。

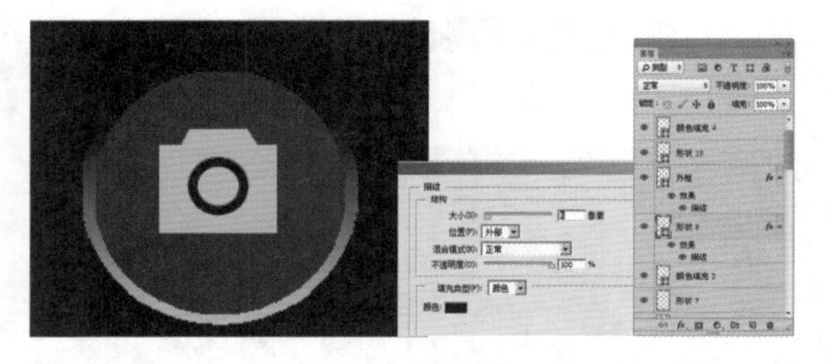

Step 32 输入字母。设置前景色数值，使用“横排文字工具”，设置适当的字体和字号，在图中所示的位置上输入“B”字母，得到相应的文字图层。

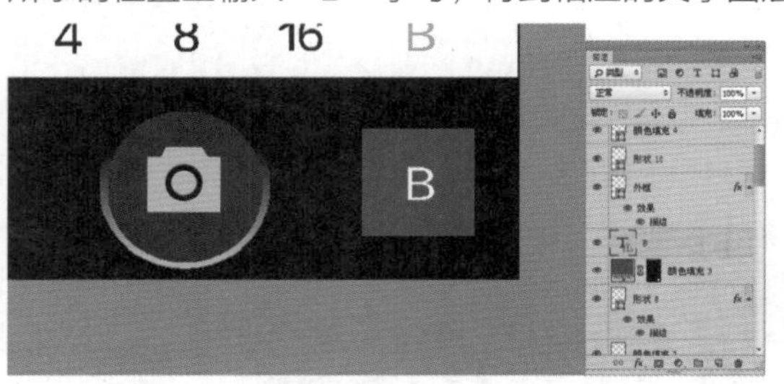

Step 33 最终效果。将绘制好的图形文件另存为图片，导入到手机效果图中，最终效果如下图所示。